庸峻集

史说新语　建筑史学人笔记

王贵祥　著

机械工业出版社
CHINA MACHINE PRESS

本书是一本以中国古代建筑史研究为主要线索的随笔性文集。作者王贵祥为中国建筑学、建筑史学知名学者，本书将其近十余年来的思考与写作，按五个方向进行梳理，分别为高山仰止篇、中国建筑篇、建筑理论篇、思考探索篇、史论史札篇，使读者能够更清晰、更全面地观察与学习到一位建筑史学学者对建筑界、建筑史学界、建筑历史研究、中国建筑、建筑理论、历史建筑保护的观察与思考，并进一步对中国历史、文化与建筑能够有更深层次的理解与认知。本书在对中国建筑史学研究先哲们致以敬意的同时，也对当下有志投身建筑史学界的年轻人寄予期望。

本书读者为建筑专业相关研究、设计人员，建筑院校师生及对中国传统文化感兴趣的大众读者。

图书在版编目（CIP）数据

庸峻集：史说新语：建筑史学人笔记 / 王贵祥著. —北京：机械工业出版社，2023. 10

ISBN 978-7-111-74288-3

Ⅰ. ①庸…　Ⅱ. ①王…　Ⅲ. ①建筑史－中国—古代—文集
Ⅳ. ①TU-092.2

中国国家版本馆CIP数据核字（2023）第224212号

机械工业出版社（北京市百万庄大街22号　邮政编码100037）
策划编辑：赵　荣　　　　　责任编辑：赵　荣
责任校对：孙明慧　李　婷　封面设计：鞠　杨
责任印制：张　博
北京联兴盛业印刷股份有限公司印刷
2024年2月第1版第1次印刷
169mm × 239mm · 23印张 · 359千字
标准书号：ISBN 978-7-111-74288-3
定价：89.00元

电话服务　　　　　　　　　网络服务
客服电话：010-88361066　　机 工 官 网：www.cmpbook.com
　　　　　010-88379833　　机 工 官 博：weibo.com/cmp1952
　　　　　010-68326294　　金 书 网：www.golden-book.com
封底无防伪标均为盗版　　机工教育服务网：www.cmpedu.com

写在前面

大约是在2013年，应该是在笔者参与的《当代中国建筑史家十书》中部分文集出版之后不久，一家出版社的主编向笔者提出一个想法：希望邀请几位中国建筑史学领域的学者，将自己曾经分散发表在一些刊物或报纸上的文章，甚或一些尚未来得及发表的文章，各自编纂成一本文集，然后将之纳入一个名为“建筑史学人笔记”的系列丛书中。每个人还可以为自己的文集各起一个自认为适当的书名。

为了实现这一出版构想，这家出版社为此还曾给国内中国建筑史学界的一些资深学者发去了书稿邀请函，有学者在接到此函后，也表示愿意参与这样一个系列丛书的撰写或编纂工作。遗憾的是，可能因为所邀请的这些学者，都是一些极忙碌的学术达人，实在难以抽出时间去收集整理自己分散在各处的文章，出版社的这一颇具创意的策划，最终没有得到有效的落实。

其实，这样一种编纂方式在出版界，包括建筑史图书出版领域也不乏先例，如中国建筑工业出版社于2010年就曾为清华大学吴焕加教授出版了一本名为《中外现代建筑解读》的文集，其中收录了吴教授多年来在各种不同出版物上先后发表的36篇文章。这个文集，将吴教授在不同阶段、不同背景下的一些思考与写作集中在一起，使我们能够更清晰、更全面地观察与学习到一位建筑史学界前辈学者对现代建筑，特别是中国现代建筑的观察与思考。这样一种将之前分散在不同出版物的文章集中在一本书中的做法，在各个学科各种专业领域的出版物中，都是十分常见的。

大概因为出版社是与笔者最先谈起的这一建议，笔者也率先表达了愿意尝试做这样一个文集的意愿，所以，在收到这一邀请的第二年，以笔者名义编纂出版的随笔性文集，便以《承尘集》的书名出版。其中收录了笔者在其前若干年中，分散发表在一些不同出版物中的文章，及几篇专为此书撰写的补充性文章。其中的“史说新语　建筑史学人随笔”这一前缀性书系名称，也是笔者提出来的。这本文集在更大程度上，是将一些似乎并非专题性的研究和特定时间段的社会建筑潮流或建筑史学思辨产生一定的关联，既多少表达了作者对中国建筑史的一些发散性思考，也可从中发现诸篇文字与写作背景之间的点滴联系，对于将来的人们了解20世纪末或21世纪初建筑界、建筑史学界，或历史建筑保护界的一些不同的思考有一点助益。

其后，机械工业出版社建筑分社副社长赵荣女士又一次与笔者提出了同样一个问题，即是否有兴趣将个人分散发表在不同出版物上，但尚未结集的文章，收集整理成一个文集。如果有兴趣，出版社愿意将其纳入出版计划。带着感激的心情，笔者表达了希望再做一本“随笔”的意愿。但因为当时正在着手“《营造法式》研究与注疏”的社科重点课题研究项目，所以，这一意愿也拖延了将近两年，直到初步完成课题研究之后，才抽出一些时间，对一些过往分散发表在不同出版物或尚未发表的文章做了一些整理，编纂出了这本新的“建筑史学人随笔”文集。只是，这一次给文集起的书名为《庯峻集》。

其实，以笔者名义编纂的前后两本文集，在书名上还是有一点关联的。前一本《承尘集》，借用了古代房屋营造中的一个专用术语——承尘。所谓“承尘”是汉唐时期人们对殿阁屋舍中天花板（即宋代营造制度中的“平棊”或“平闇”）的一个称谓。笔者借用这一古代营造术语，希望表达的意思是：中国古代建筑史学，有如古代建筑中的天花板，即如“承尘”一样，承载着无数的历史积尘，而在这些积尘中剥离搜寻古代营造方面的一些历史真相，甚或发现古人在建筑学领域的一些曾经的思考，正是建筑史学者的学术使命之一。

目前这本文集的书名《庯峻集》，同样也是借用了古代房屋营造中的一个专用术语。所谓“庯峻”，或称“陠峻”，借用自宋人李诫撰修的建筑典籍——《营造法式》。其本义是指汉魏时期殿阁厅堂等屋顶结构的一种做法，宋代营造制度则将其改称为“举折”。如《营造法式》引：“《通俗文》：‘屋上平曰陠。’……陠，今犹言陠峻也。”又：“今造屋有曲折者，谓之庯峻。齐魏间，以人有仪矩可喜者，谓之庯峭，盖庯峻也（今谓之举折）。”换言之，所谓“庯峻”或“陠峻”，指的就是古代建筑房屋的屋顶“举折”制度。

当然，如李诫所引述的，庯峻，还有另外一层意思，比如北魏时期，形容一个人高大英俊，仪矩可喜，就会用到“庯峭”这个词。那么，在古人眼里，挺拔隆耸的高大殿阁，其最引人注目之处，正是如翚斯飞，如翼斯展的屋顶。若一座建筑的屋顶，庯峭、峻拔，这座建筑就会给人以十分深刻的印象。此外，庯峻或陠峻中，还隐含了如攀岩一般，由曲折至高峻的攀爬过程。庯，或陠者，有平坦之义；峻，其高峻峭拔的含义不言自明。中国古代建筑的屋顶，就是透过上举和下折的巧妙组合，形成极优雅、极富东方人既勇于向上，又含蓄内敛的优秀品格。

本书借用这一专用术语作为书名，主要还是希望表达出这是一本以中国建筑史研究为主要线索的文集，同时也希望委婉地表达出，中国建筑史研究的学术之路，绝非是一条宽阔平展的坦途，其间，或有一段平途，但更多是陡峻的爬坡，甚或有许多完全令人不知所措、前景迷茫的狭曲小径。进入此门的学人，恐难期待任何一蹴而就的成功，一位建筑史学者，唯有抱持一种平常心；有常年坐冷板凳的心理准备；且有积年的阅读、调研与思考的日积月累，或能最终发现一点与前人不同的，独到的新见解、新发现，从而为中国建筑史的学术大厦，添加上自己所砌筑的一砖一瓦。若我们的建筑史学界，有更多一些这样的学者，则由前辈学者创建的中国建筑史学术大厦的屋顶，就会更加挺峻、峭拔。

因为同是笔者的随笔性文集，也因为数年前的这一最初倡议并未真正得以充分落实，故只有笔者本人提出并采用了“史说新语　建筑史学人笔记”这一系列丛书名称，故笔者希望这本新出的文集，也能沿用这一系列丛书名称。若自今以后建筑史学界同仁，亦有此意愿，甚或有意采用这一系列丛书名称者，笔者也是十分欢迎与期待的。

至于本书收录的内容，与《承尘集》一样，也是将笔者近十余年来的思考与写作，整理出几个不同的方向，进而把一些看似散乱，但却多少彼此有着关联的文章，组织成一个小小的文集，从而顺势把笔者这些年的一些零星思考与言说，做了一个梳理。本书的几个篇章，分别是：高山仰止篇、中国建筑篇、建筑理论篇、思考探索篇、史论史札篇。其中高山仰止篇中的部分内容，虽然是之前受某些大众媒体采访时的言说、思考或议论，却正与2020年纪念梁思成先生诞辰120周年的时间点相契合，或也能够借用这一机会，表达一点笔者对学界前贤景行行止的仰慕之心。中国建筑篇中的几篇文章，有在建筑史学国际会议上的发言，也有关于中国建筑史学难题之一：历来难有定论的上古三代明堂与古代明堂制度之争，笔者经过多年思考后整理出了一点探索性想法，希望冀此能够就这一自古以来争讼不已的历史话题，激起一点可能引起关注与讨论的小小涟漪，或对中国历史、文化与建筑多少能够有一点更深层次的理解与认知？亦未可知。

笔者识

于荷清苑坎止斋

目 录

卷一　高山仰止篇

呜呼！先生之文何事于予，顾诚有不容已者，而亦学者诵法所在，高山仰止，景行行止，愿相与勉之。若徒以其文焉尔也，浅之乎求先生者矣。

——[宋]曾巩. 曾巩集. 附录. 序跋. [明]陈克昌. 南丰先生文集后序

真正的拓荒：梁思成、林徽因与中国建筑史㊀

腾讯文化：在朱涛的书里面对林徽因先生有一个抄袭的质疑，依据是在1932年林徽因写《论中国建筑之几个特征》之前，朱涛认为林徽因跟梁思成并没有对明清以前的建筑做过实地考察。而在林先生的文章里面有一个清晰的观点，这个观点和七年前日本人伊东忠太《支那建筑史》的观点相似，所以朱涛认为林先生的文章借用了他的一些论述，并把它作为一个结论。后面十几年的田野调查都是在一个预先搭设好的理论体系中填充的，您怎么看待这个观点？

王贵祥：首先声明两点，我自己不是搞近代建筑史研究的，对梁思成也没有专门研究，我是研究中国建筑史的。而且我主要是莫宗江先生的学生，在学术的体系和观点上跟梁思成的体系基本上是相近的，这是一个基本点。另外我没有看过朱涛的书，所以对朱涛的书我无从谈起，我只能针对你们的问题进行回答。你刚才提的问题如果说他是那样认为的，首先说明他对于伊东忠太与林徽因的这两篇文章没有仔细地读。

这两篇文章我是仔细对照过的，林先生的文章我很早就读过，伊东忠太的书我也有，我也知道它们有相似的小节，伊东忠太的书中有一节是关于中国建筑特征的，林徽因有一篇文章名为《论中国建筑之几个特征》，在标题上确实有相似的地方。但是读过了这两篇文章就会发现完全是两个人所写，是两个性格截然相反的、学术背景在很大程度上不同的两个人写的同一件事。首先我们从文章结构上来说，伊东忠太的文章结构其实是比较古板的，首先说中国建筑是以宫室为本

㊀ 此文为腾讯文化的记者对笔者的采访录，腾讯文化的记者整理，并经本人修改后，发表在腾讯网上。此文代表了笔者在社会上发生有关梁、林两位学界前辈争论中的立场与观点，故以文字形式刊于此处。时间：2014年1月23日，地点：清华大学建筑学院王贵祥办公室，主题为真正的拓荒：梁思成、林徽因与中国建筑史研究。

位的，再从中国建筑的平面、立面、色彩、装饰、材料等方面说古板地叙述中国建筑的特点。

林徽因的出发点就不一样，她首先从建筑的三原则（坚固、实用、美观）出发，认为中国建筑是符合这些原则的，又谈到中国建筑的功能性、实用性，以及中国建筑的三段分划、结构构架、间架体系，她完全是从结构功能主义，就是中国建筑内涵的结构理性主义的角度出发，然后形成了她的观点。把这两篇文章看完，就会发现这两篇文章的文风不一样、结构不一样，伊东忠太写了七节，内容划分很准确，而林徽因根本就没有划分章节，但是有段落的划分，这几个段落跟伊东忠太的文章没有任何逻辑联系。林徽因从维特鲁威的建筑三原则出发谈到中国建筑的合理性，谈到中国建筑间架结构、空间特色，谈到屋架和柱子、梁柱，谈到屋顶，再谈到基座，然后谈到了屋顶的造型，以及在屋顶造型方面外国人的言论，并且对那些外国人臆测的说法做了一些批评。进而说到了中国建筑在艺术上的一些特征，谈到了屋脊、屋瓦、脊饰等部分。

总而言之，他们两个人的文风和文章结构完全不一样，但并非完全没有相似之处，比如标题，伊东忠太是讲"中国建筑的特征"，林徽因文章的标题是《论中国建筑之几个特征》，特别加了"论"，首先说明建筑的"特征"大家都在说，这篇文章不过是在"论"这件事，从这一点看，已经说明两者的不同。

我仔细地对照了一下，两个人的文章大概只有三个方面有些相似：第一，伊东忠太在这本书的开始说，东方建筑分为三大系：中国建筑、印度建筑和伊斯兰建筑；而林徽因也说亚洲建筑有三个系统，中国建筑、印度建筑和阿拉伯建筑，在这一方面他们的观点很接近，这是我能说出来的，有可能被人认为是林徽因借鉴了伊东忠太的一个依据。但是进一步延伸这句话，在这一方面，伊东忠太是不是具有独创性，或者说林徽因是不是从伊东忠太那儿得来的这个观点，这需要深究。

这个观点从哪儿来的？其实在伊东忠太之前举足轻重的建筑史书是弗莱彻的《比较建筑史》，现在的中译本名为《弗莱彻建筑史》。这是国际上公认的比较经典的世界建筑史书，这本书在19世纪就畅销，至少在1905年的版本里面就提到了跟林徽因相似的观点。而且其中有一棵很重要的"建筑之树"，这棵有关世界建筑史的“树”令大家不太满意，按照这棵“树”，西方建筑是“树干”，是世界建筑的中心，其他文化中的建筑是旁枝左杈，但是我们看到在这棵树的右侧有一根有三支分杈的“树枝”，这根“树枝”应该指的是亚洲，三根“树杈”分别标出了中国建筑、印度建筑、亚述建筑。亚述文化是阿拉伯人的祖先闪米特人的文化，阿拉伯人就是闪米特人的后裔。显然，这就说明早在19世纪的西方，已经将亚洲建筑分为了三大系：中国建筑、印度建筑、阿拉伯建筑。所以这个观点不是伊东忠太独创的，由此也可以知道，林徽因的这个观点未必是从伊东忠太那里来的。

实际上从弗莱彻的建筑史书里面有关东方建筑的这三根“树杈”，可以知道伊东忠太的观点也是借鉴西方人的。林徽因看过弗莱彻的书，这是毫无疑问的，因为她是在美国接受的建筑教育，而那本书是建筑系学生的必读书。因此，可以说，她认为的东方建筑有三个系统，是从读弗莱彻的书起便产生的概念。如果说她知道伊东忠太有这个想法，那也会认为这是常识，因此不存在借鉴伊东忠太的问题。如果说借鉴，也是源于弗莱彻。

伊东忠太没有说这一观点来自弗莱彻，林徽因也没有明确这一观点来自弗莱彻，显然，这是因为弗莱彻的《比较建筑史》是一本名著，19世纪末至20世纪初，大家都在用，都在看，林先生并没有引用其中的某句话，只是在一些基本点上有所借鉴，因为大家都认为这些应该是常识，所以她也当作常识来看的。伊东忠太不是也没有注明他的观点是来自弗莱彻的吗？我认为这并不奇怪。这是能找出来的第一点林徽因的文章中跟伊东忠太的观点有一点类似之处的依据。

还有一点似乎可以佐证两个人的观点类似的是，林徽因和伊东忠太都说到了中国建筑屋顶的起源，伊东忠太说的起源是“天幕说”和“喜马拉雅杉树说”，对于这个观点林徽因似乎有类似的表述。林徽因说，有些外国人说中国建筑起源于帐幕或松树的树枝。她提到了这两点，但是认为这两点没有什么意义。而伊东忠太呢？他认为中国建筑起源于天幕，一个说天幕，一个说帐幕，天幕和帐幕显然不是一回事，天幕是指天穹，这说明两者的观点并不相同。伊东忠太也谈到了树，他说中国建筑起源于喜马拉雅杉树，林徽因则说是松树，这两个观点可能有些相似。但是这两个观点从哪儿来的？如果看早期的弗莱彻的书，里面也有中国

建筑起源于帐篷（tent），或者来源于竹子（bamboos）的说法。竹子有像树一样的枝条，容易弯折且有弹性。在西方人的很多揣测里面，其实已经有了这些类似的推断。

我们再举时期略近一点的另外一个人的例子：乐嘉藻。乐嘉藻在他的《中国建筑史》里面也提到了，中国建筑最早的屋顶像"帐幕"，就像蒙古人的蒙古包一样，最简单的像个"人"字形。乐嘉藻的书晚于林徽因的文章，是1933年著成的，他也将这一观点当作常识来谈。中国建筑有点像帐幕，在西方早就有此揣测了。可能是伊东忠太对西方人的观点没有理解对，而是理解为天幕，天幕是圆穹形的，然后像喜马拉雅杉树。林徽因谈的像帐幕、松树，这似乎更接近弗莱彻的"tent（帐篷）起源说"的观点。这之间可能有一些借鉴，或许是从比伊东忠太更早的弗莱彻那里借鉴来的，而不是直接来自于伊东忠太的。由此也可以推测，伊东忠太的这两个观点也是从西方人那里来的，但是他并没有在书中注明出处。可能他也将此当作了世界建筑史上的常识。林徽因把它作为反面的例子举了出来，也没有特别指出出处，也不算为过，至少不见得是从伊东忠太那里借鉴的。

还有一点可能有点关联的是，伊东忠太说到了中国建筑总体上是对称布局的，在说完中国建筑布局的这个对称特征很大一段之后，他又说到，也有例外，即在其他情况下，就是在园林中的建筑，会出现自由布局的形式。林徽因的文章中也说到了这一点，她说中国建筑布局是严谨对称的，但是到中国园林中，建筑布局就是自由活泼的。在这一点上，两篇文章又有一点相似，但是这点相似说明了什么呢？就是说凡是了解中国建筑的人，都容易发现这个问题，中国有宫殿、寺庙还有园林，北京有故宫、有颐和园，故宫的建筑是对称布局的，颐和园的建筑布局是自由变化的，一座住宅是对称规整的，住宅旁的园池，就是自由活泼的。这是一个常识，就好像你说人是直立行走的，我也说人是直立行走的，一定是我借鉴了你的吗？没有这个道理，因为两个人说的都是同一个客观事实。显然在说到大家熟知的事实的时候，不一定非要注明谁的观点是从哪里来的。

林徽因的文章中肯定有借鉴，比如她一开始就说"坚固、实用、美观"的建筑三原则，这是维特鲁威的观点，但是林徽因也没有特别说明这是维特鲁威的，只是说这是建筑的原则，这个是不是借鉴呢？是借鉴，借鉴西方人的，是西方建筑的常识。她也提到四个柱子加上横梁形成一个间架，仔细搜寻，这个概念也是来自西方。15世纪的西方人菲拉雷特在最早说起建筑起源的时候，说到四根树木搭上横梁就是一个房子。后来18世纪的洛吉耶也说过，建筑的起源是由四根柱子加横梁和坡面屋顶，这是最合乎结构理性主义的说法。而实际上林徽因、梁思成都受到了18世纪以来西方建筑中结构理性主义思想的影响，认为建筑首先应该合乎结构的理性原则。林徽因的文章，就是按照这种结构理性主义的逻辑展开的。而伊东忠太的书中，看不到这种思想带来的影响。

因为没有看过朱涛的书，有人告诉我，说朱涛怀疑梁思成与林徽因那么年轻，为什么知识会那么成熟。朱涛怀疑这一点，其实也不难理解，因为他们两人都有极好的西方建筑教育背景，而他们所谈的那些，在西方的建筑史上，已经有了相当成熟的观点。他们是在那样的背景下接受的教育，在表述中国自己的建筑时，他们运用了这样的知识，应该是很自然的事情，怎么能够说一定是抄了伊东忠太的观点呢？何况林徽因不懂日文，她是在英国长大的，在美国读的大学。梁思成可能懂日文，假设梁思成读过伊东忠太的书，他们之间也可能聊过这方面的话题，不过如此而已，其中也有可能借鉴了某些似乎是常识的观点，这能算是抄袭吗？能算是重复吗？两篇文章从头对到尾，明显相似的观点，只有这三个方面，而且不是完全相同，这三点中有两点源于西方学术背景，有一点是客观事实，不论谁都会那么说，怎么能算抄袭呢？

腾讯文化：您在两篇回应博文里面也梳理了林徽因的文章，同朱涛指出的伊东忠太这本书的出版时间和中国从日本引进这本书的时间做了对比？

王贵祥：林徽因最方便看到伊东忠太那本书的中文版的时间应该是在1937年，但是她的文章是早在1932年就发表了的。可能梁思成看过伊东忠太建筑史书的日文版，这一点我不能排除，因为日文版的书出版稍微早一些。这两篇文章在标题上有些相似，文章中有三点似乎略有联系，但这说明不了问题。就像鲁迅遇到过的类似问题，鲁迅的《中国小说史略》里面有一段跟日本某篇关于中国小说的论述相近，结果有人说抄袭。鲁迅专门辩驳这个事，他说小说和诗歌应该是独创的。涉及历史领域，事实大略相近是应该的，是可能的。就好像你我都说汉之后有唐，唐之后有宋是一样的，这是客观事实，谁都这样说。谈到历史问题的时候有些相似应该不成其为问题。他说了之后，胡适也出来替鲁迅辩解，说鲁迅没有错。鲁迅的文字，在整个段落结构上和那篇论述还是有一点相似之处的，而林徽因连文章结构都不一样。林徽因是完全基于自己的西方建筑教育背景，对中国建筑重新加以阐释，只是在几个似乎西方人也熟知的观点上，两三个具有行内共识性的观点上，跟伊东忠太有点接近，说明大家说同一件事的时候观点有可能相近，这个不应该算是什么事。

腾讯文化：在梳理朱涛的演讲及相关报道，以及您的一些观点的时候，我们发现朱涛的言论有一个预设的立场，在他看来中国近代好多关于现代的一些知识都是从西方引进过来的，其中还有一部分是经过日本“转运”过来。涉及的问题是，近代学者用国外的理论来整理祖先的一些遗产的时候，产生出来的新的具有理论性的、学术性的东西，应该如何判定其借鉴的标准，是不是能被看作是夸大了的“借鉴”，甚至是抄袭?

王贵祥：我没看过朱涛的书，所以我只能对你所描述的他的观点加以讨论。林徽因、梁思成他们这一代人，包括更早一点的鲁迅、胡适这一代人，他们肯定是受到西方和日本文化影响的，这一点毫无疑问。因为他们处在了中国由传统向现代过渡的时期，肯定会受到强势的西方文化影响。所谓西风东渐，很多术语观念都是从西方或是从日本转借过来的，比如“哲学、建筑、干部”这些词，本身都是由日本从西方翻译过来的，我们就直接用了，这一点毋庸讳言，这在当时应该是很正常的事。

林徽因和梁思成的的确确受西方的影响很大，明显比伊东忠太大。因为伊东忠太可能没有太多西方建筑教育背景，所以在文字上更多带有相对比较封闭的、老道的日本人自己的一种思路在里面。但是林徽因和梁思成有西方人的结构理性主义，或者说结构功能主义的思想，有维特鲁威的建筑实用、坚固、美观的三原则理念，有深厚的强调艺术传统的“鲍扎”（巴黎美术学院）建筑教育影响的痕迹，他们十分熟练地采用结构的合理性、建筑的功能性、建筑的艺术性等视角来讨论问题，还强调建筑结构的力学特征，这些都是他们所受到的建筑教育的结果，是受过系统的西方建筑教育的人才可能说出的话。因为他们在美国大学接受的教育，又在欧洲考察过，所以那些话以及知识结构，并没有深到哪里去，就是当时在欧美受到的教育影响的自然结果，是在基于这种教育背景与知识体系来观察中国建筑时，很自然就能够得出的结论。这本身是因为他们有非常严格的建筑教育背景，同时对中国建筑有感情、有了解的情况下，才可能写出的东西。并不存在任何所谓的重复、抄袭。

需要说明的一点是，梁思成一生最伟大的学术贡献是两件事，第一是建构了《中国建筑史》，第二是把中国建筑最难懂的两个体系弄明白了：一个是《清式营造则例》，是梁先生在向工匠请教，并释读了清代宫廷内的工部《工程做法则例》，以及在一些古建筑工匠中秘传下来的营造算例的基础上完成的；另一个是《〈营造法式〉注释》。这两部著作所面对的原书都是当时无人能懂的“天书”，当时的日本人也不见得能够弄得很明白，虽然，伊东忠太也引用了一点《营造法式》的概念，但似乎并没有真正弄明白多少。

清式的东西在梁思成之前只在工匠中传承，在知识阶层中没有人关注，也没有人懂。梁思成所做的第一件事，就是先把清式建筑弄明白，写了《清式营造则例》。他亲自向工匠们一个一个请教，也研读了工匠们中间传抄的一些秘籍、口诀之类的东西，结合古建筑测绘和工部《工程做法则例》的研究，然后写出了他的第一部学术著作《清式营造则例》。他认为首先要弄懂什么是中国建筑，这一点谁能否认他不是原创的？当然他是从工匠那里学习的，他也说明了这一点，那能证明什么呢？通过向工人调查学习变成了文本化的知识结构，首先用学术的语言，把清式建筑给“解剖”了，这就是《清式营造则例》的功劳。此后，他又经历十数年的时间，完成了《〈营造法式〉注释》的拓荒性工作，尽管现在对注释的理解还在改进、完善中，但最初的闯关者、破译者、开拓者是梁思成。这两件事情的功劳很大。我们现在能看懂中国建筑、理解中国建筑，进而对其进行研究与保护，主要是有梁思成和他的同事们的学术成果为我们奠定基础。

另外是《中国建筑史》的架构，因为梁思成与林徽因是在美国接受的建筑教育，非常了解西方建筑史，在当时，西方建筑史的学术架构与知识体系已经很完整且系统化，而当时的中国建筑没有系统化的东西，所以他急切地希望有一本

《中国建筑史》。尽管蓟县有老建筑这件事情可能是日本人先看到，并且透露出相关消息的，但是日本人没有就这个问题写出任何学术性的文章。从学术的层面上讲，不管现代人有多少猜测，但日本人没有正式地就这件事情发表过文章，这是一个不争的事实。在当时那样一种历史环境下，抢在日本人之前，由中国人写出来对自己古建筑的研究成果，这绝对是一位正直的中国学者应该做的事情。不能说日本人说了有那么座建筑，我们就不能写，日本人没有文章啊。至少，当时的日本人仍然认为最早的中国木结构建筑实例是1038年的山西省大同市下华严寺的薄伽教藏殿，没有意识到蓟县独乐寺建筑的重要性。而梁思成听说了那是一座古建筑，就赶紧去做研究，做出了一个基于自己测绘与研究的独立判断。并且撰写出了一篇科学严谨的论文，这怎么就是错了呢？这是没有道理的。

在20世纪30年代，中国营造学社面临的紧迫问题，首先就是要找到中国的古建筑，一个时代一个时代去找，把中国建筑的历史、线索理清楚，而他和他的学社同仁们做到了。1931年至1937年，他们同刘敦桢、林徽因这些前辈们，以及他们的助手莫宗江先生马不停蹄地在北方跑，这样一群身处战乱环境中的读书人，他们就是为了把中国建筑史建构起来，至少要在世界建筑史里面有一席之地。因为在他们之前，西方人有一个错误的观点，这就是建筑史学家弗莱彻认为的有历史的建筑是从欧洲开始的，希腊、罗马、中世纪、文艺复兴、古典主义一直到现在，这是历史。这些非欧洲，非西方的国家，如中国的、日本的、印度的建筑，都是没有历史的建筑，只是一堆供人玩赏的文化奇观。最早来中国研究中国建筑的西方人是鲍希曼，这是一位对中国建筑充满好奇的学者，做了很多考察工作，但是视角不对。他把中国建筑看成一堆文化奇观，对于风水、装饰、坟墓、住宅，他写了很多东西，至少出版了七本有关中国建筑的书。但是他的观点中没有有关中国建筑历史线索的观察，他的书中找不到历史感，他记录的中国建筑，不提及朝代，也不说明先后。因为他可能受到了弗莱彻的观点的影响，从他的文字表述中看出，他似乎也是把中国建筑看作没有历史的了。

日本人最初萌发了建筑历史的观念，从日本建筑史的角度出发，他们也希望找出曾经影响过日本建筑的中国古代建筑的历史。这是日本人较早介入中国古建筑考察的原因之一。但是，日本人，主要是伊东忠太，他写了中国建筑史，但却只写到北魏，至多是隋，后面就写不下去了，因为没有资料。关野贞和常盘大定的《支那佛教史迹》，主要写南北朝时期的石窟寺，因为对于建筑，他们也没有十分充分的资料。但是关野贞、伊东忠太，他们是真想做中国建筑史研究这件事，所以伊东忠太来到中国，直截了当地表示希望两国合作，日本人做实例的田野调查，中国人做文献发掘。这是什么话？按照这个逻辑，真正有价值的东西，一手的建筑实例材料，都由他们日本人来拿，我们中国人只做文献梳理的服务性工作，因为文献可以为实例提供支持。这是伊东忠太在中国营造学社开幕式上说的，梁思成肯定也听过这个话，他肯定不满意这种话。他认为，我们中国人同样能够做野外调查，做古建筑测绘，因为梁思成受到的是西方建筑史教育，以及现代考古学培训，野外、田野调查及古建筑测绘的培训，他懂这些东西。所以他认为必须要建构自己国家的建筑史，要把自己国家的建筑史放在世界建筑的大体系中，要独树一帜。

如果没有梁思成，如果这两部古代建筑文法书工部《工程做法则例》和《营造法式》没有完全解释清楚，梳理清楚，难道我们只能去读日本人写的书吗？难道说日本人如何解释中国建筑，我们就如何解释吗？甚至我们连建构自己的建筑史，解释自己的建筑究竟为何物的权利也没有了吗？难道因为在朱涛看来，日本人说了、做了，我们再说、再做，就是抄袭，就是重复吗？这没有道理。中国有自己的建筑历史与建筑体系，为什么不能由自己的学者研究自己的建筑历史与体系呢？

腾讯文化：那我们是不是可以说，按照朱涛这个观点也同样可以评论日本人写的中国建筑的文章是大量“借鉴”了西方、欧美的东西？

王贵祥：这是无疑的，因为日本人在写建筑史的时候肯定要看西方的东西，但遗憾的是伊东忠太的《中国建筑史》整本书里面没有注明一个出处，也没有说其中的观点是从哪儿来的，连参考书目也没有。这一点我们不能苛责古人，当时的学术刚刚向西方开放，日本和中国都在向西方看，那时候没有那么严格的规范化。这一点如果要批评，是否首先应该批评伊东忠太呢？此外还有一点，我不理解，朱涛和《新京报》为什么喜欢用《支那建筑史》这个书名？现在的中文译本是《中国建筑史》，最初确实用了那样一个书名，但是，直到今天他们还偏偏要

用《支那建筑史》这个书名，他们是不是更喜欢“支那”这个具有辱华意义的词呢？这种歧视性的语言他们听着就那么舒服吗？

另外，比如中国古人的文章也经常借用典故，但是从来不写出处，这是中国古人的习惯。“五四运动”以后的文人，包括鲁迅的书里面，往往也没有一条一条地注明出处，这个学术习惯是后来才逐渐被引起重视的。一定要拿一个21世纪大家都熟悉的规则，去要求20世纪初的文章，去要求一百年以前人们的学术规范，要求他们像现在一样，这可能吗？何况梁思成也没有抄，而是自己重新写的，在逻辑上也没有发现两者之间有什么联系。这种苛责式的思维令人十分奇怪。即使受到西方建筑教育的影响，参照西方建筑史的做法，中国人创造了中国自己的建筑史，难道就错了吗？难道这个建筑史只能由弗莱彻或伊东忠太来写吗？这个逻辑似乎变成了如果伊东忠太来写就是对的，梁思成写就是错的？这叫什么道理？何况我认为对于梁思成的这两个重要贡献，大家都没有意识到，如果梁思成不去这么紧迫地研究，中国建筑史则没有这么多实例的支持，那现在可能还是日本人的体系，伊东忠太的体系，难道这样，朱涛或者《新京报》记者们就安心了吗？实际上，日本人认为中国建筑的木结构建筑最早的实例，只能追溯到1038年，这之前的建筑，没有实例存在，也写不出个所以然，所以只能写到北魏或隋，主要写一写石窟寺。此后唐宋元明清的东西太多，他们不了解，所以他们也没法理出一个头绪。

另外，梁思成如果不把这两本“天书”：工部《工程做法则例》和《营造法式》解释清楚，我们现在看中国古建筑，还是一堆云里雾里，糊里糊涂的东西。也可能后人能够完成这一解释，但是，这起码要滞后好几十年，而梁思成在那样艰难的环境中，就开始了这一拓荒性的工作，因此他是中国建筑史的开拓者、是先驱。

腾讯文化：您做建筑史研究40多年了，建筑跟政治应该不应该有关系，如果有的话应该是拉开怎样的距离为好？

王贵祥：建筑作为一个大规模的社会活动的产物，不可能脱离当时的社会政治形态。因为建筑需要动用大量的物质财富，需要决策，需要根据当时社会的需求、社会的能力去做，所以不可能脱离。比如历史上有皇权的时候，中心建筑是宫殿，你再批评中国古代建筑，它也是以帝王的宫殿为主，还有帝王陵寝、皇家园林，这些都是中国古代建筑的主流。中国的宗教建筑也是很活跃的，在一些朝代，如南北朝、隋唐时期，宗教建筑的占比很大。但是一旦政治上发生变化，宗教建筑就会受到冲击。比如历史上打压佛教的“三武一宗之厄”，佛教建筑就受到了很大的摧残，这都是因为政治的原因。建筑建造这样一种巨大的社会物质生产活动，跟当时的社会生产力、当时的社会政治生态是不可能没有关系的，说没有关系，要么是乌托邦，要么是痴人说梦，这种关系必然存在。

新中国成立以后，中国人经历了从一穷二白到现在比较发达富裕的过程，另外也经历了由传统向现代的转型过程，在这两个过程中，各种各样的矛盾太多、太复杂，谁也把握不住，因为那是一个前无古人的过程，我们不能用现在的眼光看过去，当时有当时的历史语境。把当时的人的一些话，拿到现在的语境中来批判，这对他们是不公平的。

腾讯文化：建筑在我们国家几千年的传统里面一直属于“术”的范畴，一直没有达到“道”的高度。这种对建筑从理论上的漠视您怎么看？近代以来又把建筑上升到艺术的高度，这是怎么扭转的？

王贵祥：这个观点不见得很对，首先你说建筑一直没有上升到“道”的高度，建筑是“术”，这个观点本身是现代人杜撰或者推测的结果。中国古代就有了对宫室建筑的理论论述，实际上涉及宫室、住宅、园林，对房屋、土木工程的论述，早已经上升到“道”的高度了。中国古代最重要的思想之一，是上古圣王之一的禹提出的为政三原则：“正德、利用、厚生”，这三点和西方的建筑三原则异曲同工。西方是“实用、坚固、美观”，中国是“正德、利用、厚生”，彼此之间，有一点相通之处。中国人是在《尚书·大禹谟》中提到了大禹说的为政三原则：正德、利用、厚生。并且将其限定在“金、木、水、火、土、谷”六种物质上。当时的社会生产，都在这几个物质的范围之内。其中的土和木，其内涵中无疑也会包括房屋建筑，这些都是在“正德、利用、厚生”三原则之下去做的。

后来孔子把这句话延伸了，他说“卑宫室而尽力乎沟洫”，意思是，我们的宫殿要建得小一点、简单一点、俭朴一点，把精力放在有利于农业生产的水利工程上。他认为禹的话说得对，这是大致意思。说明什么呢？说明从禹到孔子，有一个基本点，宫室建筑这件事情跟“道”是有关系的，为什么要“卑宫室”？就是要“正德”；为什么要“正德”？因为代表统治者最高德行的一个表征就是，在宫殿建造上，要节俭、要卑小、要减少民众的负担。这就是正德，是孔子由之演绎而出的“卑宫室”的意义所在。这不就是道吗？因此，中国人在宫室营造上，是带有形而上的“道”的思想的。作为一个统治者，在宫室营造、土木工程上，不应该大动干戈，应该尽量简单、俭朴、卑小，应该把精力放在水利工程上、放在民生上，所以正德、利用、厚生，房屋建筑应该有利、有用，民居住宅的建造、房屋的建造，是用来“阜财利用，繁殖黎元”的，最终是要厚待生民。厚生提到的建筑理论层面，宫室之制、建筑制度，主要是为了厚生，为了便生，即方便此岸的现世的人，而不是彼岸的神。

这些东西都说明中国建筑有自己的“道”，中国建筑的“道”不同于西方人的“道”，西方建筑是“坚固、实用、美观”，而美观往往是最重要的。中国的建筑中有“宫室之制，本以便生，不以为观乐也”的思想，房屋的建造，不是为了看着好看的，这一点已经说明中国有自己的理论，自己的“道”。所以中国建筑不是没有“道”，是很多人没有弄明白。但是到了建筑技术层面，儒家不重视房屋建造工艺与技术，这是事实，到了技术层面，怎么搭盖这个房子，孔子认为这些技术不过是雕虫小技而已。孔子重视的是道，他强调作为统治者，想要统治好老百姓，就要“卑宫室”，宫室建筑不要太隆重，不要太奢侈，要节俭。这样才好做民众的表率，才不会给民众以太大的压力。当然，表现统治者地位、权威的建筑规模与装饰还是要的。这个“卑宫室”的思想影响至今。

我们可能注意到，在建筑的美观上，中国人下的功夫，跟西方人不太一样，我们没有追求建造矗立上千年的建筑物的想法、要用上百年盖一座大型殿堂的做法。我们的房屋都是为活着的人、现世的人盖的，这一世盖这一世的房子，下一世盖下一世的房子。这当然也带来了中国建筑的一些问题，例如很难持久。但是为了活着的人，用木结构，适合人居住，中国人不用石头建房子，认为石头只能用在陵墓建筑中。这些都说明中国人与西方人的观点很不一样，不能说谁一定是错的，因为文化背景不一样。

说不重视建筑技术是儒家思想所造成的，似乎有一些道理。因为古代中国社会在传统上，凡是技术性的东西，相对来说没有儒家文化的地位高，因为儒家讲求的是人文社会的治国理念："修身、齐家、治国、平天下"，他们认为他们肩负着国家的重任，其他人都是服务于这个社会的，因此，儒家看重他们的道德文化，而不看重技术性的东西，这个事实也毋庸讳言。

不过清代的皇家建筑设计世家样式雷，在当时的地位也不低，也号称几品顶戴了。如果回过头想中国人对建筑的态度，倒是现在的民众，在意识上没有真正重视起来，建筑已经西化100多年了，我们大多数中国人对建筑的认知，还停留在传统的盖房子的概念上，还没有将其作为艺术或作为社会文化的载体来看，因此很难有很高的鉴赏水平，这应该说还是一个令人感到悲哀的事情。

腾讯文化：刚才提到了各地城市都在建造高层建筑，奇形怪状的建筑特别多，有人说中国成了畸形建筑的试验场，您觉得这个观点对不对?

王贵祥：我并不这样认为，现代建筑跟传统建筑不一样，需要创造。如果有创意的建筑引进了，我们建造了，这不见得是什么坏事情。问题是我们自己的建筑师在这方面的新创意、新想法还不太多，一些外国建筑师有创意的作品引进，我们应该欢迎，一个大国的百姓，应该有这样的包容性，就好像贝聿铭在卢浮宫前造出玻璃金字塔的时候，法国人就能够接受。他们的建筑观念是很开放的，好的建筑作品，如果能够在中国建造，这正反映了中国人在文化上的开放和包容，不需要苛责这些事。

中国建筑师能不能做出有创意的作品？这需要一个过程。确实有些很怪异的建筑，我不评论，因为我不是搞现代建筑研究的。说到底还是创意不够，中国建筑师对于建筑的创新点，到底应该向哪个方向发展，在这一点上还不太明白，才会出现很怪诞、很低俗的东西。创意只要是好的，只要是正面的，只要是向前的，就应该得到鼓励，哪怕是有一些怪。央视总部大楼我认为是有创意的作品，我理解的其基本的创意逻辑是，建筑师希望自己的作品在CBD这个高楼林立的环境中，能够在视觉上脱颖而出。大家不要苛责。我们的城市千城一面，北京市里的建筑千人一面，不论是多么新的建筑，都显得似曾相识，太平淡了，央视总部大楼至少让人看到，建筑可以这样盖。它从那密密麻麻的混凝土森林中突显出来，这就是成功。世界上很多建筑师，还是很认可这座建筑的。至少让大家感觉到，它比其周围的高楼大厦，还是有一点未曾相识的新奇感。

腾讯文化：再说到您个人这么多年一直研究中国建筑史，也讲这方面的课程，这两年也在网上发布过视频，这个工作是不是以后会接着做下去？一些建筑的常识是不是可以作为通识教育或基础教育开设在学校的课程里面？

王贵祥：中国建筑史是经典的课，从梁思成那代人开始开设，在清华一直是主要的课程之一。我并没有讲这门课，我讲的是研究生的课，只是这次因为有“中国大学MOOC在线教育”的项目，清华大学同MIT（麻省理工学院）及哈佛大学合作，在他们的“Edx在线课程体系”上把我们这门课纳入其中，这件事情本身说明清华与国外的一些世界一流大学有了更多的互动和合作，我们这门课受到了MIT和哈佛，以及许多国家大学生们的欢迎，当时在线注册选修这门课的学生来自几十个国家，人数有时能达到上万人，说明这个课还是受欢迎的。

这个课上半段已经结束了，接近400人拿到了通过的成绩，说明在线教育很有潜力。而我们这门课本身是对中国建筑的历史与文化做详细的阐述。如果外国人愿意选修这门课，有了中国建筑史方面知识的增加，也把他们的世界建筑史的知识丰富了，同时也使他们了解了中国。

我作为个人，因为30年前就开始讲中国建筑史，后来主要讲研究生的课，中国建筑史有一些年不讲了，主要讲西方建筑方面的课，比如西方建筑理论史、中西建筑比较等，这次讲中国建筑史也是因为MOOC项目的需要而临时开设的，和几个老师合作完成，是大家一起努力的结果。我相信后面这门课还会讲，而且会越来越好。因为越往后，新发现的资料越多，研究越深入。

腾讯文化：在您看来建筑常识应不应该作为基础性的课程？

王贵祥：我猜你说的是建筑历史，不是建筑常识。建筑历史，包括中国建筑史、外国建筑史，这些本身都是大学建筑系的必修课，而且可以作为其他系学生的选修课。比如学习中国历史、美术史、经济史、哲学史的学生们，学一点中国建筑史一定是大有裨益的，还有学习美术、旅游专业的人，也都应该了解一点这方面的知识。

腾讯文化：对于梁思成先生在近百年对中国建筑史的贡献，早期是一个艰苦卓绝的领头人角色，中间一段时间曾经成为被批判的角色，1980年之后形象又逐渐回归正面。有声音认为这么多年把梁先生给神化了，因为您本身也在清华大学建筑系，请问您怎么看待梁先生？

王贵祥：我可能跟莫先生（梁思成先生的弟子与助手莫宗江）接触比较多，莫先生也讲了很多梁先生的过去。他们那一代知识分子非常不容易，他们是在拓荒，而且是在极其困难情况下拓荒。我现在想，梁思成在1930年至1937年所达到的成就，也许后来的人在和平环境下二三十年也达不到，在交通条件极差的情况下，他跑了那么多地方，而且通过他们那代人的努力把原来完全没有的中国建筑史的基础搭造起来了，把本来是一张白纸的中国建筑史建构起来了，书写出来了；把古代建筑发展的历史线索研究清楚了；把明清时期与唐宋时期两种建筑体系的本质与特征，基本上解释清楚了。我认为这样的功劳，对于我们民族文化的贡献，对于世界建筑史的贡献，怎么说都不为过。其实关于梁思成，在1949年之前并没有被人提起，只是他的学术成就摆在那儿，在国际学术圈内是被认可的。1950年以后他在学术的成果比起20世纪30年代相对少了一些，但是他为了建筑教育付出的心血，为了新中国城市建设付出的心血，为了中国的历史建筑保护做的努力是有目共睹的。他为旧城保护、城市规划，为建筑教育、中国建筑的传统与创新探索，包括中国建筑史教学，做了大量的工作，最后，还参与组织领导了《中国古代建筑史》前六稿的编撰工作，完成了《〈营造法式〉注释》的研究撰写工作。

20世纪80年代以来，对他的宣传多了一点，应该有两个原因，一个是本身他的成就在那里，另外一个，可能还因为他是名人之后。我们经常说建筑界真正的公共知识分子可能只有梁思成和林徽因了，其他人至多只是专业知识分子，没有人像他们两人那样有如此大的社会影响力。因为有社会影响力，社会愿意去讨论他们、关注他们，同时也有一些人在消费他们，将讨论或评论他们过去的经历，甚至写作他们的生平传记等，作为自己的衣食之源。

腾讯文化：是不是因为是名人又是公共知识分子，最近20年来对梁思成、林徽因的八卦有点过度关注了，而忽略了学术成就？

王贵祥：消费名人，八卦名人，这一般都是“追星族”或“狗仔队”做的事情，我觉得这件事情，在这里可以不作评论。但社会上的许多人，其实并不真正了解梁先生对中国建筑文化、中国建筑教育、中国城市发展、中国历史建筑保护所做的贡献，这一点是需要学界同仁们不时地回忆起来的一件事情。我记得一位老先生，也是清华的校友，80多岁的人了，他说我们这些人都干了一辈子了，好像觉得还是没有梁思成先生那几年时间完成的学术成果大。真的是这样，现在的这些学者们，也都是天天写文章、搞测绘、翻古籍，我们会有一些新的发现，这肯定是无疑的。但是梁思成他们是开拓者、拓荒者，他们架构了、解释了中国古代建筑的两个大体系，现在我们能看懂中国建筑，比如清式的、宋式的，甚至对古建筑的断代那么清晰，都是由他们的功劳与成果奠定的。这个拓荒者的功劳怎么能够否认，这一点怎么形容都不为过。最重要的1930年至1937年，以及后来的1938年至1945年，那么一个短暂、战火纷飞且艰苦卓绝的情况下，梁思成、刘敦桢、林徽因、莫宗江、陈明达他们这一代人，做出了那么多的学术成就，他们的功绩是不应该被埋没的。这样的学术成就，也不是谁想抹杀就抹杀得了的。一些八卦文章的胡扯八道或是个别浅薄后生的贬抑之词，应该不会，也不可能会埋没或损毁他们那样一代学者的真实形象。

非历史的与历史的：鲍希曼的被冷落与梁思成的早期学术思想[㊀]

一、透过《中国营造学社汇刊》观察的早期中国建筑史研究的国际化背景

在20世纪初的中国艺术史与建筑史的研究中，活跃着一批外国学者的身影，他们是中国建筑史学最早的探路者，其中不乏一些我们熟悉的人物，如日本的关野贞、竹岛卓一、伊东忠太（Ito Chuta，图1-1）、常盘大定，法国的伯希和（Paul Pelliot，图1-2）、沙畹（Emmanuel-èdouard Chavannes），瑞典的喜仁龙（Osvald Siren）以及德国的鲍希曼（Ernst Boerschmann，图1-3）。其中，除了鲍希曼之外，其余学者的研究文章几乎都在中国营造学社成立初期的《中国营造学社汇刊》中被翻译并刊载过，或在相关的中国学者的研究文章中被提到过。

图1-1　日本学者伊东忠太

图1-2　法国汉学家、考古学家伯希和

图1-3　德国建筑史学者鲍希曼

㊀ 本文是应德国学者爱德华·克格尔（Eduard Koegel）之邀，为参加2011年初在柏林举行的有关鲍希曼中国建筑研究学术活动国际研讨会而准备的稿件的一篇中文稿，原文曾发表于《建筑师》2011年第2期。

的确，熟悉中国建筑史史学发展的人大约都知道，在中国营造学社建立（1929年）之前，对于中国古代建筑研究，甚至中国古代雕塑研究的主要力量不在中国，或者说，这两个方面不是由中国学者为主导的学术领域。

在中国营造学社成立之前，活跃在中国建筑史与雕塑史研究领域的外国学者，可谓人才济济。《中国营造学社汇刊》创刊之际，前面几期的文章中，外国人的研究论文或其译文占了很大的篇幅。如第一卷第一期有英国人叶慈（W. Perceval Yetts）所撰《英叶慈博士营造法式之评论》（附英文原文及译文）与《英叶慈博士论中国建筑》（附英文原文及译文）。第一卷第二期有《叶慈博士据永乐大典本法式图样与仿宋刊本互校记》（附译文及《北平图书馆馆刊记事》）和《伊东忠太博士讲演支那之建筑》，以及译自发表于《美国亚东社会月刊》（*Journal of the American Oriental Society*）的劳福尔（Berthold Laufer）的《建筑中国式宫殿之则例》。第二卷第一册则将清代来华传教士王致诚（Jean Denis Attiret）于1743年致达索（M.d’Assaut Toises）的一封关于圆明园的函译成了中文发表。同一期还发表了英国人席尔柯（Arnold Silcock）介绍《中国营造学社汇刊》第一卷第一期的一篇文章，并附有英文原文。从这些细微的小事情上，颇可见这一时期中国建筑史学领域微妙而复杂的学术心态。在第二卷第二册中，则刊载了《美国亚东学会华北支会月报》第24期英国人艾约瑟（Joseph Edkins）所撰的《中国建筑》一文，并附有英文原文。同一册中还刊载了法国人戴密微（P. Demiéville）《评宋李明仲营造法式》（附法文原文及译文）。第二卷第三册中不仅续登了清代来华传教士王致诚《乾隆朝西洋画师王致诚述圆明园轶事》（法文版），而且转载了《美国亚东社会月刊》刊载的美国迈阿密大学卡罗尔·马隆（Carroll B. Malone）的文章《建筑中国宫殿之则例》（*Current Regulations for Building and Furnishing Chinese Imperial Palaces*，1727—1750）。有趣的是，这两篇文章都没有像以往那样附有译文，而是原文照登。这究竟是时不有暇，还是学术策略的改变，尚不得而知。而在这同一册中的《本社纪事：十九年度本社事业进展实况》和《建议请拨英庚款利息设研究所及编制图籍》两文，反而特别附加了英文译文。这也在一定程度上反映出当时中国营造学社希冀达到某种国际化程度的热切愿望。

也许是借助梁思成、刘敦桢两位中国建筑史学巨擘的加盟并开始崭露头角的东风，从第三卷第一期开始，情况就有了明显的改观。这一期发表了梁思成的论文《我们所知道的唐代佛寺与宫殿》与林徽因的《论中国建筑之几个特征》，此外有两篇刘敦桢译自日本学者的文章，一篇是滨田耕作的《法隆寺与汉六朝建筑式样之关系》，另一篇是田边泰的《玉虫厨子之建筑价值》。这一期还有两条与梁思成和刘敦桢有关的消息，一个是刘敦桢的一篇关于城墙角楼的短文《刘士能论城墙角楼书》，另外一个是梁思成新著《清式营造则例》已经脱稿即将付梓的消息，说明中国学者在中国建筑史这一领域的最初介入就是十分强劲的。

如果说第三卷第一期是刚刚参加中国营造学社的梁思成、刘敦桢、林徽因三位先生牛刀小试，到了第三卷第二期以后，就一改前两卷中以外国人的文章为主的格局，以梁思成、刘敦桢两位先生的研究力作为主的中国学者的文章渐渐占到了主导的地位。这一期中尚有梁思成所译的田边泰的《大唐五山诸堂图考》。第三卷第四期中有瞿祖豫所译的叶慈的《琉璃釉之化学分析》，以及梁思成所译的《伯希和先生关于敦煌建筑的一封信》。值得注意的是，这一期的几篇外国人的文章都没有附原文，只是直接将译文刊出。与之相反，在这一期中反而添加了由梁思成所译的该期汇刊的英文目录（以后诸期又不复再有）。从这一点小小的变化，或也可以一窥中国学者在学术自信心上的微妙变化。

图1-4　印裔美国艺术史学者库马拉斯瓦米

第四卷第一期中尚有梁思成所译艾克的文章《福清二石塔》，之后，在第五卷第二期中亦有一篇刘敦桢所译印度裔美国艺术史学者库马拉斯瓦米（Coomaraswamy[㊀]，图1-4）的文章《泉州印度式雕刻》，以及在第二次世界大战期间出版的第七卷第二期中王世襄所译的费慰梅（Wilma Fairbank）的文章

㊀ Coomaraswamy，印度裔美国艺术史学者，对宗教建筑与艺术中的象征意义有深入的研究。

《汉武梁祠建筑原形考》。除了上述所提到的之外，在《中国营造学社汇刊》的其他各卷各期中，再也没有出现外国学者在中国建筑史方面的文章。

二、鲍希曼的中国建筑研究及其被冷落

在20世纪初研究中国建筑与艺术史学的外国人中，有一位德国人，恩斯特·鲍希曼（Ernst Boerschmann），今人沈弘将其译作“柏石曼”，我们不知道他中文名字的所本。还有一种译法，为“伯施曼”，是中国建筑工业出版社出版的段芸所译的《中国的建筑与景观（1906—1909年）》一书中所用的译名。因为梁思成先生在提到这位学者时所用的译名为“鲍希曼”，除了在引用相关的文字中不得不用“柏石曼”“伯施曼”之外，在本书的行文中，我们将继续沿用“鲍希曼”这个名字。

笔者手边有中国学者沈弘的一个名为《寻访1906—1909：西人眼中的晚清建筑》的鲍希曼的译本，书中简单地介绍了这位德国学者的情况，其序言中提到，鲍希曼在20世纪初，曾在德国政府的支持下，于1902年经印度首次到达中国。在华期间，他到过天津、北京、青岛等地，对于中国古代建筑有了一些初步接触。1903年10月，他在北京遇到了一位正在为德国政府策划一个三年期的东亚科学考察的人物——约瑟夫·达尔曼（P. Joseph Dahlmann），第二年的8月，两人又在上海会面，进一步商谈在中国进行考察的事情。后来，这一考察工作的策划者又改为卡尔·巴赫姆（Carl Bachem），在巴赫姆的积极斡旋下，引起了德国政府对这一考察的重视。

1906年在德国政府的支持下，鲍希曼取道美国与日本，再一次来到中国，开始了对中国建筑的系统考察与研究：

从1906年年底到1907年的春天，他分别考察了清东陵和皇家避暑胜地热河，对于那里的喇嘛庙进行了深入细致的研究。1907年夏天的大部分时间，他都是在位于北京西山的碧云寺中度过的。在这期间，他精心制作了碧云寺部分寺院建筑的测绘图。在接下来的七个月里，他依次考察了清西陵，进而探访了山西的佛教圣地五台山，随即又南下去了河南的古都开封，然后沿黄河顺流而下，来到了山东的省府济南。在山东境内，他又陆续游历了泰山、曲阜，并于同年冬天

南下到达了浙江省的宁波府。1908年2月，他在普陀山整整待了一个月的时间，对那儿的寺庙建筑进行了测绘和拍照，并且对于这些寺庙的历史也做了详细的调查。

1908年3月初经海路乘轮船回到北京之后，柏石曼又开始着手准备最后一次横跨大江南北的华夏之旅。在1908年4月至1909年5月期间，他几乎游遍了中国的西部和南部。首先到达了山西的古城太原，之后南下到了黄河，沿黄河西进来到陕西境内堪称五岳中最为险峻的华山；紧接着又翻越秦岭进入四川，四个月后他又从成都出发，前往他在西部的最后一站雅州府。从那里柏石曼踏上了返程，一路上又游经峨眉山，沿岷江和长江而下，直至重庆。之后又顺途去了湖南、江西、广西和广东，他在游历了福州和杭州之后匆匆赶回北京，终于结束了这最后一次历时将近一年的旅行。㊀

这段文字可以说是对鲍希曼在中国行旅的一个十分全面而扼要的描述，因此，摘引在这里使我们对这位德国学者对于中国古代建筑的探索之旅有一个初步的认识。据沈弘的描述，鲍希曼旅行期间，拍摄了大量中国古代建筑的照片，回国之后，根据其考察所得的资料，“连续出版了至少六部论述中国建筑的专著”㊁（可能是七部）。

从时间上看，鲍希曼是最早涉入中国古代建筑领域的外国人之一。在20世纪初因为建筑与艺术史来华进行考察的学者中，较早者有日本的伊东忠太，他于1905年前后，用了3～4年时间，在东亚各国进行考察，其中也包括中国。其在中国的考察成果发表在他于1935年左右出版的《中国建筑史》一书中。而1905年恰是鲍希曼准备在中国进行系统考察的前一年。

在时间上与上述两位学者大略接近的，就是法国人伯希和了，他于1908年到达中国的敦煌，开始了他著名的敦煌文献的盗买工作。这一年也正是鲍希曼在其漫长的考察之路上的一年。瑞典的喜仁龙到达中国的时间应该是在1920年以后，

㊀ [德]恩斯特·鲍希曼《寻访1906—1909：西人眼中的晚清建筑》沈弘译，序，第2～3页，百花文艺出版社，2005年。

㊁ [德]恩斯特·鲍希曼《寻访1906—1909：西人眼中的晚清建筑》沈弘译，序，第3页，百花文艺出版社，2005年。

他于1924年由伦敦约翰·莱恩（John Lane）出版社出版了他那本《北京的城墙和城门》。日本人关野贞到达中国进行考察的时间是在1918年，他到过河北、山西、河南、山东、江苏、浙江等省，对中国古建筑、陵墓和佛教遗迹进行了考察。而日本学者常盘大定来到中国河北省邯郸市，对南、北响堂山石窟进行考察的时间是1922年。

中国方面的情况，中国营造学社的成立是在1929年，而第一本由中国人编辑出版的中国建筑史学论文集，即是于1930年7月出版的《中国营造学社汇刊》，第一卷，第一册。而第一部由中国人自己撰写出版的《中国建筑史》，则是由乐嘉藻于1933年出版的。无论如何，德国学者鲍希曼都堪称中国建筑史学的先驱者。而其长达4年，足迹遍及中国大江南北历经12个省之多的考察旅行，所积累的资料之丰富，内容之广泛，自不待说，其先后出版的7部有关中国建筑的德文书籍，在20世纪早期所有涉足中国古代建筑研究的学者中，也可谓是洋洋大观了。

概要地说，作为中国建筑史考察与研究的先驱者之一，鲍希曼将其一生都奉献给了中国古代建筑的研究与写作。他先后出版的有关中国建筑的德文著作有7部之多。其中，除了近年刚刚译成中文的《中国建筑与景观》（图1-5）之外，还撰写了有关普陀山建筑研究的专著、有关四川成都二王庙建筑研究的专著、有关中国佛塔研究的专著、有关中国陶瓷研究的专著以及有关中国建筑艺术与宗教文化的研究专著（图1-6～图1-8）。

图1-5　鲍希曼的《中国建筑与景观》

但是，令人感到不解的是，这样一位几乎堪称著作等身的从事中国古代建筑研究的西方学者，在中国建筑史学界，却没有引起足够的重视。我们遍查《中国营造学社汇刊》总7卷，共22期，其中虽然翻译转载了或者至少提到了，那些活跃于中国建筑史学领域的外国学者们，但是，却唯独没有提到

图1-6 鲍希曼有关中国建筑与宗教文化的著作

图1-7 鲍希曼有关中国陶瓷的著作

图1-8 鲍希曼有关中国佛塔的著作

鲍希曼，更没有有关他的著作与文章的介绍或转载。而且，在20世纪的后来数十年中，也几乎没有有关这位中国古代建筑研究早期开拓者的任何研究及其译作的发表。直到事情过去了将近一个世纪之久的2005年，才以一本名为《寻访1906—1909：西人眼中的晚清建筑》的小册子，初步披露了鲍希曼研究成果的冰山一角。

显然，如果说不是因为中国建筑史学界的学者中，鲜有懂德文的原因的话，那么，比较大的可能性是，这位德国学者是被中国建筑史学界所冷落了。但是，这究竟是为什么呢？

三、梁思成的早期学术思想

梁思成与刘敦桢等是中国建筑史的奠基人，这一点已成定论。我们以梁思成早期的学术思想为例，对中国建筑史学在初创阶段的学术思想做一个梳理，或许可以对鲍希曼遭到冷落的原因有一个初步的推测。

我们知道，梁思成与林徽因于1928年8月回到中国后，梁思成即赴东北大学建筑系任教授兼系主任，林徽因随后也到沈阳并担任了教授。在东北期间，在教学与研究的同时，梁思成与林徽因曾经测绘了沈阳北陵的清代建筑。很可能正是这次测绘，使梁思成萌生了撰写一本《清式营造则例》的想法。在短暂的东北大学任教期间，梁思成还完成了一部重要学术著作——《中国雕塑史》的初稿。这其实是他为东北大学建筑系的学生准备的讲课提纲，而且，也应该是在他计划中最终要完成的《中国雕塑史》的初稿。这也应该是梁思成在中国艺术史学领域的开篇之作。虽然是一个提纲，但文字与插图已经可谓洋洋大观，而其思路之明确、架构之清晰、结构之完整，俨然一部学术大著的缩写本。这一时期，梁思成和林徽因还参与了一些东北的建筑设计工作。

1931年梁思成回到北京，并在当年的6月正式担任了中国营造学社研究部的主任，后来又改任学社的法式部主任，从而正式开始了他在中国古代建筑史方面的开拓性研究工作生涯。在梁思成正式到任中国营造学社后，1932年3月出版的《中国营造学社汇刊》第三卷第一期上，梁思成与林徽因同时各自发表了他们在汇刊上的第一篇论文，即《我们所知道的唐代佛寺与宫殿》（梁思成）与《论中国建筑之几个特征》（林徽因）。而同在这一期中，刊载了梁思成新作《清式营造则例》已经脱稿，并将即刻出版的消息。那么，这一部对后来的中国建筑史学研究者具有文法书作用的学术大作，应该就是梁思成在东北参加北陵测绘之后，至他正式就任中国营造学社研究部主任一职之后约半年内，这短暂的不足3年的时间内完成的。如果联想到，这是一部开拓性的著作，其中许多的清代官式建筑中的大量专门术语，都需要一一向工匠们求教并厘清，而这本书中还有那么多精美的插图，而在这同一时间内，他还肩负着繁重的教学、研究与设计工作，同时还写就了洋洋数万言的《中国雕塑史》一文，我们就不得不叹服梁思成厚积薄发的学术功力了。

紧接着，在同年6月的《中国营造学社汇刊》第三卷第二期，也就是在仅仅过了3个月的时间之后，梁思成就发表了他那篇重要论文《蓟县独乐寺观音阁山门考》，同时发表的还有《蓟县观音寺白塔记》。在这篇堪称经典的科学考据性学术论文中，梁思成通过文献与考古两方面的证据十分肯定地论证了独乐寺观音阁（图1-9）与山门重建于辽统和二年（984年）。其论证之详，考据之深，所运用实际测绘数据并与宋《营造法式》比对之细密，也是这一类论文中最具开创性的。那么，为什么呢？其实，这其中反映出了梁思成的一个学术情结：中国能不能发现更为古老的木结构建筑？

《中国营造学社汇刊》第三卷第四期《伯希和先生关于敦煌建筑的一封信》中提到了日本学者常盘大定和关野贞所提出的观点："我们的同志常盘和关野认

图1-9　梁思成先生的研究成果之蓟县独乐寺观音阁立面渲染图

为中国木建筑没有确实比1038年更古的，在1931年《通报》第221及413页上我已将此点讨论。上列文字若以为可用，你也可以发表。”⊖这篇《蓟县独乐寺观音阁山门考》其实就是对常盘与关野观点的一个具体而直接的反驳。而伯希和在这里所说的上列文字，主要是他关于敦煌第130窟外檐檐廊的年代问题，伯希和认为“这个檐廊的年代所以是980年”，以及第120A窟檐廊，伯希和认为“这一处檐廊的年代所以是976年。”⊖显然，伯希和在1931年《通报》第221及413页上的讨论意见，也是对常盘和关野观点的批驳。

这里的1038年，应该是以日本学者关野贞所考察过的山西大同华严寺的建造时间为依据的。华严寺分上下两寺，上寺大殿重建于金天眷三年（1140年），而下寺薄伽教藏殿建于辽重熙七年（1038年）。也就是说，在关野与常盘看来，现存中国最古老的木结构建筑就是山西大同下华严寺的薄伽教藏殿（图1-10）了。

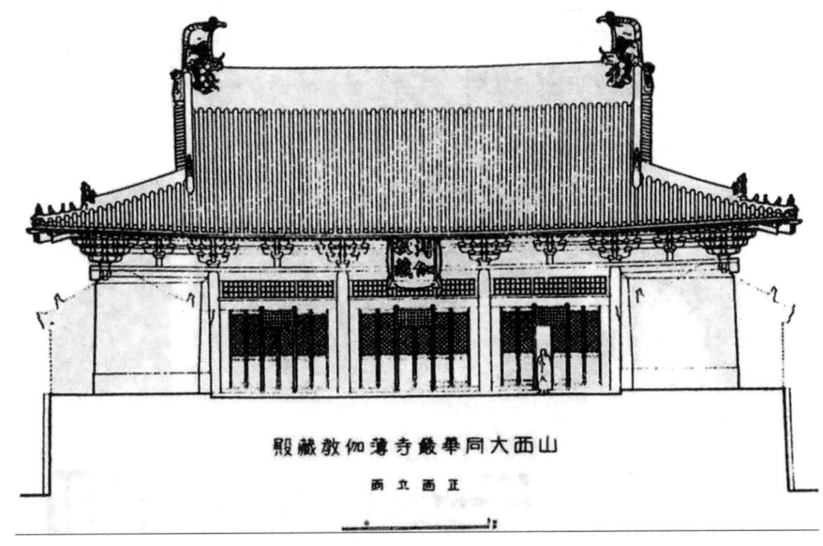

图1-10　梁思成先生的测绘图——大同下华严寺薄伽教藏殿立面

⊖《中国营造学社汇刊》第三卷，第四期，伯希和先生关于敦煌建筑的一封信，梁思成译，第125页。

显然，这里已经出现了有关中国建筑史在基本观点上的对立。以日本学者常盘大定与关野贞为代表所认为的中国木结构建筑遗存中没有比山西大同下华严寺的薄伽教藏殿（1038年）更早的实例的观点，与梁思成与伯希和对于这一说法表示质疑的观点。而梁思成有关中国古代建筑研究的第一篇论文《我们所知道的唐代佛寺与宫殿》，尽管当时还没有确实的唐代木结构遗存的实例发现，却对敦煌壁画等资料中所透露出来的唐代建筑信息充满了感情与自信，其实正反映了他内心深处对于日本学者的观点的某种质疑与抵触的情结。而他运用其在美国所接受的艺术史教育中科学的古建筑测绘与建筑考古方法而展开的第一篇论文，就选择了蓟县独乐寺观音阁与山门这一组建筑实例进行研究，并在之后的《中国营造学社汇刊》第三卷第四期中发表了他亲自所译的《伯希和先生关于敦煌建筑的一封信》，其态度也是极其明确的：对常盘与关野的观点进行针锋相对的反驳。

同是在《中国营造学社汇刊》第三卷第四期，卷首第一篇就是梁思成的第二篇基于建筑考古调查的研究论文：《宝坻县广济寺三大士殿》。这篇文章写得十分文学化，用了轻松和幽默的笔触，将旅途的艰辛与沿途的景象记录了下来，但一转入正题，梁思成就明确地表述了自己这一研究的基本态度，在“寺史”一节，他明确地指出：

> 所谓“寺史”并不是广济寺九百余年来在社会上、宗教上乃至政治活动上的历史，也不是历代香火盛衰的记录，也不是世代住持传授的世系，我们所注重的是寺建筑方面的原始、经过和历代的修葺，和与这些有关的事项。㊀

梁思成在这里明确地表述了他的基本学术观点：他与他的同人所注重的是“建筑方面的原始、经过和历代的修葺，和与这些有关的事项”，即对某一古代建筑案例之历史的研究。这一研究显然是继承了他所接受的巴黎美术学院式的西方艺术史研究的传统：从个体建筑案例研究出发的建筑历史研究。

在这篇文章中，梁思成提到了广济寺中曾经建造过的一座高180尺的木塔建筑：“而碣里所称高百八十尺的塔的寿命，也并不很长，大概与辽祀同尽；三大

㊀《中国营造学社汇刊》第三卷，第四期，第8～9页，1932年。

士殿乃是劫后余生耳。”㊀由这一塔，梁思成延伸出了他对于辽代建筑的一些基本判断：

现在山西应县佛宫寺尚有辽清宁二年（1056年）木塔，为我们所知唯一孤本。塔高五层，《山西通志》称高三百六十尺，而伊东忠太博士说高不过二百五十日尺。三大士殿后的木塔，结构与形式一定与应县塔大略相同，乃至所用柱径木材大小也相同，也有可能性；因为我们所知道的几处辽代建筑看来，辽代木材大小之标准，不惟谨严，而且极普遍，所以我们若根据佛宫寺塔来构造广济寺木塔的幻形，大概差不了很远。但就高低看来（按《志》和碣所称），应县的高于宝坻的整整一倍，所以也许宝坻的高只三层，至于权衡和现象，一定与应县极相似的。㊁

这时梁思成还未及赴山西应县进行考察。对于应县木塔的了解，主要依据的是中国古代文献，如《山西通志》的记载，及日本学者伊东忠太的研究文章。这里已经可以看出梁思成的建筑史学术眼光。通过已经测绘研究过的与文献中所记载的，以及日本学者研究中所披露的资料，对辽代建筑的结构与形式所做的整体判断：“辽代木材大小之标准，不惟谨严，而且极普遍。”也就是说，梁思成对辽代建筑结构与形式的历史特征已经有了初步的判断。而且，他还对已遭圮毁的广济寺塔“幻形”的复原研究多少寄托了一点希冀，而且在其复原判断上，他用的是“权衡与现象”两个词。权衡，就是比例；现象，可能是指建筑细部的处理方式。显然，在梁思成观察视角中，古代建筑建构层面的“木材大小之标准”与艺术层面的“权衡和现象”是最重要的关键词。也就是说，梁思成所关注的是艺术史意义上的建筑史研究。

在对广济寺三大士殿本身的研究中，梁思成又提出了中国古代建筑史上另外一个重要的问题：古代建筑结构名词术语的时代性问题。中国古代建筑的历史发展虽然芜杂繁复，但是可以通过两个基本的历史文件来加以归纳与界定，这两个文件就是后来梁思成所提出的中国古代建筑研究的两部文法书，即宋《营造法

㊀《中国营造学社汇刊》第三卷，第四期，第13页，1932年。

㊁《中国营造学社汇刊》第三卷，第四期，第14页，1932年。

式》和清工部《工程做法则例》：

至于分析的方法，则以三大士殿与我们所知道的各时代各地方的建筑比较，所以《营造法式》与《工部工程做法》，还是我们主要的比较资料。此外河北山西已发现的辽代建筑，也可以互相佐证。㊀

联想到梁思成写作这篇论文的时间是1932年，这时他不仅已经完成了作为中国古代建筑研究文法书的《清式营造则例》的著述与出版，而且已经对宋《营造法式》的基本术语有了比较充分的了解与把握。由此可以推测，他在参加学社的这几年，甚至更早的时间中，已经对中国古代建筑研究的两部最重要，也最基本的文法书——宋《营造法式》与清工部《工程做法则例》进行了相当深入的学习与探究。在这一基础上完成的《清式营造则例》，是他结合自己的测绘与考察实践，对清工部《工程做法则例》所做的简明而扼要的诠释，以期为从事中国古代建筑研究的专业人员和普通读者提供一个进入这一陌生领域的方便法门。同时，他也通过对辽宋时期建筑的实例考察，为他后来所特别专注的宋《营造法式》的研究，积累实际的例证。

综观这一时期梁思成的研究论文，可以清楚地看出，他已经将其学术思考的基本关注点集中在两个主要方向上：

1）基于西方艺术史之实例测绘与考古研究基础上的中国人自己对中国古代建筑史的整体研究与建构。

2）基于中国古代建筑两个基础文本研究与不同时期建筑实例考察两者结合基础上的中国古代建筑结构与艺术的体系建构。

这样两个基本的关注点是与梁思成的个人教育背景与中国知识分子固有的文化传统分不开的。一方面，梁思成受过以巴黎美术学院的传统为基础的正规的建筑教育，同时以他娴熟的外文能力，对西方艺术史及其研究方法有着很深入的了解。这一点从他在东北大学担任教职的短暂时间中就写出了《中国雕塑史》教材可以看得十分清楚。另一方面，梁思成秉承了乃父梁启超身上所具有的中国知识分子的固有文化传统，要之，即中国传统文人士夫以天下为己任，“先天下之忧

㊀《中国营造学社汇刊》第三卷，第四期，第20页，1932年。

而忧，后天下之乐而乐”的文化传统。这一传统在现代的表现，就是中国知识分子所特有的中华民族的自信心与自豪感。

基于这样两个特点，并根据梁思成最初的几篇学术论文，我们已经可以逻辑地推测出梁思成在这一时期的基本学术心态与理路：

1）基于他自己在美国所学习并熟悉的西方艺术史，特别是西方建筑史的学科架构体系，建构起一个在世界艺术史，特别是在世界建筑史中可以占有一席之地的中国艺术史范畴之下的建筑史学科体系。

2）针对外国学者，特别是日本学者常盘大定和关野贞所认为的中国没有比建造于1038年大同下华严寺薄伽教藏殿更早的木结构建筑的草率结论，希望通过实例建筑考古调查，发现一批早期中国建筑的实例，以弥补中国建筑史建构中基础资料的空白。

3）通过实例考察与文献研究，厘清与建构不同时期中国古代木结构建筑的结构、装饰与艺术特征、做法与术语体系，为深入理解与研究中国古代建筑奠定一个基本的学理基础。

结合梁思成稍后一些的论文与工作，我们还可以注意到梁思成这一时期所特别关注的另外两个学术点：

4）通过切实而细致的研究工作，为尚存古代建筑的保护与修缮摸索出一条切实可行的科学保护与修复之路，并探索出一条合乎中国传统木结构特征的古代建筑保护之路。

5）关注在建筑创作中如何与中华民族传统建筑文化相结合，以期探索出一条合乎中国人自己的民族情感与审美意趣的现代中国建筑创作之路。

四、梁思成早期学术思想证析

我们还可以从梁思成自己的主要学术活动取向及相关的论述中对前面所归纳出的梁思成的早期学术思想做更进一步的证析。

关于第一点，我们看得比较清楚。梁思成刚刚回国，任教于东北大学，即着手《中国雕塑史》的讲义，并希望为最终完成一部学术著作奠定基础。当然，这一工作也仰赖了他对国际学术界对中国艺术史的先期研究：

著名学者，如日本之大村西崖、常盘大定、关野贞、法国之伯希和（Paul Pelliot）、沙畹（Emmanuel-èdouard Chavannes）、瑞典之喜仁龙（Osvald Siren）等，俱有著述，供我南车。而国人之著述反无一足道者，能无有愧？今在东北大学讲此，不得不借重于外国诸先生及各美术馆之收藏，甚望日后战争结束，得畅游中国，以补订斯篇之不足也。㊀

从这一段话中，我们既可以知道梁思成对国际学术界研究成果的熟悉程度，也可以看出他对建构中国人自己的艺术史学术体系的拳拳之心。这一心态也见于他在《读乐嘉藻〈中国建筑史〉辟谬》一文中开篇所说的："回忆十年前在费城彭大建筑学院初始研究中国建筑以来，我对于中国建筑的史料，尤其是以中国建筑命题的专著，搜求的结果，是如何的失望。后来在欧美许多大图书馆，继续的搜求，却是关于中国建筑的著作究如凤毛麟角，而以'史'命题的，更未得见。"㊁而正是在这种迷茫与追求之中，1933年，第一部由中国人撰写的《中国建筑史》，即乐嘉藻的《中国建筑史》问世，这一点曾让梁思成倍感欣喜，然而接踵而至的却是失望：

十年了，整整十年，我每日所寻觅的中国学者所著的中国建筑史，竟无音信。数月前忽得一部题名《中国建筑史》的专书，乐嘉藻先生新近出版的三册，这无疑的是中国学术界空前的创举。以研究中国建筑为终身志愿的人，等了十年之久，忽然得到这样一部书，那不得像饿虎得了麋鹿一般，狂喜的大嚼。岂知……㊁

这是一篇特别流露感情的文章，从中既可以看出梁思成建构中国建筑史学科体系的心志与期待，也可以看出，他所期待的中国建筑史，必须有合乎国际艺术史学术标准之"史"的架构，以期能够真正反映中国建筑在世界建筑史中独树一帜的学术体系。而在梁思成看来，乐嘉藻：

既不知建筑，又不知史，著成多篇无系统的散文，而名之曰"建筑史"。假若其书名为"某某建筑笔记"或"某某建筑论文集"，则无论他说什么，也与任

㊀《梁思成全集》第一卷，第59页，中国建筑工业出版社，2001年。

㊁《梁思成全集》第二卷，第291页，中国建筑工业出版社，2001年。

何人无关。但是正在这东西许多学者，如伊东、关野、鲍希曼等人，正竭其毕生精力来研究中国建筑的时候，国内多少新起的建筑师正在建造“国式”建筑的时候，忽然出现了这样一部东西，至自标为“中国建筑‘史’”，诚如先生自己所虑，“招外人之讥笑”，所以不能不说这一篇话。㊀

这字里行间其实突显的仍然是梁思成心目中的《中国建筑史》的学科体系与学术价值观，与这本冠名以《中国建筑史》的图书之间的巨大反差，由此更可窥出梁思成所希望架构的《中国建筑史》，必须是可以在世界上独树一帜，并且可以跻身于世界艺术史学术殿堂的真正学术之作。联想到时下一些青年学者，对梁思成这一篇文章有一些微词，颇为乐嘉藻鸣不平。但是，若能够从世界范围的学术框架下，并透过梁思成当时所怀架构中国自己的建筑史学术体系的急切心情来看，这一篇文章恰可以从另外一个侧面印证，梁思成这时确已形成了自己关于中国建筑史研究的独立的学科体系与学术价值体系的基本思路。

值得注意的是，这里有梁思成文章中不多的有关鲍希曼信息的不经意流露。从这里的表述中，我们仍然可以认为，梁思成对于鲍希曼的研究是了解的，而且也对他的学术成就充满了敬意。

关于第二点，我们已经从前面所述梁思成特别关注于早期木结构建筑的调查与研究中看出，在这里梁思成的一个主要心结是：能否发现唐代木结构建筑的遗存。早年生活在日本的梁思成对于在时期上与唐代比较接近的日本飞鸟、奈良时期的木结构建筑实例十分熟悉，这支持了他相信唐代木结构建筑，若非遭到天灾或人为的破坏是有可能留存至今的理念，同时，他更期待通过唐代建筑的发现与研究，为建构中国建筑史提供一个最为强有力的基础性佐证。这从他在《中国营造学社汇刊》中所发表的第一篇论文即是《我们所知道的唐代佛寺与宫殿》，以及1937年，冒着危险与困难，基于他对敦煌壁画的研究中所获得的线索，深入山西五台山腹地并最终发现了最为重要的唐代木结构建筑实例——佛光寺大殿。并且在抗战的烽烟与颠沛流离中，完成了他最重要的学术论文之一《记五台山佛光寺建筑》。这篇文章于条件最为艰苦的1944年发表于《中国营造学社汇刊》第七

㊀《梁思成全集》第二卷，第296页，中国建筑工业出版社，2001年。

卷，第一期上。

梁思成《中国建筑史》绪论明确地阐述了他所要建构的中国建筑体系之完整与深邃：

中国建筑乃一独立之结构系统，历史悠长，散布区域辽阔。在军事、政治及思想方面，中国虽常与他族接触，但建筑之基本结构及部署之原则，仅有和缓之变迁、顺序之进展，直至最近半世纪，未受其他建筑之影响。数千年来无遽变之迹、掺杂之象，一贯以其独特纯粹之木构系统，随我民族足迹所至，树立文化表志，都会、边疆，无论其为一郡之雄或一村之僻，其大小建置，或为我国人民居住之所托，或为我政治、宗教、国防、经济之所系，上自文化精神之重，下至服饰、车马、工艺、器用之细，无不与之息息相关。中国建筑之个性乃即我民族之性格，即我艺术及思想特殊之一部，非但在其结构本身之材质方法而已。㊀

关于第三点，除了前面提到梁思成在加入中国营造学社之初，即完成了堪称经典的《清式营造则例》一书，为人们学习与了解大量遗存的明清官式建筑体系铸成了第一把钥匙。而熟悉梁思成学术经历的人都知道，在1949年之后，梁思成在繁忙的教学与公共事务之外，特别是在身处逆境之中的时候，最重要的学术成果之一正是《〈营造法式〉注释》。这也是他集毕生考察与研究，与他的助手们协力合作，对《营造法式》这本号称最为难懂的“天书”的第一次系统破解。也就是说，从《清式营造则例》到《〈营造法式〉注释》贯穿的正是梁思成希望探究与建构中国木结构建筑的结构、造型与装饰的完整体系的毕生心结。

梁思成研究的这两条主要线索：建筑历史系统的线索与中国建筑体系的线索是一以贯之的。在梁思成《中国建筑史》中，他不仅通过详细的叙述与论证，而且通过不胜细密的图解方式，来表达他的这两个方面的思考。如该书之绪论中用中英文同时标注的“中国建筑主要部分名称图”“中国建筑之‘ORDER’”“宋《营造法式》大木作制度图样要略”“清工部《工程做法则例》大式木作图样要略”四图就是一例。而在该书中所插入的“历代斗栱演变图”“历代阑额、普拍枋演变图”“历代耍头演变图”“历代殿堂平面及列柱位

㊀《梁思成全集》第四卷，第7页，中国建筑工业出版社，2001年。

置比较图”“历代木构殿堂外观演变图”“历代佛塔型类演变图”等无一不透露着这样两条基本的学术线索。

而梁思成在他关于斗栱、檐柱、柱础的图中特别使用了西方建筑中最具典型意义的“ORDER”一词，以及他在“历代木构殿堂外观演变图”中将中国古代木结构殿堂的艺术风格划分为：豪劲时期、醇和时期、羁直时期；在“历代佛塔型类演变图”中将中国佛塔划分为：古拙时期、繁丽时期、杂变时期等对中国建筑艺术风格特征所做的尝试性历史分期，也十分明显地透露出他意欲将中国建筑体系与西方古典建筑体系（希腊与罗马建筑）的基础加以对等比较的思想。

关于第四点，梁思成不仅从加盟中国营造学社之初就积极参与了故宫文渊阁的保护修缮㊀、景山万春亭的保护修缮㊁，以及为了对山东曲阜孔庙进行全面的重修而进行的研究并拟定了修葺计划。并且于1935年完成以专刊的形式刊载于《中国营造学社汇刊》第六卷，第一期上的《曲阜孔庙之建筑及其修葺计划》。这篇文章，既有深入的历史研究，又有详细缜密的修葺计划，勘测图纸之全面而细致，残损调查之认真而仔细，及修葺计划之具体而微，都堪称是中国文物建筑保护修缮研究的经典之作。

后来，梁思成以浅显易懂的语言提出的“修旧如旧”的文物修复理论，其实就是在他深厚的艺术史涵养及对中国木结构建筑体系深入思考的基础上提出来的。近来后学好事者，从不同的方面对这一保护理念多有诟病。一者，认为“修旧如旧”不合西方历史保护之大则，颇有扰动历史信息之嫌。二者，认为既已修之，何以“旧”之，或焕然一新，以合历史之新陈代谢；或任其苟延残喘，以合历史之真实。全然不顾艺术鉴赏之基本标准与迥异于世界大系的中国木结构建筑之独特品质。其两面夹击之势，又颇令人无所措手。

关于第五点，梁思成于1934年决定要编制一套“中国建筑设计参考图集”，其目的就是要为从事中国建筑设计实践的建筑师提供一套基础性的设计参考资料，这套图集，由实例照片、图例及文字简说组成，由梁思成主编，刘致平编纂，从1934年到1937年已经出版了10集，包括：台基，石栏杆，店面，斗栱

㊀ 蔡方荫、刘敦桢、梁思成《中国营造学社汇刊》第三卷，第四期，故宫文渊阁楼面修理计划。

㊁ 梁思成、刘敦桢《中国营造学社汇刊》第五卷，第一期，修理故宫景山万春亭计划。

（汉～宋），斗栱（元、明、清），琉璃瓦，柱础，外檐装修，雀替、驼峰、隔架，藻井。试想一下，当时的北平，已经弥漫着浓厚的战争火药味，而梁思成与刘敦桢又都同时承担了大量考察、研究、修葺的工作，还专门拨冗为建筑师们完成了这样一整套设计参考图集，说明这两位中国建筑史学的奠基人，对于现代建筑创作中如何体现民族文化的问题也是十分重视的。

关于这一话题，我们还可以做一些延伸：

从第一点和第二点上看，1946年梁思成用英文完成了《图像中国建筑史》一书，这部书的书稿经过辗转周折，直到1984年才在美国出版。1953年梁思成为清华大学建筑系的建筑史教学写作了《中国建筑史》，以及他后来与刘敦桢合作，指导全国的建筑史学者从事的中国古代建筑史的系统研究，都是他一意追求的建构一个可以在世界建筑史之林中独树一帜的中国建筑史的学术心结的继续。

从第三点上看，梁思成从20世纪30年代就开始着手，并且一直延续到20世纪60年代，最终先后于20世纪80年代及2001年才得以出版的《〈营造法式〉注释》上、下两卷，是他为了建构中国古代木结构建筑的结构、装饰与艺术特征、做法与术语体系的锲而不舍之努力的主要成果之一。尽管这一成果有许多未竟之处，但仍然可以充分看出梁思成在这一学术思路上的执着与坚忍。

从第四点上看，早已为世人所熟知的梁思成在北京旧城保护上的奋战与拼搏，则突显了他在历史建筑保护这一学术领域的坚持不懈与不屈不挠。

从第五点上看，梁思成在20世纪50年代主持中华人民共和国国徽设计、人民英雄纪念碑设计以及指导中华人民共和国新中国成立十周年的北京十大建筑设计，其实，也正是他始终在建筑（及艺术）创作中寻求现代建筑与中国传统文化相结合的学术理念下所进行的一些不懈探索。

显然，从20世纪30年代，直至他不幸于20世纪70年代初过早离世，他的学术思想与理路是清晰而一以贯之的。

五、鲍希曼研究思路的一点探析

关于鲍希曼与中国建筑的联系，前面已经谈到。在20世纪早期，鲍希曼关于中国建筑的著作之丰，在当时的世界范围内也堪称罕见。据赵辰的简单追溯，鲍希曼1911年出版了《中国的建筑艺术和宗教文化》（*Die Baukunst und religiőse Kultur der Chinesen*），1923年出版了《中国建筑与景观》，（*Baukunst und Landschaft in China*），1925年出版了《中国建筑》（*Chinesiche Architektur*），另有学者提到他在1931年出版了一本《中国佛塔》（*Chinesische Pagoden*）㊀。这4部著作中的每一本都具有引人注目的标题。

据林洙《叩开鲁班的大门——中国营造学社史略》一书中介绍，中国营造学社建社之初的1932年，鲍希曼就被接纳为中国营造学社的通讯研究员㊁。而前面所引梁思成《读乐嘉藻〈中国建筑史〉辟谬》一文中提到鲍希曼时，所用的词语是："如伊东，关野，鲍希曼等人，正竭其毕生精力来研究中国建筑的时候……"，显然也是对鲍希曼充满了敬意的。而且，梁思成特别提到他在10年的时间中"对于中国建筑的史料，尤其是以中国建筑命题的专著，搜求的结果，是如何的失望；后来在欧美许多大图书馆，继续搜求，却是关于中国建筑的著作究如凤毛麟角……"以鲍希曼的著作有7部之多，无疑应该是欧美图书馆收藏的书籍，当也应在"凤毛麟角"之列。

但是，为什么在《中国营造学社汇刊》中没有关于鲍希曼之研究，哪怕是粗略提及，也没有登载任何一篇鲍希曼研究文章的译文？其中的原委无疑不应该排除鲍希曼使用的是当时一般中国学者可能不甚熟悉的德语，以及当时的世界上战云密布，危机四伏，鲜有人能够对一种用自己不熟悉的语言撰写的建筑考察专论花费很大的精力来加以译介，这两者之间多少有点关系。

但是，除此之外是否还有更为深层次的关系呢？以笔者的浅见，很可能还是有的。我们虽然还不足以对鲍希曼的著作做一个较为全面的概览，但从目前的中文译本中，或可以得一点窥斑知豹的启示。以沈弘所译《寻访1906—1909：西人眼中的晚清建筑》为例，这本书的书名应该是译者自撰的，从内容看很可能是译自《中国建筑与景观》（*Baukunst und Landschaft in China*）。据译者说，是译自一个英文译本，可惜译者没有给出这本书的原外文名称。但从译者为正文所冠的

㊀ Berlin und Leipzig：Verlag von Walter de Gruyter&Co.，1931年。

㊁ 林洙《叩开鲁班的大门——中国营造学社史略》第25～27页，中国建筑工业出版社，1995年。

标题：《如诗如画般的华夏大地：建筑与风景》和书中的内容，及二书所用照片数（288张）恰好相同来看，应该与段芸所译《中国的建筑与景观（1906—1909年）》（图1-11）依据的是同一个本子。因为笔者手边恰好有这个沈弘本，我们就从这个译本谈起，或可对鲍希曼的基本研究思路有一点管窥。

《寻访1906—1909：西人眼中的晚清建筑》是一本以照片为主要内容的图书，包括当时鲍希曼足迹所至的直隶、山东、广东、广西、浙江、福建等12个省的288张照片。照片的内容之驳杂，范围之宽泛，可谓包罗万象。有宗教建筑，有城市，有街道景观，有园林，有住宅，有坟墓。从这些照片看，作者是怀了极大的好奇与兴趣来做这一切的。恰像一个来自远方的人，对于突然来到的陌生世界充满了好奇与诧异。他尽力地用相机捕捉这一切，从城市到乡村，从山野到湖畔，从寺庙到园林，从河中漂泊的渔船到山谷中颠簸的马车，几乎无所不有。

的确，鲍希曼通过自己的眼睛与照相机为我们保留了一些极其珍贵的历史建筑照片。如北京城正阳门内大清门及千步廊的历史照片（图1-12）、西安府北城楼及瓮城的历史照片等。同时，也保留了当时中国人日常生活中的一些珍贵镜头，如百姓的生活、僧侣的礼仪活动等，可以说是琳琅满目。

而且，鲍希曼在展开描述他的考察工作时，几乎对中国文化充满了真挚而饱满的热情。他的文笔中并没有20世纪初西方文人对于中国文化的鄙夷，或对于中国地方文化之落后与百姓生活之贫困的蔑视，而是热情洋溢地用他那诗人一样的笔触，为中国的建筑、文化与景观大唱赞颂之歌。我们可以从沈弘的译文中信手

图1-11　段芸所译《中国的建筑与景观（1906—1909年）》

图1-12　大清门与千步廊（鲍希曼 摄）

摘录几段：

中国建筑中最有代表性的是一种宗教观念。一旦我们认识到这一点，我们也就能够理解那些建筑本身了。而中国人最好的信念也都表现为这种宗教精神。这就是产生所有行动的根源，由此造成的内在力量使我们在观看如诗如画的中国山水风景，观察造就华夏民族的大自然，以及观看使中华帝国充满活力的建筑物时会受到深深的感动。㊀

这些皇家的寺庙，以及几乎所有寺庙和祭坛，至今仍然大多隐藏在神圣的树丛之中，使得那儿的宗教生活远离于尘世的喧嚣。从希腊、罗马和西欧人祖先的圣林中传下来的，赋予自然以神祇生活的那个世界在至今的中国仍然具有活力。㊁

玄学的三位一体力量是古代中国人和现代佛教思想领域的一个共同出发点。它的最美丽象征就是完美无缺的二龙戏珠。它们是在精神和物质的每一种现象中同时出现的两种力量，它们相互作用，直至新的形式到达臻于完美的境界，以及重新消失为止。㊂

像一条红线贯穿于中国思想文化的主要思想就是人与大地的紧密联系。大地是人的母亲，哺育他的一生，还是他死后的庇护所。㊃

如果说对于故乡的土地如此熟悉的中国人将自己视作是土地的一部分，并且认为大地是他们力量和灵魂的源泉，那么他们也十分尊崇作为土地来源的高山。他们在山岳中看到了自身和神圣的根源，神祇的所在地。㊄

天的本质是阳性的，而大地则是阴性的。它们加在一起，就构成了中国的宇宙。太阳被视作是天的化身和用其热量来催化大地母亲子宫内生命的主要行星。

㊀ [德]恩斯特・鲍希曼《寻访1906—1909：西人眼中的晚清建筑》沈弘译，第12页，百花文艺出版社，2005年。

㊁ [德]恩斯特・鲍希曼《寻访1906—1909：西人眼中的晚清建筑》沈弘译，第13页，百花文艺出版社，2005年。

㊂ [德]恩斯特・鲍希曼《寻访1906—1909：西人眼中的晚清建筑》沈弘译，第13～14页，百花文艺出版社，2005年。

㊃ [德]恩斯特・鲍希曼《寻访1906—1909：西人眼中的晚清建筑》沈弘译，第22页，百花文艺出版社，2005年。

㊄ [德]恩斯特・鲍希曼《寻访1906—1909：西人眼中的晚清建筑》沈弘译，第27～28页，百花文艺出版社，2005年。

正是由于这个原因，人们都认太阳是生命的创造者。这一点表现在所有房屋、宫殿、城市的位置上，它们的中轴线都是指向南方，即正午的太阳。……中国的伟大思想传统中追求节奏和力量的欲望再也没有比所有建筑的轴线都具有相同的方向这一事实更为典型的了。㊀

当然，我们还可以从这本书中举出很多用美妙语言堆砌的对于中国文化的神秘与美好的歌颂。如果其译文确实是忠于原文的，那么其贯彻始终的热情洋溢，足以令人感动，但其中的驳杂与散乱，也如同这本书中所选用的照片一样，使人觉得漫无边际，不得要领。

实际上，鲍希曼是一个很有哲学头脑的人，也是一个具有文化人类学深厚修养的学者，同时熟悉20世纪西方文化哲学的发展，对于建筑学中的空间方位象征意义，空间组织格局有着特别敏锐的感觉。这从他在其著作中对北京香山碧云寺所做的深入测绘，及对其空间进行的阐述与分析中，也可以略窥一斑。但是，除此而外，我们总觉得他的著述中缺少一些什么。那么，究竟缺少些什么呢？我们不妨参照前面对梁思成学术思想的探索，通过二者之间的比较而做一些浅析。

其一，在鲍希曼的著作中，中国建筑具有一种强烈的“非历史性”。鲍希曼的考察，并不问其考察的对象是建造于哪一个年代，哪一个朝代，只是概而论之地谈到是一座什么建筑，如宗教建筑、住宅建筑等。使人觉得在他的眼中，中国建筑几乎是没有历史分划的。这也许是这本书的译者将该书译作《寻访1906—1909：西人眼中的晚清建筑》的原因之一，因为尽管其中所选的建筑并不都是清代所建造的，尤其不是晚清时期所建造的，但是，在作者的眼中，这一切都凝固在了一个没有时间感的1906—1909年的一位远来的西方人的镜头之中（图1-13～图1-15）。

如果说关野贞与常盘大定认为中国木结构建筑没有早于1038年的例证的判断显得有点草率，但他们毕竟是在透过历史的眼光来观察中国古代建筑。在他们的建筑研究中，是有着一个基本的历史坐标系的。而在鲍希曼的研究中，我们似乎没有找到这样一个基本的坐标系。显然，这与20世纪初以梁思成为代表的中国建

㊀ [德]恩斯特·鲍希曼《寻访1906—1909：西人眼中的晚清建筑》沈弘译，第33～34页，百花文艺出版社，2005年。

筑史学者，极力想建构一个可以与西方建筑史相提并论的中国建筑史的学科框架体系的学术心结正是大相径庭的。

图1-13　四川某建筑（鲍希曼 摄）

图1-14　普陀山法雨寺室内（鲍希曼 摄）

图1-15　长沙某祠堂一角（鲍希曼 摄）

问题恰恰出在了这里。因为，在19世纪西方人强烈的欧洲中心论思想下的世界建筑史领域，流行的思想，就是将中国、日本等东方建筑纳入到“非历史性”的范畴之内。这方面最为著名的例子是英国人弗莱彻（Banister Fletcher）所撰写的著名的《比较建筑史》中那棵颇具争议的“建筑之树”（图1-16）。在那棵由弗莱彻随意建构的世界建筑史学术之树上，只有西方建筑及与西方建筑有着比较密切关联的埃及建筑、希腊建筑、罗马建筑、中世纪建筑、文艺复兴建筑等，可以纳入建筑历史发展范畴的建筑之树的树干上。世界上许多欧洲以外的建筑，包括中国建筑、日本建筑、美洲建筑等，都被安置在了这棵树的旁枝左杈上，并被冠以“非历史性”的建筑之定义，这显然是以自我为中心的欧洲人的狭隘与偏见的产物。梁思成等中国学者尽毕生之力而奋斗的建构一个中国人自己的建筑史学科框架的努力，正是被这样一棵颇令人感到愤怒的建筑史之树所激发的反作用力的结果之一。

不幸的是，曾经在中国12个省市进行过详细考察的20世纪初的西方学者鲍希曼，尽管比傲慢的弗莱彻更多地了解了一点中国建筑与文化，也更多地进行了一些亲身接触与体验，但其基本的学术观点，无疑是受到了这棵“建筑史之树”的影响。因为，在他眼中的中国建筑，只是一堆驳杂奇妙的建筑与文化现象，并不具有其历史的发展脉络与历史发展的学术价值。

图1-16　弗莱彻的著作《比较建筑史》中的“建筑之树”

其二，在鲍希曼的著作中，我们看不到他对中国建筑之结构、形式与装饰的独立而特殊的体系有任何的建构。在鲍希曼看来，中国建筑是一种奇妙文化现象的堆积，其中缺乏理性理解的链环。他既没有向中国地方学者与工匠了解中国建筑的基本结构形态与造型特征，也缺乏对中国建筑所特有的艺术魅力进行理性分析与探索的热情。只是猎奇性地描述了中国建筑的一些具有神秘主义思维的文化现象，如方位、风水、阴阳等。这样一种学术态度，与梁思成等中国学者希望建构一个中国建筑特有的结构、造型与装饰的知识与术语体系也恰成反差。

正是因为这样两个基本的原因，所以，在鲍希曼的眼里，中国建筑既没有明确的历史分期，也没有明确的艺术风格分类，只是一堆纷繁而多样，迥异于西方建筑艺术体系，令人倍感新奇的建筑现象。所以，即使是在他的照片中出现了较为早期的建筑，如早期的石窟、桥梁与塔幢，他都将其视作与他所看到的晚清那些日常的建筑一样，并没有引起特别的注意与相应的分析。而他的关注点也并不在于寻求更为古老的古代建筑实例上，只是对各地、各种建筑现象做平铺直叙的描述与介绍。在他眼中，这里面没有艺术分期的差别，没有艺术品类的差异，也没有地域风格相互影响与变迁的痕迹。这也导致了他尽管反复经过京津

一带，并专程赴山西考察，却没有专程去考察甚至没有注意到近在咫尺的蓟县独乐寺观音阁、应县佛宫寺塔等重要建筑实例。因而，在鲍希曼的图集中，我们也难以发现特别具有建筑史研究价值的唐宋辽金时期建筑实例的历史照片，反而多是一些当时随处可见且艺术与历史价值相对比较低的街道、住宅、寺庙、牌楼、坟墓等晚期建筑实例（图1-17、图1-18）。这也在一定程度上降低了其考察与研究的整体学术价值，反而更像是一个缺乏缜密思考与学术逻辑的建筑与景观大拼盘。

图1-17　某地福神庙（鲍希曼摄）

图1-18　广东某建筑（鲍希曼摄）

与鲍希曼恰成反差的是，20世纪30年代以北京为大本营的梁思成、刘敦桢等中国学者，却没有急于对北京及其周边的清代建筑作全面和系统的考察与研究。除了偶然涉及北京明代建筑智化寺，及对已毁的圆明园相关史料有所涉及外，两位学者都舍近求远地去蓟县、赴大同、到正定，探查与求索比在北京随处可见的清代建筑远为古老的唐宋辽金遗构。这样两种截然相反的行事作风，正是由其各自不同的对于中国建筑的基本理念，以及学术意趣与价值取向所决定的。

正因为如此，梁思成等中国学者，尽管对鲍希曼的研究存有敬意，但却对其成果并不十分肯定，这一点也见于美国学者费慰梅（Wilma Canon Fairbank）所撰的《梁思成小传》（*Liang Ssu-Ch'eng*：*A Profile*），书中谈到早在梁思成求学于美国宾夕法尼亚大学建筑学院时，对当时出版的鲍希曼和西乐恩有关中国建筑的著作就有点评，他认为："二者都不懂中国建筑的语法，他们是不得要领地描述了中国建筑。不过，二者之中，西乐恩是要好一点。他运用了新近发现的《营造法式》，尽管也是不够精心的。"[㊀]这里所用的"不得要领"一词，可能就是对鲍希曼之关于中国建筑的学术意趣与价值取向批评的一个点睛之笔。

由以上的分析不难看出，鲍希曼的考察与研究，尽管辛苦数年，颠簸万里，图像资料丰沛，著述浩繁，却与当时以梁思成、刘敦桢为主导的中国建筑史研究者基本的与主要的学术思路与价值取向之间有着相当大的反差。所以，即使当时的中国学者对于他的工作成就有所了解，恐也无法将他与那些更为关注中国建筑的历史与体系之建构的伊东忠太、关野贞、伯希和等大约同一时期的外国学者等量齐观。这恐怕就是鲍希曼的著作大受冷落，一直得不到及时翻译、引进与介绍，其文章与著述在20世纪30年代的《中国营造学社汇刊》中也几乎未见提及的主要原因所在。

六、结语

不同时期的研究者，各有其不同时期所面临的历史任务与学术追求的里程碑。如果说从文艺复兴时期的巨匠伯鲁涅列斯基为了佛罗伦萨大教堂穹顶的建造而去测绘罗马古代建筑开始计算，已经有近600年的时间了，而从德国艺术史之父温克尔曼建构西方艺术史开始计算，西方艺术史与建筑史的学术历程也已经走过了两个半世纪的历程。但是，直至20世纪上半叶，中国建筑史在世界建筑史之林中，甚至连一个基本的位置都没有。一般的西方学者也只是从一种猎奇的兴趣与角度来从事或参与中国建筑的考察与研究，而个别权威的西方建筑史学论著中，仍然将中国建筑纳入"非历史性的""无风格的"旁枝左杈式的建筑体系之列。在这样一个大的学术背景之下，以中国营造学社为代表，以梁思成、刘敦桢为典型的中国建筑史研究者，采取了与西方建筑史相对等的建筑史发展体系建构，和建筑结构与类型体系建构的研究工作，其意义无疑是带有开拓性的。其目标是为了将中国艺术史中的中国建筑史学建构为可以在世界艺术史之林拥有独树

㊀ 赵辰《西方学者对中国建筑的研究》，梁思成的这一段话是赵辰从英文中译过来的。

一帜地位的学科。

相比之下，鲍希曼等一些熟悉西方艺术史与建筑史体系与方法的外国学者，很可能多少受到了西方人欧洲中心论的影响，尽管对中国建筑抱持了极大的热情，也投入了相当的精力，但基本的出发点，却带有浓厚的猎奇性特征，从而使其考察与研究，与当时中国建筑史学所迫切需要的历史性与体系性建构过程严重脱节，因而，未能获得那一时期学者的充分重视，其原因也是可以理解的。

客观地说，鲍希曼的研究，具有当时西方艺术史、文化史与人类文化学的一些视角，而且也具有20世纪初西方建筑思想发展中对于空间问题特别关注的敏锐感觉，因而，他的研究方法与思维有一些还是相当超前的，特别是他对北京香山碧云寺亲自所做的测绘及空间分析，至今仍然有十分重要的启示作用。因他的考察与测绘而保留下来的大量历史建筑的图像与信息资料，对于中国建筑史学界具有极其重要的参考价值。基于这样一个考虑，有计划地将其著作加以翻译引进，无论是从对20世纪初中国建筑保存情况的了解，还是从中国建筑史学的探索层面上看，都是十分必要的。段芸、沈弘两位先生已经开启了这方面工作之先机，笔者期待在不远的将来还会有这样的有心人，最终能够为这位孤独但却令人景仰的老一辈德国学者与中国建筑史学界之间搭起一座理解的桥梁。

顺便要说到一句的是，时下一些后学之士，基于现在已经高度发展了的建筑史学视角，对前代学者，特别是梁思成的学术成就与经历，包括他关于建筑史与建筑保护的早期成果与基本观点时有微词。他们对前代学者对于鲍希曼等外国学者的重视程度不够，甚至对如乐嘉藻、王璧文等学者曾持以批评态度的做法也打抱不平，甚至刊文抨击。尽管这样做，从学术发展的角度来说，也无可厚非，但若因此而不顾当时的历史条件与学科发展阶段，则就称不上是一种严肃的治史态度了。

梁思成与《〈营造法式〉注释》㊀

——纪念梁思成先生诞辰120周年

从20世纪30年代中国营造学社开始对唐辽宋金建筑遗构系统考察算起，梁思成先生对《营造法式》的拓荒式学习、探索、关注与研究，至少已有40年之久。与之相关重大课题——《〈营造法式〉注释》，是先生及其助手在至为艰难的1940年启动，并有了一些初步成果；其后因政治起伏、社会变迁、世事纷扰一度搁置。至1961年再度开启后续研究，并在不时受到种种风波干扰的环境下，潜心不怠继续工作。

换言之，自1940年的至暗时刻到先生辞世前那段岁月，前后30余年时间起伏跌宕的社会环境与百事坎坷的个人境遇，并未阻止先生为《营造法式》这部古代建筑典籍的注释与研究做出不懈努力与艰难探索。第一阶段成果《〈营造法式〉注释（卷上）》（图1-19）于先生辞世十年后（1982年）问世。全书上、下卷直至2001年《梁思成全集》出版，才以“第七卷”的形式（图1-20）与读者见面。

其书上卷包括对看详、总释、壕寨、石作及全书最核心之大木作斗栱、柱额、梁架等制度的详细注释。下卷覆盖了小木作六种制度及雕作、旋作、锯作、竹作、瓦作、泥作、彩画作、砖作、窑作等制度及各作功限与料例的诠释。透过这部投入时间最长、花费心血最多的学术著作，不仅可以学习到先生严谨细密的治学精神与科学睿智的大家风范，也可以体会到他锲而不舍、实事求是的学术素养。

㊀ 本文系国家社会科学基金重大项目“《营造法式》研究与注疏”（项目批准号：17ZDA185）的子课题之一。原文曾发表于《建筑史学刊》2021年第二卷第二期纪念梁思成先生诞辰120周年特辑。

图1-19　梁思成《〈营造法式〉注释（卷上）》

图1-20　《梁思成全集（第七卷）》

一、早期学者的最初努力

李诫奉旨编修，北宋官方颁印海行天下的《营造法式》，是世界上正式印刷出版的第一部㊀建筑学专著，也是中国古代的一部建筑百科全书。经历800余年影写传抄，至清末民初，人们对其书原貌早已茫然，书中文字令时人读起来全然不知所云，其中的宋式建筑制度与规则，更如一团迷雾。

1919年，朱启钤先生在南京发现清代影抄本《营造法式》，遂与时任省长齐耀琳商之，“缩付石印，以广其传世”㊁。因缩版石印本出自钱塘丁氏嘉惠堂藏张芙川（蓉镜）影宋抄本，故称“丁本”《营造法式》（图1-21，图1-22）。

时人陶湘先生：“知丁本系重钞张氏者，亥豕鲁鱼触目皆是。吴兴蒋氏密韵楼藏有钞本，字雅图工，首尾完整，可补丁氏脱误数十条，惟仍非张氏原书。常熟瞿氏铁琴铜剑楼所藏亦绍兴本四库全书内法式，系据浙江范氏天一阁进呈影宋

㊀ 古罗马建筑师维特鲁威的《建筑十书》在12世纪时仍为传抄本，尚未正式印刷出版。阿尔伯蒂的《建筑论》完成于15世纪末，出版时已是16世纪初。

㊁ [宋]李诫《营造法式（陈明达点注本）》第四册，第246页，朱启钤前序，浙江摄影出版社，2020年。

图1-21　朱启钤石印本《营造法式》外观

图1-22　朱启钤石印本《营造法式》内页

钞本录入，缺第三十一卷，馆臣以永乐大典本补全。”㊀

这一以范氏天一阁影宋抄本为基础，再以永乐大典本补全之本，“尤较诸家传钞为可据，惟四库书分度七阁，文源、文宗、文汇已遭兵炙。杭州文澜亦毁其半。文渊藏大内，盛京之文溯储保和殿，热河之文津储京师图书馆，今均完整。以文渊、文溯、文津三本互勘，复以晁、庄、陶、唐摘刊本蒋氏所藏旧钞本对校丁本之缺者补之，误者正之，伪字纵不能无，脱简庶几可免。”㊁

在梁思成之前，朱启钤、陶湘等早期学者，为《营造法式》校验互勘，做了大量前期工作。梁思成及后来研究者，多以陶本《营造法式》（图1-23）为校读研究之基础文本。

虽然朱启钤、陶湘，都是学富五车的士人，最初面对《营造法式》这部天书，同样也一筹莫展。对大木作部分名称亦不知所以。如陶氏言：“惟图式缺如，无凭实验。爰倩京都承办官工之老匠师贺新赓等，就现今之图样，按法式第三十、三十一两卷本大木作制度名目，详绘增坿，并注今名于上。俾其原图对勘，觇其同异，观其会通，既可作依仿之模型，且以证名词之沿革。”㊂以清官

㊀ [宋]李诫《营造法式（陈明达点注本）》第四册，第251～252页，陶湘识语，浙江摄影出版社，2020年。

㊁ [宋]李诫《营造法式（陈明达点注本）》第四册，第253页，陶湘识语，浙江摄影出版社，2020年。

㊂ [宋]李诫《营造法式（陈明达点注本）》第四册，第254～255页，陶湘识语，浙江摄影出版社，2020年。

式做法与名称注释《营造法式》大木作图，是一种无奈之举，也是《营造法式》注释的最早尝试（图1-24）。

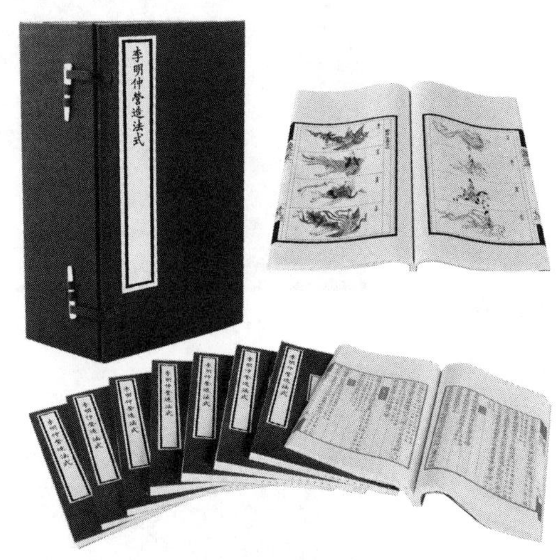

图1-23　中国国家图书馆藏陶本《营造法式》

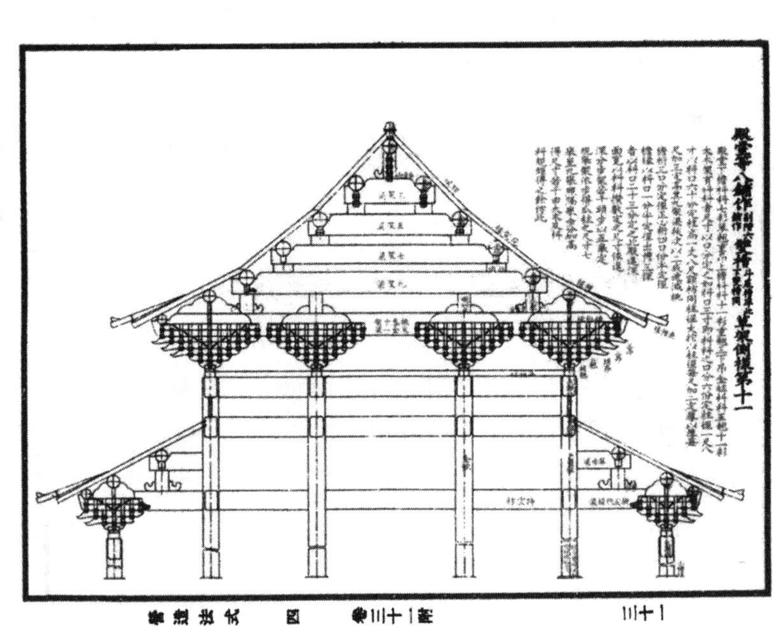

图1-24　以清式术语注释《营造法式》大木作图

陶先生所做另一工作是对彩画着色的探讨："又法式第三十三、三十四两卷为彩画制度图样，原书仅注色名深浅向背，学者瞢焉。今按注填色五彩套印，少则四五版，多者十余版。定兴郭世五氏夙娴艺术，于颜料纸质，覃精极思，尤有心得。董督斯役，殆尽能事。"㊀（图1-25，图1-26）。

图1-25　陶本《营造法式》彩画作着色

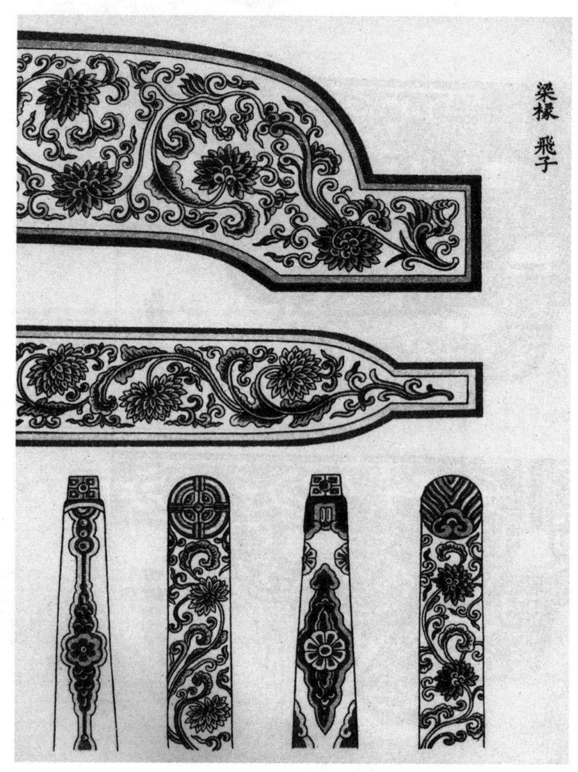

图1-26　《营造法式》彩画作–碾玉装华文–着色

中国营造学社成立之初目标之一，是以《营造法式》为基础，汇纂一部"营造词汇"。如朱启钤言："李明仲以淹雅之才，身任将作，乃与造作工匠，详悉讲究，勒为法式。一洗道器分尘，重士轻工之锢习。今宜将李书读法用法，先事研究，务使学者，融会贯通，再博采图籍，编成工科实用之书。"㊁接着，他又特别强调了："营造所用名词术

㊀ [宋]李诫《营造法式（陈明达点注本）》第四册，第255页，陶湘识语，浙江摄影出版社，2020年。

㊁《中国营造学社汇刊》第一卷，第一期，第1页，朱启钤，中国营造学社缘起，1930年。

语，或一物数名，或名随时异，极应逐一整比，附以图释，纂成词汇。”㊀

中国营造学社缘起，亦是朱先生发现《营造法式》并付石印，及陶先生核勘诸版本校对重印基础上，拟汇聚群贤开展对古代建筑系统研究，如朱桂老所言：“中国之营造学，在历史上，在美术上，皆有历劫不磨之价值。启钤自刊行宋李明仲营造法式，而海内同志，始有致力之涂辙。……兹事体大，非依科学的之眼光，作有系统之研究，不能与世界学术名家，公开讨论。”㊀

朱先生制定了一个五年计划，内含3个方面内容：沟通儒匠，睿发智巧；资料之征集；编辑之进行。首先就是：“讲求李书读法用法，加以演绎。节并章句，厘定表例。广罗各种营造专书，举其正例变例，以为李书之羽翼。”㊀

为实现这一目标，阚铎先生在《中国营造学社汇刊》第二卷第一册发表《营造词汇纂辑方式之先例》，文中谈到，为纂辑词汇，学社“自上年（1930年）下半期，每星期有两次之会议，本年更进而为每星期三次，专研究营造名词之如何撰定，如何注释，如何绘图，如何分类等事。”㊁

遗憾的是当时中国营造学社对中国营造词汇编纂，尚无清晰构想，只将其想象成一般建筑词汇，故：“不能不先假道于东邻，谨以已入藏之同类辞典各种，就其体例组织，及时代性，与其背影，先作一比较。”㊁阚铎之文介绍了日本石桥氏《工业字解》，中村氏《日本建筑辞汇》，及日本《工业大辞典》《英和建筑语汇》等。这当然属清末民初西学东渐的启蒙做法，但这种编纂方式，对理解研究中国古代建筑，无大裨益。

1937年前所出《中国营造学社汇刊》诸册，除刊载王维国与《营造法式》有关的遗扎（第一卷第二册）与梁启超题识《营造法式》墨迹（第二卷第三册）及唐在复所译法国人德密那维尔氏1925年发表于远东学院丛刊中有关《营造法式》评论文章（第二卷第二册），以彰显这部宋代典籍重要性外，也曾发表了几篇涉及《营造法式》的研究论文。一是谢国桢《营造法式版本源流考》（第四卷第一册）；二是陈仲篪《营造法式所载之门制（一. 版门）》（第五卷第四期）；三

㊀《中国营造学社汇刊》第一卷，第一期，第1页，朱启钤，中国营造学社缘起，1930年。

㊁《中国营造学社汇刊》第二卷，第一期，阚铎，营造词汇纂辑方式之先例，第1页，1931年。

亦是陈仲篪《营造法式所载之门制（二. 乌头门）》。可知朱先生最初为中国营造学社设定之《营造法式》研究策略，推进起来十分困难。

约在同时，受过现代建筑教育并熟谙国外艺术与考古诸学术理论的梁思成、刘敦桢先生，加盟中国营造学社，并将目光投向古代建筑遗存，结合文献与实例，从建筑自身寻求理解与诠释之道。朱桂老在学社成立之初设定的为中国营造“作有系统之研究”的学术目标，最终成为梁思成积半生之力砥砺拼搏方始告成的学术大业。除了从无到有建构科学而严谨的“中国建筑史”史学体系之外，梁思成所做的另外一个重大贡献，就是对明清“工程做法则例”与唐宋“营造法式”两套各自独立的古代建筑营造体系，分别进行的悉心研究与科学诠释。

二、对清式营造法的研究

中国营造学社成立之初的1932年，梁思成已初步完成《清式营造则例》的编撰，为他在1934年正式出版这部学术专著奠定基础（图1-27）。梁思成称《清式营造则例》：“所用蓝本以清工部《工程做法则例》及抽编《营造算例》为主。《工程做法则例》是一部名实不符的书，因为它既非做法，也非则例，只是二十七种建筑物的各部尺寸单，和瓦石油漆等作的算料算工算账法。这部《则例》乃是从那边‘提滤’出来的。”㊀

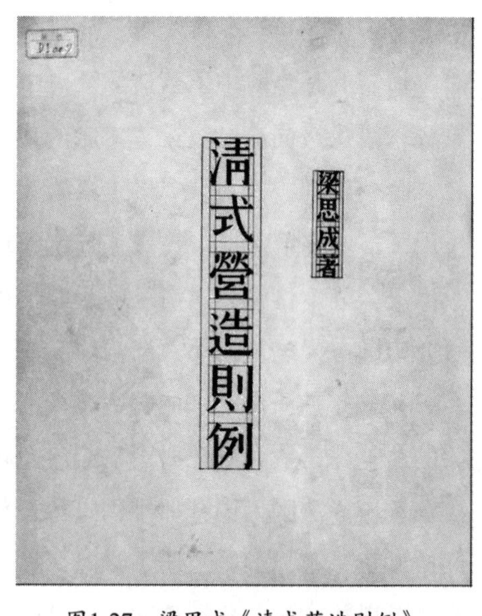

图1-27　梁思成《清式营造则例》

㊀ 梁思成《清式营造则例》第1～2页，中国建筑工业出版社，1981年。

受过西方现代建筑教育洗礼的梁思成，基于建筑、结构、材料等知识与科学思考，通过从文献、实物及向工匠学习，在很短时间内，厘清清官式建筑建构、术语与尺寸推算体系。这得益于当时既有官方《工程做法则例》及大量建筑实例参照，并向有经验工匠请教，还有工匠间流传的各种秘传抄本可供参考。

如梁先生言："《营造算例》本来是中国营造学社搜集的许多匠师们的秘传抄本，在标列尺寸方面的确是一部原则的书，在权衡比例上则有计算的程式，体例比《工程做法则例》的确合用。但其主要目标在算料，而且匠师们并未曾对于任何一构材加以定义，致有许多的名词，读到时茫然不知何指。所以本书中较重要的部分，还是在指出建筑部分的名称。"㊀

即使如此仍面临诸多困难："在我个人工作的经过里，最费劲最感困难的也就是在辨认，记忆及了解那些繁杂的各部构材名称及详样。至今《营造算例》里还有许多怪异名词，无由知道其为何物，什么形状，有何作用的。"㊀梁思成特别提到："我得感谢两位老法的匠师，大木作内栱头昂嘴等部的做法乃匠师杨文起所指示，彩画作的规矩全亏匠师祖鹤洲为我详细解释。"㊀由此或可看出梁思成对清式建筑体系诠释的研究探索，同样付出了相当艰辛的努力。

《清式营造则例》从实例考察、测绘研究、求访匠师到文图撰绘，及诸作术语之名词勘验、匠作秘传算例解读，直至最终编撰出版，为梁思成最终进入《营造法式》这一更为艰深研究领域，奠定了一个基础。

三、基于实例的初步探索

梁思成与林徽因在《中国营造学社汇刊》上发表的第一篇论文，分别是《我们所知道的唐代佛寺与宫殿》㊁与《论中国建筑之几个特征》㊂。透过这两篇论文，可以注意到几个特点：

㊀ 梁思成《清式营造则例》第2页，中国建筑工业出版社，1981年。

㊁《中国营造学社汇刊》第三卷，第一册，第75～114页，梁思成，我们所知道的唐代佛寺与宫殿，1932年。

㊂《中国营造学社汇刊》第三卷，第一册，第163～179页，林徽因，论中国建筑之几个特征，1932年。

一，梁思成对中国建筑史学的建构，充满希望与信心。在唐代建筑尚无实例支撑，学术界对辽、宋、金、元建筑也知之甚少的境况下，却基于早期砖石塔幢及石窟壁画与史料，勾勒出唐代建筑初步轮廓。

二，文中几次提到《营造法式》，用到诸如“四阿”“补间铺作”等术语描述唐代建筑。但文中大量术语，仍是他熟悉的清式建筑术语，如“柱顶石”“额枋”“正心栱”“翘”，及用“攒”而不是“朵”计量檐下斗栱的数量。

三，梁、林两位先生，都采用欧洲人自18世纪洛吉耶、19世纪维奥莱·勒·迪克主张的结构机能主义理念，观察、研究中国建筑。梁思成特别列出“各部详细研究——结构特征”一节，将诸如材料、色彩、台基、柱、额枋、斗栱、椽子、屋顶、门窗、栏杆、天花等关乎房屋之结构与构造的部分加以强调。㊀

林先生更是特别强调：“我们如果要赞扬我们本国光荣的建筑艺术，则应该就他的结构原则，和基本技术设施方面稍事探讨。”㊁接着还用结构机能主义语汇进一步阐释其观点：“建筑艺术是个在极酷刻的物理限制之下，老实的创作。人类由使两根直柱架一根横楣，而能稳立在地平上起，至建成重楼层塔一类作品，其间辛苦艰难的展进，一部分是工程科学的进境，一部分是美术思想的活动和增富。”㊁

由此推知，两位先生重视清《工程做法则例》与宋《营造法式》的研究，与他们基于建筑理论上的结构机能主义思想，对中国建筑加以探索认知的学术态度相一致。在开始研究之初，宋、清建筑在结构、构造与术语上的差异，一时难以厘清，所以梁思成仍不得不以清式建筑术语，指代唐代建筑特征。

随着对辽、宋建筑实例的考察、研究与发现，及对《营造法式》进一步研读，事情开始发生变化。如梁思成言：“要研究《营造法式》，条件就困难得多了。老师傅是没有的。只能从宋代的实例中去学习。而实物在哪里？虽然有些外国旅行家的著作中提到一些，但有待亲自去核证。我们需要更多的实例，这就

㊀《中国营造学社汇刊》第三卷，第一册，第101～114页，梁思成，我们所知道的唐代佛寺与宫殿，1932年。

㊁《中国营造学社汇刊》第三卷，第一期，第166页，林徽因，论中国建筑之几个特征，1932年。

必须去寻找。”㊀中国营造学社成立之初，梁思成的一系列考察，就已结合了对《营造法式》注释的探索。

梁先生实地考察并发表论文的第一处辽代建筑，是蓟县独乐寺山门与观音阁。文章表达了他三个方面的观点：

1）建筑研究，首重实例。如梁先生言：“近代学者治学之道，首重证据，以实物为理论之后盾，俗谚‘百闻不如一见’，适合科学方法。艺术之鉴赏，就造形美术（Plastic art）言，尤须重‘见’。读跋千篇，不如得原画一瞥，义固至显。秉斯旨以研究建筑，始庶几得其门径。”㊁

2）以结构机能主义思想，研究中国建筑。梁先生指出：“我国建筑，向以木料为主要材料。其法以木为构架，辅以墙壁，如人身之有骨节，而附皮肉。其全部结构，遂成一种有机的结合。”㊁如此，则其研究重点，亦在实例建筑之结构分析与构件及装饰做法鉴别。

3）开始采用《营造法式》术语系统，诠释唐、辽、宋、金建筑，但辅以清式名称。如梁先生言：“归来整理，为寺史之考证，结构之分析，及制度之鉴别。后二者之研究方法，在现状图之绘制；与唐，宋（营造法式）明，清（工程做法则例）制度之比较；及原状图之臆造。（至于所用名词，因清名之不合用，故概用宋名，而将清名附注其下。）”㊂

梁先生将中国建筑明确区分为唐宋“营造法式”与明清“工程做法则例”两个体系，且一改其首篇论文中，主要采用清式建筑术语描述唐代建筑的初期做法，开始了“概用宋名，而将清名附注其下”的表述方式。如：“转角铺作，清式称‘角科’”“补间铺作，清式称‘平身科’”“补间铺作皆只一朵（即一攒）”“五架梁于《营造法式》称‘四椽栿’，三架梁称‘平梁’。平梁上之直斗称‘侏儒柱’。斜柱亦称‘叉手’”，以及“华栱”“阑额”“襻间”㊃等。

㊀ 梁思成《梁思成全集》第七卷，第11页，梁思成《〈营造法式〉注释》序，中国建筑工业出版社，2001年。

㊁《中国营造学社汇刊》第三卷，第二期，第7页，梁思成，蓟县独乐寺观音阁山门考，1932年。

㊂《中国营造学社汇刊》第三卷，第二期，第9页，梁思成，蓟县独乐寺观音阁山门考，1932年。

㊃《中国营造学社汇刊》第三卷，第二期，梁思成，蓟县独乐寺观音阁山门考，1932年。

说明梁先生是在熟读《营造法式》，并弄懂其基本意义的基础上，才开始对华北地区唐、辽、宋、金建筑做系统考察与研究的。

这一将宋、清建筑术语混合使用的叙述方式，在后来的《正定古建筑调查纪略》中仍在沿用，如隆兴寺摩尼殿："内外金柱上都有斗栱，内金柱斗栱上承有五架梁（宋称四椽栿），长如正中三间的进深。梁架的结构较清式的轻巧，而各架交叠处的结构，叉手、驼峰、襻间等等的分配，多与《营造法式》符合。内外金柱斗栱之上有双步梁（宋称乳栿）。外金柱与檐柱间有下檐一周，即《法式》所谓副阶。"[㊀]这里的"内外金柱"，在宋式建筑术语中，当指"殿身柱"与"屋内柱"。可见在尚未对《营造法式》作系统研究前，仍有一些构件难以厘清其宋代名称，不得不以清式术语指代。

实例做法与《营造法式》文本的交叉互证，正是梁思成最初开始研究宋《营造法式》，及勘察测绘唐、辽、宋、金建筑实例时所采用的主要方法。这种以借助清式术语来理解与诠释唐宋时期建筑的情况，在梁思成后来的重要论文《记五台山佛光寺建筑》中，得到彻底改观。其文对于结构及构件描述，几乎无一例外使用了与《营造法式》一致的术语表述，且不再用清式名称加以注解。许多细微的名称，如"金厢斗底槽""内外槽""栌斗""月梁""卷杀""瓣数""平闇""算程方""平棊方""八架椽屋前后乳栿用四柱""两材一契"等，在其文中用来描述佛光寺大殿各部分结构、构件及装饰时，已经运用得炉火纯青。换言之，这时的梁思成及其同仁，通过对《营造法式》的学习研究，已经对唐宋建筑的结构与术语体系熟谙在心了。

四、中国建筑两部文法书

至迟在梁思成完成《记五台山佛光寺建筑》，同时完成他在实例考察与文献梳理基础上的《中国建筑史》与英文书稿《图像中国建筑史》后，也就是在他初步完成心目中第一个学术目标——中国建筑史学体系建构之后，他已经开始准备再一次踏入第二个学术目标——中国建筑两个基本体系的学术诠释。

这一目标的第一阶段，在梁思成进入对古建筑全面考察研究之前，已经有了

㊀《中国营造学社汇刊》第四卷，第二期，第16～18页，梁思成，正定古建筑调查纪略，1932年。

一个基础性成果——《清式营造则例》。正是在对清代建筑之结构、构件与装饰体系充分理解的基础上，他才有信心对唐、宋、辽、金建筑做深入的实地考察与科学研究。且这一系列考察研究，既是为建构中国建筑史积累实例资料，也是为最终开展对《营造法式》的系统研究奠定基础。

在1945年10月，以油印形式出版的《中国营造学社汇刊》第七卷第二期，发表了梁思成的文章《中国建筑之两部‘文法课本’》。这两部“文法课本”，就是他在文中所称的“清宋两术书”。如梁思成所言：“中国古籍中关于建筑学的术书有两部——只有两部。清代工部所颁布的建筑术书清《工部工程做法则例》；和宋代遗留至今日一部宋《营造法式》。这两部书，要使普通人读得懂都是一件极难的事。当时编书者，并不是编教科书，‘则例’‘法式’虽至为详尽，专门名词却无定义，亦无解释。”㈠

其文对这两部书作了扼要介绍与评判，但对《营造法式》评价似更高一些：“《营造法式》的体裁，较《工程做法则例》为完善。后者以二十七种不同的建筑物为例，逐一分析，将每件的长短大小呆呆板板的记述。《营造法式》则一切都用原则和比例做成公式，对于每‘名件’，虽未逐条定义，却将位置和斫割做法均详为解释。”㈡显然，这时梁思成对《营造法式》一书，已反复熟读。约在同一时期，先生在撰写专著《中国建筑史》第一章“绪论”，也特别用了一节，专门讨论“《营造法式》与清工部《工程做法则例》”。㈢

20世纪60年代，先生在为他与刘敦桢先生共同负责的《中国古代建筑史》第六稿撰写“绪论”，提到建筑“模数”概念与“斗栱”关系时，仍特别强调：“宋朝的《营造法式》和清工部《工程做法则例》都是这样规定的，同时还按照房屋的大小和重要性规定八种或九种尺寸的栱，从而订出了分等级的模数制。”㈣可知，对于中国建筑的两个体系，特别是当时尚未充分厘清的以《营造

㈠《中国营造学社汇刊》第七卷，第二期，梁思成，中国建筑之两部“文法课本”，第1页，1945年。

㈡《中国营造学社汇刊》第七卷，第二期，梁思成，中国建筑之两部“文法课本”，第16～18页，1945年。

㈢ 梁思成《梁思成全集》第四卷，第17页，《中国建筑史》第一章，绪论，第三节，中国建筑工业出版社，2001年。

㈣ 梁思成《梁思成全集》第五卷，第458页，《中国古代建筑史》（六稿）绪论，中国建筑工业出版社，2001年。

法式》为基础的唐宋建筑体系，加以系统而科学的研究与阐释，是梁思成长期关注的重要学术目标。

五、《〈营造法式〉注释》主要学术突破

据《〈营造法式〉注释》“前言”：“从三十年代起，梁先生就开始对《营造法式》进行研究，但由于种种原因，时停时续，延至六十年代初才正式着手著述。1966年，正当‘注释本’上卷接近完成的时候，又由于历史的曲折，1972年梁先生的不幸病逝，几位助手又调做其他工作，《营造法式》的研究再次被迫停辍。直到1978年，中断了十三年的这项研究，才得以继续进行，经过两年的努力，‘注释本’卷上终于脱稿付印了。”㊀

梁思成也曾描述过他开启《营造法式》研究的过程与思路：“公元1940年前后，我觉得我们已具备了初步条件，可以着手对《营造法式》开始做一些系统的整理工作了。在这以前的整理工作，主要是对于版本、文字的校勘。这方面的工作，已经做到力所能及的程度。下一阶段必须进入到诸作制度的具体理解；而这种理解，不能停留在文字上，必须体现在对从个别构件到建筑整体的结构方法和形象上，必须用现代科学的投影几何的画法，用准确的比例尺，并附加等角投影或透视的画法表现出来。这样做，可以有助于对《法式》文字的进一步理解，并且可以暴露其中可能存在的问题。”㊁

谈到20世纪60年代重启《营造法式》研究工作，梁思成不仅特别提到他的几位助手，还强调：“作为一个科学研究集体，我们工作进展得十分顺利，真正收到了各尽所能，教学相长的效益，解决了一些过去未能解决的问题。更令人高兴的是，他们还独立地解决了一些几十年来始终未能解决的问题。例如：‘为什么出一跳谓之四铺作，……出五跳谓之八铺作？’这样一个问题，就是由于他们的深入钻研苦思，反复校核数算而得到解决的。”㊂

本文无意对《〈营造法式〉注释》研究写作过程，做过多钩沉铺垫。仅仅从

㊀ 梁思成《梁思成全集》第七卷，第3页，《〈营造法式〉注释》前言，中国建筑工业出版社，2001年。

㊁ 梁思成《梁思成全集》第七卷，第11页，《〈营造法式〉注释》序，中国建筑工业出版社，2001年。

㊂ 梁思成《梁思成全集》第七卷，第11~12页，《〈营造法式〉注释》序，中国建筑工业出版社，2001年。

如上的概要勾勒中已可看出，梁思成及其助手们，对于这部典籍所投入的心血。面对这部学术著作中那些今日看来平淡枯燥的注解与叙述，若对其书文字与叙述逻辑稍加深究，就能发现，其中隐含了多少辛苦的勘核、艰难的探索与智慧的发现。

1.《营造法式》诸版本与文字的校对、勘核

这是最为基础，也最费力的工作。在1945年其文《中国建筑之两部“文法课本”》注中，梁思成提到：“营造学社同人历年来又用四库全书文津、文溯、文渊阁各本《营造法式》及后来在故宫博物院图书馆所发现之清初标本相互校。又陆渐发现了许多错误。现在我们正在作再一次的整理，校勘注释。”㊀

至20世纪60年代，为《〈营造法式〉注释》撰写序言时，他又强调：“从‘丁本’的发现、影印开始，到‘陶本’的刊行，到‘故宫本’之发现，朱启钤、陶湘、刘敦桢诸先生曾经以所能得到的各种版本，互相校勘，校正了错字补上了脱简。但是，这不等于说，经过各版本相互校勘之后，文字上就没有错误。这次我们仍继续发现了这类错误。例如‘看详’‘折屋之法’，有‘……下屋橑檐方背，……’在下文屡次所见，皆作‘下至橑檐方背’。显然，这个‘屋’字是‘至’字误抄或误刻所致，而在过去几次校勘中都未得到校正。类似的错误，只要有所发现，我们都予以改正。”㊁

从行文来看，梁思成是以陶本《营造法式》为基础，展开注释工作的。近年出版的傅熹年先生《营造法式合校本》，也以陶本为基础，并在书中标注了诸不同版本同异。《营造法式（陈明达点注本）》也做了类似勘校点注工作。

《〈营造法式〉注释》行文中，相关版本之正误，除了傅熹年先生提到的近年才引起注意的个别宋人笔记，如北宋晁载之《续谈助》、南宋庄季裕《鸡肋编》中各摘抄《营造法式》中若干描述文字外，与当时所知各种不同版本勘合，尽其所能发现的文字讹误，梁思成几乎都已纠正。

其中除少量勘误徐伯安特别加以标注外，梁思成所引《营造法式》正文，均

㊀《中国营造学社汇刊》第七卷，第二期，梁思成，中国建筑之两部“文法课本”，第6页，注2，1945年。

㊁ 梁思成《梁思成全集》第七卷，第12页，《〈营造法式〉注释》序，中国建筑工业出版社，2001年。

为经过校勘更正的文字，但却未对版本勘误信息加以任何特别标注。这一方面可能是为减少文本烦琐的叙述，也为使读者集中于文本阅读与文意诠释，从而使这本极难懂的古籍，在阅读理解上较为顺畅，但也多少反映了梁思成大音希声的大家风范。或言，他与助手们大部分极细致烦琐的勘误，隐含在其所著《〈营造法式〉注释》之《营造法式》文本行文中。

《〈营造法式〉注释》中仍有个别字误，及标点符号错误。其中一些直白明显的小误，可能是出版前期工作人员将油印稿变成出版打印稿时誊写敲打之误，非先生原始文本既有之讹误。

2. 对各作制度诸名件术语的体系化理解

中国古代建筑概略分为唐宋、明清两个体系。两个体系，不仅在结构、构造及构件做法上存在诸多区别，名称术语多也各说各话，彼此没有什么关联。前文提到，在开启清式建筑研究时，梁思成就因“匠师们并未曾对于任何一构材加以定义，致有许多的名词，读到时茫然不知何指。”㊀他还特别谈到了：“最费劲最感困难的也就是在辨认，记忆及了解那些繁杂的各部构材名称及详样。”㊀

有匠师可以请教，有实例遗存可以比照的清式建筑尚如此，《营造法式》中描述的建筑，距今已近千年，不仅北京没有实例可以参照，连担当校勘之任的陶先生，亦只能延请老匠师以清式术语，对《营造法式》大木作图做注，更难有任何匠师或饱学之士能读得懂书中文字与图形。可知唐宋建筑最初的测绘考察与《营造法式》探索，一切从零开始。

前文提到，梁思成撰写《我们所知道的唐代佛寺与宫殿》，主要使用清式术语描绘唐代建筑。至考察蓟县独乐寺时，开始尝试宋式术语，但仍辅以清式术语，以期读者容易理解。到发现并研究五台山佛光寺时，其中术语表达，已与《营造法式》全然相合。由茫然不知，到渐次明晰，再到熟谙于心，其中的艰难与辛苦，其轨迹与线索，也是清晰可辨的。

如梁思成言：“研究宋《营造法式》比研究清工部《工程做法则例》曾经又多了一层困难；既无匠师传授，宋代遗物又少——即使有，刚刚开始研究的人也

㊀ 梁思成《清式营造则例》第2页，中国建筑工业出版社，1981年。

无从认识。所以在学读宋《营造法式》之初，只能根据着对清式则例已有的了解逐渐注释宋书术语；将宋清两书互相比较，以今证古，承古启今，后来再以旅行调查的工作，借若干有年代确凿的宋代建筑物，来与宋《营造法式》中所叙述者互相印证。”㊀

对早期探索之艰难，及其价值与意义，梁思成进一步解释：“换言之，亦即以实物来解释《法式》，《法式》中许多无法解释的规定，常赖实物而得明了；同时，宋辽金实物中有许多明清所无的做法或部分，亦因《法式》而知其名称及做法。因而更可借以研究宋以前唐及五代的结构基础。”㊁

虽寥寥数语，这种几如盲人摸象般拓荒式探索与研究，面对的困难与未知，今人是难以想象的。今日读建筑史，只要仔细阅读过梁思成的著作，也考察过宋式建筑遗构，对于唐、宋、辽、金建筑各部分做法与名词，大体上可以娓娓道来。这一切都仰赖学界先贤多年来筚路蓝缕的艰难探索。

重要的不只是弄清这些术语，并将其系统化呈现在世人面前。在诸多做法中，还隐含着许多唐、宋建筑内在设计与建造的机巧与秘密，需在这一研究中逐一破解。这里仅需举出一二例子，以了解先生及其助手研究过程之繁复与深入。

一，对宋代不同等级结构进行分类。《营造法式》中的大木结构，大体分为殿阁、厅堂、亭榭、余屋几个基本类型。陈明达特别指出，《营造法式》大木作分为两种结构类型：殿堂式与厅堂式。这一分类，《营造法式》行文不甚明晰，但在梁先生《〈营造法式〉注释》所附图版中，特别分出从“殿阁分槽图”（图1-28）到诸殿阁“殿堂等八铺作副阶六铺作草架侧样”㊁，（图1-29）及从“厅堂等十架椽间缝内用梁柱侧样”（图1-30）到“厅堂等四架椽间缝内用梁柱侧样”㊂，显示梁先生已清晰意识到，宋式建筑“殿阁”式与“厅堂”式，及更低等级建筑结构分类。

㊀ 梁思成《梁思成全集》第七卷，第296页，中国建筑之两部“文法课本”，中国建筑工业出版社，2001年。

㊁ 梁思成《梁思成全集》第七卷，第405~418页，大木作制度图样二十八至四十一，中国建筑工业出版社，2001年。

㊂ 梁思成《梁思成全集》第七卷，第405~418页，大木作制度图样四十二至四十九，中国建筑工业出版社，2001年。

大木作制度圖樣二十八　殿閣分槽圖

法式卷卅一原圖未表明繪制條件本圖按卷三卷四文字中涉及開間進深用椽等問題繪制今說明如下：

1・殿閣開間從五-十一間各種有無副階未作規定，本圖選擇七間有副階之兩種不同狀況繪制；

2・殿閣開間亜分"若逐間皆用雙補間則每間之廣丈尺皆同，如只心間用雙補間者，假如心間用一丈五尺則次間用一丈之類，或間廣不匀，即每補間鋪作一朵不得過一尺"本圖選擇每間之廣丈尺皆同，及心間用一丈五尺次間用一丈之類兩種情況；

3・殿閣進深隨用椽架數而定(法式規定從六架至十架)殿閣用材自一等至五等，鋪作等級為五至八鋪作，本圖以不越出此規定為原則繪製；

4・本圖僅嘗為說明殿閣分槽類型舉例，故所用尺寸均為相對尺寸，建築各部份構件亦僅示意其位置.

殿閣地盤殿身七間副階周帀身内單槽

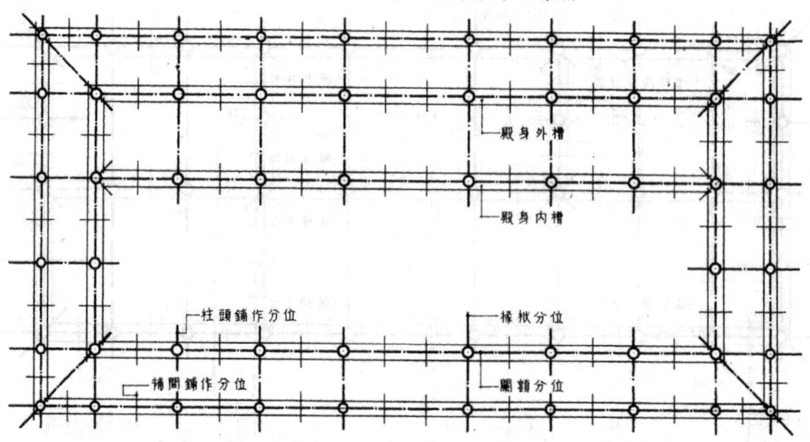

殿閣地盤殿身七間副階周帀身内雙槽

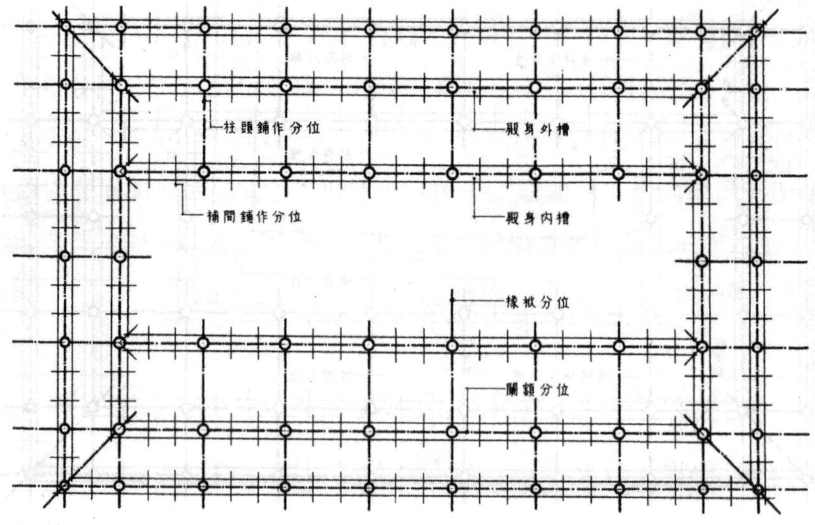

图1-28　殿阁分槽图——《〈营造法式〉注释（卷上）》

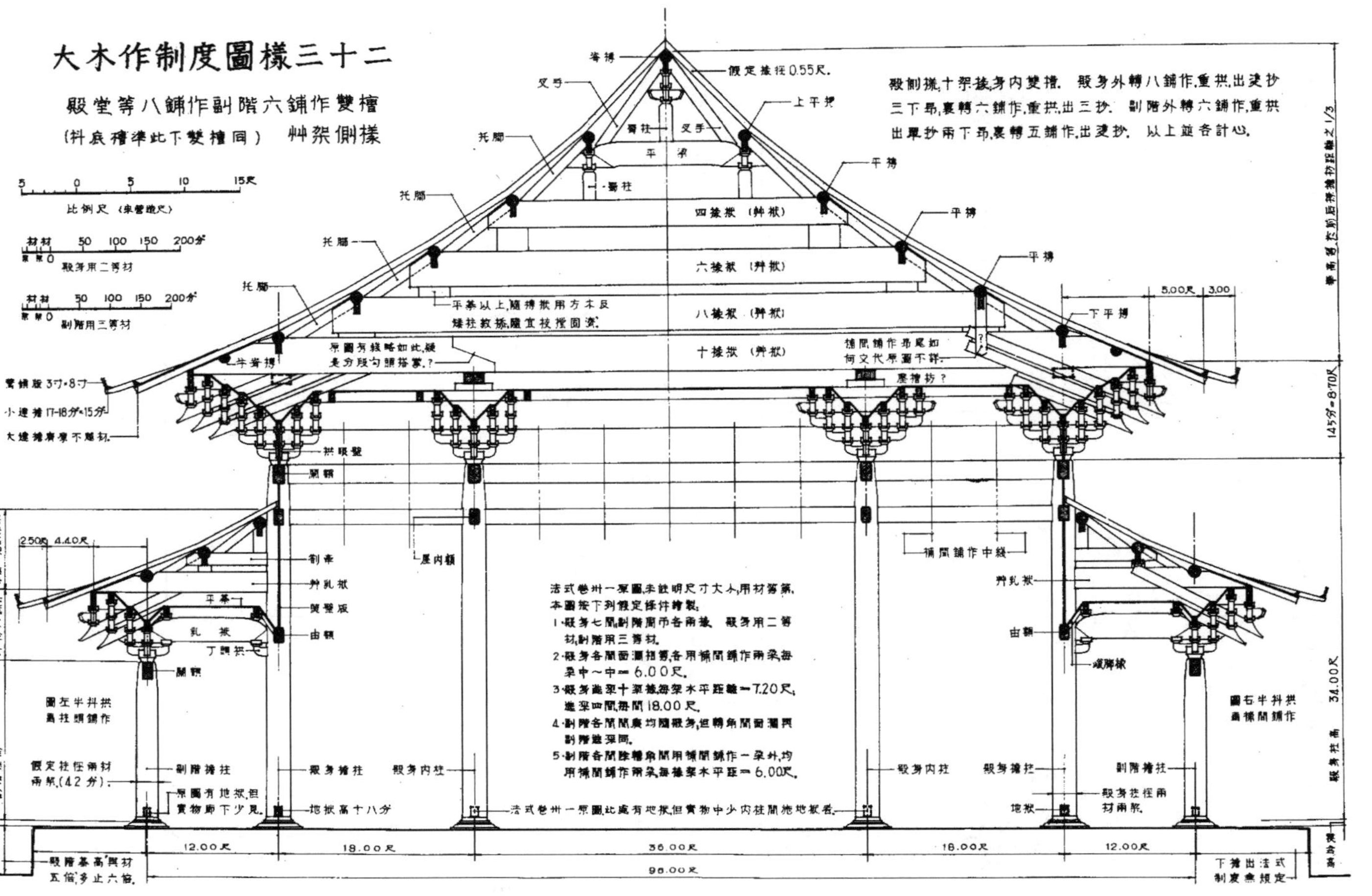

图1-29 殿堂等八铺作副阶六铺作草架侧样——《〈营造法式〉注释（卷上）》

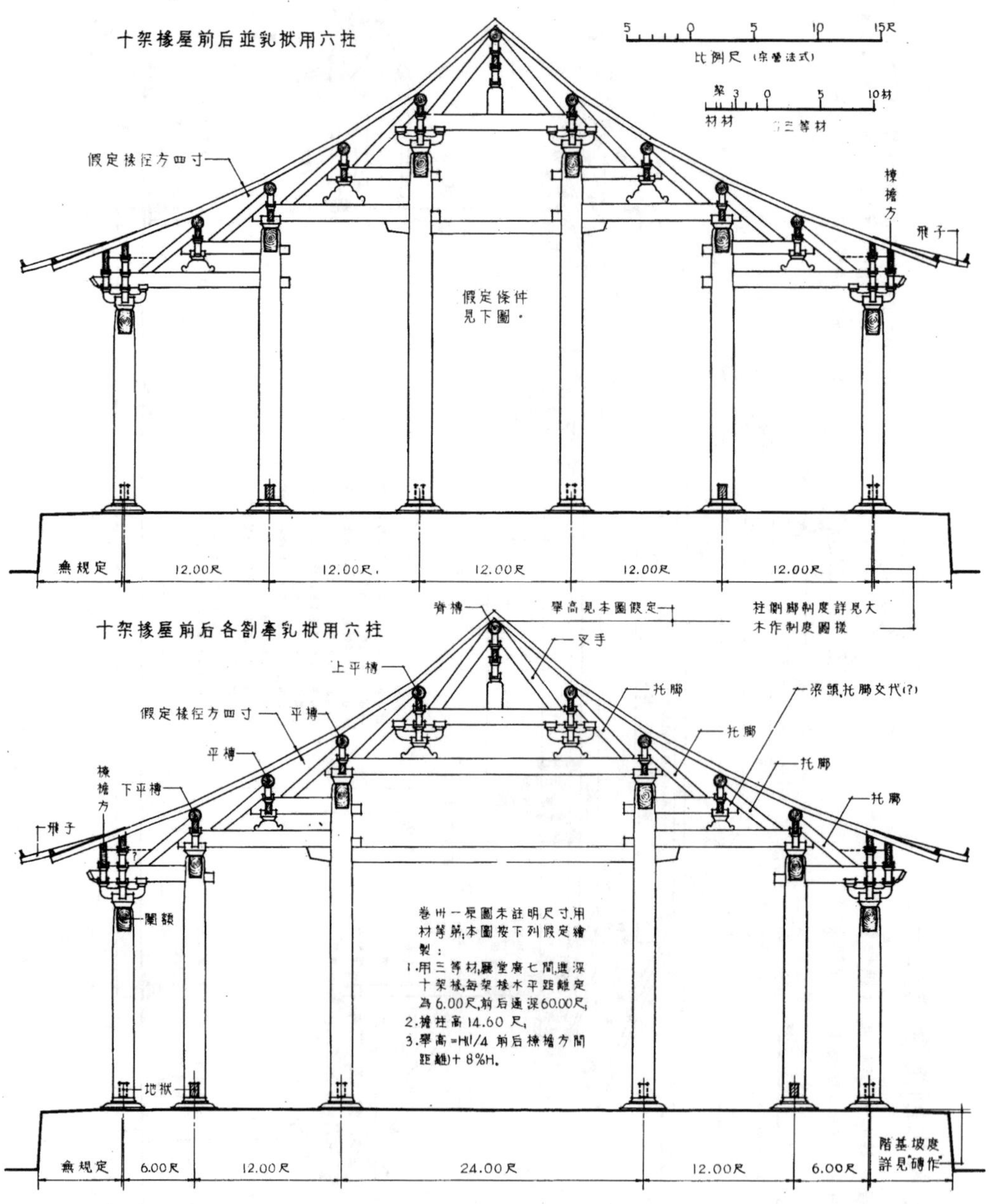

图1-30　厅堂等十架椽间缝内用梁柱侧样——《〈营造法式〉注释（卷上）》

二，对殿阁、厅堂屋顶不同举折曲线的科学诠释，及对亭榭斗尖举折之制的恰当理解。以举架式做法形成的清式建筑屋顶，与唐、宋建筑举折做法，在屋顶起举方式上，属于两个体系。梁先生的研究分析及绘图解析，辅以大量辽、宋建筑测绘图，对宋式建筑屋顶举折诠释得十分清晰。从中也可以了解，宋式屋顶，按照“殿阁”与“厅堂”两种方式加以区分，从而强化了对这两种结构形式分类的认知。

殿阁式或厅堂式屋顶，似仍可找到实例遗存加以验证。宋式亭榭斗尖举折，却无任何实例参照。先生根据宋式大木作结构原则，依据《营造法式》相关文字，将亭榭斗尖做法，科学推测出来，显然是一个原创性研究与探讨。

三，对梭柱（图1-31）、月梁（图1-32）、斗栱等曲线卷杀做法的解析性诠释与作图。正是先生及其助手逐一推敲绘图，今人才可能超越《营造法式》文本的晦涩，明白了解宋式建筑诸名件中各种曲线的生成方式。

此外，大木作柱额及屋顶各槫生起，及其形成的宋式屋顶曲婉形式；石作制度中诸多细部做法；古代取正、定平种种做法及相应仪器可能形式（图1-33），如此等等，先生及其助手，都一一做了细致研究、推敲，并绘制了明晰易懂的图样。

在20世纪60年代那十分艰难的环境下，梁先生仍对六种小木作、雕作、旋作、锯作、竹作、瓦作、泥作、彩画作、砖作、窑作及功限与料例等，尽其可能地做了研究与分析。徐伯安先生依据小木作制度文本，绘制了诸多小木作图（图1-34），由此可以略窥梁先生及其团队，在小木作制度研究等方面所下气力。

梁先生从不讳言研究中遇到的困难与不解，如关于“彩画作制度”，先生特别谈道：“在《营造法式》的研究中，‘彩画作制度’及其图样也因此成为我们最薄弱的一个方面。虽然《法式》中还有其他我们不太懂的方面，如各种灶的砌法，砖瓦窑的砌法等，但不直接影响我们对建筑本身的了解，至于彩画作，我们对它没有足够的了解，就不能得出宋代建筑的全貌，‘彩画作制度’是我们在全书中感到困难最多最大但同时又不能忽略而不予注释的一卷。”㊀虽寥寥数言，当时所面临的困难与艰辛，也看略窥一斑。

㊀ 梁思成《梁思成全集》第七卷，彩画作制度，第266页，注1，中国建筑工业出版社，2001年。

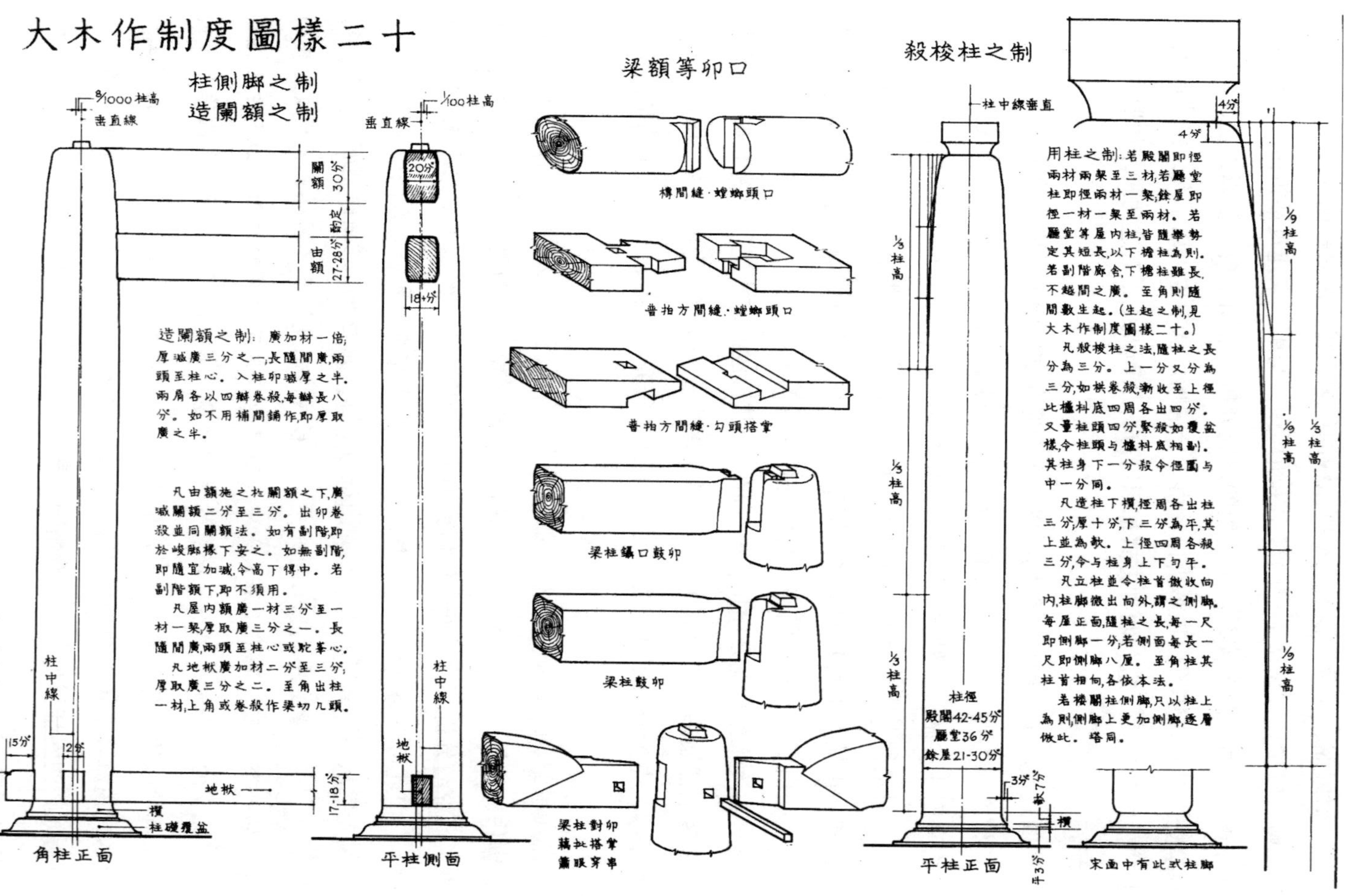

图1-31　宋式建筑梭柱卷杀做法等——《〈营造法式〉注释（卷上）》

大木作制度圖樣十九　造月梁之制

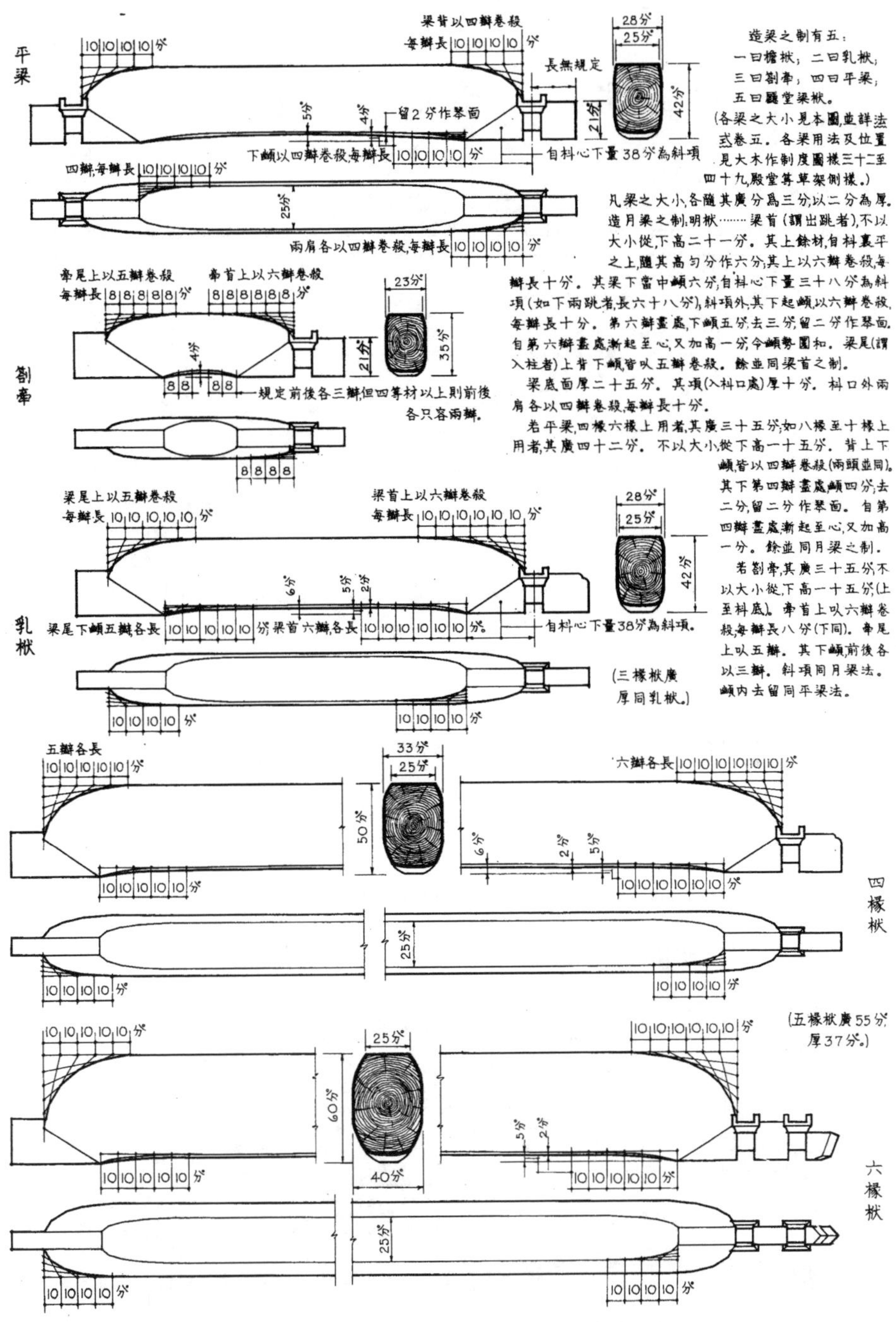

图1-32　宋式建筑月梁卷杀做法——《〈营造法式〉注释（卷上）》

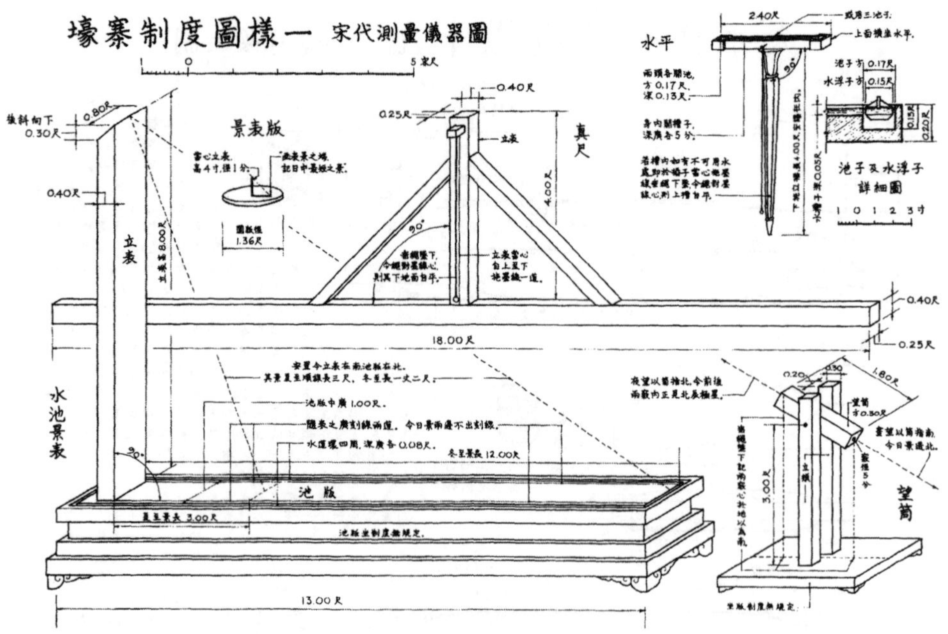

图1-33　宋式取正、定平仪器——《梁思成全集》

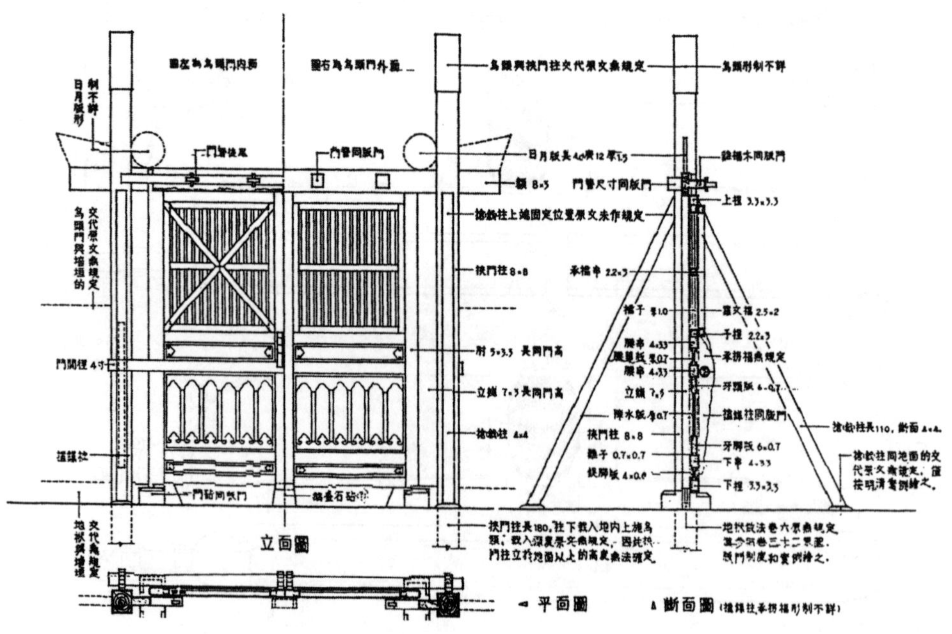

图1-34　宋式小木作乌头门做法——《梁思成全集》

3. 对“材分制度”的合理类比与科学诠释

梁先生将宋式“材分”与清式“斗口”比照欧洲希腊、罗马建筑柱式，即以不同柱子之柱径作为全体房屋造型比例控制基本模数的概念加以描述。

这一观点一直延续到20世纪40年代他写《中国建筑之两部“文法课本”》：“‘斗栱’与‘材’，‘分’及‘斗口’：中国建筑是以木材为主要材料的构架法建筑。宋《营造法式》与清工部《工程做法则例》都以‘大木作’（即房屋之结构）为主要部分，盖国内各地的无数宫殿庙宇住宅莫不以木材为主。木构架法中之重要部分，所谓‘斗栱’者是在两书中解释得最为详尽的。它是了解中国建筑的钥匙。它在中国建筑上之重要有如欧洲希腊罗马建筑中的‘五范’㊀一样。”㊁

至20世纪60年代，梁先生为《中国古代建筑史》（第六稿）撰写绪论，又将这一概念提升为模数制概念：“模数：斗栱在中国建筑中的重要还在于自古以来就以栱的宽度作为建筑设计各构件比例的模数。宋朝的《营造法式》和清朝的《工部工程做法则例》都是这样规定的。同时还按照房屋的大小和重要性规定八种或九种尺寸的栱，从而订出了分等级的模数制。”㊂

《〈营造法式〉注释》文本中涉及“材”这一概念时，梁先生再一次强调：“其所以重要，是因为大木结构的一切大小、比例，‘皆以所用材之分，以为制度焉’。……材是一座殿堂的斗栱中用来做栱的标准断面的木材，按建筑物的大小和等第决定用材的等第。除作栱外，昂、枋、襻间等也用同样的材。”㊃

宋代建筑“‘材有八等’，但其递减率不是逐等等量递减或用相同的比例递减的。”㊃故梁先生将《营造法式》八等材分为三组：“第一、第二、第三等为一组，第四、第五、第六三等为一组，第七、第八两等为一组。”㊃

关于《营造法式》材分制度的模数化概念，及将八等材分为三组的观点，是

㊀ 五范指欧洲古典建筑中的多立克、爱奥尼亚、科林斯、塔司干、组合式五种柱式的比例规范。

㊁《中国营造学社汇刊》第七卷，第二期，梁思成，中国建筑之两部“文法课本”，第6页，1945年。

㊂ 梁思成《梁思成全集》第五卷，第458页，《中国古代建筑史》（六稿）绪论，中国建筑工业出版社，2001年。

㊃ 梁思成《梁思成全集》第七卷，第79页，大木作制度一，材，注1，中国建筑工业出版社，2001年。

基于建筑学背景下的科学推断。但在做结论时，先生仍谨慎地留有余地："我们可以大致归纳为：按建筑的等级决定用哪一组，然后按建筑物的大小选择用哪等材。但现存实例数目不太多，还不足以证明这一推论。"㊀

4. 对"铺作"概念及其数计方法的科学解释

《营造法式》中"铺作"一词，虽可以与斗栱相联系，但其文提到："出一跳谓之四铺作（或用华头子，上出一昂）；出二跳谓之五铺作（下出一卷头，上施一昂）；出三跳谓之六铺作（下出一卷头，上施两昂）；出四跳谓之七铺作（下出两卷头，上施两昂）；出五跳谓之八铺作（下出两卷头，上施三昂）。自四铺作至八铺作，皆于上跳之上，横施令栱与耍头相交，以承橑檐方；至角，各于角昂之上，别施一昂，谓之由昂，以坐角神。"㊁

在未解其中之谜时，这是一段令人摸不着头脑的叙述。何以"出一跳谓之四铺作……出五跳谓之八铺作"？这种"出跳"方式，与清式斗栱"出踩"做法不是有些相似吗？清式斗栱：每出一拽架，为一踩，如正心一踩，里外各出一跳，为三踩，里外各出两跳为五踩，由此可递加至九踩、十一踩。

但宋式斗栱出跳，并未以此出踩方式计算。那么，宋、清斗栱出跳计算方式，何以如此风马牛不相及？换言之，唐宋时期的人，究是如何计算出跳斗栱"铺作数"的？梁先生在注释中提出同样疑问："从四铺作至八铺作，每增一跳，就增一铺作。如此推论，就应该是一跳等于一铺作，但为什么又'出一跳谓之四铺作'而不是'出一跳谓之一铺作'呢？"㊂相信这是一个后世历代工匠，多已不甚了了，文人士夫更无从知晓的千年之谜。

经过冥思苦想的推敲与分析，梁先生和他的助手们，给出了一个合乎逻辑的答案："我们将铺作侧样用各种方法计数核算，只找到一种能令出跳数和铺作数都符合本条所举数字的数法如下：从栌斗算起，至衬方头止，栌斗为第一铺作，耍头及衬方头为最末两铺作；其间每一跳为一铺作。只有这一数法，无论铺作多

㊀ 梁思成《梁思成全集》第七卷，第79页，大木作制度一，材，注1，中国建筑工业出版社，2001年。

㊁ [宋]李诫《营造法式》卷四，大木作制度一，总铺作次序，总铺作次序之制。

㊂ 梁思成《梁思成全集》第七卷，第104页，大木作制度一，总铺作次序，注67，中国建筑工业出版社，2001年。

寡，用下昂或用上昂，外跳或里跳，都能使出跳数和铺作数与本条中所举数字相符。”㊀

这是一段叙述很长，解释也很细致的注释文字。仅从这一小段文字，就可了解到，他们已找到破解“出一跳谓之四铺作……出五跳谓之八铺作”这个《营造法式》之谜的合理解释。只是梁思成先生将这一重要发现的原创性成就，归在了他助手们的名下。

5. 对诸作制度名件尺寸的合理理解与诠释

《营造法式》各作制度原文，有大量尺寸数据，可以帮助人们了解这些构件的度量尺寸，并依据其给定尺寸，还原出设计图样。但如何理解《营造法式》文本中的尺寸描述，却是一件颇费周折之事。

以“石作制度”为例，比如说有一些较为明确的尺寸表述，如“压阑石”与“踏道”条“造压阑石之制：长三尺，广二尺，厚六寸。”㊁及“造踏道之制：长随间之广。每阶高一尺作二踏；每踏厚五寸，广一尺。”㊂其文本给出的尺寸清晰、明确。依据给定尺寸，或相应参照尺寸，如“长随间之广”等，可将压阑石、踏阶三维尺寸，透过宋代营造尺，轻易计算出来，并绘制相应图样。

但若《营造法式》全书都如此机械地将各作制度每一名件尺寸，恰当准确表述出来，不仅会增加大量细部尺寸描述，还会出现如李诫在“劄子”中对《元祐法式》的批评：“以元祐《营造法式》只是料状，别无变造用材制度。”㊃

《营造法式》作者李诫，突破了《元祐法式》“只是料状”的窠臼，面对各作制度中不同构件，读者可以根据其所处位置不同、尺度差异，结合其文中给出的技术数据，推算出每一构件的具体尺寸。这些尺寸，并不需在行文中一一罗列。

问题就在如何发现其中的奥秘？如何辨别《营造法式》中所给尺寸，究竟是

㊀ 梁思成《梁思成全集》第七卷，第104页，大木作制度一，总铺作次序，注67，中国建筑工业出版社，2001年。

㊁ [宋]李诫《营造法式》卷三，壕寨及石作制度，石作制度，压阑石。

㊂ [宋]李诫《营造法式》卷三，壕寨及石作制度，石作制度，踏道。

㊃ [宋]李诫《营造法式》劄子。

绝对尺寸之实尺，还是可用来作为“变造用材制度”的比例性尺寸？窥透其中奥秘，理解还原《营造法式》行文所给尺寸，是梁先生及其团队对《营造法式》研究的重大突破。

以石作制度“重台钩阑（单钩阑、望柱）”条为例：“造钩阑之制：重台钩阑每段高四尺，长七尺。……单钩阑每段高三尺五寸，长六尺。……其名件广厚皆以钩阑每尺之高，积而为法。”[⊖]这里给出的尺寸，应是实尺，即重台钩阑，每段高为4尺，长为7尺；单钩阑，每段高为3.5尺，长为6尺。

再来看后续描述：

“望柱：长视高，每高一尺，则加三寸。（径一尺，作八瓣。柱头上狮子高一尺五寸。柱下石坐作覆盆莲华。其方倍柱之径。）

蜀柱：长同上，广二寸，厚一寸。其盆唇之上，方一寸六分，刻为瘿项以承云栱。（其项下细，比上减半，下留尖，高十分之二；两肩各留十分中四分。如单钩阑，即撮项造。）

云栱：长二寸七分，广一寸三分五厘，厚八分。（单钩阑长三寸二分，广一寸六分，厚一寸。）

寻杖：长随片广，方八分。（单钩阑，方一寸。）

盆唇：长同上，广一寸八分，厚六分。（单钩阑，广二寸。）

束腰：长同上，广一寸，厚九分。（及华盆、大小华版皆同。单钩阑不用。）

华盆地霞：长六寸五分，广一寸五分，厚三分。

大华版：长随蜀柱内，其广一寸九分，厚同上。

小华版：长随华盆内，长一寸三分五厘，广一寸五分，厚同上。

万字版：长随蜀柱内，其广三寸四分，厚同上。（重台钩阑不用。）

地栿：长同寻杖，其广一寸八分，厚一寸六分。（单钩阑，厚一寸。）凡石钩阑，每段两边云栱、蜀柱各作一半，令逐段相接。”[⊖]

重台钩阑与单钩阑中这些细部尺寸，似乎给得十分具体细致。其中望柱尺

⊖ [宋]李诫《营造法式》卷三，壕寨及石作制度，石作制度，重台钩阑（单钩阑、望柱）。

寸，似较易理解：望柱的高度，是钩阑高度的1.3倍。

此外，文中给出的其他细部尺寸，若视作“实际尺寸”，则不可思议。如重台钩阑每段高度4尺，长度7尺，而其寻杖断面，竟然不足1寸见方？束腰，广1寸，厚亦不足1寸？大华版，广1.9寸，厚0.3寸？小华版长1.35寸，广1.5寸，厚1.3寸？高达4尺之钩阑，其组成构件的尺寸，何以如此单薄细小？这样的钩阑，又是否能够用石头雕造出来？显然，将这些尺寸简单理解为“实际尺寸”，是对《营造法式》行文的误解。

关于这段行文中的数字，梁先生在注释中，并未做过多解释，仅将其文中有关蜀柱尺寸原文“两肩各留十分中四厘”改为“两肩各留十分中四分”。其注曰：“‘十分中四分’，原文作‘十分中四厘’，‘厘’显然是‘分’之误。”㊀

其实这句话已然透露出《营造法式》文本中所列数字的奥秘：所谓“其项下细，比上减半，下留尖，高十分之二；两肩各留十分中四分。”这里关于瘿项尺寸的描述，显然是指一种具有“比例”性的关系。

稍加留意，就可以注意到，“重台钩阑（单钩阑、望柱）”条行文中有：“其名件广厚，皆以钩阑每尺之高，积而为法。”㊁关于这句话，梁先生在石作制度注释中，并未给出特别解释。

值得注意的是，类似这样的话，除了在“石作制度”“重台钩阑（单钩阑、望柱）”一节及“赑屃鳌坐碑”一节出现过之外，在壕寨制度，及石作制度的其他部分，乃至大木作制度中，都未再出现。故通过《〈营造法式〉注释（卷上）》，读者似乎无法了解梁先生是如何看待这些奇怪数字的。

这句话的再次出现，在《营造法式》卷第六“小木作制度一”“版门（双扇版门、独扇版门）”一节：“其名件广厚，皆取门每尺之高，积而为法。”㊂

在这里，梁先生做了清晰解释：“‘取门每尺之高，积而为法’就是以门

㊀ 梁思成《梁思成全集》第七卷，第63页，壕寨与石作制度，石作制度，注31，中国建筑工业出版社，2001年。

㊁ [宋]李诫《营造法式》卷三，壕寨及石作制度，石作制度，重台钩阑（单钩阑、望柱）。

㊂ [宋]李诫《营造法式》卷六，小木作制度一，版门（双扇版门、独扇版门）。

的高度为一百，用这个百分比来定各部分的比例尺寸。”[一]例如，版门的高度为7～24尺，那么，版门中各个不同构件的尺寸随版门高度而变化。在《营造法式》文本中给出每一构件的尺寸，是与所施版门高度之百分比。如肘版尺寸：“每门高一尺，则广一寸，厚三分。”那么，随着门高尺寸的变化，肘版的广、厚尺寸，则分别为其高度的10%与3%。如门高7尺，其肘版广7寸，厚2.1寸；门高10尺，其肘版广1尺，厚3寸；门高20尺，其肘版广2尺，厚6寸，以此类推。

六种小木作制度，其中涵盖多个不同构件细部做法，几乎都采用这种“以每尺之高，积而为法”的比例尺寸表述方式。但除了石作制度之钩阑部分外，这一表述方式，仅见于《营造法式》卷第十三，“瓦作制度”“垒射垛”。也就是说，《营造法式》行文，对基本尺寸可能变化的部分给出相应比例尺寸，但对比较确定的尺寸，给出的则是实际尺寸。区别两种情况的要点是，其文字中是否特别用到了“取”某某之“高”，或“积而为法”之类的词。

虽然，在石作制度“重台钩阑（单钩阑、望柱）”一节，梁先生没有对其尺寸表述加以特别注解，但他所绘制的重台钩阑图与单钩阑图，显然体现了其对《营造法式》文本所载数据充分且深刻的理解（图1-35，图1-36）。

《营造法式注释》中所绘“重台钩阑（单钩阑、望柱）”图，除了给定的每段钩阑高度为“实际尺寸”外，其余尺寸，均为与《营造法式》行文相合的比例尺寸。如图中特别标出“以钩阑高作100”，其余各部分小尺寸，仅给出与钩阑高度100之间的比例：如望柱长130，蜀柱广20，单钩阑寻杖方10，重台钩阑寻杖，方8，等等。[二]

这种比例可以透过每段钩阑的高度，推算出来。《营造法式》行文中未加解释，梁先生图中所注数据，也仅是比例数，而非实际尺寸。如重台钩阑高“以钩阑高作100”；其望柱高标为“130”；其栏板断面尺寸：寻杖高标为“8”；盆唇厚标为“6”；蜀柱及大华版高标为“19”；束腰高标为“9”；小华版高标为“15”，地栿高标为“16”。换言之，这些数据，是将栏板高4尺，视作100（实

[一] 梁思成《梁思成全集》第七卷，第165页，《营造法式》卷第六，小木作制度一，版门（双扇版门、独扇版门），注4，中国建筑工业出版社，2001年。

[二] 梁思成《梁思成全集》第七卷，第373页，石作制度图样三，中国建筑工业出版社，2001年。

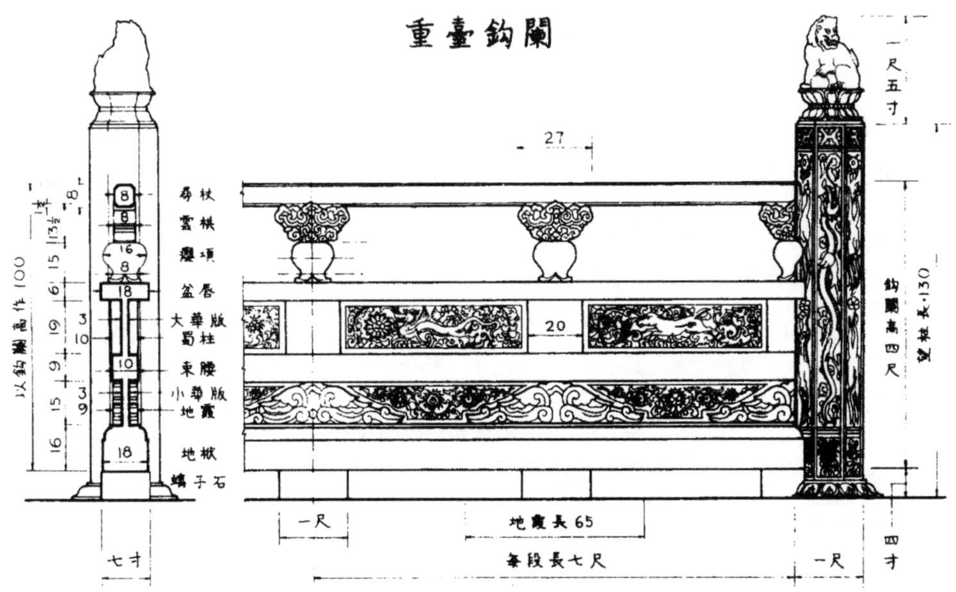

图1-35　重台钩阑剖面图、立面图——《〈营造法式〉注释（卷上）》

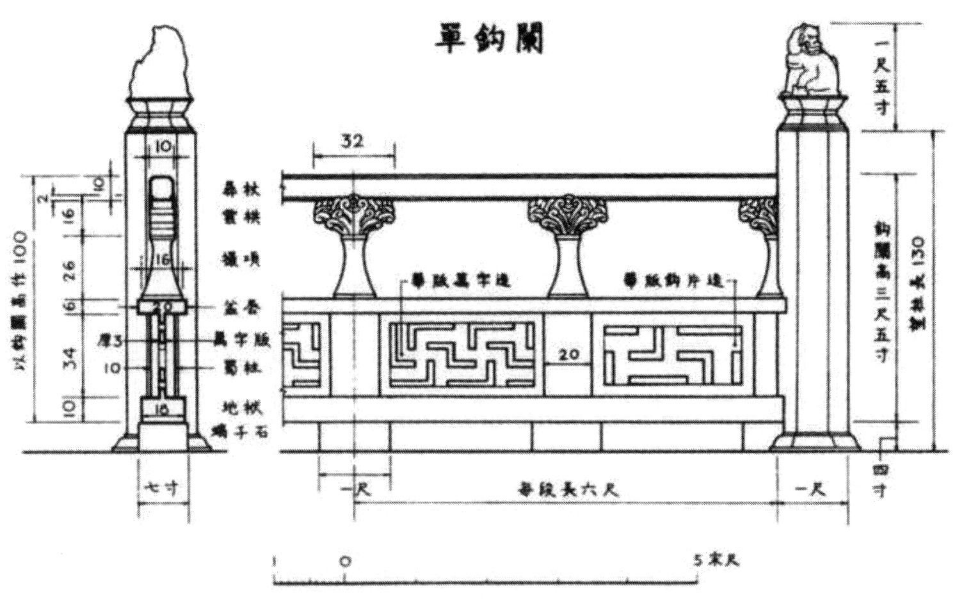

图1-36　单钩阑剖面图、立面图——《〈营造法式〉注释（卷上）》

为4尺），其余数据都是其百分比，如寻杖“方八分”，其数当为8/100（实为3.2寸）；地栿“厚一寸六分”，其数当为16/100（实为6.4寸）。以此类推。

梁先生没有在其图中标出实际尺寸，而是采用比例方式标注，显然是为了使读者能较容易了解《营造法式》文本“以钩阑每尺之高，积而为法”之相关细部尺寸的真实含义。

为了更清晰地阐释《营造法式》“石作制度”中所载部分数据为比例性数据这一发现，梁先生还在《〈营造法式〉注释》末章，附了两个“石作制度权衡尺寸表”（表1-1、表1-2），将经过计算的石作重台钩阑与石作单钩阑诸细部尺寸列入表中。

表1-1 石作重台钩阑权衡尺寸表

名件	尺寸（宋营造尺）		比例	附注
钩阑	高	4.00	100	
望柱	高	5.20	130	
	径	1.00		
寻杖	方	0.32	8	长随片
云栱	长	1.08	27	
	广	0.54	13.5	
	厚	0.32	8	
瘿项	径	0.64	16	
	高	0.64	16	
盆唇	广	0.72	18	长随片
	厚	0.24	6	
大华版	广	0.76	19	长随蜀柱内
	厚	0.12	3	
蜀柱	长	0.76	19	
	广	0.80	20	
	厚	0.40	10	
束腰	广	0.40	10	长随片
	厚	0.36	9	
小华版	广	0.60	15	厚同大华版
	长	0.54	13.5	
	厚	0.12	3	

（续）

名件	尺寸（宋营造尺）		比例	附注
地霞	长	2.60	65	广、厚同小华版
	广	0.60	15	
	厚	0.12	3	
地栿	广	0.72	18	长同寻杖
	厚	0.64	16	

表1-2　石作单钩阑权衡尺寸表

名件	尺寸（宋营造尺）		比例	附注
钩阑	高	3.50	100	
望柱	高	4.55	130	
	径	1.00		
寻杖	广	0.35	10	长随片
	厚	0.35	10	
云栱	长	1.12	32	
	广	0.56	16	
	厚	0.35	10	
撮项	高	0.90	26	
	厚	0.56	16	
盆唇	广	0.21	6	
	厚	0.70	20	
万字版	广	1.19	34	
	厚	0.105	3	
蜀柱	高	1.19	34	
	广	0.70	20	
	厚	0.35	10	
地栿	广	0.35	10	
	厚	0.63	18	

注：表1-1和表1-2中数据，均为梁先生依据《营造法式》文本中所给出的数据，逐一推算出来的构成重台钩阑与单钩阑各个名件的细部尺寸。以重台钩阑为例，其一段钩阑高为4尺，此为100，则其寻杖“方八分”，即为8/100，则可以推算出其寻杖断面为0.32尺见方。其地栿厚“一寸六分”，即为16/100，则其地栿厚度为0.64尺。以此类推。

六、结语

从北宋崇宁二年（1103年）李诫《营造法式》刊行到1919年朱桂老在江苏图书馆发现并刊印丁本《营造法式》，前后816年，再到2001年梁思成《〈营造法式〉注释》全文以《梁思成全集》第七卷形式出版，又是82年时间。令人难以想象的是，在文明昌盛却多灾多难的20世纪，一本历史古籍的研究出版，竟用了其存世时间的大约1/10之久，其中折射出中国学人对传统艺术与文化的景仰与追索，对古代经典古籍诠释的执着与坚持，其间经历的历史沧桑，是可以想见的。

梁思成先生这部历尽千辛万苦才得以问世的学术著作《〈营造法式〉注释》，其字里行间，至今读来，仍然回荡着中国古代先哲那令人激荡之语的杳渺回声：路漫漫其修远兮，吾将上下而求索！

卷二　中国建筑篇

要能提炼旧建筑中所包含的中国质素，我们需增加对旧建筑结构系统及平面部署的认识。构架的纵横承托或联络，常是有机的组织，附带着才是轮廓的钝锐，彩画雕饰，及门窗细项的分配诸点。这些工程上及美术上措施常表现着中国的智慧及美感，值得我们研究。许多平面部署，大的到一城一市，小的到一宅一园，都是我们生活思想的答案，值得我们重新剖视。

——梁思成. 为什么研究中国建筑.《梁思成全集》. 第三卷. 第379页. 中国建筑工业出版社. 2001年

为什么说中国建筑在世界上独树一帜

我们常常说起的一句话是，中国建筑是在世界上独树一帜的独立的建筑体系。这里的中国建筑，其实是特指中国古代建筑。那么为什么说，中国古代建筑在世界上是独树一帜的？中国古代建筑作为一个特立独行的建筑体系，在世界建筑大系中究竟应该占有什么地位？中国古代建筑与传统西方建筑的根本差别在哪里？这些都是极其令人玩味的问题。对于这些问题做出一个完整的解答，是需要一个十分系统而缜密的研究与分析的，这显然不是本节有可能解决的问题，但是，如果将现代建筑教育中作为主流的建筑体系来加以学习与介绍的西方传统建筑作为一个参照系，对中国建筑作一点浅显与直接的分析，或许有助于我们对这个问题的思考。

首先，我们熟知的一个问题是，在西方人的建筑体系中，有一个传承了两千年之久的基本的建筑原则，那就是古罗马建筑师维特鲁威在他所写的《建筑十书》中提出的建筑三原则：坚固、实用、美观。维特鲁威的这一建筑三原则，是与比他更为古老的古希腊哲学家柏拉图提出的哲学三原则“真、善、美”一脉相承的。建筑的坚固问题，涉及材料与结构的真实性，可以归在“真”的范畴之下；建筑的实用问题，与建筑之服务于人的功能与效用有关，恰与古希腊人的“善”（goodness）联系在了一起；而哲学上的美，与建筑的美观，尽管不是一个层面的问题，但是，两者之间的关联性也是不可否认的。

维特鲁威的建筑三原则，经由文艺复兴时期阿尔伯蒂的进一步论证与提倡，成为后来欧洲建筑的基本原则，并且一直延伸到现代。西方现代建筑中的思想与理论，尽管五彩斑斓，却也并没有完全跳出这一基本的原则，如20世纪的西方人特别关注的建筑的功能与形式问题，其实就是从对于这三条原则的不同观点中延伸而来的，功能问题，更多地涉及建筑的“实用”原则，而形式问题则更多地涉

及建筑的“美观”原则。至于建筑的“坚固”原则，则因为现代建造技术的充分发展，而渐渐地延伸为诸如结构、构成、技术、标准化、适应性等方面的问题，或是建筑思想上的“材料真实性”“结构真实性”等方面的问题。

那么，古代中国人是否也遵循了某种建筑原则？如果确实存在什么原则，那么古代中国人的建筑原则是什么？

熟悉中国文化传统的人都知道，中国文化的奠基人之一孔子，对于建筑几乎没有说过什么，他唯一说过的一句与建筑有关的话，似乎是在重复上古三代的圣王之一禹的话：

子曰：“禹，吾无间然矣。菲饮食而致孝乎鬼神，恶衣服而致美乎黻冕，卑宫室而尽力乎沟洫。禹，吾无间然矣。”㊀

孔子的意思是说，他与上古圣王禹之间在建筑上的观点是一致的，两个人之间在这一问题上的见解没有什么不同。那么，禹究竟又对建筑谈了些什么？我们现在能够找到的一句禹说过的，与建筑有关的话，见于目前所知最早的古代文献——《尚书》中的一段话，即《尚书·大禹谟》中禹所提出的三个原则：

禹曰：“於！帝念哉！德惟善政，政在养民。水、火、金、木、土、谷，惟修；正德、利用、厚生，惟和。九功惟叙，九叙惟歌。戒之用休，董之用威，劝之以九歌，俾勿坏。”㊁

从上下文中，我们清楚地看到了，禹是在阐述他的为政要点与原则。其为政的核心，是必须要做（惟修）的六件事情：水、火、金、木、土、谷。这其中无疑包含了建筑（木与土）。而要达到这六件事情的圆满，必须要做到：正德、利用、厚生，这三个基本方面的核心在于一个“和”字（惟和）。我们也可以将这三点理解为中国古代的建筑三原则。由此可以推知，古代中国人，也有自己的建筑三原则：正德、利用、厚生。这三项原则，经过孔子的提倡，更进一步体现为建筑的“卑宫室”思想，从而影响了中国数千年的建筑历史。

《尚书》中所记载的由上古圣王禹提出的“正德、利用、厚生”三原则，又

㊀《论语》泰伯第八。

㊁《尚书·虞书》大禹谟第三。

是怎样打造了一种与在维特鲁威所提出的欧洲人的“坚固、实用、美观”三原则下所创造的建筑体系截然不同的古代中国建筑体系？

以“正德”为基本原则之一的中国古代建筑，将宫室建筑看作一个人的道德品格与身份等级的象征。一方面，古代中国人，认为建筑是应该严格地划分为不同等级的，等级之间不应该有丝毫的僭越。高等级的人，应该居住在高等级的宫室之内，例如，按照一些朝代的规定，帝王的正殿应该有九间以上，宫殿的规模也必须十分宏大，以表示帝王君临天下的威势。而藩王之府宅或一品、二品官的衙署正堂，只能有七间；五品、六品官的府邸与衙署，其正堂应该是五间；七品、八品官的府署或衙门，其正堂就只能有三间了。普通百姓的房屋，其正房是不能够超出三间的。门也是一样，帝王的门可以有数重之多，门殿也必须有九间之阔。王府的门殿只能有五间，五品以上的官员们的门房大约只能有三间，而七品、八品官，以及百姓住宅的门只能有一间了。当然，除了不同朝代之间在具体规定上的一些差异之外，在如上所述的粗略的等级差别之间，还有很多细微的差别。

“正德”原则，对于社会各个等级的人而言，就是每一个人，应该各守其位，各持其德，不应该有任何的僭越。而对于统治者本身而言，则体现为其道德的外在表现。也就是说，一位有德的统治者，在日常的生活起居上要有适度的节制，如宫室建筑应该节俭卑小（卑宫室），其饮食应该菲薄简单（菲饮食），服饰应该俭约朴实（恶衣服）。应该把国家有限的经费用在可以为民谋福祉的水利工程（致力乎沟洫）和对祖先与神灵的祭祀（致孝乎鬼神），以及可以表征人之身份等级的纹章黼黻与冠戴形式上（致美乎黼冕）。

这样一种正德的理念，一方面限制了每一个人对于宫室建筑的追求，使其各安其位，各守其德，从而维护了传统中国社会“君君、臣臣、父父、子子”的社会等级秩序；另一方面，对于具有无上权力的统治者，也是一个约束，使他们对于代表自己身份等级的宫室建筑，也要有一定的约束，不要过于庞大，过于奢侈豪华。这样，既有利于节约有限的资财，也有利于为普罗大众做出道德上的表率，从而有利于整个社会节俭之风的树立与弘扬。这当然也在一定程度上，维护了统治者对于社会的统治与管理。

基于这样一种正德观念下的中国古代建筑，第一，体现为一种高度的等级化与秩序化。中国建筑从城市到宫殿、衙署、住宅，都表现为一种自上而下的严格的秩序化特征。从城市的角度讲，从京城、都城，到府城、州城、县城，形成了一个由大到小的等级化序列。从宫殿衙署来说，帝王的宫殿、藩王的府邸、各级品官的宅第与府署，直至普通百姓的住宅，各有其不同的规模与建筑尺度。这使得整个国家的建筑，都被纳入到了一个明晰的等级体系之中。这就有如一个完整的以帝王宫殿与京城为中心，层层向外延伸并递减的宇宙图案。宏大的宫殿（宫门有九重与五重之多，正殿为九间或十一间）与庞大的京城（如周回50里左右），只属于帝王。适度规模的衙署与宫邸（正厅为七间，门为五间），及中等规模的府城（如周回24里左右），属于各个主要地区的行政长官及分封于此地的藩王。较小的城市，如州城（周回12里左右）或县城（周回4～8里左右），则属于州、县一级行政长官（正厅为五间或三间，门为三间）的驻在之所。其宫殿、衙署、宅第也同样是按照这一等级序列而分布的。

而在一座城市中，最高等级的建筑，如京城中的皇宫，府、州城市中的府衙、州衙，县城中的县衙，往往居于城市的最重要位置上，其规模也比较大，门、堂等建筑也比较宏伟。从而成为高踞于整座城市的中心建筑物，其余较低等级的官署，及百姓的住宅，则簇拥在这些较为高大的建筑物周围，形成古代中国城市所特有的空间肌理。当然，其间还有文庙、儒学、城隍庙、东岳庙、关帝庙等祭祀性建筑，以及佛寺、道观等宗教性建筑，以其适当的空间与体量，而居于适当的位置上。

在一个建筑群中，无论是皇家宫苑，还是官吏府署，抑或百姓住宅、佛道寺观等，又都形成了一个各自独立的，具有内在等级秩序感的建筑群。在这个建筑群中，其具有身份表征性的正殿、正堂、正房以及门殿、门堂、门屋等，都处在了较为显眼的位置上，并具有较为重要的空间象征性意义。而一般功能性的殿堂与屋舍，则处在了从属的位置上，从而使一个建筑群内部，也存在一种高低上下的等级差别。使一个建筑群，也同样再现了与整个国家的等级秩序呈同构状态的等级差别。

这种层层递进的等级秩序感，不仅使整个国家的建筑形态处在了一种有如宇宙图式般的级差与秩序中，也使每一个建筑组群的内部表现为同样的级差与秩序。如清代焦循通过《相宅新编》中所引汉代王充之说法中，借用阴阳和合的概念而提出的屋宇形象：

屋形端肃，气象雄豪，护从齐整，俨然而不可犯者，贵宅也。墙垣周密，天井明洁，规矩翕聚者，富宅也。南北皆堂，东西易向，左右昂雄，势如争竞者，忤逆宅也。……面前之屋为宾，左右之房为从，宾宜端拱，主贵高严。从若高昂，主受欺凌之患；从如低陷，主嫌孤露之虞。㊀

从这段有关住宅的说法中，我们可以大致了解古代中国人心目中的住宅建筑形象。其基本的特征应该是：屋形端肃，气象雄豪，主宾分明，护从整齐，墙垣周密，天井明洁，规矩翕聚。这其中包括了“中正”“端庄”“中和”等概念，其核心的思想是：屋宇端正、中正仁和、主次分明。其核心的思想，仍然是各安其位的建筑思想与主从分明的等级秩序。其基本的出发点，也正是从中国古代建筑之“正德”原则中来的。

也正是因为有了“正德”观念的约束，特别是孔子所提出的“卑宫室”的思想主张，使中国建筑有了一种约束性的因素。建筑物不应该建造得过于高大。所以，中国古代建筑主要是在平面上延伸，而且每一座单体建筑的体量也不可能过大。一座建筑，并非主要是以其体量的高大来表征其等级的高低，而是以其占地的大小，庭院的多少，以及主要建筑，如正堂、门屋的大小作为基本要素来考虑的。如透过隋唐时期的史料加以分析，按照那时实行的“均田制”中有关园宅田的授予方式，一座亲王的住宅，其园宅田面积应为100亩，而一品官的园宅田为60亩，从二品到正二品官的园宅田为35～40亩，从三品到正三品官为25～30亩，从四品到正四品官为11～14亩，从五品到正五品官为5～8亩，六品为4亩，七品为3.5亩，八品为2.5亩，九品为2亩，更低等级的小吏则和百姓无异，其标准园宅田仅为1亩。㊁当然，实际授予的园宅面积，还会考虑家庭人口及仆役人数等因素而有所变化，但基本的级差关系，却是十分明显的。

㊀ [清]焦循《相宅新编》屋宇形象论。

㊁ 王贵祥《中国古代建筑基址规模研究》第27页，中国建筑工业出版社，2008年。

正是在“卑宫室”这一思想指导之下，古代中国人还发展出了建筑的“适形”观。既建筑物不要建造得过于高大。中国建筑中的“适形”思想，早在春秋战国时期就已经形成：

鲁哀公为室而大，公宣子谏曰：“室大，众与人处则哗，少与人处则悲，愿公之适。”……公乃令罢役，除版而去之。㊀

室大则多阴，台高则多阳；多阴则蹶，多阳则痿。此阴阳不适之患也。是故先王不处大室，不为高台。㊁

这一思想又被汉代大儒董仲舒加以了特别的提倡，从而成为历代建筑所遵循的圭臬。正因为建筑的体量要保持既不高，也不大的“适形”尺度，中国建筑只能够在平面上延伸与扩展。而古代中国人还持有一种阴阳和合的概念，所谓“万物负阴而抱阳，冲气以为和。”㊂而要保证这种“负阴抱阳”的空间理念得以实现，必须要通过院落的方式来加以组织。这使得中国建筑，表现为院落重叠式的空间形式。而每一组建筑群中的院落之间，还有其因等级差异而发生的尺度、大小的差别，从而形成了幽深、曲折的庭院式建筑空间。古代中国人所谓“庭院深深深几许”㊃“庭院深沉臬篆斜”㊄“杨柳楼台春萧索，庭院深沉，不把相思锁”㊅“侯门深似海”㊆等富于诗意的描述，其实表现的都是这种曲折幽婉的中国古代庭院式建筑空间。

正是深切地体验到了这一点，梁思成先生特别谈到了中国庭院建筑组群的这种特色：

这样由庭院组成的组群，在艺术效果上和欧洲建筑有着一些根本的区别。一般的说，一座欧洲建筑，如同欧洲的画一样，是可以一览无遗的；而中国的任何一处建筑，都像一幅中国的手卷画。手卷画必须一段段地逐渐展开看过去，不可

㊀ [西汉]刘安《淮南子》卷十八，人间训。

㊁ [战国]吕不韦《吕氏春秋》孟春纪第一，重己。

㊂ [春秋]老子《道德经》下篇，德经。

㊃《全唐五代词》卷三，五代词，冯延巳，踏鹊枝。

㊄《元曲》吴仁卿，套数，惜春，好观音。

㊅《元曲》周文质，套数，悟迷。

㊆ [宋]曾慥《类说》卷二十七，逸史，侯门深似海。

能同时全部看到。走进一所中国房屋，也只能从一个庭院走进另一个庭院，必须全部走完才能全部看完。北京的故宫就是这方面最卓越的范例。㊀

显然，这种基于“正德”原则与“卑宫室”思想的，在严格等级制度下的大大小小的庭院式建筑组群的处理，既是古代中国礼制文化的一种体现，也是古代中国人建筑艺术审美趣味的一种表现。中国人的这种含蓄的、内在的、具有线状脉动感的、以委婉曲折的空间为主要审美取向的东方式建筑审美追求，与以“坚固（真）、美观（美）”为最重要建筑原则的传统西方建筑的那种直率的、外在的、以几何形态感为主的、强调比例与形体的西方古典式建筑审美追求，恰恰形成了一对截然相反的建筑范畴。

古代中国建筑三原则中的第二条原则是“利用”。这条与西方建筑三原则中的“实用”原则十分接近。在中国人看来，建筑的本质就是“用”。老子所谓“凿户牖以为室，当其无有，室之用。有之以为利，无之以为用。”㊁就是说的这个意思。我们还可从中国古代哲人有关宫室、衣服、器物等的实用与坚固的论述中看出来：

禽滑厘问于墨子曰：“锦绣絺纻，将安用之？”墨子曰：“恶，是非吾用务也。古有无文者得之矣，夏禹是也。卑小宫室，损薄饮食，土阶三等，衣裳细布。当此之时，黼黻无所用，而务在于完坚。”㊂

在这段很典型的对话中，墨子认为那些外在装饰性的东西不是什么好东西，因为它没有实用价值，他特别赞美的夏禹时期的“古之无文”，其核心的特征是剔除“无所用”的黼黻装饰，而保留其纯粹的“实用性”特征，并使其保持“务在于完坚”的“坚固性”原则。

类似的观念还见于古代中国人关于建筑的议论中，如金代的金世宗：

有司奏重修上京御容殿，上谓宰臣曰：“宫殿制度，苟务华饰，必不坚固。今仁政殿辽时所建，全无华饰，但见它处岁岁修完，惟此殿如旧，以此见虚华无

㊀ 梁思成《梁思成全集》第五卷，中国古代建筑史六稿绪论，第460页，中国建筑工业出版社，2001年。

㊁ [春秋]老子《道德经》上篇，道经。

㊂ [西汉]刘向《说苑》卷二十，反质。

实者，不能经久也。”㊀

这里其实表达了一个与西方人的建筑原则十分接近的观点，建筑物应该以坚固、实用为最重要原则，不要追求虚华无实的东西。这反映了古代中国人在建筑上的“利用观”，也同样注意了实用与坚固两个方面的要素。从这一方面看，古代中国建筑的“利用”原则，与西方古典建筑的“坚固、实用”原则是几无二致的。

当然，西方古典建筑的实用原则，强调的是理性的实用。其中蕴含了便捷、舒适、功能等内涵。因此，西方建筑在很早的时候就有了功能性的划分。在建筑类型上，表现为明显的功能性倾向。神庙即是神庙，住宅即是住宅，会议厅就是聚会的场所，市场就是商品交易的地方。西方建筑的这种基于逻辑理性精神的功能思想，从古希腊时期就已经开始，这使得西方建筑在形态学分类上，有很好的发展。

古代中国建筑的“利用”原则与古代中国人的思维模式一样，不具有明确的形式逻辑背景，因而体现为某种模糊性。中国建筑之用，具有强烈的笼统性、泛义性。凡是建筑，大约都是“上栋下宇，以待风雨”的宫室，无论其为宫殿、住宅，还是寺庙、衙署，并无大的区别。这就使得古代中国建筑的类型学发展十分贫乏。古代中国人并不在意建筑之形式上的类别差异，无论是宫殿、寺观、宅第、衙署、坛庙、陵寝，大约都是采用了相同的建筑形式，相近的院落组织形式。其差别仅仅在规模、体量、尺度、装饰等方面的等级制度上。由此，古代中国建筑也发展出了一种特别的适应性。同样的建筑造型，同样的结构形态，同样的院落空间，竟为千变万化的使用功能提供了一个大约类似的基本场所。

古代中国建筑三原则中的第三条原则是“厚生”。这一原则有时候又表现为“便生”原则，其大致的意思是说，建筑之要义，是为了方便现世生活中的人。当然，还有便利生活，服务于人们的日常起居与生息繁衍的意思。古代中国人在这方面的论述很多，如墨子就曾经说过：

子墨子曰：“古之民，未知为宫室时，就陵阜而居，穴而处，下润湿伤民，

㊀ [元]脱脱等《金史》卷八，本纪第八·世宗下，二十五史，第九册，第6948页，上海古籍出版社。

故圣王作为宫室。为宫室之法，曰：室高足以辟润湿，边足以圉风寒，上足以待雪霜雨露。宫墙之高，足以别男女之礼，谨此则止。凡费财劳力，不加利者，不为也。……是故圣王作为宫室，便于生，不以为观乐也。㊀

这里提出一个特别重要的概念：建造宫室的目的是“便于生”，这其中包含了两方面的意义：一方面是便于生活；另外一方面是便于现世生活着的人。这就将古代中国建筑与主要是为彼岸的神所建造的不朽的神殿之间，划出了一个十分明确的界限。古代中国人最为大量建造的建筑物是供现世之人生活起居之用的，包括帝王的宫殿、官吏的府署、百姓的屋舍等，概莫如是。只是随着佛教的传入与道教的兴起，才有了神佛的殿堂，但是，在古代中国人的眼中，这些佛寺与道观，也都是可以纳入神佛的住所之范畴中的。隋炀帝杨广在营造东都洛阳的诏书中，也提到了类似的问题：

夫宫室之制本以便生人。上栋下宇，足以避风露，高台广厦，岂曰适形。㊁

这里的“宫室之制，本以便生人”与墨子的“是故圣王作为宫室，便于生，不以为观乐也”说的是一个意思，即建筑物的主要目的是为了现世的人生活与使用的。

此外，这里还传达出一个重要的信息，即在古代中国人看来，宫室的建造，既不是为彼岸的神灵的，也不是仅仅为了看着好看的（不以为观乐也），这就又从一个更为深层次的意义上，在中国古代建筑与西方建筑之间，划出了一个明显的界限：即建筑的目的不是为了令人愉悦。

我们知道，西方建筑三原则中的美观原则，还可以表述为“愉悦”（delight）原则。即好的建筑的一个重要原则是要通过建筑外观的美，使人产生一种愉悦的感觉。其实在从维特鲁威以来的西方建筑历史上，“美观”或“愉悦”是一个两千年来一以贯之的原则。西方人始终追求建筑的形式美，并将之作为建筑的一个基本诉求，直到如今仍然如此。这就是为什么西方建筑一直围绕着建筑之风格与形式的不断翻新而发展的主要原因之一。建筑形式美，成为建筑的

㊀《墨子》卷一，辞过第六，二十二子，第227页，上海古籍出版社，1986年。

㊁ [唐]李延寿《北史》卷十二，隋本纪下第十二，二十五史，第四册，第2939页，上海古籍出版社。

基本原则，也成为建筑师所刻意追求的目标。有关建筑形式美的问题，充斥于从古代的维特鲁威、文艺复兴时期的阿尔伯蒂，到现代的勒·柯布西耶等人的建筑理论著述之中。即使是一些最为前卫的西方建筑，也主要是在形式上追求其创作的突破点。

而恰恰是在这样一个核心概念上，古代中国人秉持了一个全然不同的概念，明确地表述了建筑的主要目的不是为了以其美丽的外观而使人愉悦的，而是为了人的日常生活起居的。这就使得古代中国建筑在形式诉求上变得不十分重要了。古代中国人似乎并不十分追求建筑在形式的不断翻新，而是秉持了一种内敛、保守的态度：即建筑的形式，始终保持了一个基本的结构功能主义的特征，按照基本的木构架原则而架构，只是辅以必要的色彩与装饰。

古代中国人将主要的创作欲望都倾注在了建筑之营造的巧妙之上。“工巧”成为古代建筑最高的原则之一，而代表了“工巧”的鲁班成为中国建筑创作诉求的最高象征。而这个“巧”中虽然可能也包括了某种美观的因素，但更主要的是结构的机巧、造型的巧妙、施工过程的快速与不露痕迹，以及雕刻与装饰的精美与复杂等。其中并不包含某种形式创新的内容。可能正是因为这样一种基本的建筑诉求，使古代建筑在基本的建构原则日渐成熟的情况下，反而将过多的精力放在了装饰的添加与堆砌上，从而使得清代以来的木结构建筑，特别是一些地方性的建筑中，无论在斗栱系统上，还是屋顶瓦饰上，都表现出某种繁缛的装饰美。这一时期的中国匠师们，在不知道如何在结构上与形式上加以创新的时候，便把过多的精力放在了装饰的工巧与堆砌上，反而降低了建筑的艺术水准。

然而，正是在“便生人”“不以为观乐”的前提之下，古代中国人的建筑在营造上更多地追求了对人的适宜与方便。首先，在建筑材料的使用上，古代中国人始终坚持以木结构为主的建筑体系，或者在一些地方使用了土结构，如窑洞建筑，或土木混合的结构，如南方地区的围楼建筑。却很少有用石头来建造供人生活起居之舍屋宫室的例子。其实原因就在于这一“便生人”的原则。

在古代中国人看来，人是需要生活在一个负阴抱阳，阴阳和合的空间之中的。而一座宫室或舍屋建筑，其实就是一个负阴抱阳的空间场所。房屋的基座，背负着大地，其核心的材料是“土”。而房屋的构架是由木结构的柱子与梁架所组成的，木材是最适合于人之生活的材料。古代中国人不是不会使用石头来建构建筑物，但是，中国人主要是将石头应用在陵墓、桥梁或城垣等建筑上，却很少使用在供人居住的房屋中。这显然是中国文化对于建筑材料的一种特殊的取向。土和木各是五行中的一种元素，而土和木都是适合于人之居住环境的材料。禹为政所“惟修”的六件事物中，就包含了土和木。而木结构立柱的作用就是起到一种将地下传来的生气向上引导，而将天上的阳气向下引导的作用，并促使其在房屋中间交汇融合，此即所谓：

且柱为阴数，天实阳元，柱以阴气上升，天以阳和下降，固阴阳之交泰，乃天地之相乘。㊀

《盐铁论》曰：贵人之家，梓匠斫巨为小，以圆为方，上成云气，下成山林。㊁

这就是说，在古代中国人看来，一座房屋就是一个阴阳和会的场所，一个天覆地载的小宇宙。其屋顶的梁架屋宇代表了天宇，其阳气交会，云气汇集，而房屋的地基则代表了大地，其地中的阴气向上升腾。阴阳之气沿着柱子上下流动，从而形成了一个阴阳交泰的和谐空间。使人生活在了一个负阴抱阳的最佳场所之中。这或许也正是为什么古代中国建筑在室内屋顶梁架与天花上，多用云纹或云形图案作为建筑物室内装饰主题的主要原因之一。

此外，古代中国人将实际的房屋建造得尺度适宜，从而使每一座房屋，都有一个舒适的院落，而院落又是接纳外部之阳气的场所，相对于院落而言，室内又成为一个阴气较为集中的地方，而室外的庭院恰好以其阳气来加以调节与补充。而中国建筑主要是以南北向为主要轴线方向布置的，大量建筑以坐北朝南为基本的空间组织模式，从而在整体上又形成了一个负阴抱阳的空间状态。这样一种坐北朝南，庭院式布置的建筑空间模式处理，也从一个更为广泛的意义上，强化了老子所说的：“万物负阴而抱阳，冲气以为和。”㊂的空间取向原则。那么，如何做到“冲气以为和”？《周易》中还对此做了形象的描述：

㊀ [后晋]刘昫《旧唐书》卷二十二，志第二，礼仪二。

㊁《艺文类聚》卷六十一，居处部一，总载居处，引盐铁论。

㊂ 老子《道德经》下篇，德经。

是故阖户谓之坤，辟户谓之乾，一阖一辟谓之变，往来不穷谓之通，见乃谓之象，形乃谓之器，制而用之谓之法，利用出入，民咸用之谓之神。[㊀]

户者，房屋之门窗户牖也。阖户，即为关闭房屋的门窗户牖；辟户，则为打开房屋的门窗户牖。而在古代中国人看来，一座供人起居生活的房屋，其要点正在于房屋之门窗户牖的一阖一辟，如此才能够带来阴阳之气的交汇流通，也才能造成阴阳之气的往来不穷。这或者就是古人对于宫室房屋的利用之道。也就是说，要将房屋宫室做适形的处理，使之能够形成负阴抱阳的效果，从而有利于阴阳之气的流通交汇，并通过其门窗户牖的启闭，造成阴阳之气的利用出入与往来不穷。

这或许就是为什么古代中国人主要运用木质材料来建造房屋，并且将房屋建造得不是很高耸，室内空间也不是很宏大的原因所在，惟有如此，才能够使每一座房屋中生活的人，都能够独享一片湛蓝的天空，拥有丈院尺土的扶疏花木，可以与星月相随，既能够触摸秋日的落叶残竹，感受冬日的雾雪霜冰；又能够觉察春日的新枝嫩芽，体验夏日的蝉噪鸟鸣。这就是如诗如画的中国式庭院空间。中国人不言建筑之美，而中国建筑之美却尽在这深深庭院的曲婉幽静之中，此正是所谓“至言无言”“大音希声”“大美无美”之谓也。中国古代建筑的奥妙也许正在于此，我们说中国建筑在世界上独树一帜，其道理也正是在这里。

㊀《周易·系辞上》。

土木、砖瓦、石铁、琉璃、彩画与中国建筑的历史年轮㊀

一、土与砖：百堵之室与版筑高台

1. 原始穴居

《周易·系辞下》中有："上古穴居而野处，后世圣人易之以宫室，上栋下宇，以待风雨，盖取诸《大壮》。"这段文字说明，中国上古先民最早的居处空间，是天然洞穴或人工坑穴。

发掘于20世纪50年代的西安半坡遗址，是一处典型的新石器时期仰韶文化遗址。先后5次大规模考古发掘，揭露面积近1万平方米，发掘出的原始文化遗迹，包括46座房屋、200余个窖穴、6座陶窑遗址、250座墓葬。较为完整地展示了一个中国新石器时期原始初民居住环境的大致风貌。

半坡遗址内的居住性房屋遗址，大多是半地穴式的。从遗址看，其建造过程，很可能是先从地表向下凿挖一个平面近方形或圆形的坑，在坑四周竖立起一些立柱。可能因为结构上的考虑，或也有其他原始信仰方面的思考，一般的坑穴中央，往往会有一根立柱，形成坑穴内结构的中心柱。中心柱会略高一些，周围柱稍低一些。在周围柱与中心柱之间，斜置如后世椽子一样的木条，木条之上再用树枝或草覆盖，涂抹上泥土，就形成一个坡形如圆尖锥式的屋顶。四周柱子之间，也填补上树枝、草与泥土，形成一个环绕的墙体。

如此，有着简单木结构支架与草泥坡屋顶和室内基本生活环境的原始房屋，

㊀ 本文为2019年在土耳其安卡拉大学召开的中国建筑史国际高端论坛（Senior Academics Forum on Ancient Chinese Architectural History，Bilkent University，Turkey，July 20-28，2019）的会议论文。曾发表于《中国建筑史论汇刊》第19辑，中国建筑工业出版社，2020年。

得以初现雏形。这里出现了几个对后世中国木结构建筑影响极大的元素：

（1）环绕房屋空间四周，直立的柱子。

（2）斜置的坡形屋顶。

（3）用树木枝条、草与泥相结合，涂抹屋顶和四壁。

一直延续到十分晚近都在使用的中国北方民居中常常可以见到的几个基本要素：木结构梁架、坡屋顶、泥背瓯瓦（或直接草泥屋顶）、草泥抹墙，如此，等等，在数千年前的原始时期已经出现。

2. 百堵之室

商代有一位叫傅说的人，在野外从事版筑工程时，被商汤王发现，并延请为相。《韩诗外传》有“傅说负土而版筑，以为大夫，其遇汤也”之说。《孟子》也提到“傅说举於版筑之间”。这说明了在上古三代，掌握版筑技术，且能从事建设工程的人对国家的重要性。

版筑，即夯土技术。先秦时期中原地区城市、屋舍与道路工程，无一不依赖版筑。《诗经·鸿雁之什》：“之子于垣，百堵皆作。虽则劬劳，其究安宅？”是说屋宅建造，需要百堵之墙。《诗经·文王之什》进一步描述：“缩版以载，作庙翼翼。……筑之登登，削屡冯冯。百堵皆兴，鼛鼓弗胜。乃立皋门，皋门有伉。乃立应门，应门将将。”形象地记录了周文王时期，宫殿建筑的营造情况。

《诗经·小雅·斯干》提到“筑室百堵，西南其户”。意思是说，由夯土墙围合的房屋，在朝西或朝南方位上开启门户。老子所言：“凿户牖以为室，当其无有，室之用。”[㊀]这里用了“凿”字，说明春秋时宫室墙壁，是版筑土墙，其出入室内外的门户或采光用的窗牖，是在夯土墙上开凿出来的。

考古中发现的先秦建筑，如河南偃师二里头早商宫殿、郑州商城、岐山周原、凤翔秦国雍城、曲阜鲁国都城、邯郸赵国都城、新郑郑韩故城、江陵楚国纪南城等遗址，不仅围护性城垣是夯土结构，主要宫殿也是建立在夯土台基之上；宫殿中各单体建筑围护墙，也是将木柱与夯土墙结合的结构形式。可知，先秦时期的建筑，无论城墙、院墙、台基、房屋外墙、门阙、登堂踏道，甚至城内街

㊀ [春秋]老子《道德经》道经。

道、宫廷内甬道等，都采用夯土版筑的结构与营造方式。

夯土结构版筑技术，在战国、秦汉及两晋南北朝，甚至隋唐时期的城池、道路、宫殿、寺院等建造中，始终具有重要价值与意义。

如《艺文类聚》引东晋袁宏《东征赋》：“经始郛郭，筑室葺宇，金城万雉，崇墉百堵。”《唐两京城坊考》也提到：“初移都，百姓分地版筑。”㊀这说明，魏晋至隋唐时期，城墙、坊墙、百姓屋墙，主要都是版筑方式营造。

元大都城墙，是夯土版筑结构，为了防止雨水冲刷，元人还在城墙两侧，覆以蓑衣，故大都又称蓑衣城。明正德年间，一位名叫许逵的知县，为防止盗寇侵袭而筑造城墙：“县初无城，督民版筑，不逾月，城成。”㊁可知，尽管明代砖筑城墙技术十分普及，但仍有采用夯土形式筑造的城墙。

北方地区大型宫殿建筑墙体，往往将两侧山墙与背山墙采用厚重版筑形式，既有强化承载屋顶的结构作用，又起到保温与隔热功能。考古中也注意到，唐大明宫麟德殿两侧山墙，夯土墙厚度约4米左右。民居建筑中采用的版筑墙体做法，甚至一直延续至今。

3. 版筑高台

版筑形式，更多出现在殿堂、房屋基础的营造上。宋人李昉《太平广记》，提到一位唐开元时人，梦中来到神仙世界，令他感到诧异的是，这里的建筑，不仅宏伟瑰丽，且其“门殿廊宇之基，自然化出，非人版筑。”㊂其义是说，其门殿廊宇台基之宏伟华丽，非人版筑之力可以为之，是神仙创造之物。然而，其结构为版筑形式，却无疑问。可知唐代宫殿、庙宇及住宅基础，多是以版筑形式建造的。

将建筑物布置在高台上，是上古统治阶层一个重要倾向。《尚书》有：“以台正于四方，惟恐德弗类，兹故弗言。”㊃暗示高台建筑具有的权威性。《尚书·旅獒》提到：“为山九仞，功亏一篑。”篑者，背土筐。则这里的“山”，

㊀ [清]徐松《唐两京城坊考》卷四，西京。

㊁ [清]张廷玉等《明史》卷二百八十九，列传第一百七十七，忠义一，许逵传。

㊂ [宋]李昉《太平广记》卷二十九，神仙二十九，九天使者。

㊃《尚书》商书，说命上第十二。

即人工夯筑的高台。即使缺一篑土，高台也建造不起来。说明建造高台之艰辛。

战国时诸侯间竞相建造国都，夯筑高大台殿，故有“高台榭，美宫室”营造风潮。《春秋左传》载，鲁庄公：“三十有一年春，筑台于郎。夏四月，薛伯卒。筑台于薛。六月，齐侯来献戎捷。秋，筑台于秦。”㊀据遗址发掘，燕下都有老姆台、武阳台；赵邯郸有丛台；齐临淄城内也有高台。这些都是诸侯王宫殿建筑群的基座。这些高台，甚至成为统治者纵欲之象征。如：“晋灵公不君：厚敛以雕墙；从台上弹人，而观其辟丸也。”㊁高台宫室之墙壁，加以雕琢装饰。无聊君主，从台上向下掷弹丸，以观看路人躲避弹丸为乐。

高台营造风潮，一直延续到秦汉、三国时期。秦统一之初，在咸阳渭南建立章台；巡游东海之时，建立琅琊台。汉高祖在长安城，营造渐台。汉武帝“又作甘泉宫，中为台室，画天、地、泰一诸神，而置祭具以致天神。”㊂无论是周文王灵台，还是汉武帝甘泉宫台室，都具有一个新功能：人天交通，人神交通。为了这一目的，汉武帝还建造柏梁台，上立仙人承露盘，并“乃作通天台，置祠具其下，将招来神仙之属。”㊂其中，唯柏梁台及井干台，可能是木结构高台，其他都是夯土版筑结构。

西晋人张茂，亦曾营造高台：“茂筑灵钧台，周轮八十余堵，基高九仞。”㊃后受劝阻而止。这里所说“周轮八十余堵”，似是台上所筑宫室夯土墙，而其“基高九仞”，则是宫室台基之高。

秦汉时重要宫殿，都坐落在高大夯土台座上。秦咸阳朝宫前殿阿房，建立在一座高约5丈的巨型夯土台基上，秦始皇三十五年：“先作前殿阿房，东西五百步，南北五十丈，上可以坐万人，下可以建五丈旗。”㊄经过考古发掘的阿房宫台基，实际长度东西1320米，南北420米，距离今日地面高度约7～9米，是目前所知最大夯土建筑台基。

㊀《春秋左传》庄公，庄公三十一年。

㊁《春秋左传》宣公，宣公二年。

㊂ [汉]司马迁《史记》卷十二，孝武本纪第十二。

㊃ [唐]房玄龄等《晋书》卷八十六，列传第五十六，张轨传。

㊄ [汉]司马迁《史记》卷六，秦始皇本纪第六。

汉未央宫，是一个巨大宫殿建筑群，仅其前殿夯土基座，南北长约350米，东西宽约200米，北部最高处，高出今日地面10余米。文献所载汉长乐宫前殿长宽尺寸，与未央宫前殿接近，其宫殿夯土台座，同样也十分宏大隆耸。

宋《营造法式》“壕寨制度”中，对筑基、筑城、筑墙做法，都是有关夯土工程的制度描述，说明两宋辽金时期的建筑基座、城池墙垣，即建筑物墙体，仍然主要采用夯土版筑的方式营造。

4. 砖砌台基与墙体

中国人常说“秦砖汉瓦”，这是一种譬喻性说法，但也暗示中国历史上砖的出现，可能略早于覆盖屋顶之瓦。据考古发掘，陕西省周原西周遗址，发现有铺地砖与空心砖，如此则将中国古代砖的出现，推测为距今3000年左右。然而，近年在陕西蓝田新街仰韶文化遗址，发现了仰韶文化晚期烧结砖残块5件及未曾烧过的土坯砖残块1件，还发现龙山文化早期烧结砖残块1件，从而将中国古代砖的出现年代，提前至距今约5000年前的仰韶文化时期。

砖的烧制需要较大规模燃料背景，因而早期砖的使用，可能受到一定局限。“砖”这一术语出现，已知最早见于战国时，《荀子》有：“譬之，是犹以砖涂塞江海也，以焦侥而戴太山也，蹎跌碎折，不待顷矣。”㊀西汉文字中，也提到砖：“子独不闻和氏之璧乎，价重千金，然以之间纺，曾不如瓦砖。”㊁汉代时砖仍是比较贵重的材料。

两汉时期是砖的烧制与使用发展规模较大的一个时期，因为汉代社会稳定，农业发展，用于烧砖的柴草比较容易获得。从出土文物中发现较多汉砖、明器及画像砖，特别是烧制精良的汉代空心砖，可以说明这一点。从现有资料观察，砖砌墓穴，在汉代时已较多见。

魏晋南北朝时期砖的使用已较多见，晋人载：“石头城，吴时悉土坞。义熙初，始加砖累甓，因山以为城，因江以为池。地形险固，尤有奇势。亦谓之石首城也。”㊂可知东晋义熙（405—418年）初，建邺城已经因山为城，并用砖甓砌

㊀ [战国]荀况《荀子》正论第十八。

㊁ [西汉]刘向《说苑》卷十七，杂言。

㊂ [晋]山谦之《丹阳记》石城。

城墙，并被称为“石首城”。能用砖砌城墙，可见砖的烧制能力已经比较强。

砖的较为普遍使用，似乎始自南北朝。如北魏有关寺院建筑壁画中，出现砖砌楼阁建筑。唐代敦煌壁画，也出现不少砖砌台基。实物中，自南北朝至隋唐，出现了一批单层或多层砖塔。北齐文献中提到：“（先君、先夫人）旅葬江陵东郭……欲营迁厝。蒙诏赐银百两，已于扬州小郊北地烧砖。”㊀显然，这里所指烧砖，是用于墓地营造的。南朝《宋书》中亦有：“家徒壁立，冬无被绔，昼则庸赁，夜则伐木烧砖。”㊁可知这时砖的烧制，是以木柴为燃料的。

两宋辽金时期，不仅砖的使用量大，而且烧制的质量也得以提高，如宋人楼钥有“黄閍冈下得宝墨，古人烧砖坚于石”㊂的诗句，略可一窥其质量。《营造法式》中专门列出的“砖作制度”，反映了宋代砖的烧制已经趋于标准化。

无论如何，辽宋时期砖筑佛塔已相当普遍，其楼阁式、密檐式砖塔，不仅形体高大、造型精美，装饰也十分繁密。说明这一时期制砖技术与砖的砌筑能力，已经达到相当高水平。《营造法式》中专设“砖作制度”，并将制度所涉，主要限定在垒阶级、铺地面、墙下隔减、踏道、慢道、须弥座等与房屋或神佛造像之基座及地面有关处理，以及砖墙、城壁水道、卷輂河渠口等，需防止水之侵蚀的部位。

明代以来，砖的使用出现爆发式增长。在全国范围内，包括京城、府城、州城与县城，建造了一大批砖砌城墙。一些原本是夯土城墙的古老城池，明代或清初，也普遍包砌砖甃城墙。同是明代修建用于抵御北方边患的砖筑长城，绵延数百里，气势恢宏，也印证了明代制砖业之发达与砖筑结构之普及。

在房屋建筑上，可以从自明代兴起的砖筑无梁殿，或以砖为外墙及两山墙主要表皮的硬山式屋顶建筑形式，在民居建筑中的大规模普及略窥一斑。南方建筑，包括徽派建筑，以及浙江、福建、江西等地的建筑中，大量出现砖砌的封火山墙，也是在明代开始大规模流行。

㊀ [北齐]颜之推《颜氏家训》终制。

㊁ [南朝梁]沈约《宋书》卷九十一，列传第五十一，吴逵传。

㊂ 宋诗钞《攻·玫·集·钞》楼钥，钱清王千里得王大令保母砖刻为赋长句。

二、木与瓦：架木为屋与覆瓦为堂

1. 巢居与河姆渡文化

史料中描绘的中国初民，有燧人氏、有巢氏，暗示上古时人，曾有居住在如鸟巢一样的空间中的。《晏子春秋》提到：“古者尝有处橧巢窟穴而王天下者，其政而不恶，予而不取，天下不朝其室，而共归其仁。”㊀《尚书》记录了一件史实：“成汤放桀于南巢”㊁其意是说，征服了夏桀的商汤，惩罚性地将桀放逐到南巢。在商汤之世，巢是一种更为原始的居住方式。

上古巢居房屋模式，因为树木本身存在年限，以及高架于树木之上的房屋遗迹保存上的困难，至今未发现原始巢居方式的直接证据，只能从上古史料中加以揣测。或可从另一种建筑结构形式，联想到上古巢居建筑原初意念。这就是中国古代“干栏式”木结构建筑。

1973年在浙江余姚河姆渡地区发现的一个原始文化聚居区，被称为河姆渡文化。经过数年发掘，考古界渐渐厘清河姆渡文化基本特征：这是一个以使用黑陶器皿，并主要采用种稻技术为基本生产特征的原始文化遗址。其居住方式，主要是通过密集的木柱将房屋支架起来的建构方式，也就是人们常说的“干栏式”建筑原始形式。

中国南方苗族民居，至今仍有“吊脚楼”式建筑，其基本特点，是用木结构架将房屋架空于地面之上，从而将地面湿气隔离开。这种吊脚楼，就是一种中国干栏式房屋的典型形式。

2. 土阶三等，茅茨不翦，采椽不刮

《史记》中所引墨子，提到尧舜时期宫室建筑特征：“堂高三尺，土阶三等，茅茨不翦，采椽不刮。”㊂其意是说，尧舜宫室建筑，台基不过三尺高，只需三步踏阶就可登堂入室。宫室屋顶，用没有经过剪裁的茅草覆盖，屋顶木架上的椽子，也未经过仔细刮削修饰。

㊀ [战国]晏子《晏子春秋》卷二，内篇谏下第二，景公欲以圣王之居服而致诸侯晏子谏第十四。

㊁《尚书》商书·仲虺之诰第二。

㊂《钦定四库全书》史部，正史类，[汉]司马迁《史记》卷一百三十，太史公自序第七十。

这里透露出，上古时期的高等级建筑，也用夯土基，且不十分高大，台高三尺而已。墙体可能是版筑结构，屋顶是在木架上置未经修斫的木椽，上用木板、草席铺盖，其外用未经修剪的茅草覆盖，以防雨水。

至迟到春秋时，这种简单居住方式，已被称颂为先王的一种美德。《韩诗外传》提到一件事："齐景公使人于楚，楚王与之上九重之台，顾使者曰：'齐有台若此乎？'使者曰：'吾君有治位之坐，土阶三等，茅茨不翦，朴椽不斫者，犹以谓为之者劳，居之者泰。吾君恶有台若此者。'于是，楚王盖悒如也。"㊀一番话说得楚王悻悻不悦。

可知尽管春秋战国时期，诸侯之间竞相以"高台榭，美宫室"彰显自身国力，但一些统治者的宫室，仍采用"土阶三等，茅茨不翦，朴椽不斫"的原始建造技术。这一方面出于统治阶层道德层面的考虑，也在一定程度上说明，春秋战国时期木结构梁架与屋顶覆盖体系，与上古三代比较，虽有一些进步，但尚未发生根本变化。

用草葺屋顶，说明瓦的使用不很普遍，屋椽不加修斫，说明木材加工方面的工具，还比较原始简陋。尽管南方河姆渡，已经有了早期榫卯结构做法，但并无证据表明，北方原始穴居中由树木枝条等搭造的屋顶，采用了榫卯结构做法。

即使可能有了青铜斧子等工具，采用了榫卯做法将木制构架搭了起来，也未见得有更为精密的刨子等刮削工具将构件表面修斫光滑。故上古君王"茅茨不翦，采椽不刮"，并非出于节俭的道德层面考虑，更像是因为木材加工工具尚未发展到相应阶段的结果。

3. 瓦的出现与架木为屋

建筑在材料上的重要突破之一，是屋瓦的出现与使用。其实，由黏土塑形，并入窑烧制的陶器，或称瓦器，产生时期由来已久。早在距今5000年前的仰韶文化时期，就已出现原始彩陶器物。文献推知，古人很早就熟悉瓦的制作，《禹贡说断》云："考工记，用土为瓦，谓之抟埴之工。是埴为黏土，故土黏曰

㊀《钦定四库全书》经部，诗类，[汉]韩婴《韩诗外传》卷八。

埴。”[一]

无论考古发现，还是史料发掘，都可证明陶制器物，比用于覆盖房屋顶部屋瓦出现得早。最初的陶器，是实用性的，即所谓“不存外饰，处坎以斯，虽复一樽之酒，二簋之食，瓦缶之器，纳此至约，自进于牖，乃可羞之于王公，荐之于宗庙，故终无咎也。”[二]“缶”指的是盛酒瓦器。其意是说举行祭祀之礼时，祭祀者的道德表现与其所求吉凶间的关系。

古人还用瓦甓砌水井内壁：“《象》曰：‘井甃无咎，修井也。’虞翻曰：‘修，治也。以瓦甓垒井，称甃。’”[三]可知古人是用瓦甓来甃砌饮水之井内壁的。《童溪易传》亦云：“古者甓井为瓦里，自下达上。”[四]

从史料观察，西周时期已出现以瓦覆盖屋顶的建筑，春秋时瓦的使用已较普遍。《春秋左传》鲁隐公八年（前715年）：“秋七月庚午，宋公、齐侯、卫侯盟于瓦屋。”[五]这里的瓦屋，可能是一个地名。《春秋左传正义》之疏曰：“齐侯尊宋，使主会，故宋公序齐上，瓦屋，周地。”[六]尽管这里的“瓦屋”指的是周天子所辖地区一个地名，同时也反映出，这一地方曾有一座用瓦覆盖屋顶的房屋。由此透露了两个信息：一是，前8世纪，已经有了用瓦葺盖屋顶的建筑；二是，这时以瓦为顶的建筑十分稀少，故才会以“瓦屋”作为地名称谓。

春秋战国时期，瓦顶房屋已比较多见。晋平公（前557—前532年）喜好音乐，再三请师旷弹奏悲苦之音，“师旷不得已，援琴而鼓之。一奏之，有白云从西北起；再奏之，大风至而雨随之，飞廊瓦，左右皆奔走。平公恐惧，伏于廊屋之间。”[七]以这时连廊上已有瓦，则殿堂上用瓦覆盖，应是十分多见了。

墨子时期的城门楼，也采用了瓦顶。《墨子》云：“城百步一突门，突门

[一]《钦定四库全书》经部，书类，[宋]傅寅，《禹贡说断》卷二，海岱及淮惟徐州。

[二]《钦定四库全书》经部，易类，[魏]王弼注，[唐]陆德明音义、孔颖达疏，周易正义，上经。

[三]《钦定四库全书》经部，易类，[唐]李鼎祚，周易集解，卷十。

[四]《钦定四库全书》经部，易类，[宋]王宗传，童溪易传，卷二十二。

[五]《春秋左传》隐公八年。

[六][唐]孔颖达疏《春秋左传正义》卷四，隐六年，尽十一年。

[七][汉]司马迁《史记》卷二十四。乐书第二。

各为窑灶，窦入门四五尺，为其门上瓦屋，毋令水潦能入门中。”㊀春秋时的城墙，设防御性突门，门上设瓦屋，相当于后世城墙上的敌楼。《史记》亦载春秋战国时期秦赵战争期间，“秦军军武安西，秦军鼓噪勒兵，武安屋瓦尽振。”㊁这时大约是赵惠文王在位之时（前298—前266年）。

有趣的是，古人将瓦的创造权，归在臭名昭著的夏桀名下。据《史记》：“桀为瓦室，纣为象郎。”㊂这里是将瓦室，作为追求奢侈的象征。《史记》中关于“桀为瓦室”一语，有注曰：“案《世本》曰：‘昆吾作陶’。张华《博物记》亦云：‘桀为瓦盖’，是昆吾为桀作也。”㊃也就是说，瓦是夏代人昆吾创造的。若果真如此，则在中国，屋瓦的出现，不会晚于前15世纪左右。

《周礼》中分别对草葺屋顶与瓦葺屋顶坡度做了定义：“葺屋三分，瓦屋四分。”㊄宋《营造法式》，在“看详·举折”一条，提到了这句话：“葺屋三分，屋四分。郑司农注云：各分其修，以其一为峻。”㊅葺屋，是以茅草葺盖的屋顶，瓦屋是以瓦覆盖之屋顶。瓦顶的坡度要低缓一些。由此推知，《周礼·考工记》出现的战国至秦汉时期，草屋顶与瓦屋顶，应是同时较为普遍存在的。

与瓦屋顶大约同时发展的，应该是木结构柱梁与屋架。由于草葺屋顶防雨水功能较弱，以木屋架作为建筑基本结构，难以持久。在相当一个时期，中国建筑仍然是将夯土墙既作为围护结构，也作为承重结构而存在。但很可能在较早时期，夯土墙内，已开始嵌插立柱，采用柱墙结合方式，承托上部屋顶梁架。考古发掘中，唐大明宫内麟德殿两侧山墙，厚度达到4米左右，如此厚重的墙体，不会仅仅起围护作用，也会起承托上部结构之作用。

换言之，中国建筑经历了一个由墙承重，向柱与墙结合承重，再到单纯用木

㊀ [战国]墨翟《墨子》卷十四，备突第六十一。

㊁ [汉]司马迁《史记》卷八十一，廉颇蔺相如列传第二十一。

㊂ [汉]司马迁《史记》卷一百二十八，龟策列传第六十八。

㊃《钦定四库全书》史部，正史类，[汉]司马迁《史记》卷一百二十八，龟策列传第六十八。

㊄《周礼》冬官考工记第六。

㊅ [宋]李诫《营造法式》营造法式看详，举折。

柱子承重的过程。相比较之，北方木结构建筑，因为要防寒保暖，会在一座房屋的两山与后墙，采用厚重墙体。早期是夯土墙，后来发展为土坯或砖墙。但即使这样，大部分情况下，其墙内柱子，也都直接承托上部梁架荷载。北方一些较为开敞的亭阁、敞轩、连廊建筑，柱梁关系更为明确。南方木结构建筑，为了通风便利，及防止潮湿空气对木柱造成侵蚀，往往会将更多立柱暴露出来，从而更体现为简单明确的柱梁承重体系。

从考古发掘中，可以清晰了解，早在河南偃师二里头早商宫殿遗址，无论是殿堂、回廊、门塾台基，都发现清晰而规则的柱洞痕迹，说明商代高等级宫殿建筑，已开始使用承托上部结构的木柱，柱上会有用于覆盖房屋室内空间，并承托坡形屋面的木结构梁架，也是可能的。可知中国古代建筑，柱梁与木架屋顶的出现与夯土墙的使用，几乎有着同样久远的历史。史料观察也印证了立柱结构出现得相当早，《周易正义》提到："'同气相求'者，若天欲雨而柱础润是也。"[㊀]有柱础，则应该有支撑上部梁架的立柱。

屋顶木结构梁架，虽然有一个缓慢发展过程，但从商周青铜器上表现的四坡屋顶形式看，很可能在商周时期，已经有了能够承托四坡屋顶的木结构梁架。只是这时木结构梁架形式是什么式样，以目前所知资料尚难确定。周代青铜器上，还出现类似柱头栌斗做法，说明在很早时，就可能出现了联系柱子与上部梁架的斗栱。则早期木结构梁架，可能也是以柱楣、横梁木结构件组合而成的。其木结构梁架形式，较大可能，应是类似后来抬梁式结构的早期形式。

4. 从"殷人重屋"到汉代楼阁

上古时期高等级建筑中最令人费解的，就是"殷人重屋"。这里的重屋，究竟是柱梁与构架重叠的多层楼阁，还是仅仅在单层殿堂之上，采用了重叠四坡屋顶的重檐屋顶形式？如果采信前者，似乎可以推知，殷商时期，就已出现多层木楼阁建筑。

如果说春秋战国诸侯王沉迷的"高台榭，美宫室"是在高大夯土台基上建造的宫榭，至迟在两汉时期，木楼阁建筑已十分多见。这不仅见于文献所载汉武帝

㊀ 《钦定四库全书》经部，易类，王弼等注，[唐]孔颖达疏，周易正义，上经乾传卷一。

建造汶上明堂、神明台、井干楼及汉长安城“旗亭五重，俯察百隧”㊀，还见之于大量出土的汉代明器陶楼。

从大量出土的汉画像石，特别是明器陶楼上，可以清晰地看到坡屋顶造型、出挑斗栱，及各层平坐及其栏杆的做法。古代先哲们仅仅将既有的木结构柱梁加以重复，就建构出二层甚至多层的木结构建筑。

这些明器陶楼显示出，至迟在汉代，中国木结构建筑许多基本做法，如柱楣、梁架、平坐、斗栱等，已十分接近晚近木结构建筑之相应结构基本形态。也就是说，随着夯土台基与夯土墙同时出现的，是木结构柱楣、梁架及斗栱体系。只是在唐宋以前，木结构柱楣、梁架与斗栱，还处在一个发展与成熟过程之中。

汉代木结构楼阁的发展，最为直接的结果，是自三国、南北朝以来的高层木结构佛塔。近年在襄阳出土的东汉陶楼，其形式是在木楼阁屋顶上覆以塔刹的一种木塔。三国人笮融所建“上累金盘，下为重楼”式佛塔，正是在延续了汉代木楼阁做法基础上，将中国式木楼阁与印度式窣堵波加以结合的产物。

由此可知，自上古三代至两汉三国，中国木结构建筑，经历了漫长的发展过程，渐渐由夯土为基，架木为屋，土墙与柱楣结合，承托木结构屋架的形式，发展为成熟而独具特征的纯木结构搭造的层楼高阁。这是一种由多层叠置的木结构柱楣、梁架、平坐、斗栱通过榫卯相接，组合建构而成的中国式木结构建筑体系。

无论单层单檐、单层多檐的木结构殿堂或屋舍，还是多层木楼阁，都是这一复杂木结构体系下的某种表现形式。

三、石与铁：冶铁、石窟寺与石作技术

1. 武梁祠与汉代石刻

中国建筑主流部分是以木结构为主体建造的。从上古及春秋、战国乃至秦代建筑遗存，采用石结构建构的建筑实例十分罕见。但是，事情在汉代发生了一个突然的变化。

㊀ [汉]佚名《三辅黄图》卷二，长安九市。

一是，两汉时期，尤其是东汉时期，出现一些用石头雕凿的外椁或墓室，也有直接在山岩内开凿的王陵。如徐州西汉楚王墓，是在山岩内开凿的大型墓穴。这一时期也出现大量画像石，即在坚硬石板上雕刻精美细致的图形。这种巨大岩石墓室的开凿及大量精美的石刻艺术，反映了一个新时期的新工具——用于开凿、雕刻与雕镌的铁质工具，在汉代时已经十分常见。

二是，现存汉代建筑实例，恰恰是一些用石头筑造的门阙。汉代石阙的精巧比例、光洁表面及精准的檐下斗栱、屋顶瓦饰，反映了建造者精湛的加工水平。

三是，东汉时出现的武梁祠，是一个用石头建造，且在石面上雕满了细密而丰富人物及景观的石结构建筑。这至少是已知中国最为古老的石结构建筑之一。尽管其规模不是很大，但已经有了人可以进入的空间，并在这一空间中，通过图像构建了一个气势恢宏的人神世界。

建筑与艺术史上这一突发事件，与中国古代冶铁技术发展不无关联。从考古发现的商代铁刃铜钺中可知，中国冶铁技术，在前14世纪已经萌芽。新疆哈密地区发现的铁质刀具，可以追溯到前17世纪。一般认为，西亚一些地方发现的铁器，可以早到前30世纪中叶。

这或许暗示，虽然中国冶铜技术在商周时已十分发达，但中国冶铁技术很可能是从西亚、中亚，经西域，渐次传入中原地区。传入中原的冶铁技术，使古代中国人在本已十分发达的青铜冶炼技术基础上，结合中国既有的利用天然陨铁铸造含铁器物的原始传统，发明了生铁冶炼技术。这可能为战国至秦汉冶铁技术的发展奠定了基础。

冶金史学者认为，春秋时的齐国，在冶铁技术上比较发达，因而，使得偏居东海一隅的齐人，成为春秋五霸之一。《管子》有一段对话，管子云："美金以铸戈、剑、矛、戟，试诸狗马；恶金以铸斤、斧、锄、夷、锯、鐲，试诸木土。"㊀这里的"美金"，指的可能是青铜；而"恶金"，可能是早期生铁。可知春秋时期作战之用的武器，及代表身份等级的器物，如酒器、祭器、乐器等，主要是用较有光泽的青铜制作；而光泽较暗的生铁，主要用来铸造斧头、锄头之

㊀《管子》小匡第二十。

类的实用性器具，以发展农业。

汉代是中国冶铁业发展的一个重要时期，因为汉代农业的发展，对农具生产有了较大规模的需求，从而也加大了对冶铁技术与规模的需求。东汉时南阳太守杜诗发明了水利鼓风技术，称为“水排”装置，对冶铁业的发展起到较大作用。《后汉书》载杜诗：“善于计略，省爱民役，造作水排，铸为农器，用力少，见功多，百姓便之。”㊀

冶铁需要鼓风，早期鼓风是用皮囊，一座冶铁炉用几个皮囊，排列成一排进行鼓风。这种鼓风方式，可以用水力推动整排鼓风囊，以取代旧的人力或马力鼓风，既提高了效率，且可以长时间不停歇，极大地推动了冶铁业发展。三国时期的韩暨，又将这种水利鼓风技术，推广至曹魏的官营冶炼作坊中，使得冶铁业在规模上有了较大发展。《三国志》载：“旧时冶作马排，每一熟石用马百匹；更作人排，又费功力；暨乃因长流为水排，计其利益，三倍于前。在职七年，器用充实。”㊁

更为重要的是，南北朝时期，中国人发明的灌钢法冶铁技术，即将含碳高的生铁，在高温状态下，加速向熟铁中渗碳，使武器或工具之锋刃，为含碳量高的钢，而其背则为含碳量稍低的熟铁。南朝齐、梁时的陶弘景最早记载了灌钢法，而北朝的綦毋怀文则将这一方法加以运用，制作成锋利的“宿铁刀”。据《北齐书》：綦毋怀文“又造宿铁刀，其法烧生铁精以重柔铤，数宿则成刚，以柔铁为刀脊，浴以五牲之溺，淬以五牲之脂，斩甲过三十札。今襄国冶家所铸宿柔铤，乃其遗法，作刀尤甚快利。”㊂

虽然我们没有找到铁制工具技术发展与石窟寺开凿的直接关联，但两者之间在年代上的呼应与一致，值得引起我们的特别关注。相信自两汉至南北朝，既是中国冶铁业的迅速发展期，也是中国建筑史上较大规模利用石材，雕琢画像石及建造石阙、墓祠，尤其是大规模开凿石窟寺的重要时期。

换言之，很可能正是由于两汉、魏晋至南北朝，冶铁业从规模到技术上的发

㊀ [南朝宋]范晔《后汉书》卷三十一，郭杜孔张廉王苏羊贾陆列传第二十一。

㊁ [南朝宋]裴松之注《三国志》卷二十四，魏书二十四，韩崔高孙王传第二十四。

㊂ [唐]李百药《北齐书》卷四十九，列传第四十一，方伎，綦毋怀文。

展，尤其是灌钢法的发明与应用，使铁制工具的砍凿与雕斫功能得到了充分的发展，从而创造了一个中国建筑史上的新时期。隆耸的山岩，可以被开凿；坚硬的石块，可以被雕琢。可以将岩石切割成方正的块面，将其表面打磨光滑，雕刻上种种艺术的图像与文字。还可将石块雕斫成石制构件，再组合成早期的石结构建筑，如石阙，或石造墓祠。

从汉画像石及武梁祠内石板上精美的雕刻，可以相信当时铁制雕镌工具与技术已相当发达。这为其后佛教洞窟及石造像的大量出现，奠定了坚实的基础。

2. 石窟寺的大规模开凿

佛教传入中国，对于中国建筑的创造性发展起到的推动作用，怎样称许也不过分。佛教初传中国，约在东汉明帝时。然而，东汉至三国200余年间，佛教在中国影响并不明显，信仰者也寥寥。直至汉末三国笮融，“大起浮屠寺。上累金盘，下为重楼，又堂阁周回，可容三千许人。作黄金涂像，衣以锦彩。”㊀其寺院，既沿袭印度固有的以塔为中心平面，也将印度窣堵波与中国木构楼阁加以创造性结合。

汉传佛教寺院大规模建造，是在笮融之后，又经过约200年时间才形成的。西晋时的洛阳与长安，出现了一些寺院。东晋、十六国时期，中原板荡，战乱频仍，佛寺建造反而出现较为明显的发展。

因为地近西域，中国石窟寺开凿是从敦煌开始的。前秦僧人乐尊，最早开启了敦煌石窟的开凿工程，时间大约在前秦建元二年（366年）。其后则是甘肃炳灵寺石窟。这一石窟的开凿，约在西秦建弘元年（420年）。这一年，是南北朝时期的第一年。

南北朝石窟开凿的代表性时刻，是北魏皇室支持下的平城武州山（武周山）昙曜五窟，约在460—465年。无论艺术成就上，还是岩石开凿技术上，昙曜五窟堪称中国建筑与雕塑艺术史上一个高峰。其艺术明显受到西来犍陀罗艺术影响，不排除是受到北魏与西域之间密切交往与相互影响之结果。但其雕刻工程之浩大，雕凿技艺之精良，也反映这一时期铁质雕凿工具的质量达到前所未有水平。

㊀ [南朝宋]范晔《后汉书》卷七十三，刘虞、公孙瓒、陶谦列传第六十三。

其后云冈石窟出现多个以塔为中心的洞窟，其窟内仿木结构佛塔造型，在比例上之准确，木构做法上之细致，也凸显这一时期的石刻艺术与技术水准。

北魏一朝，至少开启了两座著名石窟寺工程。孝文帝迁都洛阳，又在伊水两岸东西壁，开始了龙门石窟开凿。北魏开凿的古阳洞、宾阳中洞、莲花洞等，是龙门石窟最早的洞窟。之后东魏、西魏、北齐、隋唐直至五代、北宋，连续400余年时间，龙门石窟开凿工程绵延不断，成为中原中心地区一座巨大的佛教石窟艺术宝库。

北齐、北周及隋唐时期，在北方地区，也开凿了一大批佛教石窟寺。如甘肃麦积山石窟、邯郸响堂山石窟、太原天龙山石窟等。这些石窟寺多是自南北朝始凿，至隋唐、五代、北宋甚至更晚时期，其雕凿工程始终在延续中。历史上最重要的石窟寺，如敦煌、龙门、麦积山、炳灵寺等，莫不如是。

3. 石结构佛塔的兴造

随着铁制工具的发展，南北朝还出现了造型精美的石结构佛塔建筑。《魏书》："皇兴中，又构三级石佛图。榱栋楣楹，上下重结，大小皆石，高十丈。镇固巧密，为京华壮观。"㊀这座佛塔，创建于北魏献文帝皇兴年间（467—471年），是孝文帝迁都洛阳之前，故这座高约10丈的石结构佛塔应是建造于平城的。其建造时间恰好也是云冈石窟昙曜五窟刚刚建成之后，相信那些石窟开凿者们，也参与了这一重要的佛塔工程建造。

从文字上看，佛塔是预先雕琢好石制构件，然后砌筑或拼合而成，故有"上下重结，大小皆石"之说，其中也多采用仿木结构处理，才会有"榱栋楣楹"等外露部分类似木结构件表述。可知这时石结构技术，已达到相当高的水平。

这座佛塔，并非南北朝石结构佛塔的孤例，《广弘明集》中，提到北朝另外一座佛塔："怀州东武陟县西七里妙乐寺塔，方基十五步并以石编之。石长五尺阔三寸，以下极细密。古老传云：其塔基从泉上涌出。"㊁这也是一座佛塔。以其基座15步见方，合今25米左右，其塔高度不会低于这一尺度。这样的石结构佛

㊀ [北齐]魏收《魏书》卷一百一十四，志第二十，释老十。

㊁ [唐]释道宣《广弘明集》卷十五，佛德篇第三，列塔像神瑞迹.唐终南山释氏。

塔，在南北朝时，能够建造出来，多少透露出这一时期石结构工程技术与艺术，达到了一个相当的高度。

南朝有关石结构建筑的记录相对少一点，但南梁萧氏墓地前石刻天吼的雕刻艺术与工艺，在一定程度上也彰显这一时期石刻的技术水平。也许南朝人，只是将更多精力放在了木结构寺院建造，而非石窟寺开凿上。直至唐及两宋，四川地区先后出现安岳石窟、大足石窟，才将石窟开凿风潮带到南方地区。

令人惊异的是，在南北朝这一中国建筑史上石结构创作最辉煌的时期结束之时，中国工匠用一个更令世人惊艳的工程，为这一时期画上一个完美句号。这就是伴随南北朝结束与隋统一这一历史时刻的7世纪初，出现在河北赵县的安济桥（赵州桥）。这座石结构拱桥，可以说是世界桥梁史上的奇迹。其结构之合理，造型之完美，工艺之精巧，是世界石结构建造史上不可多得的珍品。

如果没有自战国、秦汉以来冶铁技术的发展及南北朝以来石刻技术的发展，没有数百年石窟开凿与佛塔建筑雕镌与砌筑工艺经验、技术与艺术积累，这座震惊世界的隋代大石桥的建造，几乎是不可能的。

4. 关于殿阶基与钩阑的讨论

中国建筑外观，一般为基座、屋身、屋顶三段划分。基座是古代建筑，尤其是高等级殿堂必不可少的组成部分。古人将殿堂建筑基座称为丹墀或丹陛。南朝沈约《宋书》中说："殿以胡粉涂壁，画古贤烈士。以丹朱色地，谓之丹墀。"[㊀]也就是说，丹墀最初的意思，是用丹朱红色漆刷了的地面，特别是殿堂上经过涂饰的地面。

与丹墀相近的另一种称谓是"丹陛"。唐人岑参有诗："联步趋丹陛，分曹限紫微。晓随天仗入，暮惹御香归。"[㊁]宋人米芾也有诗："百寮卑处瞻丹陛，五色光中望玉颜。"[㊂]可知丹陛，往往是比较高大的，故诗人用了一个"瞻"字。丹陛一词，在南北朝时已经出现，《梁书》中有："舻舳浮江，俟一龙之

㊀ [南朝梁]沈约《宋书》卷三十九，志第二十九，百官志上。

㊁《钦定四库全书》集部，总集类，《御定全唐诗诗录》卷十四，岑参，近体诗，寄左省杜拾遗。

㊂《钦定四库全书》集部，诗文评类，[清]厉鹗《宋诗纪事》卷三十四，米芾，除书学博士初朝谒呈时宰。

渡；清宫丹陛，候六传之入。”㊀陛者，有台阶之意。这里的丹陛与丹墀有着相近意思，指的是宫殿前的台阶。

古代建筑台基，一般是用夯土筑造而成，宋《营造法式》中，关于台基夯筑方式，给出了较为详细的描述，从中可知，宋代建筑台基是通过一层土、一层碎砖瓦及石扎，逐层夯实而成。每层夯筑，要将5寸厚的土夯成3寸厚，并将3寸厚的碎砖瓦及石扎夯成1.5寸厚。为了使其密度均匀，甚至对每一担土或碎砖瓦应该夯多少杵，都规定得十分具体。

若汉唐时期的台基，多为夯土本身或用砖包砌的做法；则宋代殿堂建筑台基，多是在夯土周围包砌石结构件的做法。《营造法式》中“殿阶基”，指的就是这种台基：“造殿阶基之制：长随间广，其广随间深。阶头随柱心外阶之广。以石段长三尺，广二尺，厚六寸，四周并叠涩坐数，令高五尺；下施土衬石。其叠涩每层露棱五寸；束腰露身一尺，用隔身版柱；柱内平面作起突壶门造。”㊁

须弥座形式的殿阶基，用石材砌筑，上下出叠涩。其标准高度为5尺。上下每一层叠涩出露距离为5寸。台基中间向内收束，形成束腰形式。束腰高度为1尺。束腰部分使用隔身版柱，将台基在横向划分成若干方格，方格内采用雕刻形式，称为“壶门造”。

一座殿堂，除了殿阶基外，还有每根柱楹下的柱础及殿阶基四沿及踏阶两侧的钩阑，都可能使用石造结构方式。唐宋时期的石柱础，在雕饰上已经十分多样，如仰覆莲华、卷草文、化生、双龙、双狮等造型。这些复杂多样的造型，反映这一时期对石结构件雕镌在技术与艺术上，达到一个相当高的水平。

同样的情况也发生在钩阑上。宋代石造钩阑，分为单钩阑与重台钩阑两种形式，一般会采用望柱、寻杖、盆唇、大华版、小华版、瘿项（或撮项）、地栿、螭子石等石结构件。其做法多借鉴木结构榫卯的连接方式，构件制作之精准，彼此安装之细密，整体比例之恰当，达到相当完美的境地。所有这一切，也都仰赖于通过铁制工具，对岩石开采，对石材加工，及对每一个石结构件造型与细部的

㊀《梁书》卷四十五，列传第三十九，王僧辩传。

㊁ [宋]李诫《营造法式》第三卷，石作制度，殿阶基。

雕镌。从《营造法式》中描述的钩阑形式，及钩阑整体在安装上的巧妙契合，反映了这一时期的石材加工及石结构件制作与安装技术已经臻于成熟。

以《营造法式》石作技术作为讨论主题，是因为《营造法式》中有详细的殿阶基及柱础、钩阑等技术性与艺术性的描述。其实，宋代是对前代建筑做总结的时期。从壁画与文献资料看，很可能殿阶基或石制柱础等构件做法，在南北朝或隋唐时期，已经达到成熟的地步。从隋代所建赵州桥栏板观察，自南北朝至隋，高等级殿堂台基上的石钩阑，似已初步成形。宋代石钩阑是在前代钩阑设计与制作基础上的提炼与升华。

关于铁在中国建筑中的作用，需要补充的一点是，自五代始，出现了用铁铸造佛塔的做法。至两宋时期，一些仿木结构造型的铁铸佛塔不仅高峻，而且其细部的仿木处理也惟妙惟肖，可见当时中国铸铁技术的水平。

四、藻井、鸱尾、琉璃瓦与彩绘：从巫术到建筑装饰

1. 恐怖的大火与千门万户的建章宫

以木结构为主体的中国建筑，有一个先天不足，就是耐火性能差，因而防火、厌火，成为历代工匠绞尽脑汁要解决的难题。先民们最初对于大火造成的威胁与损失，似乎采取了类似试图与火一竞高下的策略。他们认为：一旦一座建筑物遭到火焚，就要建造更为高大的建筑，来镇住火的势头，从而达到以“厌胜之法”遏止新的火灾，即所谓“厌火”目的。这是一种带有原始信仰意味的前宗教巫术防火措施。

历史就是这样发生的。汉武帝曾建造一座柏梁台，台上有铜柱及仙人承露盘。太初元年（前104年）：“柏梁殿灾。粤巫勇之曰：‘粤俗有火灾，即复起大屋以厌胜之。帝于是作建章宫，度为千门万户，宫在未央宫西长安城外。’”㊀类似描述，见于《史记》：“以柏梁灾故，……勇之乃曰：‘越俗有火灾，复起屋必以大，用胜服之。’于是作建章宫，度为千门万户。”㊁

㊀ [汉]佚名《三辅黄图》卷二，汉宫。

㊁《钦定四库全书》史部，正史类，[汉]司马迁《史记》卷十二，孝武本纪第十二。

这是历史上曾经发生过的真实故事。一座高大建筑物被火吞噬，巫师建议按照南方风俗，应该建造更为宏大的建筑，来厌胜火灾的威势。于是，汉武帝又在长安城西，建造了有着千门万户的建章宫。这看起来有一些可笑，但在那个年代，以数术厌胜方式防止火灾发生，是一个十分常见的思路。

厌胜之术，或厌胜之法，是古代中国巫术思维中最常见的法术。在宫殿建筑中，因为采用木结构建造，以厌胜之术而防御火灾的做法，史料中屡见不鲜。《南齐书》描述北魏献文帝拓跋弘宫殿："正殿西筑土台，谓之白楼。……台南又有伺星楼。正殿西又有祠屋，琉璃为瓦。宫门稍覆以屋，犹不知为重楼。并设削泥，采画金刚力士。胡俗尚水，又规画黑龙相盘绕，以为厌胜。"㊀以金刚力士为宫殿守护神，与佛教信仰有关。其文中提到的"胡俗尚水，又规画黑龙相盘绕，以为厌胜"一说，显然是通过绘制黑龙以象征水，从而施以厌胜之法，达到防止火灾侵袭宫殿之目的。

史料中还提及其他厌火方式，《拾遗记》云："忽青衣童子数十人来云：'糜竺家当有火厄，万不遗一。赖君能恤敛枯骨，天道不辜君德，故来禳却此火，当使财物不尽。自今以后，亦宜防卫。'竺乃掘沟渠，周绕其库。旬日火从库内起，烧其珠玉十分之一，皆是阳燧旱燥自能烧物。火盛之时，见数十青衣童子来扑火，有青气如云，覆于火上，即灭，童子又云：'多聚鹳鸟之类，以禳火灾。鹳能聚水巢上也。'家人乃收鵁鶄数千头，养于池渠中，以厌火。"㊁

这里提到了两种厌胜之术，一种是"恤敛枯骨"，以其善行而获得回报，防止火灾；另一种是在自家宅旁池沟中，多养"鹳鸟之类"，也能起到厌火作用。《通志略》中有："鳽，《尔雅》曰鵁鶄。水鸟也，今亦谓之鵁鶄。似凫，脚高，毛冠。郭云：'江东人家养之，以厌火灾。'"㊂可知这是江南民间的一种厌火方式。

厌胜之术在古代建造史上延续千年之久。直至明清北京紫禁城，也难以摆脱这一思想影响。北京故宫中轴线最北端建筑，钦安殿内，供奉的是真武大帝造

㊀《钦定四库全书》史部，正史类，[南朝梁]萧子显《南齐书》卷五十七，列传第三十八，魏虏。

㊁《钦定四库全书》子部，小说家类，异闻之属，[晋]王嘉《拾遗记》卷八。

㊂ [宋]郑樵《通志略》昆虫草木略第二，禽类。

像。真武大帝，即北方神玄武，其色尚黑，其卦为坎，其义为水。在这座大殿台基前丹陛石上，有六条龙形雕刻。其义也是应了《周易》坎卦所谓：“天一为水，地六成之”的卦义。显然，这座布置在故宫中轴线北端，即后天八卦之“坎”位的钦安殿，目的也是为了防止火灾的“厌胜之术”。

2. 藻井与鸱尾及其意义

基于“厌火”思维，伴生一种建筑装饰。《宋书》提到：“殿屋之为员渊方井，兼植荷华者，以厌火祥也。”㊀“员渊方井”，从字面上看，指的是在殿屋旁开凿圆形池塘或方形井，并在池塘方井中种植荷花，以达到“厌火”目的。这种方式，可能是古人采取的一种积极的防火措施。因为临近殿屋，有池井之设，无疑是有益于火灾初起时的灭火措施。

然而，这里的“员渊方井”，可能也指某种室内装饰。东汉王延寿作《鲁灵光殿赋》：“尔乃悬栋结阿，天窗绮疏，圆渊方井，反植荷蕖。发秀吐荣，菡萏披敷。绿房紫菂，窋咤垂珠。”㊁其疏曰：“反植者，根在上而叶在下。《尔雅》曰：荷，芙蕖，种之于员渊方井之中，以为光辉。”㊁在这段文字后又有：“云楶藻棁，龙桷雕镂。飞禽走兽，因木生姿。”㊁通篇文字描述的，都是鲁灵光殿的结构、造型与装饰。这里的“圆渊方井，反植荷蕖”指的即是殿内的装饰，是中国建筑室内装饰中最重要部分——藻井。

这类描述也多见于史上骈体碑文，清人李兆洛辑《骈体文钞》收入一通隋碑《薛元卿老氏碑》，文中有：“拟玄圃以疏基，横玉京而建宇。雕楹画栱，磊砢相扶。方井圆渊，参差交映。”㊂碑文描述的是，隋帝下诏为老子建立祠堂：“乃诏上开府仪同三司、亳州刺史、武陵公元胄，考其故迹，营建祠堂。”㊂也就是说，其文描述的雕楹画栱、磊砢相扶、方井圆渊、参差交映的建筑装饰，都在这座祠奉老子的祠堂之内外。

藻井，这一术语，很可能出现在南北朝时。其原因也是与建筑中厌火之术有所关联。齐东昏侯永元三年（501年）：“后宫遭火之后，更起仙华、神仙、玉

㊀《钦定四库全书》史部，正史类，[南朝梁]沈约《宋书》卷十八，志第八，礼五。

㊁ [唐]李善注《文选》卷十一，赋己，宫殿，鲁灵光殿赋（并序）。

㊂ [清]李兆洛《骈体文钞》卷一，铭刻类，薛元卿老氏碑。

寿诸殿，刻画雕彩，青灊金口带，麝香涂壁，锦幔珠帘，穷极绮丽。絷役工匠，自夜达晓，犹不副速，乃剔取诸寺佛刹殿藻井、仙人骑兽，以充足之。”㊀在后宫遭火之后，进一步大兴土木，也是仿效汉武帝在柏梁台遭火焚后，大规模造建章宫以厌火。但这里将诸寺佛殿内的藻井及屋顶上仙人骑兽等攫取而来，用于自己的殿堂，是为了装饰；其藻井之设，亦有厌火之义。

东汉张衡《西京赋》有："正紫宫于未央，表峣阙于阊阖，疏龙首以抗殿。状崔巍以岌嶫，蒂倒茄于藻井，披红葩之狎猎，饰华榱与壁珰，流景曜之韡晔，雕楹玉碣，绣栭云楣，三阶重轩，镂槛文棍，左平右墄，青琐丹墀，仰福帝居。"㊁可知东汉宫殿内，以象征水之"员渊方井"的装饰性藻井已经出现。

南北朝时期的佛寺殿堂中，藻井亦十分多见。北宋时期，藻井结构与造型处理已十分成熟。《营造法式》从"总释""看详"，到"大木作""小木作""雕作""功限"等章节，无一不谈及藻井问题。宋人沈括《梦溪笔谈》，也提到藻井："屋上覆橑，古人谓之'绮井'，亦曰'藻井'，又谓之'覆海'。今令文中谓之'斗八'，吴人谓之'罳顶'。唯宫室祠观为之。"㊂沈括一口气梳理出"绮井""藻井""覆海""斗八""罳顶"等五个有关藻井的名称，明确给出定义：这类装饰只用于宫室祠观等高等级建筑。可见北宋已是对藻井装饰作总结之时。

除藻井外，两晋时期渐次出现于殿堂屋顶上的鸱尾，也有厌火功能。《唐会要》："开元十五年七月四日，雷震兴教门两鸱吻、栏槛及柱灾。苏氏驳曰：'东海有鱼，虬尾似鸱，因以为名，以喷浪则降雨。汉柏梁灾，越巫上厌胜之法，乃大起建章宫，遂设鸱鱼之像于屋脊，画藻井之文于梁上，用厌火祥也。今呼为鸱吻，岂不误矣哉！'"㊃从这里透露出的信息，似乎鸱尾与藻井这些厌火装饰，早在汉武帝时已出现。当然，这一说法无法得到进一步的史料

㊀《钦定四库全书》史部，正史类，[南朝梁]萧子显《南齐书》卷七，本纪第七，东昏侯。

㊁ [唐]欧阳询《艺文类聚》卷六十一，居处部一，总载居处，赋。

㊂ [宋]沈括《梦溪笔谈》卷十九，器用。

㊃ [宋]王溥《唐会要》卷四十四，杂灾变。

佐证。

《晋书》载，义熙六年（410年）五月："丙寅，震太庙鸱尾。"㊀可知东晋时帝王宫殿建筑，已有鸱尾之设。自东晋至南北朝，鸱尾设置，一时成为热门话题。这一时期与鸱尾有关的文字描述，屡见不鲜。甚至一些地方官员的厅廨屋顶，也可安装鸱尾。

鸱尾一词的出处，还曾出现歧义，宋人撰《类说》："蚩尾：蚩，海兽也。汉武柏梁殿有蚩尾，水之精也，能却火灾，因置其象于上，谓之'鸱尾'，非也。"㊁这里认为"鸱尾"其实是"蚩尾"之讹误。

类似说法见于《别雅》："蚩尾、祠尾、鸱吻，鸱尾也。苏鹗曰：'蚩，海兽也。汉武作柏梁，有上疏曰：蚩尾，水精，能辟火灾。'……按《倦游杂录言》，'汉以宫殿多灾，术者言，天上有鱼尾星，宜为象冠屋，以禳之。'……《北史·宇文恺传》云：'自晋以前未有鸱尾。《江南野录》，用鸱吻，此直一声之转。'"㊂

有关鸱尾源自"蚩尾"一说，应是引自同一出处。但从其所引隋宇文恺所言可知，鸱尾的出现，始自两晋时期。且鸱尾与鸱吻二个术语，很可能同时存在。江南人用"鸱吻"，北方人用"鸱尾"。换言之，早期建筑中，鸱尾与鸱吻在术语上的差别，未必一定表现为形式上的严格区分。

元代以降，殿堂建筑，多将鸱尾改作鸱吻。清代高等级建筑屋顶正脊，一般都用鸱吻或称为"吻兽"。从史料看，唐末五代时殿堂屋脊上，究竟用鸱尾还是鸱吻，已出现不同做法。南唐时人有诗句称："内庭鸱吻移鸱尾，莫问君王十四州。"㊃据此似乎暗示，五代时鸱尾与鸱吻已是同时存在的两种装饰构件，而非一种构件的两种称谓。

《营造法式》中，凡论及这一构件，都称为"鸱尾"。或许因为《营造法式》多沿袭北方官式建筑的习惯称谓。自明代之后，随着南方工匠进入北方，或

㊀ [唐]房玄龄等《晋书》卷十，帝纪第十，安帝。

㊁ [宋]曾慥编《类说》卷四十四，苏氏演义，蚩尾。

㊂《钦定四库全书》经部，小学类，训诂之属，[清]吴玉搢《别雅》卷一。

㊃《列朝诗集》范汭，南唐宫词四首。

也将南方所称之“鸱吻”及相应造型特征，带到北方官式建筑中。

3. 琉璃瓦的传入

琉璃瓦的出现与使用，既与木结构建筑的防火、防雨有关，也与建筑等级有关。早在美索不达米亚巴比伦城，已经有琉璃饰面城门。一种说法认为，琉璃是西汉张骞通使西域后，渐渐传入中国。明人撰《大学衍义补》，持了这一观点：“臣尝因是而考古今之所谓宝者，三代以来，中国之宝，珠、玉、金、贝而已（贝俗谓海介虫），汉以后，西域通中国，始有所谓木难、琉璃、玛瑙、珊瑚、琴瑟之类，虽无益于世用，然犹可制以为器焉。”㊀

汉代已知道“琉璃”这种物产，这从汉人撰《前汉纪》中已可证明。其中提到汉武帝时的罽宾国，其“民雕文刻镂，治宫室，织罽刺文绣，好酒食，有金银铜锡以为器。有市肆，然以银为钱文、为骑马曼、为人面。出封牛、水牛、犀象、大狗、沐猴、孔雀、珠玑、珊瑚、琉璃，其他畜与诸国同。”㊁罽宾地处古代西域，西汉时期此地已有琉璃。

东汉时的中国西南边疆，可能也传入琉璃。《后汉书》提到西南哀牢地区：“出铜、铁、铅、锡、金、银、光珠、虎魄、水精、琉璃、轲虫、蚌珠、孔雀、翡翠、犀、象、猩猩、貊兽。”㊂西南地区接近印度，也可能更早就从西亚传入琉璃。无论西域还是西南地区的琉璃，这时还被看作宝物，而非一般应用之物。

《三国志》中提到琉璃时，仍是将其看作宝物：“然而土广人众，阻险毒害，易以为乱，难使从治。县官羁縻，示令威服，田户之租赋，裁取供办，贵致远珍名珠、香药、象牙、犀角、玳瑁、珊瑚、琉璃、鹦鹉、翡翠、孔雀、奇物，充备宝玩，不必仰其赋入，以益中国也。”㊃可知，直至三国时，琉璃一直被看作外夷贡奉的方外宝物。

两晋时情况开始发生变化，已出现琉璃器皿。《晋书》提到西晋士族王济

㊀ [明]丘濬《大学衍义补》卷二十二，贡赋之常。

㊁ [汉]荀悦《前汉纪》卷十二，孝武三。

㊂ [南朝宋]范晔《后汉书》卷八十六，南蛮西南夷列传第七十六。

㊃ [南朝宋]裴松之注《三国志》卷五十三，吴书八，张严程阚薛传第八，薛综传。

在洛京有宅："帝尝幸其宅，供馔甚丰，悉贮琉璃器中。"㊀说明西晋时，已开始用琉璃器皿储存食物。至迟在两晋时，人们已经知道琉璃是可以用作建筑材料的。《晋书》提到大秦国："屋宇皆以珊瑚为棁栭，琉璃为墙壁，水精为柱础。"㊁这是中国文献中，较早提到琉璃可以用来装饰墙壁的文字描述。

南朝时，以琉璃装饰建筑，已被广为接受。如南朝齐末东昏侯后宫遭火后，他穷极绮丽大兴土木，以期厌火。当时，他还质疑其祖齐武帝所建兴光楼："世祖兴光楼上施青漆，世谓之'青楼'。帝曰：'武帝不巧，何不纯用琉璃？'"㊂齐武帝（483—493年）仅比齐东昏侯（499—501年）早二三十年，可能因为齐武帝时，南朝地区琉璃技术还没有那么发达，故他以青漆装饰建筑，而齐昏侯则耻笑乃祖没有用防火效果更好的琉璃来装饰建筑。

同一时期的北魏，已开始使用琉璃瓦装饰屋顶。《南齐书》提到北魏献文帝拓跋弘："自佛狸至万民，世增雕饰。正殿西筑土台，谓之白楼。万民禅位后，常游观其上。台南又有伺星楼。正殿西又有祠屋，琉璃为瓦。"㊃这里的"佛狸"，即指魏太武帝，"万民"指魏献文帝。两人之间的时间跨度，从424年至471年。显然，这一时间段内，北魏帝室宫殿建筑已开始使用琉璃瓦。由此推测，与西域交往更为密切的北朝，比南朝更早接受了琉璃瓦技术；由此或也可以推测，5 世纪中叶至6 世纪初，是作为建筑材料的琉璃，开始在中土南北地区被广为接受的一个时间节点。

然而，尽管南北朝时，已经出现琉璃瓦，但直至隋代，琉璃瓦烧制技术对于中国工匠而言，仍是一个难题。《隋书》提到巧匠何稠："稠博览古图，多识旧物。波斯尝献金绵锦袍，组织殊丽。上命稠为之。稠锦既成，逾所献者，上甚悦。时中国久绝琉璃之作，匠人无敢厝意，稠以绿瓷为之，与真不异。"㊄可知隋初时，虽然琉璃技术已传入中国一段时间，但一般工匠仍未真正掌握琉

㊀ [唐]房玄龄等《晋书》卷四十二，列传第十二，王浑传。

㊁ [唐]房玄龄等《晋书》卷九十七，列传第六十七，四夷。

㊂《钦定四库全书》史部，正史类，[南朝梁]萧子显《南齐书》卷七，本纪第七，东昏侯。

㊃《钦定四库全书》史部，正史类，[南朝梁]萧子显《南齐书》卷五十七，本纪第三十八，魏虏。

㊄《钦定四库全书》史部，正史类，[唐]魏徵等《隋书》卷六十八，列传第三十三，何稠传。

璃烧制的技术，遑论大幅度采用琉璃瓦覆盖屋顶。隋初何稠究竟是烧制出与琉璃类似的陶瓷制品，还是真正摸索出琉璃烧制的技术，这里并未给出一个明确说法。

何稠发明的绿瓷烧制技术未能流传于后，颇感遗憾。同时，也考证出北魏琉璃烧制技术的传入，与北魏和西亚月氏人有较为密切的交往有关。清代人撰《陶说》云："北魏太武时，有大月氏国人商贩来京，自云能铸石为琉璃。于是采矿为之。既成，而光色妙于真者，遂传其法至今，想隋时偶绝也。然中国铸者质脆，沃以热酒，应手而碎。惜乎月氏之法传，而稠之法不传也。"㊀其意是说，北魏时月氏人，将琉璃技术带入中国，隋代这一技术偶有缺失，后又渐渐重新流布，但质量似不如西域琉璃。且西域传来琉璃烧制技术最终流传了下来，而隋代为仿琉璃而发明的绿瓷烧制技术反而未能流传下来。

在唐代初年宫殿建筑中，琉璃瓦顶的做法似已较多见。《旧唐书》提到当时的一位臣子苏世长对唐高祖大兴土木提出批评："又尝引之于披香殿，世长酒酣，奏曰：'此殿隋炀帝所作耶？是何雕丽之若此也？'高祖曰：'卿好谏似真，其心实诈。岂不知此殿是吾所造，何须设诡疑而言炀帝乎？'对曰：'臣实不知。但见倾宫鹿台琉璃之瓦，并非受命帝王爱民节用之所为也。若是陛下所作此，诚非所宜……'高祖深然之。"㊁说明唐初帝王宫殿，已有用琉璃瓦覆盖屋顶的做法。

如果说隋唐时期，中原地区琉璃瓦烧制技术尚不发达，宫殿或寺观建筑中琉璃瓦屋顶也并非十分普及，则到了北宋时期，中原琉璃瓦烧制技术已经十分发达，宫殿或寺观等建筑中用琉璃瓦覆盖屋顶做法已经相当普遍。北宋开封佑国寺塔，是现存已知最早的高层砖筑琉璃塔，其造型之优美，琉璃面砖之精致，反映宋代琉璃烧制与镶嵌技术已达到相当高的水平。

《营造法式》"砖作制度"专设"琉璃瓦等"节；"壕寨功限"中，也对"琉璃"瓦及琉璃鸱尾、琉璃套兽等装饰构件专门加以描述。可知北宋时琉璃

㊀ [清]朱琰《陶说》卷四，说器上，隋器，绿瓷琉璃。

㊁《钦定四库全书》史部，正史类，[后晋]刘昫等《旧唐书》卷七十五，列传第二十五，苏世长传。

烧制技术已趋成熟，高等级建筑中包括琉璃瓦在内的各种装饰瓦件，应用相当普遍。

4. 建筑彩画的兴起

作为中国建筑室内外装饰的重要元素之一，彩画，究竟始自哪一时期，因为缺乏充分的考古依据，所以难以定论。从古人描述中，似乎在春秋战国时期，就已经出现在木构件表面绘制彩画的做法。《论语·公冶长》中提到："子曰：'臧文仲居蔡，山节藻棁，何如其知也。'"㊀臧文仲是春秋时鲁国大夫，在他居于蔡地时，将其宫室之栭（节），镂刻为山形；并将其梁上的短柱（棁），装饰以水草纹样。

《礼记》也提到："管仲镂簋朱纮，山节藻棁，君子以为滥矣。"㊁暗示管仲使用了刻有花纹的食具，佩戴了饰有红色带子的冠帽，并将其屋舍柱栭刻镂为山形，短柱装饰以水草纹样，因而受到君子的耻笑。《汉书》描述："及周室衰，礼法堕，诸侯刻桷丹楹，大夫山节藻棁，八佾舞于庭，《雍》彻于堂。其流至乎士庶人，莫不离制而弃本。"其意是说，自东周末，诸侯宫室，雕琢椽桷，涂彩柱楹；大夫屋舍，柱栭刻以山，短柱纹以藻。如此则礼崩乐坏，秩序大乱。这些都暗示早在春秋时，宫室屋舍中已出现彩画装饰。

这一时期的彩绘，特别是柱楹，可能为单色涂饰。《太平御览》引《穀梁传》："丹桓宫楹。礼，天子丹，诸侯黝，大夫苍，士黈。"㊂按照周礼规则，天子宫殿柱，可以涂红色；诸侯宫室柱，可以涂黑色；大夫宫室柱，可以涂苍色；普通士者屋舍柱，则刷以黄色。换言之，春秋时期房屋木柱，是有表层涂饰的。只是是否有彩画？未可知。

汉魏六朝的建筑，房屋构件上是否有彩画，既没有比较肯定的说法，也没有否定的充分依据。汉代建筑，在柱额壁带部位，有装饰性金属"釭"。《汉书》言：汉武帝时昭仪赵婕妤"居昭阳舍，其中庭彤朱，而殿上髤漆，切皆铜沓黄金涂，白玉阶，壁带往往为黄金釭，函蓝田璧，明珠、翠羽饰之，自后宫未尝有

㊀《论语》公冶长第五。

㊁《礼记》礼器第十。

㊂ [宋]李昉《太平御览》卷一百八十七，居处部十五，柱。

焉。”㊀这里的“殿上髹漆”未知是否是在建筑构件上涂刷的髹漆？但装饰有黄金钉的壁带，可以理解为一种建筑装饰。

唐代是中国建筑发展的重要时期。文献上描述的唐代寺院，是有装饰痕迹可寻的。《续高僧传》载襄阳沙门惠普：“时襄部法门寺沙门惠普者，亦汉阴之僧杰也。研精律藏二十余年，依而振绩风霜屡结。……又修明因道场凡三十所，皆尽轮奂之工，仍雕金碧之饰。”㊁这位僧人惠普一生修建30余所寺院，“皆尽轮奂之工，仍雕金碧之饰”，显然是竭尽装饰之能。只是未知其金碧之饰，仅仅是指佛造像，或佛教题材壁画，还是也涵盖佛殿建筑木结构构件上的装饰。

敦煌莫高窟第360窟东侧顶部中唐壁画中所绘多宝塔柱身中部，及第61窟北壁五代壁画中所绘两层圆形平面的塔殿建筑首层檐柱中部，有明显的彩绘做法。说明唐代寺院建筑，很可能已开始用彩绘图案装饰柱子等大型木结构构件。

《续高僧传》载一位僧人，十分专注于寺院建筑装饰：“初总持寺，有僧普应者，……行见塔庙必加治护，饰以朱粉，摇动物敬。京寺诸殿有未画者，皆图绘之，铭其相氏，即胜光、褒义等寺是也。”㊂这里明确描述了他对于寺院建筑，饰以朱粉；京寺诸殿有未画者，皆图绘之。似乎可知，唐人已了解在建筑物上施加彩绘，能够起到保护与彰显的双重作用。

关于寺院塔庙殿阁及其装饰，对于信仰者所起的吸引作用，唐代高僧道宣还作了专门论述：“建寺以宅僧尼，显福门之出俗；图绘以开依信，知化主之神工。故有列寺将千，缮塔数百。前修标其华望，后进重其高奇。遂得金刹干云，四远瞻而怀敬；宝台架迥，七众望以知归。”㊃这段描述，既是对佛教寺院建筑所应起到的令四远“瞻而怀敬”，使信众“望以知归”的吸引性功能，也强调通过“图绘”来启蒙人们的皈依与信仰之情。

宋代建筑彩画，从《营造法式》的“彩画作制度”已看得十分清楚。其彩画形式之多样，等级之细密，色彩之斑斓，即使今日尚存的明清宫殿建筑彩画，

㊀ [汉]班固《汉书》卷九十七下，外戚传第六十七下。

㊁ [唐]道宣《续高僧传》卷三十一，习禅六，荆州神山寺释玄爽传。

㊂ [唐]道宣《续高僧传》卷二十四，护法下，总持寺释普应传。

㊃ [唐]道宣《续高僧传》卷二十九，兴福篇第九。

似也难以与之匹敌。也就是说，宋金时期中国建筑彩画装饰，已经达到十分成熟与完善的境地。明清建筑彩画装饰，大体上说，只是在这一基础上的某种延续与发展。

五、结语

若对本文的叙述做一个总结，那么可以将中国古代建筑的历史年轮的基本线索，大体上归纳为两个主要方面。

一是结构方面：

1）上古三代至秦汉时期，以版筑夯土作为台基、墙体等，辅以木柱、木构架，形成早期的基本建筑形态。

2）两汉至南北朝时期，瓦的使用渐趋普遍，高等级建筑多已覆瓦，台基尚以夯土台基，辅以砖砌边角的做法。但汉代墓穴中，已经较多出现以砖砌筑拱券等做法。但至南北朝才出现较大规模的砖筑佛塔。自五代以后，至宋金时期，砖筑墓穴得以流行。

3）汉代铁制工具的发展，刺激了林木的砍伐与加工，使得木结构楼阁建筑得以发展，且出现了如武梁祠这样的石结构建筑，同时出现大量画像石。

4）汉末、南北朝冶铁技术的发展，在一定程度上刺激了石窟寺的开凿。石造佛塔也得以出现，隋代赵州桥反映了中国人石结构建筑的水平。

二是装饰方面：

1）南北朝传入的琉璃瓦，至唐稍有滋衍，至宋渐趋普及。

2）因厌火需求出现的藻井与鸱尾（及鸱吻），可能起自汉代，至南北朝渐渐普及，至宋金时期，进一步装饰化、细密化。

3）出于保护木材及满足审美需求出现的彩画，可能自两汉已有萌芽，但隋唐时寺院中出现较多绘画，未知是否有建筑彩画。建筑上使用彩画疑自唐开始，至宋金趋于兴盛。

由此或也可以得出一个结论：宋《营造法式》问世的两宋辽金时期，大约可以归为中国古代建筑在结构与装饰上的成熟期。

上古三代明堂探微与汉魏明堂制度之争

对超自然力的恐惧与崇拜，在任何文化的早期时代，都是普遍存在的现象。古代中国人崇尚自然崇拜与祖先崇拜，从而在很大程度上表现为一种多神信仰的现象，也表现为多种不同的人神交流模式。透过史料可以知道，很可能在先秦，甚至上古时期的中国，就已经出现了巫、觋、卜、祝等专门从事人神交流的职业祭司或巫师。也可能很早就出现了普通民众与自己所崇尚的神灵之间在精神上的直接交流，例如后世由百姓参与的所谓“五祀”礼仪。然而，即使这样，不可否认的是，先秦时期或上古时期人神交通仪式中，最为重要的一个环节，很可能是通过人间祭祀的最高代表——天子，与代表天地万物的诸神之间，在一座神圣的建筑物中进行的。

产生这种现象的重要原因之一，是古代中国人的所谓“天下共主”的概念。如《史记·殷本纪》中记载了商汤代夏之时，汤说的一席话：“夏德若兹，今朕必往。尔尚及予一人致天之罚，予其大理女。女毋不信，朕不食言。女不从誓言，予则帑僇女，无有攸赦。”㊀其意大致是说，如果上天要惩罚世人，那就惩罚我一个人吧。这里其实也暗示了，只有天子，才能担当起人天之间或人神之间，相互交往的“大祭司”之功能。

而人天交往之历史，在古代中国文献的记载中，至迟自黄帝时期就已经开始了。《竹书纪年》中提到了黄帝的一次重要祭祀仪式：“五十年秋七月庚申，凤鸟至，帝祭于洛水。……雾既除，游于洛水之上，见大鱼，杀五牲以醮之，天乃甚雨，七日七夜，鱼流于海，得图书焉。《龙图》出河，《龟书》出洛，赤文篆

㊀ [汉]司马迁《史记》卷三，殷本纪第三。

字，以授轩辕，接万神于明庭，今塞门谷口是也。”[一]所谓“明庭”，究竟是一座建筑物，还是一个特别设置的仪式性空间，这里无法得出结论。但从周代始，这一特殊的空间，被称为“明堂”来看，两者之间可能还是存在某种联系的。也就是说，这里的“明庭”，有可能指的是一座具有某种前宗教性质的祭祀性建筑或空间。

关于上古历史传说中的同一个故事，在南北朝时期的《宋书》中也有提及：“七日七夜，鱼流于海，得《图》《书》焉。《龙图》出河，《龟书》出洛，赤文篆字，以授轩辕。轩辕接万神于明庭，今寒门谷口是也。”[二]两个记载的唯一差别是，黄帝接万神的明庭，究竟是位于“塞门谷口”还是位于“寒门谷口”。

除了选择一个特殊的地点，举行向万神祭拜交通的仪式之外。自黄帝时期始，上古三代的统治者们，很可能还在自己的部落或宫室的中心，建造有专门用于祭祀与布政的建筑物。这类建筑物，在黄帝时期被称为合宫，夏代被称为世室，殷商时期被称为重屋，而周代则被称为明堂。

所谓明堂，据说是在周代时，天子与神明交往的专用空间，从而历来被统治者所重视。然而，关于明堂的空间平面与外观形式及如何建造等问题，却一直都是历代帝王与儒生们之间彼此争论不休的问题。中国历史上，有关明堂的讨论，可谓诉讼千古，几起几伏，而最初的争论，似乎是在汉魏时期，争论的焦点是在明堂为五室、九室还是十二室。

对上古三代明堂，依据古代文献的记载，对其可能的样貌加以探究，并对汉魏明堂之争的基本情况，加以厘清与分析，或可以对中国古代明堂建筑发展的早期形态与思想，有一个初步的探究与分析。

一、黄帝合宫、夏世室、殷重屋与周明堂

一般讨论古代明堂，离不开上古三代明堂，即夏世室、殷重屋与周明堂。比三代明堂更为古老的，则是古代文献中提到的黄帝合宫。也就是说，在汉魏之

[一] 《竹书纪年》卷上，黄帝轩辕氏。

[二] [南朝梁]沈约《宋书》卷二十七，志第十七，符瑞上，二十五史，宋书，第1720页，上海古籍出版社，上海书店，1986年。

前，代表最高等级祭祀场所的，大体上是由黄帝合宫、夏世室、殷重屋、周明堂这样一个发展系列。当然，这一系列很可能也是汉魏时人对上古时期的历史推测与杜撰的结果，但却又是理解中国古代明堂建筑发展历史不可或缺的环节。

关于黄帝合宫，史料中没有具体的描述，只是暗示这是远古最高统治者祭祀万神的场所。从现代考古发现的仰韶文化遗址，如西安半坡遗址的原始部落中发现的“大房子”，很可能就是传说中的“黄帝合宫”，或原始部落酋长们祭祀本部落所崇拜之神灵的神圣场所。从夏代始，古代中国的原始国家形态已经出现，代表这一国家的最高等级祭祀场所——明堂可能也已经出现。只是在名称上，从史料可知，夏代的最高等级祭祀场所被称为“世室”。其后的殷代，这一空间被称为“重屋”，直至周代，“明堂”这一称谓才出现，并在后世得以延续。

重要的是，上古三代专门为天子所设之用于人神交往的高等级建筑——明堂，以及与之类似的历代最高等级的祭祀建筑，在《周礼·考工记》中留下了一些模棱两可令人费解的话：“夏后氏世室，堂修二七，广四修一，五室，三四步，四三尺，九阶，四旁两夹窗，白盛，门堂三之二，室三之一。殷人重屋，堂修七寻，堂崇三尺，四阿重屋。周人明堂，度九尺之筵，东西九筵，南北七筵，堂崇一筵，五室，凡室二筵。”㊀

这里描述了上古三代的三座高等级祭祀建筑，夏代为世室，殷商时期为重屋，周代为明堂。据说这三座建筑，都发端于更为古老的黄帝合宫。据西汉时人所撰《三辅黄图》：“明堂所以正四时，出教化，天子布政之宫也。黄帝曰合宫，尧曰衢室，舜曰总章，夏后曰世室，殷人曰阳馆，周人曰明堂。”㊁也就是说，周代时的明堂，其实在上古三代时就已经出现，黄帝时称“合宫”，尧时称“衢室”，舜时称“总章”。

也许因为过于古老，关于上古时期这些交通人神的建筑物的名称，在不同的文献中，说法也不一样，如上文提到殷商时期的祭祀建筑称“重屋”，亦称“阳馆”。又如《隋书》中，帝尧时期的这座建筑，不称“衢室”而称“五府”：

㊀《周礼》冬官考工记第六。

㊁《三辅黄图》卷五，明堂。

“窃谓明堂者，所以通神灵，感天地，出教化，崇有德。《孝经》曰：‘宗祀文王于明堂，以配上帝。’《祭义》云：‘祀于明堂，教诸侯孝也。’黄帝曰合宫，尧曰五府，舜曰总章，布政兴治，由来尚矣。”㊀但无论称谓如何，这些历代最高等级祭祀建筑，其基本的功能都是通过祭祀神灵与先祖，以达到“通神灵，感天地，出教化，崇有德”的目的。

如前所述，关于黄帝合宫的记载，比较含蓄，没有任何量化的描述。但《周礼》中对夏人的世室、殷人的重屋，周人的明堂，却引起历代儒生们的关注与讨论。借助这些后人的讨论，可以使我们多少了解一下在古人心目中的这些上古时期重要的建筑，其可能的大致样式。

《三辅黄图》中较早提出了上古明堂究竟是“五室”还是“九室”的不同意见：“《大戴礼》云：‘明堂者，古有之也。凡九室，一室而有四户八牖，三十六户，七十二牖，以茅盖屋，上圆下方。’《援神契》曰：‘明堂上圆下方，八窗四牖。’《考工记》云：‘明堂五室，称九室者，取象阳数也。八牖者阴数也，取象八风。三十六户牖，取六甲之爻，六六三十六也。上圆象天，下方法地，八窗即八牖也，四闼者象四时四方也，五室者象五行也。’”㊁这里透露出来的上古三代明堂，基本的造型特征是：“上圆下方”“三十六户”“七十二牖”，室内的空间分割，则一说为“九室”，另一说为“五室”。显然，这样的描述，为后世儒生喋喋不休的争论埋下了伏笔。

北魏宫廷中曾进行过有关三代明堂的讨论：“故《周官·匠人职》云：夏后氏世室，殷人重屋，周人明堂，五室、九阶、四户、八窗。郑玄曰：‘或举宗庙，或举王寝，或举明堂，互之以见同制。’然则三代明堂，其制一也。案周与夏殷，损益不同，至于明堂，因而弗革，明五室之义，得天数矣。是以郑玄又曰：‘五室者，象五行也。然则九阶者，法九土；四户者，达四时；八窗者，通八风。”㊂

北魏时人的一个基本观点是，三代明堂，其名虽异，其制实一。当然，这种

㊀ [唐]魏徵等《隋书》卷四十九，列传第十四，牛弘传。

㊁《三辅黄图》卷五，明堂。

㊂ [北齐]魏收《魏书》卷三十二，列传第二十，封懿传。

说法，在很大程度上，也只是北魏时人的一种猜测。按照北魏时人的观点，从外观上看，三代明堂，都采用了“五室”“九阶”“四户”“八窗”的基本形式。这一说法，似乎比《三辅黄图》所引《大戴礼记》中的明堂，要来得简单一点。因为《周礼·考工记》中特别提到了周代明堂为：“五室，凡室二筵。”故北魏人的描述，似乎更接近上古三代的明堂造型。只是《周礼·考工记》对三代明堂的尺寸描述过于简单。因此，后人多有揣测性的数据分析。

1. 黄帝合宫

关于黄帝合宫，史料中没有更具体的描述。但如果联想到黄帝其实是上古中国原始部落酋长的一位代表人物，则已知的仰韶文化西安半坡遗址中位于聚落中央的，可能具有某种准宗教祭祀功能，或举行氏族会议及节日庆典的大房子，在很大程度上，就可能是上古黄帝合宫的一个缩影。

发掘于20世纪50年代上半叶的西安半坡遗址，位于浐河东岸的台地上，面积近5万平方米，是一处典型的新石器时期仰韶文化遗址。先后历经5次大规模考古发掘，揭露的面积近1万平方米，发掘出的原始文化遗迹，包括46座房屋、200余个窖穴、6座陶窑遗迹、250座墓葬。较为完整地展示了一个中国新石器时期原始初民居住环境的大致风貌。

西安半坡遗址可以分为南北两个不同的区域，可能代表了两个彼此相邻的原始部落的居处空间。值得注意的是，每一个区域的中心，都有一座规模较大的房屋遗址，考古学上称为“大房子”。大房子的平面略近方形，其大略平面尺寸为面宽12.5米，进深14米。面积近160平方米（图2-1）。这显然是一个可以举行部落祭祀、氏族会议或节日庆典的多少带有公共性质的场所。

从考古发掘来看，这是一个半地穴式的完整空间，有一个出入口，使得平面略近“凸”字的形状。室内有4根柱子，既起到支撑屋顶的作用，又可以表征某种原始象征性符号，如希腊爱琴文化遗址中位于中心位置的有着4根内柱和一个中心火塘的麦加伦式建筑一样。无论迈锡尼麦加伦式建筑，还是半坡遗址上的大房子，都是单一的室内空间，而没有做进一步的分割，而黄帝的这座准宗教建筑，从名称上理解，也可能是专门用于祭祀与布政的单一室内空间，故才会被称为“合宫”。

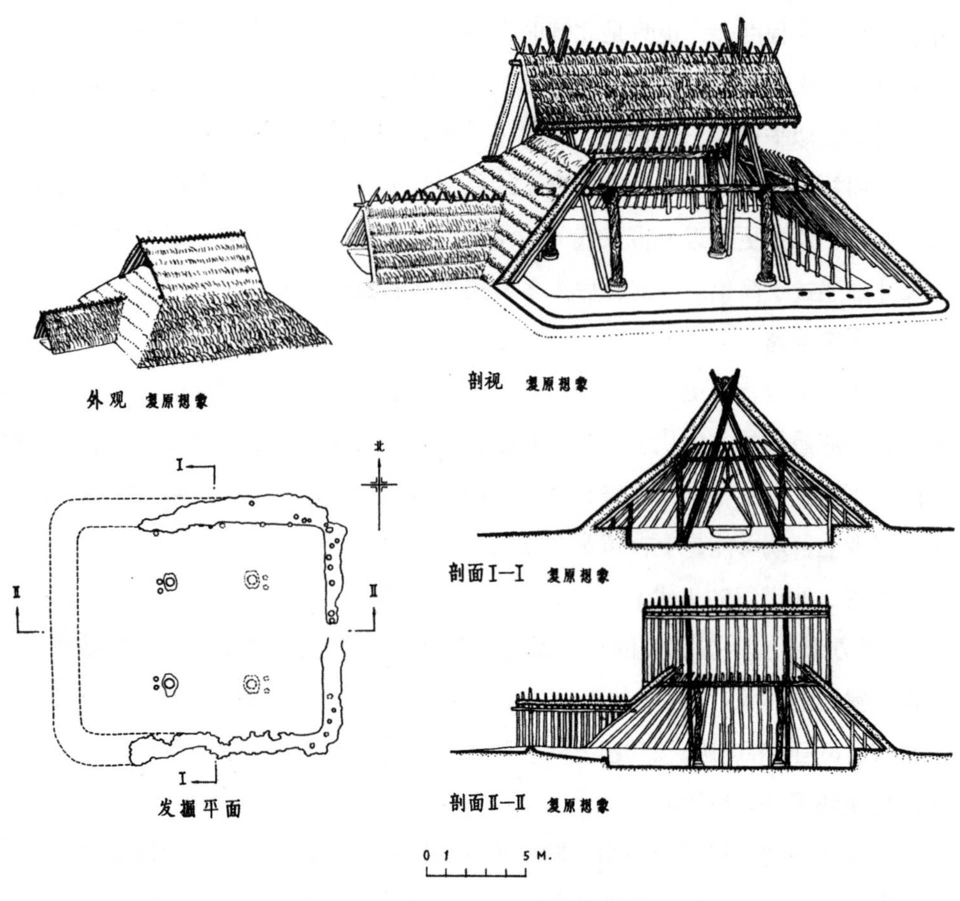

图2-1 西安半坡遗址F1大房子遗址复原图

在没有发现进一步的资料之前，我们不妨将上古黄帝人神交流的祭祀性空间——合宫，想象成与西安半坡遗址中心的“大房子”接近的尺度与式样。

2. 夏世室

《周礼 · 考工记》中记述了夏世室的大致情况：“夏后氏世室，堂修二七，广四修一，五室，三四步，四三尺，九阶，四旁两夹窗，白盛，门堂三之二，室三之一”㊀这是一段令人十分费解的话，其大致意思似乎是说，夏代的这座祭

㊀《周礼》冬官考工记第六。

祀性建筑，室内分成了5个室，内部空间中，既有门堂，又有室，其室内空间总数，应该不止5个区域。

据《北史》，在北魏宫廷中有一次有关上古明堂的争论，儒臣们引用汉儒郑玄的注解，对《周礼·考工记》中有关三代明堂的描述加以补充，其中提到了夏世室：“《周官考工记》曰：‘夏后氏世室，堂脩二七，广四脩一。’郑玄注云：‘脩十四步，其广益以四分脩之一，则广十七步半也。’”㊀

从这一解释，可以理解为，夏代帝王交通人神的祭祀空间——世室，其进深为14步，其面广，是在进深的长度基础上，再加上进深长度的1/4。以进深为14步，其长度的1/4为3.5步，故世室的面广为17.5步。这是一个深广比为1∶1.25的矩形平面。

这里或可以大胆尝试着将《周礼·考工记》中有关夏后氏世室的描述加以推测性理解，并将其可能的内部空间作一接近其叙述逻辑的猜测性分析。首先，根据汉儒郑玄的见解，已经将这座世室建筑之“堂”——台基的面广与进深确定了下来：其广17.5步，其深14步。同时，从行文中可知，这座祭祀建筑内，有5个重要空间——五室。

接下来的描述就变得令人摸不着头脑了：“三四步，四三尺，九阶，四旁两夹窗，白盛，门堂三之二，室三之一。”这究竟是在说些什么呢？为了从建筑空间与尺度的角度加以解释，在这里不妨做一点推测，尝试着将上面这段话，表述为一个现代人可以理解的话，以笔者的浅见拙识，提出一个大胆的推测，《周礼·考工记》中这句十分拗口的话，其意思可能是说：这座世室建筑，在平面的进深方向上，可以分成“三个四步（三四步），四个三尺（四三尺），需要环绕房屋基座的九个台阶登堂入室（九阶）。（四个三尺）分隔出来了建筑物四面的四条边旁和进深方向的两个夹窗（四旁两夹窗）。墙体部分被涂成了白色的粉墙（白盛）。从平面铺展的四个方向上看，在每个方向上，门堂部分占了三分之二（门堂三之二），室的部分占了三分之一（室三之一）。”

㊀ [唐]李延寿《北史》卷七十二，列传第六十，牛弘传。

这里的“九阶”可能有两种解释，一种是“九步台阶”，另一种是“九个台阶”。以现有资料可知，上古时期房屋基座，并不十分高大，如所谓尧帝时期之“堂高三尺，土阶三等”的描述，以及同是《周礼·考工记》中记载的殷重屋之“堂崇三尺”的说法，都可以佐证这一点。而且，以3步台阶高度，来布置这样一个其台基边缘仅有3尺的建筑物，似乎更为合理。如此，则环绕这座具有中心象征意义的祭祀性建筑，有可能是在每面设左右双阶，即为“八阶”。但是，还可能会在房屋正面中央，增设了一个专为“天子”或最高祭司进入室内的中央台阶，则合有“九阶”。

基于这种分析，再来看一下房屋各个边的尺寸。首先，这座建筑的通进深为14步，如果将其分成3个4步，则有12步，再在这3个4步的空隙之间，插入4个0.5步（因为当时的1步应为6尺，故各为3尺），则可以合为2步。

其进深方向的尺寸为：0.5+4+0.5+4+0.5+4+0.5=14步。

也就是说，这样分划的结果，刚好将房屋进深方向的14步充满。也恰好符合了“三四步，四三尺”的叙述逻辑。

有了这一对进深方向的基本分划，可以将之应用到面广方向。由于面广要长一些，可以先分出3个5步。再在这3个5步的空隙之间，插入4个3尺。结果是，面广长度中的17步已经被充满，尚有0.5步的长度没有分配出去。

如上所述，在进深方向用4个3尺所做的划分中，可能是分出了4条边旁，2个夹窗（四旁两夹窗）。值得注意的是，这里的4条边旁，应该体现既包括进深，也包括面广的两个方向上。即这里的“旁”，可以理解成世室之“堂”——台基的边缘与世室建筑之外墙墙体外缘之间的距离差，相当于一座建筑物之外露的“台明”部分。也就是说，世室台基的四面，各有一条宽为3尺的台明。

建筑物侧面，位于3个4步之间的两个3尺距离，应当是“两夹窗”的位置。也就是说，这座建筑的左右两个山面，各有两个宽为3尺的夹窗。同样，在建筑的正面与背面，也应该有这样两个夹窗。考虑到夹窗本身的尺度可以是比较灵活的，这里可以将前面多余出来的0.5步（3尺），采取两种方式：一是，将其添加到中央一室的面广宽度上，则中央一室内面广为5.5步；二是，将其等分到面广

方向的两个夹窗宽度中去，即在3个5步之间，各设一个0.75步（4.5尺）的夹窗。如此，则刚好使面广方向的长度，控制在了17.5步。

按照前者，面广方向的尺寸为：0.5+5+0.5+5.5+0.5+5+0.5=17.5步。

按照后者，面广方向的尺寸为：0.5+5+0.75+5+0.75+5+0.5=17.5步。

若以目前所知之殷商尺长（1尺=0.169米），按照上面的面广、进深尺寸，或可以推算出这座文献中所载有尺寸记录之最早的最高等级祭祀建筑平面。

剩下的问题，就是最后两句话："门堂三之二，室三之一。"根据如上的分析，以前一种分法为例，这座建筑其实是被分成了9个略似"九宫格"式的各为面广5步，进深4步的空间。问题是如何区分这9个空间的性质。

值得注意的是，经过这样一种分划，在这座建筑物的每一个立面，包括正立面、背立面，以及左右侧立面上，都各有3个等量尺度的空间。按照《周礼》中的描述，"门堂三之二，室三之一。"可以将这一"九宫格"之四隅的4个空间，看作是具有功能性的"门堂"空间，而将"九宫格"中央及四个正方位上，略呈"十"字形状的5个空间，看作是具有祭祀功能的准宗教象征空间。如此，则不仅形成了"五室"的空间模式，也与《周礼》中"门堂三之二，室三之一"的描述逻辑相吻合。即在每一立面上，位于中间的一间，为祭祀用的"室"，而位于两侧的左右两间，为功能性的"门堂"。这种空间分割方式，既与"世室"之具有象征性的"五室"格局相吻合，也与古人习惯采用的"双阶"的礼仪性登堂模式相契合。房屋的东西阶，面对左右两个门堂空间，通过门堂，以及由4条夹窗对应的贯通的夹道，将5个重要祭祀空间限定并联系了起来。由此推想绘制出其可能的大致平面与立面，或可以多少有助于对这座上古建筑的一点联想。

这大约就是一座史料记载中的夏代人所建用于祭祀的高等级建筑——世室的大致平面尺度与空间形态及想象中的立面形象（图2-2、图2-3）。当然，关于这种形式的文字描述，很可能也是后世之人，如春秋战国，或秦汉时期的人的一种想象与推测，亦未可知。这里亦只是借助古人的分析所做的一点推测。

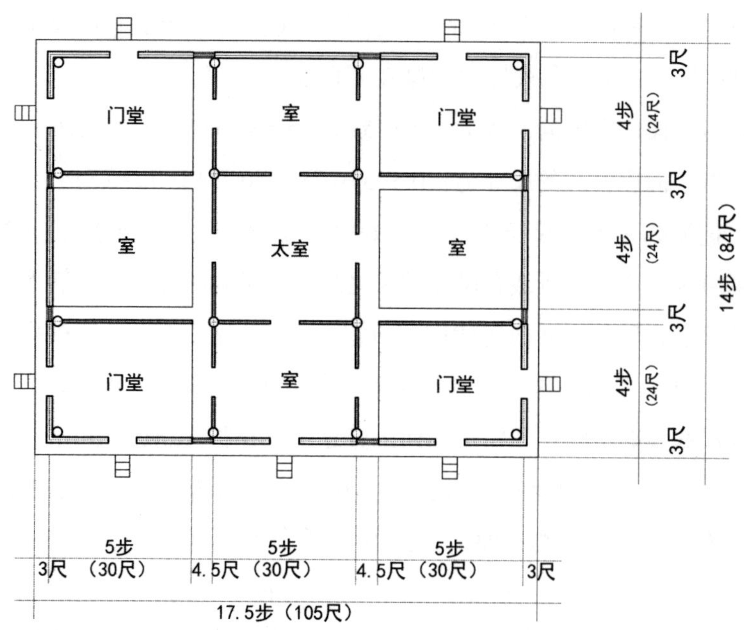

图2-2 《周礼·考工记》载夏后氏世室平面推想示意图——自绘（以一般商尺为今0.169米推测）

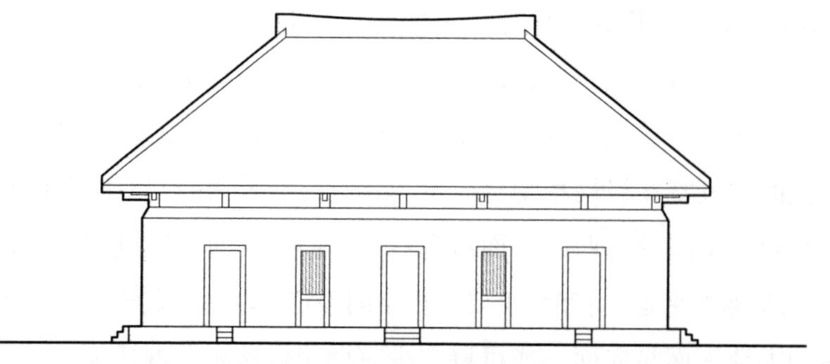

图2-3 《周礼·考工记》载夏后氏世室立面推想示意图——自绘（以一般商尺为今0.169米推测）

3. 殷重屋

《北史》中也对《周礼·考工记》中有关“殷人重屋，堂修七寻，堂崇三尺，四阿重屋”的描述加以了解释：“‘殷人重屋，堂脩七寻，四阿重屋。’郑云：‘其脩七寻，广九寻也。’”[㊀]尽管《考工记》原有记述中，提到了这是一

㊀ [唐]李延寿《北史》卷七十二，列传第六十，牛弘传。

座“四阿重屋”式造型的房屋，却只给出了进深方向的尺寸，而没有给出面广方向的尺寸。《北史》引用汉儒郑玄的注疏，补充了这座建筑面广的尺寸。

按照这一记述，这座殷商时期的高等级祭祀建筑，其面广为9寻，进深为7寻，以古人1寻为8尺推算（并以殷商尺为今0.169米㊀推算），这座建筑的面广为72尺（12.168米），进深为56尺（9.464米）。这是一个面广与进深之比约为1.286的矩形平面，长宽尺度也似乎略小于夏世室。

《北史》中所载有关上古三代准宗教祭祀性建筑的讨论中还提到：“然则三代明堂，其制一也。案周与夏、殷，损益不同。至于明堂，因而弗革，明五室之义，得天数矣。是以郑玄又曰：‘五室者，象五行也。’然则九阶者法九土，四户者达四时，八窗者通八风，诚不易之大范，有国之恒式。”㊁这里的意思是说，夏商周三代的祭祀建筑：世室、重屋与明堂，在建筑制度上是一样的，都有“五室”的分划，甚至都为“九阶、四户、八窗”的做法。显然，这很可能也是汉代人的一种推测。

重要的是，《考工记》原文中明确说了，殷重屋之堂（台基），其高仅为3尺（堂崇三尺），则更可以将夏世室之堂有“九阶”的说法，理解为环绕在建筑四周的九个台阶，并应用在殷重屋中。为了与古人的分析相一致，这里仍将这座殷重屋，想象成为一座内部有“五室”分割的建筑。

参照前文中分析的有关夏世室内部空间的分割方式，先从进深方向推测起。殷重屋之堂，进深7寻。可以将进深方向想象成由3个进深各为2寻（16尺）的“室”组成，则其总长度为6寻。余下1寻，仍可将其分为4份，每份2尺，则前后两旁（台明），各有2尺；3个主室之间的夹窗，亦各占2尺。

如此，形成的进深方向尺寸为：2+16+2+16+2+16+2=56尺。

再来看面广方向，因其通面广为9寻。先将其面广也分成3个主要的“室”，每室的面广尺寸，应该比进深要大一点，故推测为2.5寻（20尺）。则其面广方向3室所占的总长度为7.5寻。

㊀ 刘敦桢《中国古代建筑史》第421页，附录三，历代尺度简表，中国建筑工业出版社，1984年。

㊁ [唐]李延寿《北史》卷二十四，列传第十二，封懿传。

尚余的1.5寻（12尺）长度，可以有两种方式：一种是将其中的1寻（8尺），分配到左右两旁（台明），与三室之间的两夹窗上，各为2尺。另外0.5寻（4尺），可以加在中央一室的面广长度上，即中央一室，面广为3寻（24尺）。

如此，形成的面广方向尺寸为：2+20+2+24+2+20+2=72尺。

另外一种方式是，仍保留三室面广相同的做法，只是将三室之间的夹窗所占宽度，各增加2尺，分别为4尺。

如此形成的面广方向尺寸为：2+20+4+20+4+20+2=72尺。

这样一种分割方式，大体上与前面所分析的夏世室的分割方式接近。都可以形成包括中央与四方在内的“五室”空间结构。再在平面之四隅，设4个房间，可以用作功能性房间，如门堂之类的用房（图2-4）。

当然，所谓“殷重屋”可能有两种情况：一种是重层的楼阁，另一种是重叠的屋顶。从这座建筑的基本尺度来看，似乎不太具备两层结构的可能。但若将五室之中央部分的柱子拔高一些，有可能形成一个重层的屋顶（图2-5）。故这

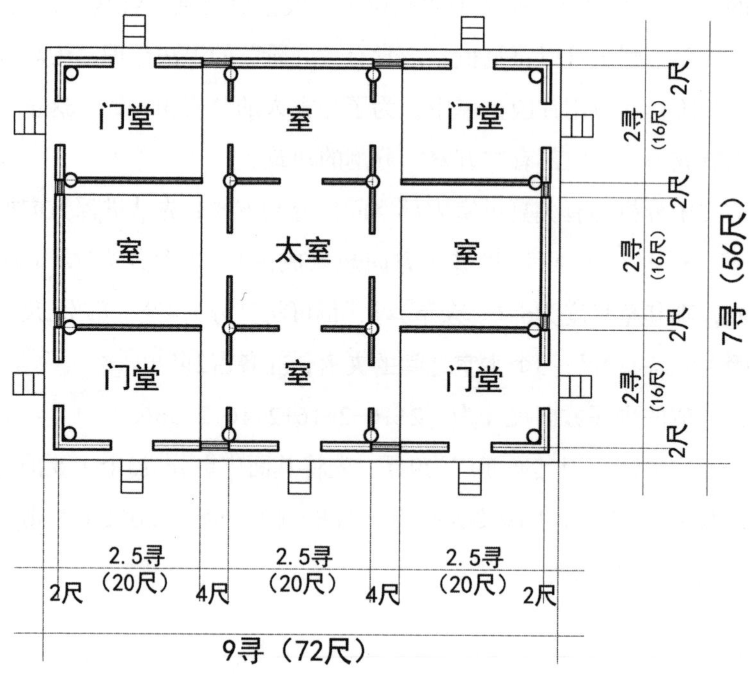

图2-4 《周礼·考工记》载殷重屋平面推想示意图——自绘
（以一般商尺为今0.169米推测）

里推测，殷重屋，只是通过“四阿重檐”屋顶的造型，提升其外观高显之貌的效果。

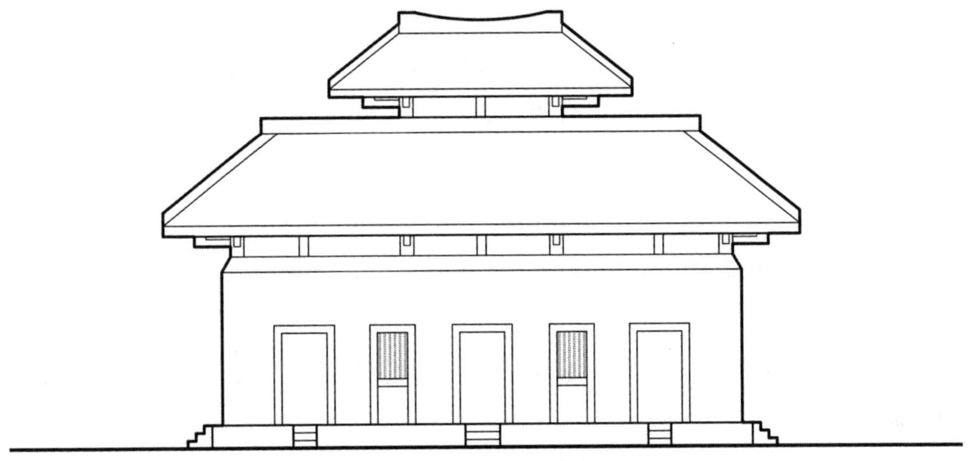

图2-5 《周礼·考工记》载殷重屋立面推想示意图——自绘
（以一般商尺为今0.169米推测）

4. 周明堂

事实上，对后世影响最大的上古祭祀建筑，是周代的“明堂”。历来新登基的帝王，都希望通过建造明堂，来彰显自身地位的合法性。越是在权力交接过程中，发生过一些不甚明白之做法，或称非顺承其位之帝王，似乎越是希望通过明堂的建造，以及亲自参与隆重的祭祀仪式，来为自己统治的合法性寻找某种“君权神授”的逻辑证明。

据《逸周书》：“周公将致政成王，朝诸侯于明堂，作《明堂》。”㊀由此推知，周明堂是在周成王时，由周公姬旦主持建造的，其功能之一，是可以作为诸侯朝奉天子的一个场所。

以《周礼·考工记》的描述：“周人明堂，度九尺之筵，东西九筵，南北七筵，堂崇一筵，五室，凡室二筵。”㊁因为这里所给出的长宽尺寸比较具体，所以后世的注疏中，也没有太多添加。按照这一描述，周明堂的东西面广为9筵，折合为81尺。南北进深为7筵，折合为63尺。堂基高度为1筵，即为9尺，则这里

㊀《逸周书》卷十，周书序。

㊁《周礼》冬官考工记第六。

若仍用“九阶”，其意义与“堂高三尺”的“九阶”可能有不同的含义。

我们没有周尺的资料，但从中国古代度量衡发展的趋势观察，可以相信，周尺应该比殷商尺要略长一些，故这里采用战国尺来推算。战国尺，1尺约合今0.227～0.231米。这里取其下限，即1尺为0.227米推测。如此，则周明堂面广81尺，合为18.387米；进深63尺，合为14.301米。建筑的实际长度与宽度，与夏代的祭祀建筑——夏世室十分接近，而建筑平面之面广与进深的比例约为1.286比1，与殷商时期的祭祀建筑——殷重屋的平面比例完全相同。

然而，值得注意的是，这座明堂建筑的室内，也是明确被划分为5个空间（五室）的。故具体的分割方式，或也可以采用与前面所推测的夏世室或殷重屋的做法一样。从用尺上来观察，这也只是一座比夏世室或殷重屋，稍显宏大的祭祀建筑。

例如，先对进深方向进行分割。以其“南北七筵”，且“凡室二筵”的描述，仍然可以先分出3个进深各为2筵（18尺）的“室”。余一筵（9尺），再分为4份，前后各2尺为“旁”（台明），余各2.5尺，为两夹窗的宽度。或将中间一室的进深增加为19尺，仍保持4个2尺的分割方式。两种做法的尺寸分割分别为：

2+18+2.5+18+2.5+18+2=63尺=7筵。

2+18+2+19+2+18+2=63尺=7筵。

再对面广方向的尺寸加以分割。以通面广为9筵（81尺）计。仍然先将通面广分成三个主要的室，分别的面广为2.5筵（22.5尺），合为7.5筵。所余1.5筵（13.5尺），仍按两种方式分划：一是，将两旁与两夹窗的宽度，都定为2尺，余5.5尺，加在中间一室的面广宽度上，即中间一室的面广为28尺；二是，三室的面广不变，将两夹窗的宽度，分别增加到4.75尺。两种做法的尺寸分割分别为：

2+22.5+2+28+2+22.5+2=81尺=9筵。

2+22.5+4.75+22.5+4.75+22.5+2=81尺=9筵。

至于周明堂登堂入室的台阶，似乎就比较高了，以其文所言“堂崇一筵”，则知明堂台基的高度为“一筵”，即“九尺”。这显然是要将明堂这座最高等级的祭祀建筑，置于十分高显的位置上了。则其进入堂室的台阶数，是否也会相应减少，如仅从房屋的正面进入？亦未可知。然而，据《周礼·考工记》，周明堂，室内分隔仍为“五室”。则其基本的平面似应与前代夏、殷祭祀建筑相类，只是未必从台基四面登堂入室，而是在室内作功能的区隔。如将每侧左右两室，作为服务于祭祀礼仪的功能性用房？即具后来所谓“左右两夹”某种功能？其基本的格式，仍是中央“五室”，辅以周边四“堂”的形式。但其“堂”与“室”在空间之大小尺度上，却难分伯仲。这或也可能是后世儒生，对周明堂究竟是“五室”还是“九室”，争论不休的原因之一。

参照上文的推测，这里也猜测性地绘出了周明堂的平面与立面（图2-6，图2-7）。这里采用的重檐四阿屋顶做法，只是为了高显其貌，或也可能内含有承续殷重屋之逻辑可能。当然，将周明堂想象成这样的屋顶造型，对本文来说，只是试图提供一个可供今人产生联想的形象猜测，没有任何的历史资料可以依凭。

如此，我们大致找到了自战国至秦汉时期就渐渐出现于文字描述之中的有关上古三代的三座准宗教祭祀建筑：夏世室、殷重屋、周明堂的可能彼此一致的内部空间分割方式。这一方式是依据《周礼·考工记》有关夏世室的描述推测出来的。

当然，关于上古三代这三座祭祀建筑，是否确有其事，本身就是一个无解的问题。因为，至今我们对夏代的历史，还难以证明。但这并不能否认，在殷商或周代以前，可能曾建造有专门用于天子祭祀的隆重的建筑物。从西安半坡遗址中的“大房子”，已经可以印证，这种远古时期的准宗教祭祀建筑，是存在过的。至于其具体的尺寸，内部空间或外观造型，则有可能是春秋或战国时期传说与杜撰的结果。

在对陕西扶风召陈西周建筑遗址的发掘中，确曾发现一座平面柱网十分特殊的建筑，召陈遗址F3，其矩形平面中有一根中心柱，环绕这根中心柱，似能隐约发现一个略近圆形的柱基分布。建筑史家傅熹年先生对此做了深入研究，并指出：“根据上面的推测，F3的构架就有两种可能性：一种是单层四阿顶，另一种是下层四阿上层圆形。”㊀傅先生还绘制了这座F3建筑之两种可能的屋顶形式遗

㊀ 傅熹年《当代中国建筑史家十书　傅熹年中国建筑史论》，陕西扶风召陈西周建筑遗址初探，第206页，辽宁美术出版社，2011年。

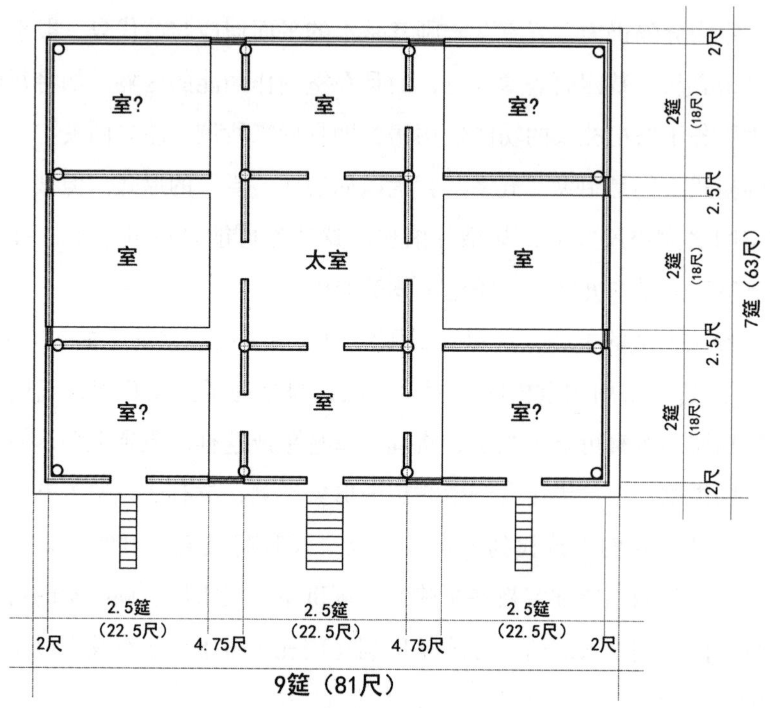

图2-6 《周礼·考工记》载周明堂平面推想示意图——自绘
(以一周尺为今0.227米推测)

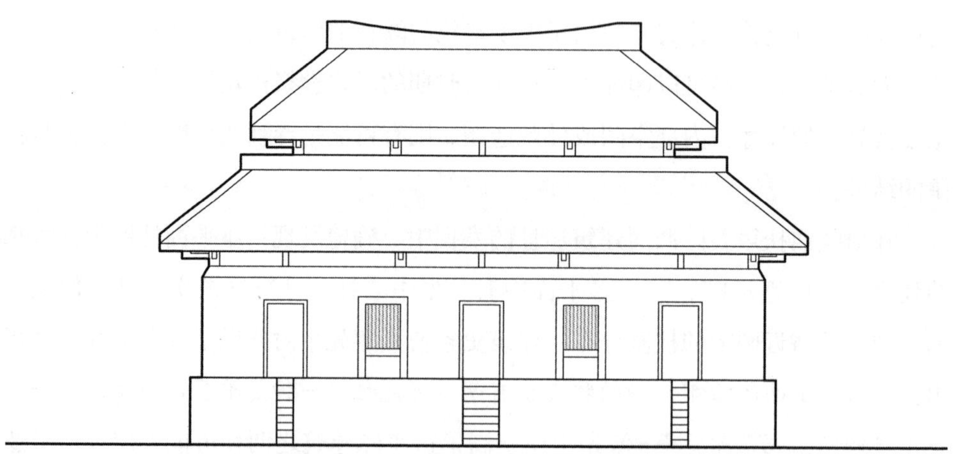

图2-7 《周礼·考工记》载周明堂立面推想示意图——自绘
(以"堂崇一筵"计,以一周尺为今0.227米推测)

址复原图。[一]若果是一座上为圆形下为四阿屋顶的造型，这座F3建筑是否有可能会是一座西周时期具有某种祭祀功能的高等级建筑？亦未可知。

客观地说，汉代学者及其之后的历代儒生，关于上古三代最高等级祭祀建筑的描述与争论，只是对其前人某些传说或杜撰所做的分析与解释，其中或杂糅了汉代及之后人们的某种想象。本书的研究，也只是在汉代人，或历代儒生们分析基础上的一个延续。其更大的意义，还在于对传统文化的理解与认知上，而非在真实意义上的上古建筑实体本身。

5. 周代的祭祀体系

上古三代的西周时期，是一个制度创建的时期，即所谓“制礼作乐”。春秋以来的各种宗祀礼仪规制，多是从绍述周代制度而来。所谓《周礼》，其实就是战国以来追述周代礼制规范的一部经典。

周代的礼仪规制，包涵了诸多前宗教祭祀礼仪。如社稷祭祀、祖先祭祀、明堂祭祀等。据《逸周书》，周初“乃设丘兆于南郊，以祀上帝，配以后稷，日月星辰先王皆与食。封人社壝，诸侯受命于周，乃建大社于国中，其壝东青土，南赤土，西白土，北骊土，中央叠以黄土，将建诸侯，凿取其方，一面之土，焘以黄土，苴以白茅，以为土封。故曰，受列土于周室。乃位五宫、大庙、宗宫、考宫、路寝、明堂，咸有四阿，反坫，重亢、重郎、常累、复格、藻棁，设移、旅楹、舂常、画旅。内阶玄阶，堤唐山廧，应门库台玄阃。”[二]

这里提到了南郊郊祀，郊祀中的主要祭祀对象是苍天“上帝”，同时被祀拜的还有中国古代农业之神，同时也是周人的始祖——后稷，以及日月星辰及周人的历代先王。从祭祀内容观察，这很可能是中国古代南郊郊祀最主要内容——圜丘祭祀的早期形式之一。如此，则其祭祀场所，亦可能是一座位于京城南郊的圆形坛壝。

此外，周人还祭祀社壝，这应该是社稷坛的早期形式。这座社壝被布置在了天子王城的城垣之内。社壝的形式为一座由五色土组成的祭坛，其坛东为青土，

[一] 傅熹年《当代中国建筑史家十书　傅熹年中国建筑史论》，陕西扶风召陈西周建筑遗址初探，第205页图5、第207页图6，辽宁美术出版社，2011年。

[二]《逸周书》卷五，作雒解第四十八。

南为赤土，西为白土，北为骊（黑）土，中为黄土。每当封建诸侯祭祀之时，以诸侯国所在的方位，在这座坛壝的相应方向，凿取一点与其颜色相应的土，其上覆以代表中央的黄土，然后掺以白茅，以作为所封之国“受列土于周室”的“土封”象征。

除了圜丘坛、社稷坛之外，西周时期的王城之内，还布置有“五宫、大庙、宗宫、考宫、路寝、明堂”等最高等级的祭祀建筑。

所谓“五宫”，可能与春秋时期祭祀五方帝的五畤祠接近，其功能可能是祭祀五方五帝。“大庙”可能是后世太庙的早期称谓。因为，在古时，“太”与“大”是相通的。

《周礼·冬官考工记》具体描述了祖（大庙）与社（大社）在王城中的位置：“匠人营国，方九里，旁三门。国中九经九纬，经涂九轨，左祖右社，面朝后市。”㊀可知，大庙一般位于王宫左（东）侧，大社一般位于王宫右（西）侧。此外，文中提到的“宗宫”，则相当于帝王自家的家庙，如明清故宫紫禁城内的奉先殿。

还有“考宫”，当是天子于宫中所设的灵堂。古代帝王及其眷属殡天，一般要在宫内停灵三年，以等候陵寝的正式完成与殡葬仪式的举行。因而，需要有“考宫”之设。其形式是世俗礼仪性质的，但其意义也是为了祭祀祖先，安抚祖先的魂灵，因而，也具有前宗教祭祀意义。

至于这些建筑的形式与规制，则如其后所云：“咸有四阿，反坫，重亢、重郎，常累，复格，藻棁，设移，旅楹，舂常，画旅。内阶玄阶，堤唐山廧，应门，库，台，玄阃。”㊁其义大致是说，这些最高等级的祭祀建筑，包括“五宫、大庙、宗宫、考宫”等，都采用了四注坡式的屋顶形式（四阿），殿楹之间设置有代表彼此敬重之礼仪的放置敬酒杯盏的“反坫”；殿堂结构可能采取了重叠的梁栋（重亢？），造型则可能用了重檐屋顶（重郎？）。屋顶与梁栋，彼此累叠（常累？）。殿堂的柱子之上，用了重叠的斗栱（复格），以及附加有装饰

㊀《周礼》冬官考工记第六。

㊁《逸周书》卷五，作雒解第四十八。

纹样的短柱（藻棁）。

这些祭祀殿堂内有附属的阁屋（设移），密排的柱楹（旅楹），加以装饰的藻井（舂常）以及绘有彩饰的门屏（画旅）等。室内有登临的踏阶（内阶）隆耸而上（玄阶）；室外中庭内有隆起的甬道（堤唐），两侧则有夹护的墙垣（山廧）。殿堂之前设有应门、库门（？）与台门（？），都采用黑色石头制作的门限（应门、库、台、玄阃）。

这些拮据拗牙的描述，大致为我们描绘出了上古西周时期天子王城内高等级祭祀建筑的一个粗略形态。

二、与明堂有关的五室、九室与十二室之争

1. 五室与九室之辩

上古三代准宗教祭祀建筑——夏世室、殷重屋与周明堂（以下简称三代明堂）的内部空间形制，一直是历代儒家争论的话题。争论的焦点主要是在，三代明堂室内的主要格局，究竟是五室还是九室？

最早提出五室形制的，可能仍是《周礼·考工记》："夏后氏世室，堂修二七，广四修一，五室。……周人明堂，度九尺之筵，东西九筵，南北七筵，堂崇一筵，五室，凡室二筵。"㊀这里两次提到五室，分别说的是夏世室与周明堂。在《周礼》的作者看来，三代明堂中，至少两代——夏与周，采用了五室的做法。

至少在西汉时期，儒生们认为，上古时期的明堂、宗庙、路寝，都采用了五室的空间规制。如《周礼注疏》关于这段话谈道："云'五室象五行'者，以其宗庙制如明堂。明堂之中有五天帝，五人帝、五人神之坐，皆法五行，故知五室象五行也。东北之室言木，东南之室言火，西南之室言金，西北之室言水。"㊁显然，这里是将五室按照中央与四隅划分的。

这种分法，也在《毛诗正义》中得到了印证："若路寝制如明堂，则五室

㊀《周礼》冬官考工记第六。

㊁ [汉]郑玄注，[唐]贾公彦疏《周礼注疏》卷四十一，冬官考工记下。

皆在四角与中央，而得左右房者。”[一]所谓“四角与中央”，显然表达了五室是呈“X”形布置的意思。这种布置，或可以将类似九宫格之呈“十”字形分布的四个正方位房间，看作是进入五室的“堂”，即各从房屋每面的居中之“堂”，向前或向左右，进入各“室”中进行祭祀。这当然也是一种合乎逻辑的空间布局方式。

然而，也有另外一种分法，如《北史》所载北魏宫廷中有关明堂的讨论：“而《月令》、《玉藻》、《明堂》三篇，颇有明堂之义，余故采掇二家，参之《月令》。以为明堂五室，古今通则。其室居中者，谓之太室；太室之东者，谓之青阳；当太室之南者，谓之明堂；太室之西者，谓之总章；当太室之北者，谓之玄堂。四面之室，各有夹房，谓之左右个，三十六户七十二牖矣。”[二]这里的五室，是按照中央与东、南、西、北四个正方位布置的。中央为太室，东为青阳，南为明堂，西为总章，北为玄堂。五室，呈“十”字形布置。

那么，如何又出现了所谓“明堂九室”之说了呢？上文已经就上古三代明堂，虽言“五室”，实为“九”个室内空间分隔的做法作了一些分析。如所谓“门堂三之二，室三之一”的说法，其实已经暗示了，明堂之内既有在每个面上，各居中央之三分之一的“室”，亦有在房屋每面，各居三分之二，以方便由每面台基前双阶（共九阶），进入前导性的左右之“堂”，再从堂进入供奉有神灵之位的中央之“室”。综而合之，则当为“五室”与“四堂”，合为“九室”。但是，在《周礼·考工记》的具体行文中，却并未见到有关明堂可能为“九室”的任何描述。

其实，九室的概念，也是来自《周礼·考工记》，只是古人最初谈论“九室”似乎并非指的是祭祀性明堂，而是居住型宫廷：“内有九室，九嫔居之。外有九室，九卿朝焉。九分其国，以为九分，九卿治之。”[三]显然，这里的九室，说的是宫廷内廷中嫔妃们所住的居所，以及位于宫廷之前供朝廷属臣们参拜性的空间。这里并没有提到九室与祭祀所用明堂之间的关系。

[一] [汉]郑玄笺，[唐]孔颖达疏《毛诗正义》卷十一，十一之二。

[二] [唐]李延寿《北史》卷三十三，列传第二十一，李孝伯传。

[三]《周礼》冬官考工记第六。

换言之，在《周礼·考工记》中，只提到了，夏世室与周明堂为“五室”，同时也提到了朝廷中的九嫔之居所，与九卿之上朝之所，各为“九室”。两者之间似乎并无任何交集。

然而，到了后世儒生那里，事情就变得复杂了。最早提出明堂“九室”概念的是西汉时期的《大戴礼记》：“明堂者，古有之也。凡九室：一室而有四户、八牖，三十六户、七十二牖。以茅盖屋，上圆下方。”㊀这里给出了明堂的基本造型，内部空间分为九室，每室都有4个门户，共有36个门户，每室也都有8个窗牖，共有72个窗牖。如此的分割，似乎每一室，都有独立的门户、窗牖，更像是九座各自独立的房间；但其外观造型却又被描述为上圆下方，屋顶用茅草覆盖，又像是一座九室整合而一的大型建筑物。

同时，《大戴礼记》中特别提到了中国古代的洛书，即所谓：“二九四，七五三，六一八。”这是一个按照“九宫格”方式排列的幻方。由此得出的可能印象是：明堂室内的分割，是按照类似“井”字形的“九宫格”方式分划的。这显然是一个典型的“九室”格局。按照这一分划，可以将前文中所实际分割出的9个空间，充分占满，也省去了前文中有关上古三代明堂“五室”格局，究竟是按照“X”形还是“十”字形分划的困扰。

《大戴礼记》中还给出了明堂外部的空间尺度：“其宫方三百步”。也就是说，在明堂之外，环绕圆形的水池，水池之外还有一个300步见方的庭院。形成一个开阔而隆重的前宗教性质的祭祀性与礼仪性空间。

2. 明堂十二室

有趣的是，同样是在这篇《大戴礼记》中，又提到了明堂十二室（堂）的概念：“明堂者，所以明诸侯尊卑。外水曰辟雍，南蛮、东夷、北狄、西戎。明堂月令，赤缀户也，白缀牖也。二九四七五三六一八。堂高三尺，东西九筵，南北七筵，上圆下方。九室十二堂，室四户，户二牖，其宫方三百步。”㊀

类似的概念，也见于东汉时期班固的《白虎通义》：“明堂，上圆下方，八窗四闼，布政之宫，在国之阳。上圆法天，下方法地，八窗象八风，四闼法四

㊀ [汉]戴德《大戴礼记》明堂第六十七。

时，九室法九州，十二坐法十二月，三十六户法三十六两，七十二牖法七十二风。”㊀这里的“十二坐”，有可能是“十二堂”之误。从上下文中可知，汉代时，关于明堂可能为“九室、十二堂”的思想，大约已经确定了下来。

这里提到了几个在历史上争论不休的概念：一是，明堂之外环绕有水，称为“辟雍”；二是，明堂有九室、十二堂，问题是，不知道这一既包含“九室”，又包含“十二堂”的建筑物之内部空间会如何分割？

换言之，这九室，是如何与“十二堂”联系在一起的呢？从史料中观察，将明堂与十二堂联系在一起的重要典籍之一，是《礼记》中的“月令”篇：

“孟春之月，……天子居青阳左个。乘鸾路，驾苍龙，载青旗，衣青衣，服仓玉；食麦与羊，其器疏以达。

仲春之月，……天子居青阳大庙，乘鸾路，驾苍龙，载青旗，衣青衣，服仓玉，食麦与羊。其器疏以达。

季春之月，……天子居青阳右个，乘鸾路，驾仓龙，载青旗，衣青衣，服仓玉。食麦与羊。其器疏以达。

孟夏之月，……天子居明堂左个，乘朱路，驾赤骝，载赤旗，衣朱衣，服赤玉，食菽与鸡。其器高以粗。

仲夏之月，……天子居明堂太庙，乘朱路，驾赤骝，载赤旗，衣朱衣，服赤玉，食菽与鸡。其器高以粗。

季夏之月，……天子居明堂右个，乘朱路，驾赤骝，载赤旗，衣朱衣，服赤玉。食菽与鸡，其器高以粗。

中央土，其日戊己。……天子居大庙大室；乘大路，驾黄〈马亚〉，载黄旗，衣黄衣，服黄玉。食稷与牛，其器圜以闳。

孟秋之月，……天子居总章左个，乘戎路，驾白骆，载白旗，衣白衣，服白玉。食麻与犬，其器廉以深。

仲秋之月，……天子居总章大庙，乘戎路，驾白骆，载白旗，衣白衣，服白玉。食麻与犬，其器廉以深。

㊀ [汉]班固《白虎通义》卷四，辟雍。

季秋之月，……天子居总章右个，乘戎路，驾白骆，载白旗，衣白衣，服白玉。食麻与犬，其器廉以深。

孟冬之月，……天子居玄堂左个，乘玄路，驾铁骊，载玄旗，衣黑衣，服玄玉。食黍与彘，其器闳以奄。

仲冬之月，……天子居玄堂大庙，乘玄路，驾铁骊，载玄旗，衣黑衣，服玄玉。食黍与彘，其器闳以奄。

季冬之月，……天子居玄堂右个，乘玄路，驾铁骊，载玄旗，衣黑衣，服玄玉。食黍与彘，其器闳以奄。"㊀

然而，事实上《礼记》的问世当是在汉代，而关于明堂月令及十二室说法，至迟在战国时期的《吕氏春秋》中已经出现。据《吕氏春秋》的描述："孟春之月，……天子居青阳左个"；"仲春之月，……天子居青阳太庙"；"季春之月，……天子居青阳右个"；"孟夏之月，……天子居明堂左个"；"仲夏之月，……天子居明堂太庙"；"季夏之月，……天子居明堂右个"；"孟秋之月，……天子居总章左个"；"仲秋之月，……天子居总章太庙"；"季秋之月，……天子居总章右个"；"孟冬之月，……天子居玄堂左个"；"仲冬之月，……天子居玄堂太庙"；"季冬之月：……天子居玄堂右个"。在一年的十二个月中，天子在沿着明堂四周之青阳（东）、明堂（南）、总章（西）、玄堂（北）四个方向的十二间室堂之内生活起居，从而构成了明堂十二室的逻辑支撑。

《吕氏春秋》或《礼记·月令》的描述，是将天子之居处，与天地宇宙周流环转的自然节律联系在了一起。天子自每年的孟春月开始，自东方青阳左个始，沿着自左向右，自东而南，自南而西，自西而北的顺序，在不同的月份，居于不同的房间，乘坐不同的车马，穿戴不同颜色的服饰，食用不同的家畜肉类，使用不同的器物。

其中，如春季三个月，住在朝东的三个房间中，与青色之物相匹配，食羊肉；夏季三个月，住在朝南的三个房间中，与赤色之物相匹配，食鸡肉；秋季三

㊀《礼记》月令第六。

个月，住在朝西的三个房间中，与白色之物相匹配，食狗肉；冬季三个月，住在朝北的三个房间中，与黑色之物相匹配，食猪肉。

只有一个例外，就是在夏天的戊己之日，即季夏之月（农历六月）某旬中带有戊或己的日子，因为戊与己，位于“十天干”的中央，故为土性。这样的日子，属土日，因而，天子要住在中央土的位置上，这个位置相当于这座建筑物的中央空间——大庙大室。这一天，天子要与黄色之物相匹配，食牛肉。

有趣的是，十二月令中，除了方位、颜色与古代中国传统文化的象征意义相契合之外，天子所食用的家畜，也与前宗教神话中荆楚地区流传的“人七日”创世神话中的前四种相吻合，即：“正月一日为鸡，二日为狗，三日为猪，四日为羊，五日为牛，……”㊀只是，这里将鸡与南方及夏天相对应，狗与西方及秋天相对应，猪与北方及冬天相对应，羊与东方及春天相对应，牛与夏天的戊己之日相对应。显然，在月令中，充溢着中国上古时期前宗教的文化色彩。

到了汉代的《淮南子》，相同的故事又讲了一遍，只是说法有一点不同：“孟春之月，……天子衣青衣，乘苍龙，服苍玉，建青旗，食麦与羊，……朝于青阳左个，以出春令。”之后的“仲春之月，……朝于青阳太庙。”“季春之月，……朝于青阳右个。”㊁

然后是，“孟夏之月，……天子衣赤衣，乘赤骝，服赤玉，建赤旗，食菽与鸡，……朝于明堂左个，以出夏令。”之后的“仲夏之月，……朝于明堂太庙。”接着又有“季夏之月，……天子衣黄衣，乘黄骝，服黄玉，建黄旗。食稷与牛，……朝于中宫。”㊁

而到了“孟秋之月，……天子衣白衣，乘白骆，服白玉，建白旗，食麻与犬，……朝于总章左个，以出秋令。”之后的“仲秋之月，……朝于总章太庙。”“季秋之月，……朝于总章右个。”㊁

接下来是，“孟冬之月，……天子衣黑衣，乘玄骊，服玄玉，建玄旗，食黍与彘，……朝于玄堂左个，以出冬令。”之后的“仲冬之月，……朝于玄堂太

㊀《钦定四库全书》史部，地理类，杂记之属，[南朝梁]宗懔《荆楚岁时记》。

㊁ [汉]刘安《淮南子》卷五，时则训。

庙。”“季冬之月，……朝于玄堂右个。”[一]

月令时间、乘马与服旗的色彩，所食的家畜，以及天子所处的房间，与《吕氏春秋》《礼记》几乎无异。只是，有两处明显的不同：

一是，在这里天子不再是居于某堂某个，而是“朝于”，即接受臣子的朝觐于“某堂某个”。

二是，在季夏的戊己之日，天子是在“中宫”，而非“大庙大室”或“太庙太室”中接受臣子的朝觐。

换言之，《吕氏春秋》《礼记》与《淮南子》中所描述的明堂，其实只是关于同一个古代礼制建筑之言说文本的重复。也就是说，三部书说的是同一件事情，即天子在不同的季节，会随着时节的变化，居处或出现在不同方位的殿堂空间中，穿着与方位色彩相吻合的衣服，悬挂色彩与方位相契合的旗子，食用相应方位的家畜之肉，发出适应不同季节的诏令。从这几处的表述中，并没有将这座建筑物直接与前宗教性质的祭祀性空间——明堂，联系在一起，只是，这座建筑物南向正中的堂室，被称作了“明堂太室”，而南向的左右两个，也分别被称为“明堂左个”与“明堂右个”。这或是后人将之直接与祭祀建筑——明堂，联系在一起的主要原因。

3. 九室与十二室

这里又不得不回到上文所引述的《大戴礼记》关于明堂的描述，即：“明堂月令，赤缀户也，白缀牖也。二九四七五三六一八。堂高三尺，东西九筵，南北七筵，上圆下方。九室十二堂，室四户，户二牖，其宫方三百步。”[二]

西汉时问世的《大戴礼记》，显然是希望将上古三代明堂之“五室”或“九室”的制度，与较晚时期出现的明堂“十二室”的制度，综合在一个完整的建筑体系之内。然而，按照一般的空间分布原则，这几乎是一个不太可能实现的目标。因为这两个显然不同的空间数目，如果简单地综合在一起，是难以形成一个完整的独立空间的。

[一] [汉]刘安《淮南子》卷五，时则训。

[二] [汉]戴德《大戴礼记》明堂第六十七。

不过，在前面关于明堂月令的分析中，我们可以注意到，天子逐月生活起居的“十二堂”，是沿着一座建筑之四个正方位的外围逐步展开的。即从东方青阳，南方明堂，西方总章，到北方玄堂这四个主要方位，各分布有三座堂室。

在《吕氏春秋》的描述中，对应于四个方位的房间分布，每一方向位于中间的一个房间，被称为了“太庙”，如“青阳太庙”“明堂太庙”“总章太庙”“玄堂太庙”。但在《吕氏春秋》中，谈到“季夏”之时，还提到了：“中央土，其日戊己，其帝黄帝，其神后土，……天子居太庙太室。”㊀这一描述，与明堂月令之十二月中逐月的描述是相对应的。在季夏戊己日的这一天，天子是在“太庙太室”中度过的。

在后来出现的《礼记》中，除了在不同季节，天子会出现在“青阳大庙”“明堂大庙”“总章大庙”“玄堂大庙”的房间之中外，在季夏的戊己日，天子也会出现在明堂的“大庙大室”之中。

这里的“太庙太室”或“大庙大室”，究竟是京城内的另外一座高等级建筑——太庙中的一个空间，还是与明堂月令中，天子随季节周流廻转的十二室紧密相连的一个空间。似乎说得不是很清楚。

之后的《淮南子》，亦将明堂月令四个方向位于中央的房间也都称作“太庙”，并分别在仲春之月，朝于“青阳太庙”；在仲夏之月，朝于“明堂太庙”；在仲秋之月，朝于“总章太庙”；在仲冬之月，朝于“玄堂太庙”。而将位于整座建筑物中心的那个空间，称作“太庙太室”，或“大庙大室”。

在与《吕氏春秋》或《礼记》作描述的“季夏之月”，《淮南子》中则对应地采用了：“天子衣黄衣，乘黄骝，服黄玉，建黄旗。食稷与牛，服八风水，爨柘燧火，中宫御女黄色，衣黄采，其兵剑，其畜牛，朝于中宫。”㊁

综合如上的分析，我们或可以推测，《吕氏春秋》中的“太庙太室”，《礼记》中的“大庙大室”，及《淮南子》中的“中宫”，应该是指的同一个空间，即位于明堂中央那个最为重要的空间。

㊀ [战国]吕不韦《吕氏春秋》季夏纪第六，季夏纪。

㊁ [汉]刘安《淮南子》卷五，时则训。

令人感到不解的是，希望综合之前明堂制度的《大戴礼记》中，并未提到这个位于中央的“太庙太室”或“中宫”。只是以一种更为模糊的语言描述：“明堂月令，赤缀户也，白缀牖也。二九四七五三六一八。堂高三尺，东西九筵，南北七筵，上圆下方。九室十二堂，室四户，户二牖，其宫方三百步。”㊀

在这一文字描述中，有两个重要信息：一个是具有古代幻方色彩的九个数字“二九四七五三六一八”，这显然是对一个标准九宫格的明确表述；另外一个是“九室十二堂”，这应该是对明堂内房间数量的一个概略性表述。

如前所述，如果说这座明堂，既有九室，又有十二堂，则很难想象人们如何将一座建筑，既分为九宫格式的九个空间，又在其中内涵并衍生出十二个空间来。唯一的可能则是将“九室”与“十二堂”并存于一座较大的建筑物中。

十二堂者，已如前述，可能是环绕明堂四个方位上的各自三个房间之和。此外，则还有一个重要空间，即“太庙太室”或“大庙大室”，抑或“中宫”。即在十二堂的环绕之下，在这座建筑的中央还有一个“中宫”。

当然，我们可以把“太庙太室”或“中宫”想象成一个巨大的中心空间，但是，结合《大戴礼记》的描述，我们是否也可以将这个位于中心的尺度较大的中心空间，按照九宫格的形式，再细分为九个更小的方形空间呢？如果是这样，则所谓“中宫”，就是位于明堂中央的类如九宫格的一个空间组团，这个空间组团中的每一房间，都与四周的空间相通，从而形成“室四户”的格局。至于在每一门户的两侧，各设两个窗牖，也并非不可能之事，如此，又与所谓“户二牖”的描述相合了。在这个中心空间组团的四周，再环以十二间按方位布置的堂，不就恰好吻合了“九室十二堂”的《大戴礼记》所想象的明堂空间与制度了吗？

余下的描述中，还有两个要素，即所谓“东西九筵，南北七筵”。这显然是从《周礼·考工记》中有关周明堂的制度中借用来的描述。这一描述，至少给予我们一个尺寸关系，即这座明堂建筑的长边为“九筵”，短边为“七筵”。

从前面的分析中，我们所推测的四个正方位，其各自的三间房屋，应该是有相同的面广进深的，而在这十二堂所环绕之中央空间，即“太庙太室”或“中

㊀ [汉]戴德《大戴礼记》明堂第六十七。

宫”，亦是一个典型的九宫格，更应类如一个正方的形式。如何在这样一种空间分布中，划分出“九筵”与“七筵”的差别呢？本书在这里也采取了一种推测的方法，即将中央“太庙太室”之“九室”的总长，与其每两侧两个方向上的“堂”的进深，再加上室与堂之间的通道，采为“九筵”（81尺）的长度。同时，在每侧三堂的两侧，各附上两个小室，或可称“左右夹”或“左右个”，将两个具有辅助功能的附属小室，与中间的三堂，三者相连的通面广控制在“七筵”（63尺）。如此，则无论在每个方向看，都可以做到既与“东西九筵，南北七筵”（其实也可以是“南北九筵，东西七筵”）之描述相合，又不失为一个中心构图的制度严密规整的方形明堂空间（图2-8、图2-9）。

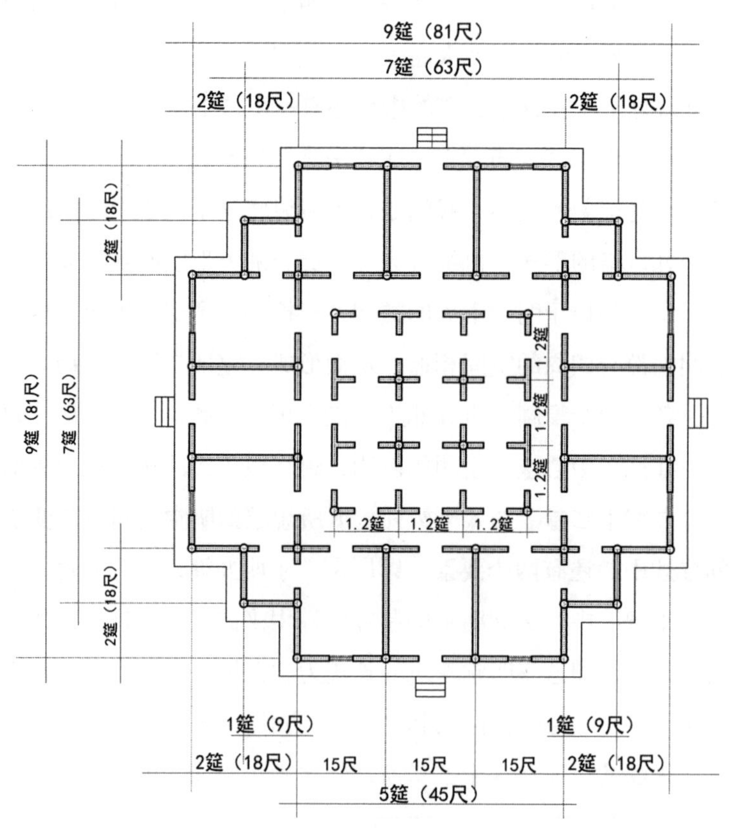

图2-8　《大戴礼记》载周明堂“九室十二堂”平面推想示意图——自绘
（仍以一周尺为今0.227米推测）

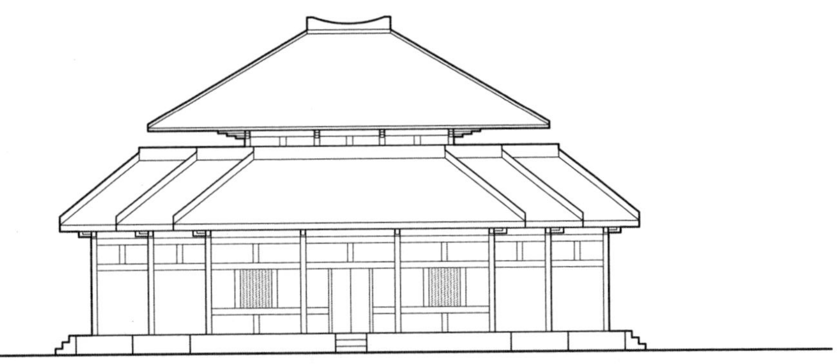

图2-9　《大戴礼记》载周明堂“九室十二堂”立面推想示意图——自绘
（以“堂高三尺”计，以一周尺为今0.227米推测）

当然，《大戴礼记》的作者，对上古明堂的制度与做法，其实也已经不知所以了，所以在如上的描述之后，他又说道：“或以为明堂者，文王之庙也，朱草日生一叶，至十五日生十五叶；十六日一叶落，终而复始也。周时德泽洽和，蒿茂大以为宫柱，名蒿宫也。此天子之路寝也，不齐不居其屋。待朝在南宫，揖朝出其南门。”㊀

这更是一段令人难以捉摸的文字。一是，作者试图将明堂与天子布政的主殿——路寝之殿，联系在一起。二是，在作者看来，周代的明堂或路寝，是用茂大的蒿杆作为“宫柱”，并称为“蒿宫”。三是，天子日常待朝于路寝（或即明堂）的“南宫”，揖朝则从南门出。则又将路寝或明堂之南向的房间、门屋，凸显了出来。

但既有南宫、南门之说，则显然应该是有宫院的。《大戴礼记》也没有忘记给出宫院的尺寸：“其宫方三百步。”也就是说，这座中心构图式的明堂建筑，位于一个方三百步的宫院的中央。300步，折合为1800尺，仍以战国尺，一尺为今0.227米计，300步总长为408.6米。若以三百步为其宫院边长，这个院落似乎过于宏大了，我们或可以将300步，看作是其宫院的周长，则其院每面的边长为75步，约合今尺为102.15米。其面积比今日的一公顷面积略大一点。这样一个规模的院落，似乎还是适当的（图2-10）。

㊀ [汉]戴德《大戴礼记》明堂第六十七。

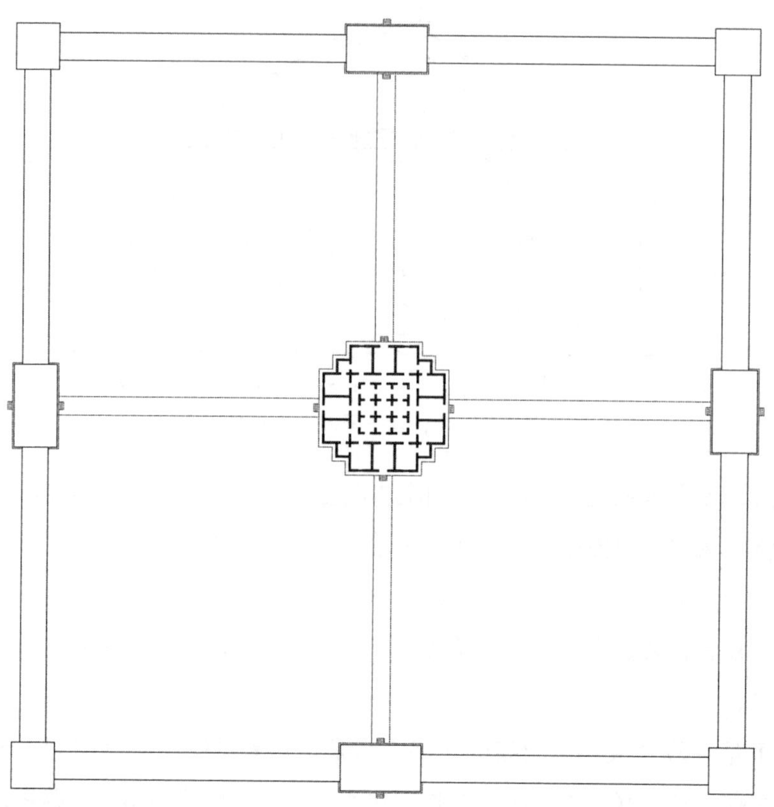

图2-10 《大戴礼记》载周明堂宫院（方300步）总平面推想示意图——自绘
（仍以一周尺为今0.227米推测）

当然，如上这些基于穿凿于似乎可以理解的建筑逻辑的自洽式讨论，只是本书对于可以见之于古代文献中的上古明堂所做的一种臆测性分析。从历史的角度观察，自战国、两汉，到南北朝，明堂议题一直是历代宫廷内讨论的主要话题之一。之后的历代儒生们，也围绕这一话题争讼千古，最终也没有真正得出一个结论。对于今天的我们，这无疑也仍然是一个历史之谜。任何臆测性的研究，只是冀望通过某种逻辑的推演，以期距离历史的真实更接近哪怕一丝一毫，亦为快事。唯此而已，并无他求。

卷三　建筑理论篇

一般来说，建筑理论总是隶属于历史的文脉系统，而历史文脉本身也是理论产生的部分原因之一。新的理论体系是从与旧的理论体系的论争中出现的；而且，从来没有什么全新的理论体系，如果说有什么人声称建立了这样一种体系，那不是说痴人之语，就是冒履冰之险。因此，建筑理论与建筑历史是一对同义语，从某种特定意义上的范畴——当前的形势总是代表了历史过程的一个片断——来说，就更是如此。

——[德]汉诺-沃尔特・克鲁夫特.《建筑理论史——从维特鲁威到现在》. 导言：什么是建筑理论？. 第25页. 王贵祥译. 中国建筑工业出版社. 2005年

建筑理论、建筑史与维特鲁威《建筑十书》㊀

——读新版中译本维特鲁威《建筑十书》有感

建筑是否有其理论？建筑创作是否需要理论的支持与滋养？这本来是一个不言而喻的问题。然而，这样一个严肃的问题，在一些中国人的眼里，却变得似是而非，模棱两可。

这里大约可以举出几种不同的说法：一种说法认为，建筑不需要理论。建筑是一个创作过程，理论只是那些无所事事的理论家们对于已经完成的建筑作品的事后诸葛。事实上，笔者已经不止一次地听到一些建筑师，包括个别成功建筑师，对于理论的嗤之以鼻。似乎建筑创作，就是那些大师们随心所欲信手拈来之物。

另外一种说法，则觉得理论是建筑师个人的事情。一位建筑师的一时灵感或突发奇想，就可能成就一件流芳千古的旷世之作。所以，这种说法认为，所谓理论是建筑师个人遐思的产物，是建筑师主观意识的表现。这当然比前一种情况要好一些，至少能够承认，建筑创作还是需要某种理论来支持的。但是，按照这一说法 ，建筑理论不过是建筑师个人一时的心血来潮。仅仅从偶尔的所闻，笔者就曾听到有所谓“自在表现”论、“原生建筑”论等一些令人颇为刮目的理论主张，唯一不清楚的是，这些似乎空前绝后的理论，在世界建筑理论的历史发展之链上，究竟应该处于什么位置与环节。

按照上面这些说法，所谓建筑理论，似乎成为纯粹个人化的概念碎片，成为无源之水，无本之木。任何一位粗涉建筑的人，都可以成就一种与众不同的理

㊀ 本文应新版中译本维特鲁威《建筑十书》编辑特邀撰写，发表于《建筑师》2013年第5期。

论。甚至一些建筑行外的文人骚客，也能够为本来极为庞杂繁复的建筑学及其理论，轻易造就一部洋洋大观深不可测的“理论大著”，君不见数年前流行于各大书店的所谓建筑是本“哲学诗”，就是这样一部令建筑界人士们瞠目的“理论大著”。

几年前笔者还读到一份冠之以《建筑学X论》之大名的书稿，作者是一位某地方事务所的建筑师。最初，笔者抱着先睹为快的念头认真阅读了这本书稿，谁知这是一部上至天文，下至地理的“大著”。洋洋洒洒数十万言，上下五千年，纵横九万里，却唯独没有多少可以与传统意义上的建筑理论相链接的建筑思想内涵。书末所列的参考书也不过十余本，其中竟没有一本外语原文参考书，勉强罗列的几个外版书的中译本书名，也都是在建筑史上名不见经传的。可想而知，这是怎样的一本“大著”。其勇气虽可嘉，但若没有仔细研读过大量建筑理论原典，特别是如维特鲁威、阿尔伯蒂、帕拉第奥等人在建筑理论上的基本论述，如何能够轻易成就一部理论著作呢?

不需要阅读与了解历史上任何经典的建筑理论著述，也无须在建筑创作与审美鉴赏力上积累什么经验与水准，甚至对于建筑的了解还仅仅处于业余的水准，就敢于书写一部成体系的建筑理论专著，或者将建筑、哲学与诗这样三个同样深不可测的领域统和在一本洋洋洒洒的书中，这样的勇气，不禁令人颇感唏嘘：建筑理论，或者也包括诗歌等艺术理论，甚至在普通人眼中高深莫测的哲学理论，其实都不过是一些舞文弄墨之人可以在手中任意把弄的玩偶。这岂不令在世人眼中本是高不可攀的哲学，或本属于艺术殿堂中至为高雅的诗歌，抑或曾经是艺术、科学与技术之综合的煌煌建筑学，变得不名一文。

随着对于建筑理论的轻视与忽略，与理论相关的建筑教育，也渐渐变得可有可无。且不说专门的建筑理论、建筑评论课程，就是作为理论基础的中国与外国建筑史课程，在许多建筑院校，也已经变得越来越无足轻重。不少建筑院校，甚至没有专门从事建筑历史与理论研究的教席，任何一位建筑设计或城市规划领域的专业教师，只要读一两本中文的建筑史书，就可以包打天下。在这位无所不能的全才面前，古今中外的建筑史、城市史、园林史以及所谓建筑美学，当然也包括他日常承担的建筑设计、城市规划课程，都可以不在话下、毫无顾忌、周而复始地放心开讲。

相应的问题是，中国大学中的建筑院校，在理论教学上的贫乏，以及中国出版界在建筑理论出版物上的稀缺，似乎已经成为不争的事实。国外大学的本科教学阶段，建筑历史与理论课程，几乎连续贯穿本科几个年级的课程体系。研究生阶段则将建筑理论史作为一门专门的课程。在大学建筑系教学参考书的书目中，不仅维特鲁威，而且阿尔伯蒂、帕拉第奥，甚至塞里奥、洛吉耶、拉斯金、森佩尔等人的著作，都是学生课外阅读的基本书目。笔者注意到美国一所大学建筑系研究生的必读书目，其中就包括了自古至今诸多建筑与城市规划理论方面的经典著作。而且，这些历史上的理论著作，多是以教学参考书的价位，摆放在出售学生教材的地方，由此可知其普及的程度。中国建筑工业出版社前几年力推的“西方建筑理论经典文库”翻译系列，就是参照了欧美一些名校建筑系研究生的建筑理论阅读参考书目确定的。

中国的情况如何呢？前面已经说到，不少院校的中外古今建筑史课程，往往是由一位可能还承担了不少设计课程的教师包打天下的。开设建筑理论史课程的学校，大约屈指可数。这样就出现了一些不可思议的笑话。前些年，某高校一位教授城市规划课的教师，在讲到北京城的历史与建筑时，以北京天坛祈年殿为例，在感叹这座建筑之美的同时，漫不经心地说道：“这座建筑已经有900年的历史了”。笔者实在不知道这位教师此说的依据何在。以笔者的猜测，他可能将作为地域性中心城市已经有900多年历史的北京城的前身辽南京城始建的大致时间，套用在了明嘉靖年间所建的北京天坛祈年殿的头上，殊不知现在矗立在那里的祈年殿，其实是清光绪年间重建的产物。其重建年代仅仅百年有余，而其始创年代，距今也不到500年。为人之师，出现这样明显的讹误，实在令人不解，但也可见，建筑历史与理论，在一些建筑教育者心目中处在何种位置。

另外一个例子是，某城市一所大学建筑系一位硕士的学位论文，题目是关于西方“古典建筑”审美方面的研究，其文却用了专门的章节，大谈西方“哥特建筑”之美。显然，这位研究生根本就不了解，在西方建筑史的概念中，古典建筑与哥特建筑，恰恰是两个截然相反的建筑史学范畴。煞有介事地将哥特建筑当作古典建筑的案例加以研究，就仿佛在一篇研究熊猫的学术论文中，大谈狸猫的种

种特征一样，令人不得其解。学生的无知与浅薄并不令人感到特别惊奇，奇怪的是，这篇硕士论文，居然获得了这座城市当年大学研究生论文评选的优秀奖。显然，无论是他的论文指导教师，还是为他的论文进行评阅的人，都没有能够真正搞清楚西方建筑史中“古典”与“哥特”两个重要概念的基本区别，此乃其疏忽乎？健忘乎？实在不得而知也。

还有几乎令人感到咋舌的例子，可以充分显示出部分建筑学者对于建筑理论的莫衷一是。大约是在21世纪初的一本建筑杂志上，登载了一篇谈论建筑理论的文章，初读之时，令笔者大感欣慰，终于有人讨论久违的建筑理论了。然而，翻开书页，却令人不禁愕然。文章开篇就说：早在两千年前的古罗马建筑师维特鲁威，就提出了著名的“坚固、实用、美观”建筑三原则。

维特鲁威是生活在两千年前的古罗马建筑师，这一点没有错。维特鲁威确实曾经提出了著名的建筑三原则，这一点也令人毫无异议。问题是：维特鲁威的“建筑三原则”究竟是什么？众所周知，维特鲁威在两千年前所撰写的建筑理论著作《建筑十书》中，明确提出的建筑三原则是“坚固、实用、美观”。在后来的建筑理论发展中，这三项建筑理论的基本原则，渐渐被演绎为“持久、便利、愉悦”。这其实是建筑学专业领域的常识，应该是每一位受过正统建筑教育的人耳熟能详的公理，却如何会在一篇专门论述建筑理论的文章中变得如此莫名其妙。

其实，“经济”作为一种建筑理论范畴，是随着资本主义在西方的兴起，伴随启蒙运动中的“理性原则”而出现的。早在17世纪法国的建筑理论中，就在维特鲁威建筑三原则的基础上，增加了“节约理性”的内涵。这一思想，渐渐发展成为建筑的“经济”原则。但这一原则，往往是被包含在建筑三原则中的“实用”或“便利”这一基本原则之下的。任何不实用、不便利的建筑要素，造成建筑作品的昂贵与浪费，其实，首先是背离了建筑的“实用”原则。

的确，在20世纪50年代，鉴于建国初期国家的经济状况，提出了“经济、适用，在可能条件下注意美观”的建筑方针。也许，那篇文章的作者，是将20世纪50年代中国政府的建筑方针，误认为了是维特鲁威建筑三原则的延续。虽然，对于这种误解似乎应该是可以理解的，但作为一位建筑人，对于建筑理论奠基人维特鲁威“坚固、实用、美观”建筑三原则竟不了解到这种程度，不能不使我们对于许多中国建筑师的理论素养感到忧虑与质疑。

笔者还遇到一种情况，一位经验丰富的建筑师，在一个偶然的机会，谈到了建筑理论问题，非常严肃地说：中国建筑界将维特鲁威建筑三原则中的美观原则理解错了，而且，这应该归因于对于维特鲁威《建筑十书》的翻译之误。因为，维特鲁威建筑三原则中的“美观”原则，其实应该译作“愉悦”原则。若将这一原则译作“愉悦”，建筑“美”，就成为一个主观化的东西，你感到愉悦了，建筑自然就是美观的了。每一个人的感觉不一样，建筑的美自然也就没有了绝对的标准。而中国人却将其译作了“美观”，这样就把建筑美，变成了一种客观化的东西，建筑的美观也就具有了绝对性的标准。

无疑，这位建筑师的理论修养是非常好的。而且，对于建筑理论有着十分深入而独到的思考。特别是，他很敏感地注意到了，在建筑理论范畴中，建筑“美”是存在着“主观美”与“客观美”的差异的。但遗憾的是，他不十分清楚的一点是将建筑三原则中的“美观”原则，演绎成为“愉悦”原则，其实建筑三原则并非出自早在两千年前的古罗马建筑理论家维特鲁威，而是西方建筑理论史上一个特定发展过程的产物。17世纪中叶以后，法国建筑界就曾出现了一场有关建筑美的“客观性”与“主观性”的大辩论，围绕建筑的绝对美与相对美，有过一番十分激烈的唇枪舌剑。将建筑的“美观”原则，与建筑的“愉悦”原则渐渐合一，无疑与这一理论争辩之间，有着千丝万缕的联系。从这件事情至少说明了两个问题：一是，中译本的维特鲁威《建筑十书》对于建筑三原则的翻译并没有错；二是，由于对于西方历史上的理论著述翻译引进得很不够，一般中国建筑师，在西方历史上建筑理论界重要理论争辩方面的知识，相对比较贫乏。

近年来还有一种倾向，许多高校的建筑历史与理论的研究与教学，几乎无一例外地倾向于遗产保护研究。具有实际社会功效性的遗产保护，既能够为研究者带来丰厚的回报，也能够以其回馈社会的功利性作用，而日益受到政府各部门的重视与青睐。一些人甚至惊呼，随着遗产保护学科日渐突显，建筑历史学科已经渐渐成为隐学。实际上，建筑历史与理论，与遗产保护学科，分属于两个不同的学科，在一些西方大学中，这两个学科还往往有自己独立的系科。遗产保护学科更关注当下社会的保护政策、法规与技术，而历史学科不仅可以为当下的保护实践提供科学的历史依据，也应该为当下的建筑创作提供某种理论的支持或历史案例的滋养。将遗产保护和建筑历史与理论混同，在很大程度上，就是将不具有当下功用性价值的建筑历史与理论学科，挤出建筑学学术殿堂的大门之外。设若作为建筑理论之基础的建筑历史，都已经被边缘化到了如此地步，又如何能够谈到建筑理论之树的滋衍与繁茂呢？

这些现象突显了一个重要需求：一方面，如何将已经有几百年历史的建筑历史学科继续传承与深入下去，同时，也令中国人对于自己民族的建筑历史有更为深入的了解。另一方面，如何尽可能多，也尽可能好地将西方历史上的重要建筑理论著作翻译引进过来，为中国建筑师提供较为丰富的理论滋养。这些都成为新时代建筑历史与理论界面临的迫切任务。在当前中国建筑界所面临的这个千载难逢的建设大潮面前，面对日益紧迫的建筑创作需求，已经经历了数十年高速发展的中国建筑界，至今未见令世人特别瞩目的由中国建筑师创作的有世界性影响的作品，从已经发表的个人建筑作品集的文字表述中，亦可以观察到一些建筑师在理论上的素养令人堪忧，也更令这一需求变得几乎急不可待。

这里不妨回顾一下现代中国建筑理论的发展历程。毋庸讳言的是，在20世纪80年代以前，我们所依赖的主要是20世纪50年代在国家层面提出的“经济、适用，在可能条件下注意美观”的建筑方针。这无疑是在参考了西方经典建筑理论的基础上，根据当时中国的经济与技术现状提出来的。基于这一方针，出现的许多周折，如基于这一理论中的“经济”对20世纪50年代中国建筑界在建筑民族形式方面的探索展开的批判就是一例。然而，当下可见的中国建筑理论著述中，讨论最多的，仍然无出这一数十年前所提方针口号之右。

20世纪50年代以来，刚刚在战争的废墟上站立起来的老一辈中国建筑师，以一种自清末以来从未有过的民族自豪感，开启了探索民族建筑的现代化之路。那一时期开始探索的现代民族形式建筑，尽管还显得十分稚嫩，但毕竟是在由建筑师自主独立思考下，基于西方建筑“坚固、实用、美观”三原则的全新创作。但是，这一具有中国特色的建筑理论思考与实践，很快就遭到错误批判。批判的基点，虽然是以“经济、适用，在可能条件下注意美观”的建筑方针下展开的，但实际上，却是以牺牲“美观”，甚至以牺牲建筑的另外一个重要范畴——时代的或民族的文化性象征“意义”为代价的。

自此以后，以“经济”为第一前提的建筑观，不仅将建筑的民族形式，而且将任何与美观有关的要素，如檐口处理、入口飘檐、装饰线脚、柱式造型等，都归纳在了应该遭到批判的设计思想的范畴。到了20世纪70年代，甚至出现所谓“干打垒”精神，试图将中国现代建筑拉回到原始社会的夯土墙结构时期。在这样一种建筑创作语境下，连基本的建筑坚固与建筑美观都不讲求，更遑论建筑理论三原则了。

自20世纪80年代开始，中国建筑进入了一个前所未有的大时代。30余年来的建造量，几乎是旧时代的数倍，甚至数十倍之多。然而，随之而来的问题是，这同样是一个理论上十分匮乏的时代。建筑师们，起初可能是跟着感觉走，摸着石头过河，接着就是自在表现，甚至追赶时尚。记得有一位建筑师，在接受媒体采访时，面对记者提出的其建筑创作成功之秘诀何在的问题，竟然毫不犹豫地坦言，自己成功的秘密，就在于能够紧盯国外当代建筑最新作品与潮流。这一回答，令人不禁大跌眼镜。难道中国建筑师的成功诀窍，不在于自己深厚的理论素养与独立的创作思考，而在于模仿抄袭、人云亦云、跟风取巧吗？

更为令人不安的是，维特鲁维建筑三原则中的“实用”原则，自17世纪之后，就已经包含了“经济”的内涵。但是，观察今日中国建筑的发展状况，还有几人能够坚持这一原则。建筑的经济合理性已经不再是一些投资者与建筑师关心的问题，许多建筑作品的造价之昂贵、材料之奢侈、空间之浪费，即使在那些发达国家的投资者与建筑师看来，也是不可思议的。中国的投资者与建筑师，几乎陷入了英国艺术史家贡布里希所说的“名利场逻辑”的怪圈之中。某某建筑高大，我的建筑要更高更大；某某建筑奢侈，我的建筑要更奢侈浪费；某某建筑怪异，我的建筑要更出其不意。于是，许多造型怪异的建筑作品，都堂而皇之地伫立在了中国的土地上。不知中国人在面对这些怪异而昂贵的建筑时，心中感受到的是骄傲与自豪，还是自卑与惭愧呢？

这样一种令人尴尬的局面，不知与前面提到的中国建筑教育在理论上的缺失与滞后是否有着一些直接与间接的关联？但至少有一点可以肯定的是，这一点与

中国出版界可能有着或多或少的联系，尽管这几十年出版了大量包括建筑设计速成手册在内的建筑图册书籍，但是，对于建筑理论书籍方面出版的关注度却还远远不够。

当然，出版界也不是没有付出努力。大约在20世纪80年代中叶，中国建筑工业出版社出版了西方建筑理论史上最早的经典之作古罗马建筑师维特鲁威《建筑十书》的中译本（图3-1）。这是一个由高履泰先生译自日文版本的中译本。尽管这是一个不尽如人意的译本，尽管这个译本从纸张、开本、版面到书中的插图，都显得简陋，但这毕竟是由中国人主动引进西方建筑理论的第一步。当然，也是令人极其感慨的第一步，因为，自维特鲁威完成这部建筑理论的开山大作之后，至15世纪之前的欧洲，就一直在传抄之中。至15世纪，出现了另外一本建筑理论著作——阿尔伯蒂的《建筑十书》。其后，西方建筑理论方面的著作就一发而不可收，自15世纪的意大利，17至18世纪的法国，19世纪的英国、法国、德国、美国，直至20世纪，建筑理论著作的撰著与出版，成为西方学术史上一道亮丽的风景线。由此而不断沉积的西方建筑理论，内容极其丰富，观点也十分清晰，其中有不少可以作为我们今日创作之指导与借鉴的见解与原则。相信这些建筑理论上的历史积淀，一直在持续地支持着一代又一代西方建筑师的创作之路。

图3-1　中国建筑工业出版社1986年版《建筑十书》

同时，有关维特鲁威《建筑十书》的翻译出版，也成为西方建筑理论发展史上不可或缺的一个环节。自15世纪的意大利，到18世纪的法国，有关维特鲁威《建筑十书》的译本层出不穷。之后的德译本、英译本、日译本，更是将这部经典理论著作推向了世界范围。而中国的第一个译本，竟是在接近20世纪末之时才千呼万唤始出来，岂不令人唏嘘不已。

自此之后，中国建筑工业出版社先后出版了“国外建筑理论译丛”，这是一套涉及面很广的理论译丛。其中如郑时龄先生所译《建筑学的理论和历史》就是一部十分重要的现代西方建筑理论与理论史专著（图3-2）。中国建筑工业出版社还先后出版了十二卷本的“西方建筑史丛书”，包含《建筑理论史——从维特鲁威到现在》，英国人戴维·史密斯·卡彭的《建筑理论（上）维特鲁威的谬误——建筑学与哲学的范畴史》《建筑理论（下）勒·柯布西耶的遗产——以范畴为线索的20世纪建筑理论诸原则》（图3-3、图3-4）等建筑历史与理论著作。最近还出版了由吴良镛先生主持的“西方建筑理论经典文库”，包含阿尔伯蒂（图3-5）、菲拉雷特、塞里奥、佩罗、森佩尔、洛吉耶、沙利文、赖特等人的系列著作。其他出版社也多有跟进，如清华大学出版社出版的《现代建筑的历史编纂》（图3-6）、《现代主义之后的西方建筑》（图3-7）等建筑理论著作，确实弥补了中国建筑界在19世纪以前的建筑理论，以及20世纪现代建筑理论上的一些缺憾。但是，唯一遗憾的是，由于翻译是一件吃力不讨好的事情，从事经典理论著作翻译引进的学者实在不多。从读者的层面上看，一般读者，包括那些实践建筑师，对于理论著作的关注度似乎也不高，而建筑教育界对于建筑理论教学的重视程度更是不尽如人意。

图3-2 中国建筑工业出版社“国外建筑理论译丛”之一

图3-3 中国建筑工业出版社《建筑理论（上）维特鲁威的谬误——建筑学与哲学的范畴史》

图3-4 中国建筑工业出版社《建筑理论（下）勒·柯布西耶的遗产——以范畴为线索的20世纪建筑理论诸原则》

图3-5 中国建筑工业出版社“西方建筑理论经典文库”之一

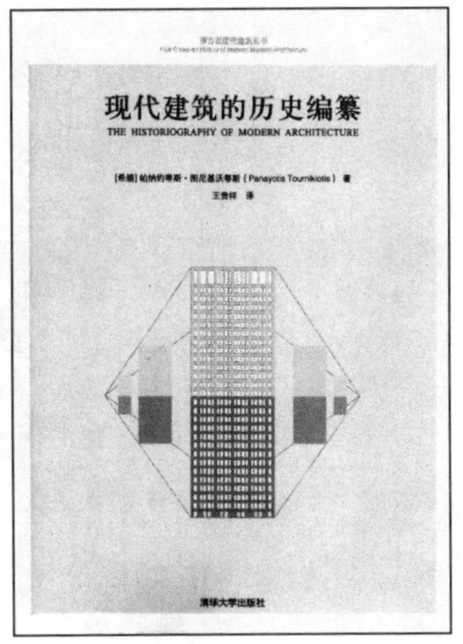

图3-6 清华大学出版社《现代建筑的历史编纂》

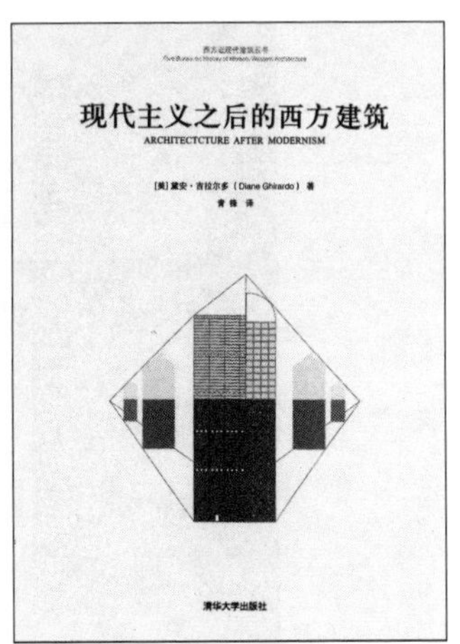

图3-7 清华大学出版社《现代主义之后的西方建筑》

此外，又令人感到欣慰的是，一些建筑杂志，特别是一些具有全国性影响的建筑杂志，一直以来都十分关注建筑理论的话题。中国建筑工业出版社主办的《建筑师》杂志，就是这类刊物中最令建筑界人士瞩目，也最令建筑历史与理论界关注的刊物。几十年来如一日，《建筑师》杂志始终坚持不懈地支持着建筑理论与建筑历史研究领域的论文发表。可以说，这本杂志，记录了中国改革开放30年建筑发展的心路历程，也成为现当代中国建筑理论与历史研究缓慢积淀与发展的一个重要历史见证。然而，这样一种具有高度学术定位与历史眼光的姿态，又不得不付出沉重的代价。因为一本理论性很强的杂志，在销量上，很难与那些只关注当下实际的建筑案例的杂志相比肩。这又从另外一个层面上，折射出了建筑历史与理论学科的尴尬境地。

正是在建筑界与出版界这样一种欲发又止、沉闷郁滞的情势下，我们又见到了一个由北京大学出版社出版，令人感到眼睛一亮的装帧精美的维特鲁威《建筑十书》新译本问世（图3-8）。这是一个由上海大学陈平译自美国芝加哥大学艺术史系I.D.罗兰教授英译本（图3-9）的中译本。值得一提的是，英译本维特鲁威《建筑十书》的问世，起码是几个世纪之前的事情了，20世纪的维特鲁维《建筑十书》也不止一个译本，如这本由罗兰教授翻译的《建筑十书》英译本前言中，就提到她曾参考了20世纪出版的两个英译本。由此或可一睹西方人对于建筑理论原典的重视程度。

图3-8 北京大学出版社中译本《建筑十书》

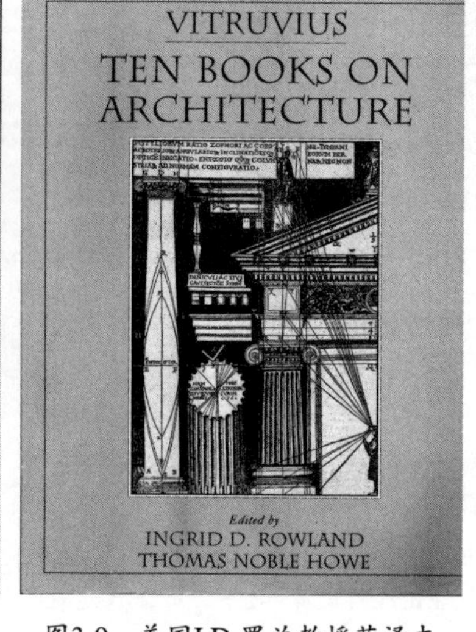

图3-9 美国I.D.罗兰教授英译本《建筑十书》

罗兰的这个译本不仅插图丰富，相关文献脉络清晰，而且文字翻译也清晰严谨，语言表述流畅自如，不仅可读性很强，也最大程度接近了其所译本的原版——1511年威尼斯的原版以及1522年佛罗伦萨的修订版。这两个版本都是更接近维特鲁维原著特征的早期版本。其文中所附的“《建筑十书》文献目录”“所见稿本清单”“评注”及“索引”等，也都具有十分重要的参考价值，凸显了英译者、中译者，以及出版社在学术上一丝不苟的严谨态度。因此，可以说，这不仅是一本可以阅读，从中汲取建筑理论营养的重要理论著作，也是一本有重要学术研究价值的具有原典意义的经典著作中译本。相信随着今后建筑理论著作的不断增多，这本具有建筑理论源头地位的理论著作，将会引起越来越多的建筑师与艺术史理论学者的关注与重视。

记得在阅读高履泰先生的《建筑十书》译本时，有时遇到不甚理解的部分，找到英译本对照，往往对于中译本中的个别译法有不甚了了的感觉。这当然主要是因为，高先生的译本来自日译本的原因。而经过的翻译次数越多，译文距离原文可能产生的歧义越大，这本就是难免之事。当时，笔者曾建议中国建筑工业出版社的编辑，将来有可能时，请一位好的译者，找一本好的外文本，重新翻译这部经典著作。现在，果真看到了这个严谨、厚实的译本摆在面前，心中的喜悦也是自不待言了。对照着中文与英文读了一些章节，确实感到了译者对于原文的忠实与译文表述的细致与缜密。相信这是一本值得保存的译本，也相信这个译本对于建筑师、建筑史学者、艺术史学者以及建筑理论与艺术理论领域的硕士、博士研究生们，都会有深刻持久的助益。

从这本中译本的书末所列的系列丛书可以知道，这本维特鲁威《建筑十书》是北京大学出版社拟翻译引进出版的“美术史里程碑”系列丛书中的一本。在这套丛书中，还看到了文艺复兴时期意大利建筑大师帕拉第奥的《建筑四书》[㊀]。此外，则是一些艺术史方面的经典著作。在这个一切都讲求经济效益的时代，一个大学出版社，能够不惜工本，下大力气出版艺术史、建筑史领域的经典著作，这一做法，与中国建筑工业出版社出版“国外建筑理论译丛”及“西方建筑理论经典文库”的出发点是一样的，不仅是为了满足当下读者的求知渴望，更是为了民族建筑与艺术发展的长远未来。

这里似乎又引出了一个话题：建筑理论的归属问题。建筑是否能够归在艺术的范畴之下？建筑史与理论及艺术史与理论有没有相通之处？这两个看起来似乎不是问题的问题，在近些年的中国知识界，也变得模棱两可。在西方人的传统中，建筑，本属于艺术的范畴。建筑理论自然应该被纳入艺术理论的范畴之中。这一点在西方的知识体系中，是不言而喻的。西方许多大学，都在艺术院校的艺术史系，设立了建筑史的专业方向。北京大学出版社，将建筑史上的经典著述，纳入“美术史里程碑”的系列丛书，其实就是对应西方学术体系中的这一认知。这里的“美术史”，应该是广义的美术史，或者更确切地说，应该是艺术史。可惜，中国大学中，真正设立“艺术史系”的学校并不多，美术院校设立美术史学科，建筑院校设立建筑史学科。这样一种条块分割的方式，使本来还应该有更好、更大发展空间的艺术史学、建筑史学，由于其对于当下经济的似乎无所补益，在商品大潮的冲击下，渐渐被挤入学术殿堂的角落之中。在欧美大学中，地位甚高的艺术史、建筑史，在中国大学中渐渐被边缘化，甚至成为几乎不为人们重视的隐学。关于这一点，笔者在前几年所写的一篇拙文《被遗忘的艺术史与困

㊀ 需要说明的一点是，《帕拉第奥建筑四书》也在中国建筑工业出版社“西方建筑理论经典文库”的系列丛书之中。

境中的建筑史》[⊖]中，已经做了一些描述。

图3-10　北京师范大学出版社《艺术学经典文献导读书系：建筑卷》

近年来，这种情况似乎已经有了一些令人欣慰的改变。2012年，北京师范大学出版社出版的《艺术学经典文献导读书系》中，包括了美术卷、建筑卷（图3-10）、音乐卷、舞蹈卷、戏曲卷等内容，显然是将建筑学纳入艺术学的范畴之中。这一次北京大学出版社，不惜费大气力翻译引进一批西方艺术史上的经典著作，并且将建筑史与建筑理论史上的重头作品维特鲁威的《建筑十书》与帕拉第奥的《建筑四书》纳入其中，也是将建筑史与建筑理论纳入艺术史与艺术理论的范畴之中。这一点显然可以说是与国际接轨的一种做法。可惜建筑界，包括建筑教育界，在这方面的关注度与认同度还远远不够。

顺便可以提到的一件事情是，一所建筑院校在接受国际评估时，遇到了国外评委的一个尖锐质询：贵校建筑系的“哲学”是什么？这里突显了一个问题：任何建筑院校，都需要有其相应的独具特色的建筑“哲学”。这里的哲学，应该指的就是建筑教育的理论，建筑学的理论。其中，无疑也包括建筑历史与理论学术建设等方面的学科内涵。一个建筑院校如果一味地重视技术性、操作性的设计、规划、技术方面的科研与教学，而不重视建筑历史、建筑理论方面的研究与教学，就可能造成一种理论上的缺失，从而也就丢失了自己的“哲学”。

在西方人的世界观中，世间万物都是由精神与物质两个方面组成的。甚至宇宙本身，也是某种精神与物质的统一体。一个学科也是一样。任何一个技术性、操作性的学科，一个与社会生产直接相关的学科，若仅仅着眼于其科学层面、技术层面的训练与提高，而不关注其思想层面、理论层面的历史积淀与现实提炼，

⊖《建筑师》第137辑，第15～21页，2009年2月。

就会成为灵魂缺失之物。而缺失了理论性、精神性的灵魂，也就失去了学科的发展方向。这也许就是国外专家质疑中国建筑院校之“哲学”何在的原因之一吧。

写到这里，不禁令人又想到了近代学者王国维有关哲学与文学的一段话：

昔司马迁推本汉武时学术之盛，以为利禄之途使然。余谓一切学问皆能以利禄劝，独哲学与文学不然，何则？科学之事业，皆直接间接以利用厚生为旨，古未有与政治及社会上之兴味相刺谬者也。至一新世界观与新人生观出，则往往于政治及社会上之兴味不能相容。若哲学家而以政治及社会之兴味为兴味，而不顾真理之如何，则又决非真正之哲学。以欧洲中世哲学之以辩护宗教为务者，所以蒙极大之污辱，而叔本华所以痛斥德意志大学之哲学者也。文学亦然；餔餟的文学，决非真正之文学也。㊀

其语也铿锵，其意也深沉。细想起来，相对于大建筑学学科之设计、规划、景观、保护、技术等“以利用厚生为旨”的科学事业而言，建筑史，在诸多人眼中，实在也属于百无一用之学问，然而，却是文化传承民族振兴之不可或缺的绵绵血脉。倘若我们大学的建筑系，都将之放在可有可无的位置上，则今日建筑教育界、建筑科研界，再无须坐冷板凳者，大家一心向前看，尽全力于当下的利用厚生，则果然经济指数会见增长，国家建设亦见成效。但这果真就是我们唯一需要的学问吗？既为当下，则难有透古析今之远见；既受餔餟，则难有独立深入之思考。若果如此，又何谈学问二字呢？

建筑理论亦然，设若我们的理论，只为当下的建造事实鼓掌叫好，添花缀边，无真正的建筑批评，无建筑理论意义上的逻辑判断，在一片人云亦云的祥和气氛下，一座又一座模仿西方人的建筑垃圾拔地而起，一片又一片似曾相识的混凝土森林瞬间涌出。再过30年，中国现代建筑，仍然无法在现当代世界建筑史上占有一席之地，仍然不见令世界瞩目的中国建筑师的作品问鼎世界建筑创作之巅，仍然没有能够引起世界建筑理论界关注的真正意义上的代表中国文化的现当代建筑作品问世，我们的后人会如何看待这一代建筑人呢？当然，也许这些担忧抑或原本就是杞人忧天之属。时代大潮自然会推陈出新，亦未可知，吾人尚可拭

㊀ 王国维《国学丛刊序》文学小言（一）。

目以待。

言归正传，在这里借这本建筑理论著作新译本的出现，还是希望艺术院校在将建筑史与建筑理论纳入艺术学、艺术史学范畴方面的努力，特别是将建筑史与建筑理论的经典著作加以翻译引进的做法，不仅能够对从事艺术史、建筑史研究的学者有所裨益，也不仅对于从事建筑创作或其他艺术创作实践的建筑师、艺术家有所助益，而且也能够对中国建筑界，包括建筑教育界有一点点提醒的作用。不要再把建筑创作，作为无哲学、无理论的纯粹物质性的操作性技艺过程；不要把当下面对的建筑作品，作为不需要古今中外建筑理论的滋育，不需要古今中外丰富的建筑历史之借鉴的纯粹个人即兴发挥式的技术性、操作性过程。读一点经典建筑理论著作，对于历史上的理论阐述，加以认真而独立的思考，梳理出建筑理论发展的历史脉络，在其中找到自己在这个理论发展链条上的位置与方向，从而找到一个适合于自己时代、自己民族、自己地区、自己个人特性的理论支点，同时也就找到了自己建筑创作的灵魂，或许这正是能够使自己摆脱在建筑创作中缺乏理论支持之尴尬境地的一把钥匙。

希望翻译界、出版界的这些努力，不仅在艺术史界，而且在建筑界，包括建筑教育界，能够激起哪怕是一点小小的波澜，从而使中国建筑理论的知识体系，多少能够与一脉相承、历史久远的世界建筑理论体系多一点彼此的联系，少出一点诸如连“建筑三原则”都搞不明白的初级笑话，甚或，还能够引起一点热衷于理论思考的小小热潮，则可以算得上是对中国建筑思想与建筑创作方面实实在在的贡献。

若果是这样，这些经典理论史著、艺术史著的出版，就不再会是翻译者与出版者的一厢情愿，或建筑理论与建筑历史学者的庸人自扰了。建筑师们，也包括那些建筑系的莘莘学子，也不会感到在理论面前的手足无措了。建筑创作应该不再会是无源之水、无本之木。这样也就与那种有可能令世人眼睛一亮的中国现代建筑新作品，那种能够代表这个伟大民族、这个伟大时代之历史与现实之精神的全新作品的问世，距离将不会太远了。

这本新版维特鲁威《建筑十书》出版后，负责该书翻译出版的编辑嘱我写一篇书评。本是要还一篇小小的文字债，不想有感而发，竟然不知不觉中写了这许多话。这或者也算是借题发挥吧。没有期待建筑师们一夜之间就能够对建筑理论问题产生兴趣的奢望，倒是希望执建筑设计教鞭的教师们多关心一点理论问题，解惑授业之余，多和学生们交流一下理论心得。也希望各位莘莘学子，多少留意一点建筑理论问题，多读一点经典理论原著，再加上一点思考，在建筑理论发展的链条上找到自己的适当位置，并且在创作实践中，加以真实的体会与实施，为中国建筑在今后的若干年中，有可能在世界当代建筑史上能够占有一席之地，贡献一点自己的力量。不知这一庸人自扰式的虚幻之念，究竟是可能实现的一线希望，还是无谓的奢望。

阿尔伯蒂的建筑观：《建筑论——阿尔伯蒂建筑十书》[㊀]译后记

译完本书最后一页的最后一个词，轻轻地合上书本，看了一下表，已经是夜里11点多了，日历上显示的日期是2008年9月19日。因为有一个为每一阶段工作注明起止日期的习惯，下意识地翻出了最初开始本书翻译的文稿，在文字的左上端写着“2007年4月11日”。一时间，一种夹杂着放松感的苦涩隐隐地涌动。的确，这就像是一场马拉松长跑。从承接下这样一个苦差事，开始启动，然后是每日每时的坚持，在原本就十分忙碌的研究、教学工作之余，利用点滴的时间空隙，来从事这样一部伟大的西方经典建筑理论著作的研究与翻译，时光就像是处在了一个凝滞的状态，除了日常工作之外，每日心头萦绕的几乎就是这样一件事：如何将建筑学学科发展史与建筑理论史上这样一部经典著作，准确而明晰地呈现在中国读者的面前？对时间的锱铢必较，分分秒秒点滴时间的捕捉，每日面对的就是遥遥无期难以完成的文字与文献，摆在面前的，除了英文文本的原文之外，还有英、法、德、意和西班牙的汉译辞典与人名辞典、地名辞典，以及一大堆的参考资料，特别是中国大百科全书出版社出版的《不列颠百科全书》，书页几乎被翻皱，颇有一点古人或遁入空门青灯古佛沉思冥想式的孤寂，或埋头古籍皓首穷经不能自拔般的迷茫。不知不觉中，时间竟然已经过去了18个月有余。

一本外文书籍的翻译过程，其实就像是一个与原书作者进行对话与交流的过程。书中的每一句话，原书作者所举出的每一个事例，提到的每一个人名，每一件历史事件，都通过其原来的语言向我们娓娓道来，而我们在阅读中，在研究

㊀ 原文初载于笔者翻译的意大利文艺复兴建筑师阿尔伯蒂《建筑论——阿尔伯蒂建筑十书》中译本的书末，该书由中国建筑工业出版社，于2010年1月出版第一版，2016年5月再版。

中，在推敲中，也慢慢地沉浸在了原书作者所思所想的整个过程之中。而一部古代西方著作的翻译过程，更像是一个向古代西方哲人求教、学习、从古代哲人那令人略感生疏的历史语境中，慢慢地体味、咀嚼、消化的过程。唯有在这种细腻而富有历史情调的体味与研读中，作者原初所希望表达的意义，就开始像乳汁一样，慢慢地沁入到我们的内心之中，并转化成为我们能够大略表达与述说的话语了。这其中有学习、有研究、有斟酌、有探讨。就像是一场似乎没有尽头的马拉松长跑，其中的酸甜苦辣，绝非只言片语可以描述清楚的。

由笔者承担的这部西方文艺复兴时期的建筑理论名著，意大利文艺复兴时期的理论大家阿尔伯蒂所著的《建筑论》，就是这样一部具有深沉、厚重、宏大意义的理论著作。这是一部影响了西方建筑界数百年的理论名著，从事这样一部西方古典建筑理论名著的翻译工作，除了如履薄冰的战战兢兢之外，就是夜以继日的辛苦劳作。其中除了从阅读与理解中感受到的与古人对话，并有所领悟的甘饴之外，更多的可能还是每日每时的小心谨慎，唯恐因为自己的无知造成误解与讹误。反复地研读，仔细地核对，尽可能多地寻找相关的参考文献加以印证、核实。不厌其烦地反复咀嚼与推敲，这就是翻译者在从事这一神圣工作的过程中所不得不面对的每一天，每一时，每一刻。

关于这本书的重要性是不言而喻的。从建筑大历史的眼光来看，建筑学学科的奠基人有两位，一位是生活于前1世纪的维特鲁威，另外一位就是本书的作者，15世纪的阿尔伯蒂。比较之下，尽管维特鲁威是建筑学学理基础的奠基人，但他所处的时代距离我们过于遥远，他用的语言，夹杂着希腊文与拉丁文，为后人留下了一大堆晦涩难懂而又模糊不清的疑问，为后来建筑学领域无穷的争辩，提供了巨大的空间。阿尔伯蒂的情况不太一样，他是西方历史上已知的第二位试图将建筑学作为一门完整的科学学科来架构与论述的人。他生活于西方社会由黯淡迷茫的中世纪向理性启蒙的现代转折的文艺复兴时期。是他对建筑学学科的内涵与学理的基础进行了重新梳理与架构。自他之后，西方建筑理论与创作就进入了一个循序渐进的向前的发展过程。因而，可以说，建筑学学科的学理基础是由阿尔伯蒂所真正确立的。

当然，这是一部历史文本，一部原典性的文字。我们阅读它，绝不是为了解决眼前任何的功利性问题。作者距离我们有500多年的历史，而阿尔伯蒂本人又是一个典雅好古之人，他的文本甚至表现得比他自己所处的时代更早，他更喜欢用古代希腊、罗马的典故、术语，甚至古代的建筑名词来阐释他的见解。这样，我们就应该将这本书看作是一个原典性的历史文本，我们不是要从中寻找解决眼前建筑的实际问题的方法，而是要从中汲取的是历史的营养。我们从中可以窥见，那些距离我们已经很遥远的建筑学学科的奠基人，在最初架构这个学科的时候，心中所描绘的蓝图究竟是个什么样子。

令我们感到惊异的是，阿尔伯蒂心目中的建筑学，是一个远比我们的理解要宽泛得多的大领域，是一个涉及人类居住环境几乎所有领域问题的大范围。这很像“西方建筑理论经典文库”的主持人吴良镛先生所主张的广义建筑学与人居环境科学中所提出的概念。也就是说，建筑学科发展到今天，我们当代学者终于与建筑学学科的奠基人有了一种心灵的碰撞与吻合。我们不仅可以从这本书中了解到西方古代、中世纪与文艺复兴时期的许多珍贵史料，把它当作一部建筑理论与历史的经典文献来阅读，以理解建筑学学科的发展源头，也应该将其作为激活我们理论思考的原典，活跃与深化我们自己对于建筑，特别是对当代中国建筑的种种思考。

我不用举出其中更多的例子，只需要一个最简单的概念，即“创新”的概念，就可以看出500年以前的建筑学者是如何思考建筑创作问题的。阿尔伯蒂曾写道：

虽然其他一些著名的建筑师似乎通过他们的作品而主张，使用多立克，或爱奥尼，或科林斯，或塔斯干式的比例分配，是最为便利的，但没有理由说明为什么我们应该在自己的作品中追随他们的设计，好像一切都是顺理成章的；但是，更为恰当的是，被他们的实例所激发，我们应该努力设计我们自己创造的作品，去抗衡，或者，如果可能的话，去超越他们作品中已有的辉煌。

如果忽略阿尔伯蒂不可避免的时代局限，如对柱式的过分关注之外，将他的这段话应用于我们现代的建筑创作之中，也仍然会是令人感到振聋发聩，甚至令人汗颜的。在今天这样一个习惯于“漫不经心地重复”已有建筑的年代，我们的建筑师中有多少人不是以“追随”既有的设计而生存的？我们的建筑师中又有多

少人，将“创造自己的作品”“抗衡”或“超越”已有作品的辉煌为己任的？在大规模的建设高潮已经持续了近30年之久的中国建筑界，我们自己的本土建筑师几乎还没有一件令国际同行们刮目相看的建筑作品，而在一场千载难逢的宏大的奥运建设中，几乎所有最为重要的建筑作品，都交给了“远来的和尚”来捉刀。这难道不是令中国建筑师们很没有面子的一件事情吗？其终极原因，是否可以从阿尔伯蒂500年前给予我们的古训中获得一点启迪呢？

好了，译者也清楚地知道，习惯于书斋生活的我辈，似乎是没有什么资格对在市场经济的大潮中上下沉浮，并且已经拼得精疲力竭的建筑师们说三道四的。偶然的议论，也只是一种无奈的感叹而已。还是回到我们这本书吧。

既然这是一本历史原典，因为时代的差异与文化的隔离，我们对于其中的许多背景性知识几乎是一无所知的。所以，为了让读者能够与作者的思绪顺畅地联系在一起，译者的主要精力似乎不是放在文字的恰当译述上，因为这是一个译本的基本要求，而是在文本中所涉及的大量西方历史上的人物、地点、事件的追索上。这就是这本书中需要大量脚注的原因所在。甚至，因为文化的隔阂，我们对西方背景文化的不了解，对于英译本的导言与注释，也不得不加上一点脚注，以方便读者的深入阅读。尽管这耗费了译者相当大的精力，但考虑到这是一部西方建筑理论的经典之作，这样的研究性追索也应该是必不可少的。

当然，总有一些力不从心之处，一些诘屈难懂的古涩词汇，特别是一些在西方现当代文献中也已经难觅其踪的人名、地名或古代典故，英译者也表现得无所适从，汉译者更是束手无策，只好保留原文，这为读者的阅读带来了诸多的不便，只好在这里表示歉意。

本书所依赖的文本是阿尔伯蒂《建筑论》的英译本，这个文本是由著名的美国建筑历史学家约瑟夫·里克沃特（Joseph Rykwert）担纲完成，并由MIT出版社于1988年出版。里克沃特是一位治学功力很深的西方学者，他不仅著作等身，对文献的考订、版本的求索也是一丝不苟。这一点从他所写的英译本导言中可以看得很清楚。有这样一个可信的英文版本作为汉译本的基础，对于中国建筑师与建筑学子们而言，无疑也是一件幸事。

这本书不仅对于建筑师和建筑学子们，应该是必读的经典文献，对于一般治西方史的学者，特别是艺术史与科技史的学者，也提供了相当丰富的历史资料。但是，对于建筑学人而言，其更为重要的意义，应当是使我们对于建筑学学科理论的基础有一个更为直接和深入的了解和理解。一些西方建筑学者，面对当代建筑的万象纷杂，明确提出了“回归基本原理（Back to the basic）”的概念，吴良镛先生也对这一思想提出了明确的支持。但是，怎样才能够回归到基本原理呢？唯一的办法还是阅读建筑理论历史上的原典性文本，以深入我们自己的思考。我们对这套“西方建筑理论经典文库”译介引进的初衷，除了为弥补当下中国在建筑理论原典方面的文献缺失之外，这也是一个重要目的。

这本书是我的老师吴良镛先生主持的国家重点出版计划“西方建筑理论经典文库”系列丛书中的一本。本书的译出，得到了吴先生的充分关注与指导。清华大学建筑学院的博士生包志禹为译者寻购了英文版译本；编辑李新钰为译者录入了注释、索引、参考书目等英文文稿，方便了译者的工作，并对译稿文字做了初步的文字校对，在这里一并表示感谢。限于译者的学识与能力，译文中一定会有一些理解不够准确，或注引有所失误的地方，在这里诚惶诚恐地将这个译本呈献给读者，同时也借这方寸之地，以感激的心情，诚恳地祈请有识方家的不吝赐正。

西方建筑理论文献梗概

引言

2009年3月，浙江大学传媒与国际文化学院的沈语冰教授约我和我们清华大学建筑学院建筑历史与理论研究所的教师们加盟由他召集并拟在北京师范大学出版社出版的一套“艺术学经典文献导读书系”中的一本——《艺术学经典文献导读书系：建筑卷》的编纂工作。据沈教授的设想，这套丛书有20本之多，其中包括了美术、建筑、音乐、戏剧、戏曲、书法、摄影、电影、综合艺术、艺术哲学十个学科，可以说是一套涵盖大艺术学领域的基本文献的扼要性集成。

也许是因为考虑到在许多中国人的眼里，建筑往往被看作是形而下的物质性实体，与音乐、美术等纯艺术了然不同，很难厕身艺术学的高雅殿堂，故而借助这样一个机会，为建筑学这门学科做一点正名的工作，或为建筑之艺术性内涵讨回一点基本的尊严，似乎应该是我们这些从事建筑历史与理论研究的人不可推卸的责任。想到这一点，我们也就不顾深浅地答应了这一邀请。

一、维特鲁威与建筑三原则

其实，真正深入这项工作之中，困难就远比人们的想象要大得多。因为，建筑学这门学科，几乎与人类活动的历史相始终。人类最早的智慧之投入取向其实不外乎衣食住行四个方面。从人类降生起，就面临着如何遮风避雨，以保护自己不受外界自然力的侵害，从而确保自身的生产与再生产等问题。除了自身的遮风避雨之外，人们还需要聚集在一起进行交流，或者需要有一个空间，有一个交流与对话的场所。为了人们的栖息空间，也为了营造一个对话的场所，最早的建筑就应运而生。

如同服饰一样，作为人类为自己创造的必需品之一的建筑，除了为人们提供一个遮风避雨、免受自然力侵害的空间之外，还需要有一些装点，使其看起来令人悦目，从而多少能够减轻一点原本十分艰难苦涩的生活带给人们的忧郁与烦恼；特别是那些耐久、坚固，并且有着优美的外形与装饰的房间，才能够更好地保护在大自然面前显得十分脆弱的人类。于是，建筑的艺术性也就悄悄地来到了建筑物之中。

从这一角度来观察，如果从新石器时期人们最早的原始棚屋算起，建筑艺术的创造应该已经有了上万年的历史。但是，将建筑之创造正式地纳入艺术创造的范畴之中，并给予其以理论的界定，却只有短短两千年的时间。也许在古代希腊，或更早的时期，有可能曾经出现过有关建筑及其艺术的论述，但却没有像那些古希腊贤哲的哲学论著那样幸运地留存下来。第一部真正意义的建筑学论著，出现于公元前夕的古代罗马。生活于前1世纪的古罗马建筑师维特鲁威（Vitruvius，前84年—前14年），撰写了第一部建筑艺术与理论著作——《建筑十书》（*De architectura libri decem*），从而掀开了建筑学理论著述的第一页。维特鲁威的《建筑十书》最为重要的意义，是它为建筑学这门历史悠久的学科奠定了一些基本的原则性概念：

其一，是著名的建筑三原则“坚固、实用、美观”：

建筑还应当造成能够保持坚固、适用、美观的原则。当把基础挖到坚硬地基，对每种材料慎重选择充足的数量而不过度节约时，就会坚持坚固的原则。当正确无碍地布置供使用的场地，而且按照各自的种类朝着方向正确而适当地划分这些场地时，就会保持适用的原则。其次，当建筑物的外貌优美悦人，细部的比例符合于正确的均衡时，就会保持美观的原则。[1]

其二，关于建筑起源说与建筑艺术的模仿说。在维特鲁威那里，建筑的起源，与人们最初对于遮风避雨、躲避野兽的侵袭的需求是联系在一起的，而最初的建筑则起源于对自然的模仿：

因为人们有着模仿和善于学习的性质，所以每天彼此夸耀发明，互相显示

[1] 维特鲁威《建筑十书》第一书，三、建筑学的部门，中译本，第14页，高履泰译，中国建筑工业出版社，1986年。

建房的成就，就这样由于竞争锻炼了才能，判断力一天比一天丰富，而完成了房屋。最初，立起两根叉形树枝，在其间搭上细长树木，用泥抹墙。另有一些人用太阳晒干的泥块砌墙，把它们用木材加以联系，为了防避雨水和暑热而用芦苇和树叶覆盖。因为这种屋顶在冬季风雨期间抵挡不住下雨，所以便用泥块做成三角形山墙，使屋顶倾斜，雨水流下。㊀

其三，关于建筑的人体测量学理论，即认为人体的尺度与比例和建筑的尺度与比例是密切相关的思想：

在人体中自然的中心是肚脐。因为如果人把手脚张开，作仰卧姿态，把圆规尖端放在他的肚脐上作圆时，两方的手指、脚趾就会与圆相接触。不仅可以在人体中这样地画出圆形，而且还可以在人体中画出方形。即如果由脚底量到头顶，并把这一计量移到张开的两手，那么就会高宽相等，恰似地面依靠直尺确定成方形一样。㊁

这三个方面，是维特鲁威思想中对于后世影响最大的三个方面，其建筑三原则被15世纪的阿尔伯蒂所继承与阐发，贯穿西方建筑史的三个基本原则；其人体测量学理论，被文艺复兴时期的理论家与艺术家菲拉雷特、乔其奥和达·芬奇沿用并加以阐发，成为西方建筑中人体测量学思想的源头；而其关于建筑起源的学说，则成为18世纪法国理性主义建筑理论家洛吉耶的“原始棚屋”的思想源头，洛吉耶的思想，成为西方现代建筑思想的启蒙与发展的转折点。

当然，维特鲁威的著作中还有很多奠基性的思想，如他有关建筑师培养的理论，他关于建筑比例的均衡理论、柱式理论，以及建筑装饰中的得体思想等，都是对后世有深刻影响的思想与理论。维特鲁威是在前1世纪时完成他的这部理论著述的，但是，在其后的近1500年中，除了在欧洲加洛林文艺复兴时期，有过关于维特鲁威著作的传抄之外，直到15世纪阿尔伯蒂的《建筑论》问世之前，一直没有出现类似的建筑理论与艺术论著。

㊀ 维特鲁威《建筑十书》第二书，一、房屋的起源及其发展，中译本，第33页，高履泰译，中国建筑工业出版社，1986年。

㊁ 维特鲁威《建筑十书》第三书，一、神庙的均衡，中译本，第63页，高履泰译，中国建筑工业出版社，1986年。

但是，自15世纪以来，事情发生了很大的变化，先是阿尔伯蒂的《建筑论》，接着是菲拉雷特、乔其奥、维尼奥拉、帕拉第奥、塞里奥的著作，仅仅在意大利文艺复兴时期，建筑理论与艺术方面的著作就层出不穷，建筑理论思想与艺术思想也变得越来越丰富与明晰。

二、中国人的建筑观

从这一角度看，建筑学基本文献的遴选，主要是沿着西方建筑历史的发展脉络展开的。这一点并不奇怪，因为以儒家思想立国的传统中国社会，一般的文人士大夫不是刻意于经邦治国的大道理，就是专心于风花雪月的小情调，鲜有哪位身居高位的儒者对原本属于工匠们的房屋营造领域有过多的兴趣。12世纪初的北宋时期，确实出现了一部可以算得上是世界上最早的正式出版的建筑著作——宋《营造法式》，但其基本的内容主要仍限于为工匠们规定的种种法式、规则与定额，而没有太多有关建筑之艺术与理论的阐释。

当然，我们不能够因此就说，古代中国人没有自己的建筑理论与建筑艺术思想。中国古代最古老的典籍《尚书》中，就已经通过大禹之口，明确地表述了古代中国人包括宫室营造活动在内的为政三原则："正德、利用、厚生"，而这三原则的核心则是"惟和"。《周易》中则将房屋建筑归在了周易中的一卦：大壮卦下。而大壮卦中所包含的丰富的卦义、卦像与卦变的思想，也为我们了解古代中国人的建筑观提供了一定的视角。春秋战国时期的孔子，则以一句"卑宫室而尽力乎沟洫"为古代中国建筑的基本原则定了一个调子。而卑宫室的基本出发点是俭朴。以统治者宫室建筑的俭朴，彰显统治者自身道德品格的高尚，以此换取天下百姓的顺从与敬仰，从而保证其统治的久远。此后，"卑宫室"就成为历代帝王标榜自己高尚德行的一杆旗帜。

当然，古代中国人也有一系列与建筑有关的建筑理想与论说，以及相应的政策与制度，如孟子的"五亩之宅，树墙下以桑"的田园式宅居理念和北魏至唐朝前期数百年间执行的均田制中，由封建王朝按照每家每户的人口数，为百姓颁授"园宅田"的政策，管子的"凡立国都，非于大山之下，必于广川之上。高毋近旱而水用足，下毋近水而沟防省。因天材，就地利，故城郭不必中规矩，道路不

必中准绳”，[一]以及晁错“相其阴阳之和，尝其水泉之味，审其土地之宜，观其草木之饶，然后营邑立城，制里割宅，通田作之道，正阡陌之界，先为筑室，家有一堂二内，门户之闭，置器物焉，民至有所居，作有所用”[二]的城市规划思想等，都是中国古代建筑史上闪耀着光辉的思想与理论的代表。但是，问题是古代中国人的这些理论与思想，在古代中国浩瀚的历史文献中，只是一些只言片语，却看不到如西方历史上那样成系统的建筑理论著述，所以，对于中国古代建筑理论与思想的研究，只能诉诸专门的研究，需要有对历史文献做充分爬梳的功夫，这绝不是我们这本以历史典籍为主的书籍所能够做到的。

因此，尽管我们可以从古代中国人浩如烟海的文献中，发现不少闪耀着光泽的营造理论与思想，也有不少深邃曲婉的艺术论述，但因其散落在不同时期的许多不同文本之中而难成体系，只能够作为专门的研究课题去慢慢雕琢，而无法纳入到通贯两千年建筑思想史之中。

三、阿尔伯蒂与文艺复兴时期

西方人的情况就不同了：如果说自公元前夕的古罗马到15世纪的意大利文艺复兴之前，由于蛮族入侵、神权统治等因素，其间经历了一大段漫长的建筑与艺术上的失语时期，即使在著名的欧洲8世纪加洛林文艺复兴时期，也仅仅是对维特鲁威著作的传抄与介绍，而没有新的理论著作的出现，那么，自15世纪在意大利兴起的文艺复兴运动以来，建筑与艺术的论文与著作，如雨后春笋般涌现了出来，并且从此一发而不可收，这一建筑与艺术理论的创造风潮，一直延续到20世纪，从而也一再催生了欧洲乃至美洲的许多代表了各个不同时期的伟大建筑作品的诞生。

漫长中世纪结束以后出现的第一位建筑理论家，是15世纪时佛罗伦萨的莱昂·巴蒂斯塔·阿尔伯蒂（Leon Battista Alberti，1404—1472）。这位身体羸弱却多才多艺的建筑理论家，不仅自己参与了建筑创作的实践，而且也于1452年完

[一]《管子》乘马第五。

[二]《汉书》卷四十九，爰盎晁错传第十九。

成了他那具有划时代意义的《建筑论》（*De re aedificatoria*，中译本书名为《建筑论——阿尔伯蒂建筑十书》），不过，为了使其著作能够与维特鲁威相提并论，他也将其著作设置为《建筑十书》的模式。如果说是维特鲁威建构了西方建筑理论大厦的基石，其中包括：坚固、实用、美观的建筑三原则，以模仿说为基础的建筑艺术创作原则，以人体测量学为前提的建筑比例观，那么，阿尔伯蒂则是将这座理论大厦真正落在了坚实基础之上的人物。阿尔伯蒂的建筑理论，既是对维特鲁威的延伸与继承，也是对后世建筑思想与理论的引导与建构。阿尔伯蒂不仅重申了维特鲁威的建筑三原则，而且提出了以“和谐”美为核心概念的建筑艺术观。透过建筑比例与音乐比例的类比研究，阿尔伯蒂将建筑艺术的和谐与音乐艺术的和谐联系在了一起。正如阿尔伯蒂所指出的：

房屋的各个部分应该是这样组成的，即它们以全面的和谐而为整个作品的荣誉与优雅做出了贡献，这一努力不应该扩展到为修饰某一部分，而损害到所有其他部分的地步，故而和谐就是使建筑物表现为一个单一的、完整的，和有着很好组合的形体，而不是一个外在而互不相干的各部分之集合。㊀

建筑艺术美被归结在了“和谐”这一范畴之下：

关于美和装饰的精确的特征，以及它们彼此之间的差异，在我的内心中所显现的或许要比我用词语所能够解释的更为清晰。然而，为了简短起见，让我们对其做如下定义：美是一个物体内部所有部分之间的充分而合理的和谐，因而，没有什么可以增加的，没有什么可以减少的，也没有什么可以替换的，除非你想使其变得糟糕。这是一件伟大而神圣的事情；所有我们的技能与智慧的资源都将被调动起来以达成这一目标；很少有人会赞成去制造一个在所有的方面都完美无缺的东西，即使自然本身也做不到。㊁

在阿尔伯蒂这里，维特鲁威的建筑三原则，被得到了进一步的肯定与更加深入的阐释。实用，在阿尔伯蒂这里被表述为对需求的满足，或者说是便利。阿尔

㊀ [意大利]阿尔伯蒂《建筑论——阿尔伯蒂建筑十书》第一书，外形轮廓，第9章，中译本，第19页，王贵祥译，中国建筑工业出版社，2010年。

㊁ [意大利]阿尔伯蒂《建筑论——阿尔伯蒂建筑十书》第六书，装饰，第2章，中译本，第151页，王贵祥译，中国建筑工业出版社，2010年。

伯蒂还特别强调了建筑师在建筑艺术创造中，对于需求与实用的满足所起的不可替代作用：

建筑是一件多么伟大的事情，不是每一个人都能够胜任的。他必须具有最强的能力、最充溢的热情、最高水平的学识、最丰富的经验，并且，最重要的是，要严肃认真，要做出准确无误的判断和建议，这样他才似乎能够证明他自己可以被称为是一名建筑师。在建筑艺术中最伟大的荣耀是，他对于什么是适当得体的具有一种良好的感觉。因为建造是一需求；而便利地建造则是需求与实用的产物；但是，建造某种因其壮丽而受到赞誉，然而却并未因其节俭而受到摒弃的东西，那仅仅是属于一位有经验、有智慧，经过深思熟虑的艺术家的事情。㊀

从15世纪到16世纪的意大利文艺复兴时期，出现了一批在建筑理论上卓有贡献的人物。除了阿尔伯蒂之外，还有菲拉雷特（安东尼奥·阿韦利诺·菲拉雷特Antonio Averlino Filarete，1400—1469）、乔其奥（弗朗切斯科·迪·乔其奥·马蒂尼Francesco di Giorgio Martini，1439—1501）、塞里奥（塞巴斯蒂亚诺·塞里奥Sebastiano Serlio，1475—1553/1554）、维尼奥拉（贾科莫·巴罗齐·德·维尼奥拉Giacomo Barozzio de Vignola，1507—1573）、帕拉第奥（安德烈亚·帕拉第奥Andrea Palladio，其原名为安德烈亚·迪·彼特·德拉·贡多拉Andrea di Pietro della Gondola，1508—1580）等人，甚至连文艺复兴三杰之一的莱昂纳多·达·芬奇，也都撰写过有关建筑艺术与城市规划方面的相关论文。达·芬奇所绘制的著名的“维特鲁威人”，是对维特鲁威人体测量学的一个最著名也最为形象的展示。菲拉雷特那具有乌托邦色彩的城市理念，乔其奥对于人体测量学与建筑比例的深入探讨，塞里奥与维尼奥拉对于柱式比例的系统研究，以及帕拉第奥对于居住建筑的热情关注，所有这些都构成了意大利文艺复兴建筑理论与艺术的色彩斑斓的景象。

四、法国与英国在理论上的兴起

如果说自16世纪以来，意大利的建筑思想及理论已经开始陷入教条主义的

㊀ [意大利]阿尔伯蒂《建筑论——阿尔伯蒂建筑十书》第九书，私人建筑的装饰，第10章，中译本，第301页，王贵祥译，中国建筑工业出版社，2010年。

窠臼，那么，充当了意大利与法国之间建筑思想传播之桥梁的意大利人塞里奥，却通过自己的著作，在法国开启了建筑理论与艺术创造的新篇章。17世纪西方建筑艺术与理论的中心渐渐由意大利转移到了法国。这种转移无疑仰赖了意大利建筑理论与艺术思想在法国的传播，以及法国人自己在建筑理论与思想上的觉醒。1671年法兰西皇家建筑学会的成立，使得法国在建筑艺术上的崛起变得顺理成章。而学会在相当一个时期的任务，就是学习与传播既有的建筑理论著述，从翻译注释维特鲁威的著作，到宣读阿尔伯蒂、乔其奥、塞里奥与维尼奥拉的论文，同时制定与颁布种种与建筑艺术有关的规则与法令。

16世纪法国的建筑理论中，还出现了对法兰西民族柱式形式进行探索的思潮。其代表人物是于1510年出生于里昂的费利伯特·德洛姆（Philibert Delorme），德洛姆继承了意大利人维尼奥拉与塞里奥的五种柱式理论，但也同时引入了第六种柱式——法兰西柱式。这其实是在五种柱式的基础上，增加了柱石连接部分的带饰所产生的一种柱子，对于西方柱式理论并没有根本的影响，但他所关注的建筑的民族形式问题，却成为以后几个世纪西方各国建筑中都曾经遇到过的问题。特别是到了18世纪与19世纪，无论是英国人，法国人，还是德国人，西班牙人，都出现过希望在自己的建筑中，创造出一种具有本民族特色的柱式或建筑形式的思潮。

17世纪的法国，在建筑理论与建筑艺术思想上出现了一种理论综合的趋势。其基本的建筑理论思考，仍然没有能够脱离开维特鲁威的建筑三原则，但是，在对于这三原则的阐释上，却明显地具有了法国启蒙运动思想的痕迹，这一特点，在法国雕刻家与透视理论家亚伯拉罕·博斯（Abraham Bosse，1602—1676）的著作中表现得特别典型：

他的这本《古代建筑柱式绘制方法专集》（*Traité de manières de dessiner les orders de l'architecture antique*，1664年）对于等级化的建筑理念作了寓意化的处理。在一座爱奥尼柱式的小型建筑物下，用了一个有着高大台基的神龛，上面坐着一位戴着头盔的女神，她的手中拿着长矛，脚下蹲伏着狮子，在她座下的台基上，刻着碑铭——“理性高于一切”（La raison sur tout）。在后墙的侧龛里，女神的两侧侍卫象征着“坚固（Le Solide）”与“愉悦（La Agréable）”的两尊雕像。一跑铭刻有“便捷（Le Commode）”字样的踏阶直接引向了神龛，踏阶两侧的低矮侧墩上，站立着象征“理论”与“实践”的两座雕像。在这里，维特鲁威的“建筑三原则”——坚固、实用、美观，都必须要服从于“理性”。功能的原则，在这里变得十分重要，因为没有功能，理性也就无从立足。美学的原则，在这里仅仅是以“愉悦（La Agréable）”的身份而屈居于后侧墙上，正通过一个望远镜而展望着未来——这显然是一个富于想象力的暗示与寓意。然而，在这里建筑学的最高准则是“理性（raison）”。㊀

17世纪法兰西建筑理论的另外一个亮点，是发生在法兰西建筑学学术领域的理论大争辩。争辩的一方是建筑学会的负责人之一布隆代尔（弗朗索瓦·布隆代尔François Blondel，1671—1686），他主张建筑的艺术美具有确定不移的“客观性”。争辩的另一方是将维特鲁威的著作翻译整理成法文，并加了详细的注解，还主持了卢浮宫立面改建设计的佩罗（克洛德·佩罗Claude Perrault，1613—1688）。佩罗主张建筑的艺术美，具有“主观性”的层面。这样两位重量级人物的彼此友好，但却互不相让的有关建筑美之主观性与客观性问题的理论争辩，构成了17世纪法兰西建筑理论与思想发展的一道亮丽的风景线。正是在这一争辩的基础上，博法尔（热尔曼·博法尔Germain Boffrand，1667—1754）有关建筑的“个性说”，以及洛吉耶有关建筑起源的理性主义观点应运而生，从而使建筑艺术理论，向前大大地推进了一步。无论是“个性说”还是“理性说”，都为后来建筑思想向现代建筑思想的转变提供了基础。

法国人在建筑艺术与理论领域的领先地位一直持续到19世纪。18世纪建筑师部雷（艾蒂安-路易·部雷Étienne-Louis Boullée，1728—1799）和勒杜（克洛德-尼古拉·勒杜Claude-Nicolas Ledoux，1736—1806）的创作与思想，虽然并没有脱离法国新古典主义的基本原则，但他们在建筑的几何性与裸露性乃至巨大尺度感的创造上，都取得了前所未有的突破。而在19世纪法兰西建筑领域占主导地位的巴黎美术学院的建筑教育及其思想，使法国理性主义的古典主义建筑达到了一个高潮。路易-安布鲁瓦兹·迪比（Louis-Ambroise Dubut，1760—1846）与

㊀ [德]汉诺—沃尔特·克鲁夫特《建筑理论史——从维特鲁威到现在》第11章，17世纪法国对于古典的综合，中译本，第91页，王贵祥译，中国建筑工业出版社，2005年。

让-尼古拉-路易·迪朗（Jean-Nicolas-Louis Durand，1760—1834）在古典主义建筑上形式多样的探索，特别是迪朗的建筑网格思想，以及维欧勒·勒·迪克（Violle-le-Duc，1814—1897）的结构有机功能主义思想，都使法国建筑比起其他任何建筑都更接近20世纪的建筑思想。

与法国一水之隔的英国，与法国相比，在建筑艺术与理论上既有相互渗透与影响，也有自己特立独行的特征。如果说法国人更坚持了文艺复兴以来的古典主义的传统，并赋予其理性主义的特征，英国人则通过对文艺复兴建筑大师帕拉第奥作品之精髓的发扬光大，推行了一套帕拉第奥主义的古典主义建筑风格。此外，基于对意大利古代建筑遗址之崇高感与废墟感的悲壮的如画风格的向往，以及对疏落有致的中国园林之自然景观的了解，又主张了一种与法兰西的理性主义的古典主义截然不同的如画风格的建筑观。17世纪至18世纪英国的伊尼戈·琼斯（Inigo Jones，1573—1652）与亨利·沃顿（Sir Henry Wotton，1568—1639），以及他们所提倡的英国建筑中的帕拉第奥主义，引领英国建筑理论与创作遵循了维特鲁威的方向。而19世纪的约翰·拉斯金（John Ruskin，1819—1900）和威廉·莫里斯（William Morris，1834—1896）却以其著作与思想，特别是他们思想中的材料与结构的真实性原则，以及对建筑建造过程中的手工雕琢过程中，工匠的热情与艺术感的感知，使英国的建筑艺术与理论，在貌似回到中世纪建筑创作理念的外表下，却更接近20世纪现代建筑的思维。

19世纪的法国人与英国人，在历史建筑保护问题上，也出现了一些歧异与争论。法国人维奥莱-勒-迪克（尤金-艾曼努尔·维奥莱-勒-迪克Eugène-Emmanuel Viollet-le-Duc，1814—1879）主张，对保存不太完好的历史建筑是可以进行修复的，而且，如果要修复，就应该将其修复到其曾经有过的理想状态。英国学者拉斯金与莫里斯持了完全相反的观点。他们认为，历史建筑部分属于我们的前辈，即那些创造了这些建筑的人，部分属于我们的后代。我们没有权力去改变它。在拉斯金和莫里斯看来，尽可能保持历史建筑的现状，不要因为修复它，而改变其保存的情况，这应该是历史建筑保护的一项基本原则。他们的理论争辩，成为我们今日历史建筑保护的理论依托。

17世纪以来建立的法兰西建筑学会，以及后来的巴黎美术学院和巴黎理工学院，成为引领欧洲甚至美洲建筑的学术与创作中心。而18世纪的巴黎，在古典主义与理性主义建筑的活跃时期，一些与巴黎美术学院和巴黎理工学院有着千丝万缕联系的建筑师，在法国建筑思想与建筑创作方面，一直起着引领的作用。如部雷的学生迪朗（让-尼古拉-路易·迪朗Jean-Nicolas-Louis Durand，1760—1834）、勒杜的学生迪比（路易-安布鲁瓦兹·迪比Louis-Ambroise Dubut，1760—1846）以及巴黎美术学院毕业的亨利·拉布鲁斯特（Henri Labrouste，1801—1875），都是其中的佼佼者。

五、19世纪的德国与美国

处于内陆地区的德意志，在欧洲的建筑艺术与理论方面一直处于落后的状态，但是，这种情况在19世纪却发生了很大的变化。19世纪的德国建筑师卡尔·弗雷德里希·申克尔（Karl Friedrich Schinkel，1781—1841）与戈特弗里德·森佩尔（Gottfried Semper，1803—1879），在探索德国自己建筑的时代风格方面做出了努力。而森佩尔将房屋的装饰视作如衣服一样的表皮的思想，以及对建筑之材料与色彩的尊重，至今仍令一些现代建筑师受到启发。而处在19世纪末与20世纪初德语地区的一些前卫建筑师，如维也纳分离派，在建筑时代精神的体现上，做出了有价值的尝试。也许正是因为这一点，使德意志这个建筑理论与创作领域的后起之秀，在20世纪初崭露头角。德意志制造联盟的出现，以及后来的包豪斯，都为世界范围内的现代建筑运动的出现，吹响了号角。现代建筑运动中的第一代大师中，有多位都是曾经在德国德绍的包豪斯（Bauhaus）任教的人。而因为战争的原因移民美国的瓦尔特·格罗皮乌斯（Walter Gropius，1883—1969）和路德维希·密斯·凡·德·罗（Ludwig Mies Van der Rohe，1886—1969），也把包豪斯的建筑思想带到了美国，从而使美国成为第二次世界大战以后的现代主义建筑中心。

同样是在经济与文化上后起的美国，在建筑上，一直是步欧洲的后尘而走的。但是，在19世纪初叶的美国，一些有识的建筑理论家如霍雷肖·格里诺（Horatio Greenough，1805—1852）、拉尔夫·沃尔多·爱默生（Ralph Waldo Emerson，1803—1882）等，就开始探索具有美国特点的建筑思想。基于美国没有欧洲那样沉重的传统包袱，他们主张建筑应该从自然中寻求其创作的源泉，并且从工业制造品中寻找其创作的灵感。基于这一思想的建筑的有机性，主张将建筑的内在功能放在建筑创作的第一位。建筑设计不应该是向预定的外形中填塞功能，而是通过对内在功能的研究与分析，自然而有机地从内向外产生出建筑物的外观。建筑物的外观应该是其内在功能的有机体现。在这一思想的基础上，他们又提出了将装饰与建筑分离开来的思想。主张应该取消那些多余的装饰，使建筑以其“赤裸”的形体来展现其自身的美。这种美同时也是建筑之功能的外在体现。这种建筑与装饰二元分离的思想，为后来芝加哥学派路易·亨利·沙利文（Louis Henry Sullivan，1856—1924）和约翰·威尔伯恩·路特（John Wellborn Root，1850—1891）的装饰理论奠定了基础，沙利文所明确提出的“形式服从功能”的主张，成为现代主义建筑师们的一杆“旗帜”。而在这两位建筑师的思想基础上发展起来的，曾经到过芝加哥的德国人卢斯的将装饰看作是“罪恶”的激烈主张，也宣告了现代主义建筑与传统的彻底决裂。

如果说，早在格里诺、爱默生那里，就已经开始将建筑看作是某种有着有机功能原理的机器一样的东西，那么，20世纪法国建筑师勒·柯布西耶（Le Corbusier，1887—1965）所撰著的理论著述《走向新建筑》（*Vers une architecture*），以及他所提出的“房屋是居住的机器”的主张，只是将此前现代主义建筑思想的先驱们的思想，以一种具有蛊惑性的宣言传播开来。无论如何，勒·柯布西耶的主张，代表了20世纪现代建筑运动的主要方向。他所提出的现代建筑的一些标准，如自由平面、自由立面、底层架空、横长窗子、屋顶花园等，都对后来的国际式现代建筑起到了推波助澜的作用。

六、现代、后现代与20世纪建筑

20世纪的建筑史学家们，将20世纪30年代与20世纪50年代现代建筑师们的创作归在了“现代建筑运动”的名下。引领这场运动的是一些呼喊着不同口号的前卫派建筑师，也正是这些建筑师的作品，为现代建筑运动描绘出了一个大致的轮廓：勒·柯布西耶“房屋是居住的机器”的思想，及其工业城市和邻里规划思想；密斯·凡·德·罗的“少就是多”的主张，及其对钢与玻璃这两种材料的巧

妙运用；瓦尔特·格罗皮乌斯对建筑功能主义的坚持不懈，以及弗兰克·劳埃德·赖特（Frank Lloyd Wright，1867—1959）对有机建筑和广亩城市的追求，都成为现代建筑运动中一些具有标识性的里程碑。

然而，这种被冠之以“现代建筑运动”的建筑潮流，如果从20世纪20年代它刚刚崭露头角算起，到20世纪70年代初时就已经开始走下坡路。现代建筑运动所提倡的那种统一的、几何化的、简单的现代“方盒子”，在经过了几十年轰轰烈烈的铺展与传播，已经成为一种千人一面、千城一面、千篇一律的单调建筑形象的代名词。人们开始重新思考现代建筑，一些人甚至从现代建筑运动的提倡者所提出口号的相反一面来为自己的建筑拓展道路，如针对现代建筑的统一与标准化，提出了“建筑的复杂性与矛盾”；针对密斯·凡·德·罗的“少就是多”（Less is more），提出的“多并非少”（ More is not less）“少得令人厌烦”（Less is a bore）。后现代建筑的理论家罗伯特·文丘里（Robert Venturi，1925—2018），在完成了《建筑的复杂性与矛盾》（*Complexity and Contradiction in Architecture*，1966年）一书之后，还发表了他更为激进的《向拉斯维加斯学习》（*Learning from Las Vegas*，1972年），基于他在当代波普艺术方面的经验，将其思想转向了消费社会的日常生活世界中，力求要把简单而惹眼的商业和象征性语言，应用于建筑和城市规划中，他在书中提出，拉斯维加斯的 “中央大道几乎是完美的”，试图表达一种现代都市商业街区，及街道上的汽车、商店和娱乐场所综合为一体，给予人们一种在价值上，能够与我们从过去建筑中所接受信息相媲美的视觉信号，从而主张拉斯维加斯的霓虹灯与广告牌所代表的建筑的多样化与意义，也可以成为建筑的未来走向之一。他后来在这本书的修订版中，意味深长地增加了一个副标题“建筑形式中被遗忘了的象征主义”，从而向读者们提示出，他所说的向拉斯维加斯学习究竟意味着什么。无论如何，后现代主义建筑就是在这样一种对以简单“方盒子”为主要特征的现代主义建筑的叛逆气氛下滋生起来的。然而，后现代主义建筑在当代建筑的思想与理论的发展过程中，就如一叶飘鸿，转瞬即逝。然而，它所带来的思想震荡，以及它对于现代建筑运动的质疑与反对，至今仍然在推动着新建筑创作元素的萌生。

实际上，20世纪西方建筑绝不像现代建筑史学家们归纳的现代建筑运动那样简单、清晰有逻辑。坚持古典传统的新古典主义与理性主义，激越于与传统割裂的未来主义与表现主义，神秘的表现主义艺术团体“玻璃链”（Gläserne Kette）的建筑主张，以及所谓“神智学”（Theosophy）与“人智学”（Anthroposophy）在建筑中的体现。此外还有主张“以最少结构提供最大强度的，最大限度利用能源的”（Dymaxion）建筑思想以及用轻型结构创造大空间的做法，或将建筑与城市想象成为一种结晶式生物学成长模式的“晶体城市”（Mesa City）思想，直至近几十年间兴起的“生态建筑”（Arcology）、地方主义建筑，自20世纪初直至当前的建筑思想领域，表现为创作思想上的多样化与理论思考上的色彩斑斓。

结语

当然，建筑之创造，并不像音乐、文学、绘画、雕塑艺术之创作那样，可以通过创作者个人的兴趣与爱好而随心所欲，建筑的创造需要动用极其巨大的物质力量，需要有极其雄厚的财富力量的支持。建筑创作不是建筑师一个人能够完成的，除了建筑师之外，还需要决策者、投资者、劳动者，甚至整个社会的集体介入。建筑创作是社会之创造，也是时代之创造。几乎没有完全超然于当时社会之上的建筑，也没有完全脱离当时社会财富支付能力与建造能力的建筑。因此，关于建筑之艺术思想与理论思辨的讨论就需要格外的小心谨慎。

卷四　思考探索篇

由于事情就是如此发生着的，我情不自禁地长久而反复地思考，在这样一个主题上撰写一部注释或评论，是否不是我的责任所在。因为我探索了这一事物，许多高尚的、有用的，对于人的生存所不可或缺的事情，萦绕在我的心头，我决定在我的写作中不能对这些事情视而不见。进一步，我感觉到，去挽救一个我们精明审慎的祖先如此高度重视的但却快要消失的学科，是任何一位绅士，或任何一位有教养的人的责任所在。

——[意]阿尔伯蒂. 建筑论——阿尔伯蒂建筑十书. 第六书. 第1章. 中译本. 第155页. 王贵祥译. 中国建筑工业出版社. 2010年

关于现当代建筑的理论与思考㊀

——从《建筑学的属性》到《中外近现代建筑引论》

清华大学建筑学院吴焕加教授，以其将届九秩的耄耋高龄，砥砺钻研，笔耕不辍，新近又出版了一本专著《中外近现代建筑引论》（图4-1）。这是一部有关中外近现代建筑历史与理论的新著，也是继他几年前出版的建筑理论专著《建筑学的属性》（图4-2）一书之后的又一部力作。建筑学学术圈内熟悉吴教授的人都知道，他与同济大学的罗小未教授，都是中国从事外国近现代建筑理论与历史研究的泰斗级专家。早在20世纪50年代，他就开始系统梳理与研读20世纪以来

图4-1　吴焕加教授著作的《中外近现代建筑引论》

图4-2　吴焕加教授著作的《建筑学的属性》

㊀ 本文初载于《建筑师》2018年第6期。

出版的各种外文建筑杂志与书籍，关注与研究外国近现代建筑文献与实例，并在课堂上向学生们加以介绍。在当时那个封闭的年代，这本身就是一件不可思议的事情。在改革开放之初的20世纪70年代末，吴教授与清华大学建筑系的另外两位深谙外国建筑历史与理论的老教授：汪坦与周朴仪，以他们数十年的厚积薄发，为新入学的研究生开讲了一门全新而生动的课程——近现代建筑引论。

记得当时正在攻读研究生的笔者，印象最深的就是这门由三位知名教授联袂讲授的新课。每到上课之前，偌大一个教室，座位早早就被学生占满。来得稍微晚一点，只能站着听。有时甚至教室外走廊上也会站满人。听课的不仅仅是清华大学建筑系的学生，也有外校，或外单位的研究生，甚或还有一些本科生。讲课人的那种热情与坦率，听课人的那种兴奋与渴求，课堂气氛的踊跃与热烈，都是那一时期之前或之后很难见到的。

为什么会这样？原因很简单。在这之前相当一个时期内，对于外国近现代建筑的讨论，不说是一个禁区，大概率上讲，也是以批评与否定为主。20世纪50—70年代的普通中国人，很难真正了解世界建筑发展的真实动态与趋势。在那个年代，对于专题介绍中国国门以外，特别是西方近现代建筑这一敏感话题的课，没有哪位老师，能够放开胆量去讲。即使偶尔讲到，也会委婉地采用一种批评或质疑的口吻。然而，在1978年那个令人激动与兴奋的年份，一代心情豁然开朗的中国人，一群大学建筑系研究生，何以会不为这样一个令人兴奋的课程题目与内容受到深深吸引与感染？

吴教授的这本新书，很大程度上，是在他当年授课基础上，增加了近数十年来走遍全球考察与研究20世纪现代主义建筑的新体验，以及大量阅读中英文建筑理论原典的新收获、新见解，特别是结合了他对近几十年中国建筑发展历程的观察与分析基础上完成的。也就是说，这是一部从一位对西方近现代建筑观察与研究近70年，又对中国现代建筑发展有着切身体验的资深老学者的视角，经过深思熟虑之后的新作。

笔者常常问自己，我们是否对20世纪国际现代建筑运动的本质，特别是西方现代主义建筑理论与历史中所内蕴的丰富内涵，有真正的理解呢？答案常常是不确定的。透过吴教授的这部新作，或许能够帮助我们思考与理解，或亦能够使我们收获有关这一问题的一些新见解与新认识。

1.《建筑学的属性》与《中外近现代建筑引论》

外国近现代建筑史，或更狭义概念下，西方近现代建筑史，是大学建筑系一门课，也是建筑学领域一个独具特色的研究方向。这样说的原因之一是，自20世纪初兴起的现代建筑运动，或国际建筑中的现代主义思潮，是世界建筑史上的一个大事件。现代主义建筑在世界范围内的兴起，甚至达到高潮，似乎仅仅是20世纪的事情，但为达成这样一场建筑史上的革命性变革，却酝酿了至少一个多世纪。因此，现代建筑运动，与文艺复兴以来西方文化、科学与技术发展，与近代启蒙运动、工业革命等历史事件，有着密不可分的联系。不了解西方自文艺复兴以来的历史，不了解西方近代建筑发展，不了解西方现代主义建筑，也就难以了解什么是建筑与文化的现代性，难以了解何以会在20世纪突然冒出一场国际性现代建筑运动，或突然兴起一个建筑现代主义。

众所周知，经过40年建筑业高速发展，40年大规模建造，中国人的建造能力不可谓不强，技术水平不可谓不高。但从建筑学，或建筑历史与理论视角来看，我们满眼充斥的，大多数都是与西方世界一模一样的现代方盒子建筑，或者是近年来出现的一些跟风奇异造型的西方新潮建筑。令人遗憾的是，这样一个在世界史上罕见的大规模、长时段建造活动，却始终没有出现几座令世界建筑界、文化界与艺术界眼睛一亮，真正代表现代中国，具有划时代意义，或由中国建筑师创作，可以称得上是世界性的、全然创新的现代建筑作品。或者说，数十年的中国新建筑，哪怕是最为前卫的作品，也有一种似曾相识的感觉。中国建筑师，始终“跟”在国际建筑潮流之后，却从来没有创造出多少真正超越国际潮流，令人赞叹与仰慕的划时代建筑新作。这其实就是现代中国建筑创作领域的症结或痼疾所在。然而，为什么会这样？却是一个令人百思不解、难以回答的问题。

其中的原因之一，可能是因为，现代主义建筑或建筑的现代性，是20世纪以来国际建筑界自始至终在关注的一个重要却敏感的话题。相关的理论与历史著述，层出不穷。然而，这一问题，在中国现代建筑史上，却是一个相对比较敏感与难解的话题。因为，深陷传统与现代、中国与西方、历史与当下等复杂问题纠葛的中国建筑理论与创作领域，在这一问题上的疑惑、讨论，甚至争辩，实际上

已经存在了许多年。

尽管早在20世纪30年代，老一辈中国建筑师已经开始尝试了解与创作具有国际式风格的现代建筑。但是，现代建筑这个术语，最初引起人们的追捧，大约是从40年前开始的。1978年开启的中国改革开放，使得一度封闭的国门洞开，一个人们不十分熟悉与了解的世界，特别是西方世界突然展现在人们的面前，使得大家有一点不知所措。一方面，许多人表现出对西方发达国家各种文化与技术的羡慕与追捧；另一方面，则对西方文化可能会冲击与挤压传统中国文化的发展空间，充满了担忧与顾虑。

建筑领域的情况也是一样。20世纪70年代末，也是中国城市建设开始大规模起步的一个时期。北京市内，特别是沿长安街开始出现一些全新的，具有西方现代建筑感觉的高层建筑，一时间竟引起当时建筑界的议论纷纷。例如，最初在长安街建国门以内，靠近北京站对面的位置上，矗立起一座多少具有现代简单方盒子形式的所谓“国际式”风格北京国际饭店（图4-3）的时候，就曾一度引起当时舆论上的哗然。许多人认为，这样一座明显具有西方现代风格的建筑，会影响长安街的街道景观与北京市的城市轮廓线。当时，甚至有人提出应该抵制这座建筑的建造。

类似的情况，也屡次发生在后来的北京市城市建设中。例如，对天安门广

图4-3　北京国际饭店

场附近建造的国家大剧院，对位于北京中轴线北端的国家体育馆，以及在北京商务中心区新建的中央电视台总部大楼等，曾经都是广受争议的新建筑。其实，争论是一件好事，然而，令人不解的是，人们争论的焦点或关注点，往往十分奇特或驳杂，不是挖苦某座建筑像什么，就是暗讽某座建筑隐喻了什么，或是说某座建筑破坏了北京市的整体风貌，抑或说某座建筑在造型上太过怪异，如此等等。却很少有人将争论的焦点，放在现代中国建筑的发展历史，或世界建筑的创作思潮上去观察、去讨论。尤其是“对于这些建筑究竟与国际现代主义建筑的发展趋势有什么关联性”“这些建筑，在当代世界建筑史，或国际现代主义建筑发展史上，可能居于怎样一个位置”“这些建筑有些什么不同于以往建筑的现代感或当代感”“这些建筑，体现了当代建筑师的哪些新思考与新创作”等，却很少有人提及或关注。

换句话说，在中国改革开放这些年来，仍然有许多人，对于建筑的基本属性，包括“什么是现代主义”“什么是现代建筑”“建筑是否具有现代性”“现代建筑应该具有什么特征”“人们应该怎样看待建筑中的创新与探索”等20世纪以来国际建筑界始终在探索与思考的问题，缺乏一些基本的了解与认识。

也就是说，尽管中国提出“四个现代化”这一发展目标已有60多年，然而，在建筑创作领域，直至当下，许多人似乎对于什么是现代；什么是现代建筑运动；中国现代建筑之路，应该体现怎样一种特立独行的创新特色，从而使现代中国建筑，能够像古代建筑一样，屹立于世界建筑之林缺乏思考与认识。许多人，包括一些建筑师，对于建筑的评价标准，似乎仍然仅仅停留在诸如“是不是好看”“有没有传承传统建筑风格”“与周边建筑是不是协调”或者思想激烈一点的人，会追问一些如“一座建筑是否跟上国际最新潮流”“与当下国际建筑大师新作有什么关联”“更像哪一位知名大师作品”之类的问题。

当有的建筑师被问及，什么是其作品成功的奥秘与动力，他会毫不犹豫地回答：“我的创作奥秘是，紧盯外国建筑新作品、新潮流。”这话当然无可厚非，但是，接下来呢？你自己的思考，你自己的追求，你自己的创新呢？这些思考、追求、创新，如何体现在你作品中，并使你的作品，真正在琳琅满目、目不暇接的国际建筑新作中脱颖而出呢？这些问题，许多建筑师，似乎没有给出一个正面

回答。

吴教授于2013年出版的理论新著《建筑学的属性》一书，在很大程度上，就是尝试回答中国建筑师面临的种种理论困境。他从建筑学的独特性、建筑学这一术语的本来意义及其流变、建筑所赖以存在的基体、建筑学与土木工程的关系、物质文化与精神文化的耦合、建筑艺术的本质、建筑材料与建筑形式关系，一直谈到建筑意象、建筑形象本质等。他提出了“有意味的形式”，并对建筑形式与其功能之间关系、建筑艺术效用，以及当下最为流行的混沌理论、非线性问题等，做了广泛而深入的探讨。

试想一下，在建筑创作过程中，有多少中国建筑师，真正从理论上，认真思考了这一系列问题？他们是怎样在自己作品中，体现对这些问题的理解与回答呢？以笔者的感觉，仅仅从近几十年中国现代建筑的作品实例观察，似乎许多人对这些问题，都没有做过特别认真的思考。大多数建筑作品，不是简单懒惰的“天下文章一大抄”或“漫不经心地重复”式的产物，就是追风、赶潮流、求时尚的结果。换言之，许多作品其实是没有多少思想与文化内涵，没有多少哲学与观念引导，也没有在作品创新上做过多少思考与探索的跟风性、时下性之作。

中国建筑工业出版社出版的吴焕加教授的这本新书，一个重要目标，很可能就是要尝试着回答前文中提出的那些问题。新书书名《中外近现代建筑引论》中有三个关键词：一个是“近现代建筑”；另一个是“引论”。直白一点说，目标之一，是引导每一位读者，每一位对建筑感兴趣的人，对近现代建筑有一个基本了解；或对其在观察与欣赏外，在建筑的判断上，建立一些有现代理念、创新意识与学术涵养的新视角。

这本书还有一个关键词是“中外”。吴教授在40年前所开研究生课，主要关注的是外国“近现代建筑引论”，这时又加上对中国近现代建筑的研究与讨论。如果说40年前的中国人，对现代建筑还处在懵懂无知状态，老一辈建筑理论与历史学者的重要目标，是引导中国人了解与学习国外现代建筑的理论与历史，加快中国建筑现代化的进程；那么，当下中国人，满眼充斥的是全世界随处可见，似曾相识的“现代建筑”，因而，如何认识与理解中国近现代建筑的历史与现状；如何找到一些突破点，从而能够创作出或欣赏到，在中国或世界现当代建筑史上，真正具有里程碑意义、具有特立独行的创新性的现当代中国建筑作品，这才是深入理解这本书所内蕴的价值与意义所在。

2. 基于建筑学概念的建筑本质

这本书开宗明义，最先谈及的问题是：建筑是什么？建筑的实质是什么？房屋与建筑的区别是什么？关乎建筑实质争论的学术性质是什么？中国人对建筑学的认知，有一个令人困扰的疑惑，就是人们习惯上将建筑与房屋，作为相同的概念来认识，这在很大程度上，限制了人们对建筑的理解与判断，也限制了对建筑造型与空间艺术的欣赏与评价。

简单将一座建筑看作是一座房屋，其要点当然是：好不好看？好不好用？是不是十分坚固耐久？如此而已。当然，古罗马建筑师维特鲁威提出的建筑三原则，确实也是围绕这三点展开的：坚固、实用、美观。问题是，这三个概念，既不是一成不变的，也不像看起来那么简单。

例如建筑美观问题，这可能是维特鲁威建筑理论的核心问题。《建筑十书》中，在提出建筑三原则的同时，维特鲁威特别提出了建筑“人体测量学”（图4-4），以及秩序、布置、整齐、均衡、得体、比例、经营等建筑美要素。美观是什么？怎样以“美观”这一标准，审视不同时代、不同地域、不同文化背景下的建筑作品，其实是一个十分复杂的建筑史、艺术史、文化史问题。如果仅仅认为建筑看着好看就行了，那么被西方人看作建筑艺术之巅的希腊神庙，是否可以作为永恒的建筑造型基础呢？或者，像当下一些中国人那样，将自己的建筑，设计成希腊神庙，或美国国会大楼那样的造型，岂不是都算得上“美观”了吗？如果建筑美观问题如此简单，那么，中国古代建筑十分美观，何不继续将中国传统建筑体系，无限延续下去呢？何必要苦苦探索什么现代中国建筑呢？

实际上，建筑三原则中的“美观”原则，是一个形式问题。君不见数千年西方建筑史，很大程度上，不就是建筑风格史，或建筑造型艺术演变史吗？西方现代建筑围绕的核心问题，还是形式问题，诸如：要不要装饰？如何打破古典建筑对称感？怎样以极简造型，创造出感人形式？如何使形式产生庄严、震撼、愉悦、迷惑、令人感动的效果？现代建筑师每一个具有里程碑意义的作品，都是在其所处时代节点上，首先在形式上，同时也在空间上，取得某种突破。

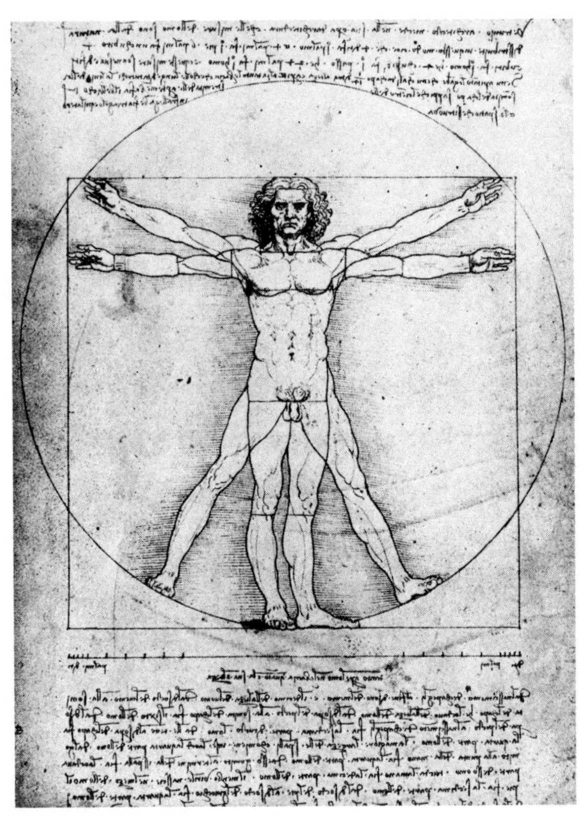

图版 21 Leonardo da Vinci, drawing of ‘Vitruvian man’ ; Venice, Academy
莱昂纳多•达•芬奇（Leonardo da Vinci），“维特鲁威人”（Vitruvian man）之像：威尼斯学会（Venice, Academy）

图4-4　达芬奇绘制的表现“人体测量学”的维特鲁威人

从其摆脱传统束缚那一刻起，西方建筑无论是现代主义、表现主义、未来主义，还是后现代主义、解构主义等，无一不是首先在形式上有所突破，创造了前所未有、令人耳目一新效果基础上，才得以被世人认可与接受。恰如水晶宫对于19世纪中叶的英国，埃菲尔铁塔对于19世纪的法国，或如20世纪上半叶的萨伏伊别墅，20世纪中叶的悉尼歌剧院一样，其形式的前无古人，其造型的出其不意，正是其成功的奥秘所在。

显然，简单满足好不好看、好不好用、是否坚固耐用等条件，远远不能反映建筑本质。因为这三个条件，几乎可以用来套用一切房屋的标准。如果仅仅解决一般房屋应该解决的这几个问题，那么，建筑还需要创作、需要创新吗？如果仅仅需要在好看、好用、耐久三个方面满足需求，人类建筑为什么在地域、民族、文化、时代上有那么大差异？显然，事情没有那么简单。通过一系列论述，吴教授尝试着回答这些问题：建筑是什么？房屋建筑的实质是什么？建筑与房屋的差别是什么？建筑学中形式与内容的关系是什么？

首先，吴教授将建筑定义为“围护人类存在的人造物”，从而赋予建筑以本质的定义：建筑是人造的，是人类为自身生存与繁衍而建构的。即使是远古洞穴，也是人类为了生存而自己寻找、改造与利用的空间。从更为基本意义上说，建筑是人类为了自身繁衍生息，采用在当时能够找到或利用的材料，通过自身创造与劳动而建构起来的一件具有实用功能的产品。这一思想，在18世纪法国建筑理论家洛吉耶的《论建筑》中，已经做了具有启蒙意义的论述。吴教授将这一论述，以当代中国人容易理解的语言，加以了阐释。

透过自然材料与人为建构，人们有了最初的房屋——由四根柱子支撑一个两坡屋顶的原始屋（图4-5）。建筑的基本定义是：人以材料与建构技术，为自身搭构的一个特殊人造物。这样的一种理解，抹去了自古希腊神话与旧约圣经问世以来，有关建筑起源与创作的一切与神或上帝有关的神秘面纱，赋予建筑以最基本启蒙性定义。

然而，仅仅这样一个理性主义的、启蒙的定义远远不够。因为，如果停留在这样一个阶段，又会回到上面的问题：建筑的本质是什么？关于这一问题，吴教授将之归纳为两个基本点：一个是房屋建筑是实体与空间的耦合体；另一个是房屋建筑是物质文明与精神文化的耦合体。吴教授引用《辞海》中的定义，对“耦合”这一概念做了解释：“两个（或两个以上）体系或运动形式之间通过各种相互作用而彼此影响的现象。”㊀他认为，在房屋建筑中，房屋建筑的实体与空间，房屋建筑所负载的物质与精神文化，都是耦合关系。

这样两个看似简单的定义，却深刻揭示了建筑的本质，揭示了许多人对“建筑”这一术语种种误解与误读的原因所在。因为大多数情况下，建筑更多是被看作一个实体，而非空间。建筑艺术被称为“造型”艺术，这本身就是因为它被纳入某种实体造型形式的范畴之下。将建筑看作物质化的房屋，或物质文明体，这

㊀ 吴焕加《中外近现代建筑引论》第11页，中国建筑工业出版社，2018年。

图版 92 Marc-Antoine Laugier, Essai sur l' architecture, 1755. Frontispiece
马克—安东尼·洛吉耶（Marc-Antoine Laugier），《论建筑》（*Essai sur l' architecture*），1755 年，卷首插画

图4-5 洛吉耶《论建筑》中的原始棚屋

本身没有什么错，但是更多的人忽略了建筑具有的精神性功能，忽略了建筑可以使人高兴、欢快、兴奋，或使人恐惧、悲伤、忧郁。房屋负载了一个民族或一个时代的精神价值，这似乎是许多人都能够体验到的事实。

从更为形而上的角度看，这种定义，是中国传统文化与西方古典文化结合的结果。例如，将建筑看作一种造型艺术的思想，自古埃及、古希腊、古罗马以及中世纪与文艺复兴时期以来，一直绵延不断。但是，如吴教授揭示的，在中国人这里，早在春秋时期哲人的眼中，就是“实体”与“空间”两者共同构成房屋建筑所追求的目标。老子《道德经》中提出：“三十辐共一毂，当其无有，车之用。埏埴以为器，当其无有，器之用。凿户牖以为室，当其无有，室之用。故有之以为利，无之以为用。”㊀有与无、实体与空间、利与用，这样一些成对的概

㊀ 吴焕加《中外近现代建筑引论》第6页，中国建筑工业出版社，2018年。

念范畴，反映了古代中国人对建筑本质的深刻认知。

吴教授在这本书中还提到，在长沙马王堆三号汉墓中出土的汉代《道德经》，在“用”字后有一个“也”字，故可读作：“三十辐共一毂，当其无有，车之用也。埏埴以为器，当其无有，器之用也。凿户牖以为室，当其无有，室之用也。故有之以为利，无之以为用。”㊀可见吴教授关于这一问题思考的时日之久，斟酌之细。因为，在老子那里，有无、上下、虚实，这些范畴不是孤立存在的。正是从以造型为中心的思考，突破为以造型与空间同时展开的创作理念，才有了20世纪西方现代建筑飞跃式变革。20世纪那些伟大的现代建筑作品，在空间上的流动性、自由性、穿插性，正是受到东方传统建筑，特别是中国与日本建筑影响的结果。

同样，关于建筑精神与物质层面的耦合关系，中国人从欧洲建筑理论中，也汲取了许多营养。因为，在欧洲人看来，世界本身就是物质与精神的二元存在。世界上的万物，无一不是既包含了实体层面，也包含了精神层面的二元耦合体。吴教授在其书中，还特别引用了马克思的论述，来说明这一问题。

在传统中国人心目中，房屋就是用来居住的。屋舍是百姓居所，宫殿是天子居所，庙宇是神佛居所。其本质是“上栋下宇，以待风雨”。㊁古代中国人论述中，对房屋建筑的精神性层面，讨论得较少。更多是阴阳和合，所谓“万物负阴而抱阳，冲气以为和。”㊂对于一座建筑，如《周易》所言：“阖户谓之坤，辟户谓之乾。一阖一辟谓之变，往来不穷谓之通。见乃谓之象，形乃谓之器，制而用之谓之法，利用出入，民咸用之谓之神。”㊃这里提到了“阖辟、阴阳、往来、象器、利用、出入”几对范畴。只是在谈到房屋“用”的时候，提到了“神”。这里的“神”，并没有特别意指精神上的“神”，反而像是在暗示，民皆以房屋为栖身之所这件事情，令人感到神奇。但是，中国人对建筑之“象”的理解，并将人们眼目中所见之“象”，与实体所存有形之“器”，作为一对范

㊀ 吴焕加《中外近现代建筑引论》第7页，中国建筑工业出版社，2018年。

㊁《钦定四库全书》经部，易类，[晋]韩康伯注，[唐]孔颖达疏，周易注疏，卷十二。

㊂《钦定四库全书》子部，道家类，老子道德经，卷下。

㊃《钦定四库全书》经部，易类，[晋]韩康伯注，[唐]孔颖达疏，周易注疏，卷七。

畴，这里的“象”，似乎具有某种精神性内涵。

也许因为古代中国人更重视“阴阳、阖辟、往来、利用、象器”之类的问题，对建筑的精神性内涵，讨论得不很深入。但绝不能就此认为，古代中国人没有意识到建筑具有精神性功能。天子宫阙的至上性，佛道寺观的神圣性，民间祠堂的权威性，都在一定程度上体现了建筑的精神性。如吴教授指出的：“人们在筹划、选择、安排与房屋建筑有关的一切事物时，都要考量物质和精神两方面的需要、问题和条件。”㊀中国人将长辈的正房放在合院正中，将天子的宫殿布置在都城中央，将神佛寺观建造得金碧辉煌，都考虑了其精神层面的价值与意义。

何以使房屋既合乎物质性使用需求，又具精神性价值功能？达成这一目标的核心，不完全取决于建筑材料与结构。因为房屋的材料与结构，是任何建筑不可或缺的基本要素。房屋在物质与精神上的耦合，从根本上讲，取决于建筑的“形式”。正是形式，而不是内容，使房屋具有“精神性”。因为形式使人愉悦，使人敬畏，使人感到亲和，也使人感受到某种历史的、民族的、时代的种种精神性氛围。

因为如此，吴教授基于古希腊亚里士多德“理论的学术、实用的学术、制作的学术”三种类型学术分类，将建筑学的学术性质，定义为“制作性学术”。即建筑属于人造之“器”物，建筑学的本质，如亚里士多德所说：“其要旨在于通过一定的经验和技艺实现某个具体目的，属于‘工具理性’的疆域。”㊁

因是人造之器物，在合乎其不可或缺的使用功能外，给予人在外在形式上的创造以很大自由，故建筑包含了供人使用之实体性与空间性内容，也包含了使人愉悦、令人感动的造型性与装饰性形式。在建筑的内容与形式二者之间，吴教授又提出“形式大于内容”这一论断。这就从根本上，将建筑学的“制作性”学术本质，提到了形而上的地位。这种制作确实具有物质性与功能性工具理性特征，但其形式中所内蕴的建筑师的创作冲动，建筑所有者的象征愿望，建筑观察者的心理体验等精神性问题，皆取决于建筑的形式。如果没有“形式大于内容”这一

㊀ 吴焕加《中外近现代建筑引论》第10页，中国建筑工业出版社，2018年。

㊁ 亚里士多德《形而上学》吴寿彭译，转引自吴焕加《中外近现代建筑引论》第18页，中国建筑工业出版社，2018年。

基本判断，建筑与同样是制作性的舟车、轮毂、杯盘、桌几，又有多少区别呢？当然，舟车、轮毂、杯盘、桌几的形式美，也是一个很大的话题，但与建筑相比较，两者在形式上所内蕴的精神性价值与意义，却是不可同日而语的。

在进一步论述中，吴教授将建筑的形式问题，做了更深入拓展。例如，因为建筑形式是人所创造的，因而，形式在被创造的过程中，有非常大的相对性。即使是功能完全相同的建筑，在不同时代、不同文化背景或不同建筑师手下，也会显现出截然不同的形式。即使是建筑上的某些附属形式，如门窗形式与装饰，也会因时代、民族、文化、地域及设计者的差异，表现为千差万别的样态。这也正是建筑设计不同于其他工程设计的最重要特点之一：建筑设计具有高度的相对性。同时，因为建筑设计是人为的创造性过程，不同的投资者、使用者、设计者，都会对建筑提出不同要求，从而生成不同形式。故建筑设计又有高度的主体性。依照吴教授的分析："主体分三类，个人主体、集团主体和社会主体。前两类常常假社会主体之名出现。"㊀

吴教授还用专门的章节，论述了"建筑的外形式与内形式"问题：内形式是内容的内在组织结构，表现为内容诸要素间的本质联系；而外形式则是内容之外在表现的非本质联系方式。同样的内容，可能有比较接近的内部形式，却会出现千差万别的外观形式。吴教授以哲学而逻辑的方式，提出现代建筑中所谓"形式跟从功能"的思想，其实是不大容易实现的，例如："细观现代主义建筑大师们的作品，它们的外形式其实都很自由，也非真正'跟从功能'的结果。"㊁

3. 建筑艺术与建筑审美

既然建筑在创作过程中，倾向于"形式大于内容"的逻辑，既然建筑设计过程，有高度相对性与主体性，建筑是否就更接近，包括二维形式、三维形式或声音形式为特征的绘画、雕塑或音乐等以形式创造的纯艺术呢？这是一个令人困惑的问题，因为人们常常借用一句话：建筑是凝固的音乐。既然能与纯艺术音乐相类比，建筑属于艺术的范畴，似乎没有什么疑问。事实上，大量采用雕塑性装

㊀ 吴焕加《中外近现代建筑引论》第25页，中国建筑工业出版社，2018年。

㊁ 吴焕加《中外近现代建筑引论》第27页，中国建筑工业出版社，2018年。

饰的西方古典建筑及哥特式建筑，很大程度上接近雕塑化艺术的造型特征。西方艺术史上，有时会将建筑归在艺术范畴之内，认为建筑位居包括绘画、雕塑、音乐、诗歌在内的“五大艺术”之首。

将建筑排除在艺术范畴之外的见解也有，如吴教授引用俄国作家车尔尼雪夫斯基的话说：“单是产生优雅、精致、美好的意义上的美的东西，这样的意图还不能构成艺术；……艺术是需要更多的东西的；我们无论怎样都不能认为建筑物是艺术品。”㊀当然，在古代欧洲人，特别是希腊人那里，艺术一词的含义，与今日所谓“艺术”，并不那么一致。吴教授引证英国学者科林伍德（Robin George Collingwood，1889—1943）《艺术原理》中的论述，指出现代人讨论的基于审美基础上的“艺术”定义，出现得很晚。在古希腊人那里，艺术与技艺两者并没有特别区别。今日被称为艺术的东西，在古希腊只是某种不同类型的技艺。所谓“建筑学（Architecture）”一词，“archi-”是“首要，最重要”的意思，“-tecture”由“tect”而来，有“技艺”之意。科林伍德说：“我们今天称为艺术的东西，他们认为不过是一组技艺而已，例如作诗的技艺。”㊁吴教授亦特别指出：“就各艺术门类的起源来看，后世所谓的纯艺术本来都具有某种物质的或精神的功能性或功利性，本来就是‘不纯的’。”㊂

显然，简单将艺术归为某种纯粹艺术，或将建筑从艺术范畴中剔除出来，都是不恰当的做法。在广征博引的基础上，吴教授更倾向于黑格尔提出的建筑是“不纯的艺术”的主张。在这一基础上，吴教授更进一步提出自己的见解：建筑艺术的性质，大体上可以归在工程型工艺品范畴之下。

为了证明这一判断，吴教授特别阐述了自己对美学与建筑审美的一些思考。在西方艺术史上，由于将建筑纳入某种艺术范畴，艺术史或美学研究者，往往会以建筑审美作为研究对象。例如黑格尔在三卷本《美学》专著中，用了整整一卷篇幅讨论与阐释建筑美，并将建筑美纳入一种历史范畴之中，例如古埃及建筑

㊀ 车尔尼雪夫斯基《生活与美学》周扬译，转引自吴焕加《中外近现代建筑引论》第25页，中国建筑工业出版社，2018年。

㊁ 科林伍德《艺术原理》王至元、陈华中译，转引自吴焕加《中外近现代建筑引论》第30～31页，中国建筑工业出版社，2018年。

㊂ 吴焕加《中外近现代建筑引论》第31页，中国建筑工业出版社，2018年。

美，是象征型的美；古希腊建筑美，是理想型的美；哥特式建筑美，是浪漫型的美。在黑格尔看来，这一切美的特征，是物质与精神透过建筑这一载体，相互博弈或平衡的外在形象结果。象征型美，使得精神被巨大物质体块所压抑、所包裹、所覆盖，人们在古埃及金字塔与神庙中，看到的是赤裸裸的将精神束缚于其中的巨大物质体；浪漫型美，则反之，在哥特式建筑中，精神从物质堆中流溢出来，向外拓展、伸张、飞扬，表现为无数装饰性雕刻与林立向上的小尖塔；居于中间状态的，是理想型美，在希腊建筑中，精神与物质达到了某种恰如其分的平衡，建筑表现为和谐、庄重、宁静的美。黑格尔关于建筑审美的理论，与他对“绝对精神”五个阶段辩证发展的论述相一致，并没有真正揭示西方建筑本质性审美特征。

17世纪法国建筑理论家佩罗与布隆代尔有关建筑美“相对性”与“绝对性”的大讨论，可以看作是西方建筑史上，围绕建筑美学的一次重要理论探索与思想争辩。相比较之，关于现代建筑的理论与思考，特别是数十年来中国建筑发展中，建筑美学方面的研究、讨论与争辩，相对比较少一些。当然，中国建筑学者，为建筑审美的学术发展，尽了相当大努力，例如，刘先觉教授翻译的英国人罗杰·斯克鲁顿（Roger Scruton）的《建筑美学》、侯幼彬教授撰著的《中国建筑美学》等，笔者也翻译了德国人克鲁夫特的《建筑理论史——从维特鲁威到现在》（图4-6）。这些理论专著，都将中西方建筑美学，做了相当系统的分析与论述。

图4-6　德国人克鲁夫特的《建筑理论史——从维特鲁威到现在》汉译本

遗憾的是，除了几本译著或专著之外，在长达40年建设大潮中，建筑界没有出现多少围绕建筑理论、建筑审美展开的学术性讨论与争辩。也许因为这个原因，才会引发大众在诸如国家大剧院、国家体育馆或中央电视台总部大楼的争论中，焦点往往落在诸如像什么、隐喻什么、象征什么之类的话题上，难以有涉及审美理论深度的分析性争辩与论证。

作为工程型工艺品的建筑，既然与“工艺品”艺术相关联，无论如何，都会关涉艺术美的某种判断。文艺复兴以来的西方建筑史，有关建筑的艺术品位，及围绕建筑形式问题，在美学上展开的讨论与争辩，似乎始终没有停止过。正是这种理论上的讨论与争辩，将西方建筑现代化进程，推进到今天所呈现的这种色彩斑斓的样子。

相比较之，中国建筑界在美学与审美方面的讨论与争论，显得沉默了许多。正是因为这个原因，或是基于一位建筑历史与理论学者所特有的对建筑审美问题的理论自觉，吴教授才在这本并不很厚的专著中，用了专门的章节，以由浅入深的文笔和十分概要的述说方式，将建筑艺术与建筑审美的关系，加以讨论与阐释。

吴教授举出康德“审美无利害关系说”，说明一些西方古典哲学家，认为艺术和审美纯粹是精神领域的东西，并发展了一种非功利性美学观，从而使艺术成为少数精英分子谨守的精神家园和精神表征。吴教授也举出了与这种审美无利害关系或与非功利性美学截然相反的论点，如西班牙哲学家乔治·桑塔亚纳（George Santayana，1863—1952）对非功利性美学提出的批评。他反对那种技术与功能只具有使用价值而没有审美价值的极端观点。在这一分析的基础上，吴教授提出，建筑艺术的性质属于一种“工程型工艺品”的概念。

在吴教授的论证中，其叙述理路是开放的，但逻辑却十分严谨。他既将历史上各种不同，甚至对立的观点引证出来，激发读者的思索，也深入浅出地透过一些逻辑线条，以一种平和而明晰的述说，将自己的思考与观点明白展示出来。

为了对《中外近现代建筑引论》后文论述中有关近现代建筑审美问题加以铺垫，吴教授专门用了一个章节，对建筑美学与建筑审美做了一个展开性论述。他先引出柏拉图提出的“美是什么？”这一话题，将人类历史上有关审美判断的困惑与无奈，直接追溯到人类文明的童年时代——古希腊时期。接着透过唐代文学家柳宗元所言“美不自美，因人而彰”，引出古代中国人主张的美的相对性概念。通过旁征博引，将历史上诸多思想家与哲学家对于审美判断的种种主张加以阐述，特别落墨在当代中国美学思想研究中提出的“意象论”美学上。正是透过这种一张一弛、逻辑紧密的论证，话锋一转的吴教授，将审美判断这一美学话题，巧妙地聚焦在建筑师的立意与构图上，并透过悉尼歌剧院的产生过程，证明人们在建筑意象的直觉性审美感知，会对建筑作品的产生或遴选产生怎样大的影响。这其实也从一个侧面证明，建筑审美并不是某种绝对客观或绝对主观的简单判断所能够阐释清楚的。

在进一步的论证中，吴教授再一次展现了他在知识结构的广博与思维逻辑的缜密两方面的特质。通过整整一章文字，吴教授论述了“建筑感性与建筑审美”这一非常具有审美思辨意义的美学理论话题。在吴教授笔下，古往今来的中国哲人，近代、现代的西方哲学家、美学家，以及几乎是信手拈来的种种生动例证，使得这一深奥复杂的哲学与美学命题，十分轻松地跃然纸上。其中涉及的问题，如审美知觉、主体客体等，似乎显得十分玄奥，但其述说与讨论的文笔却又十分轻松直白。同时其论证过程时时紧扣“建筑”这个主题，使人读来，忽而冥思苦想不解其意，忽而又豁然开悟会心一笑。这种引人思索，令人渐入佳境的叙述风格，是吴教授这本书最令人赞羡而感叹的文笔特征。

4. 现代建筑及其历史地位

吴教授这本《中外近现代建筑引论》与他前两年出版的《建筑学的属性》一书主要不同点是：《建筑学的属性》是对建筑学诸方面、诸层次、诸范畴的理论思考与阐释，是一本有关建筑学、建筑文化、建筑艺术、建筑形式、建筑意象等理论问题的深入探讨。这本新著主要落墨在中外近现代建筑上，既是对国外近现代建筑史的回顾，又是对中国现当代建筑的浏览式评述。

首先，吴教授以他一向的热情与感悟，对近现代建筑发展历史做了一个鸟瞰式回溯。他几乎是用赞颂的口吻，欢呼建筑史上这一新时代——近现代建筑。在引入这个话题时，他采用的标题是“建筑历史的新篇章”“新型建筑师与新型建筑”“20世纪——建筑大变身”。显然，深入研究外国近现代建筑数十年的吴教授，是站在大历史的高度观察18世纪西方工业革命以来，在世界建筑历史上，发生的这一巨大变革的。

作为一名深谙历史发展趋势的建筑史学家，吴教授将建筑历史大趋势，与

社会历史大发展联系在一起。建筑不再是某种孤立的艺术或技术现象。建筑是一整个社会进步与发展的动因与结果。启蒙运动与工业革命以来的西方社会，在工业上的飞速发展，极大提升了社会生产力发展，也极大改变了城市与建筑外观面貌。建筑类型和建造数量大幅增加，房屋建筑变成一种极具经济活力的商品。土木学科与建筑学的脱离，土木学科群的出现，建筑工程技术的日新月异，建筑业与工业的交相融合、相互推进，使得城市与建筑展现出前所未有的发展活力。其中，最令人瞩目，也最令人不可思议的是，自19世纪末至20世纪初，渐次出现的摩天楼建筑，几乎一扫数千年建筑史上，以殿堂与塔阁在城市天际轮廓线上独领风骚的格局。高层商业大厦，甚至高层办公楼、住宅楼，不仅彻底改观了一直以来人类匍匐于大地之上的空间心理，也彻底改变了人们对于城市与建筑的认知。

与飞速发展的社会进步一样，中外近现代建筑的发展，展示的是始终向前飞驰的时间之箭，也是飞驰向前的社会发展之箭。近现代以来的建筑历史，不再是某种孤立的技术史、物质史、文化史或艺术史，城市与建筑发展的历史本身，就是社会经济史、文明史与进步史的充分印证。

在200多年的中外近现代建筑史上，最靓丽的事件，就是20世纪出现的现代建筑大潮。无论当下时代人们怎样不喜欢这个几乎是与历史与传统断裂了的建筑发展事件，都无可否认现代主义建筑，对世界现代建筑史的发展，带来的是革命性、颠覆性突变。每一位具有现代意识的建筑历史与理论学者，无不对这一历史大事件造成的城市、建筑，乃至社会本身翻天覆地的飞跃性发展，既感到震撼与兴奋，也感到疑惑与不解。

凡是带有发展眼光的建筑史学者，对这一伟大历史时代与历史事件，多是带着肯定与赞赏的态度分析与观察。吴教授用了“建筑大变身”这一醒目标题，本身就反映了他对这一伟大建筑历史事件的肯定与赞扬。他讨论了现代建筑运动的兴起，重点分析了对现代主义建筑产生深刻影响的包豪斯，并对在现代建筑运动大潮涌动下出现的美国建筑文化的嬗变过程进行了阐述与分析。进而，他以赞赏的口吻，对20世纪新建筑在形式上，由传统建筑的“厚、重、稳、实”向现代建筑的“轻、光、透、薄”的形态转化加以了论证。在这一论述中，似乎是信手拈来的一个个现代建筑师及其作品，都成为现代建筑运动这一伟大新建筑时代的最好例证。

为了论证现代建筑在历史发展中的合理性与优越性，吴教授用了一个章节，对“现代建筑——有意味的抽象形式”加以论述。现代主义建筑的审美判断，不再深陷于诸如秩序、庄严、宁静、比例、装饰等范畴，也不再局限于与西方古典建筑相关的形式美原则，更不再纠葛于人体测量学、原始棚屋、结构机能主义等启蒙思想影响下的建筑价值判断。透过英国艺术评论家克莱夫·贝尔（Clive Bell）在其美学专著《艺术》中提出的艺术的本质属性是“有意味的形式”，吴教授提出了与现代建筑、现代工艺美术或绘画、雕塑等艺术相关的“有意味的抽象形式”。

20世纪初，从西方绘画艺术由具象向抽象的转化，到20世纪上半叶，建筑形式发展中的去装饰化、赤裸化、方盒子化、几何化等，现代建筑的发展也出现了与现代绘画十分类似的微妙变化。建筑不再像古人所用首饰盒，在封闭、方正外壳上，用金、银、铜等镶嵌于四棱八角处的装饰性做法那样，在建筑物檐口、门窗、柱子上充斥各样雕饰与色彩，而是变得简单、纯粹、洁净、通透、灵活。现代建筑更富于几何感，更体现体块感，更具有灵动感。换言之，现代建筑出现了由具象向抽象的优雅转身。建筑成为“有意味的抽象形式”的艺术载体之一。

正是在这一微妙转变的基础之上，现代建筑在空间与形式的创造上，展示出了前所未有的适应性、灵活性与多样性。因为，如吴教授所言：“现代建筑‘抽象’的体形之所以有意味，是因为它本身包含各色各样的点、线、面、体、色和质料。线有粗细、长短、直曲，面有大小、宽窄、平折、弯曲，体有轻重、虚实、软硬、稳重与动态，材质色彩更是多种多样……将这些要素有目的地加以调配组合，能造出无限多样的建筑形式。”[1]同时，在艺术鉴赏上，吴教授亦认为：“现代建筑形象引出的‘意味’，与所有抽象艺术一样，即使在有审美经验的高水准的赏鉴者面前，可以被感觉，也难以确切把握。”[1]这就在理念与感觉两个层面上，将现代建筑在形式创造上的多样性与审美判断上的模糊性，表达得恰如其分。

[1] 吴焕加《中外近现代建筑引论》第109页，中国建筑工业出版社，2018年。

进一步论述中，吴教授深入到更具当代意义与前卫意义的符号学理念中，对20世纪西方文化中出现的符号学理念与现代主义建筑的关系，加以了分析与比较，并借用20世纪意大利学者安伯托·艾柯（Umberto Eco，1932—2016）的说法："现代派艺术是一开放的记号织体，它们有待于被填充进某种内容，因而不妨把这类作品看成一种'命题函数'，有待与一种内容相关联，而关联方式是多种多样的。"[一]冀以将符号学中记号编码的严格编码、非严格编码与无编码的无限多样性与现代建筑在形式创造与创新上的无穷可能性之间，建立起某种理论上与逻辑上的联系。

正是在这一理论阐释的基础上，吴教授断言："现在建筑师每次做建筑设计，都是在'创作'，都是在'创新'，也即是在'发明'。除了一次批量建成的同类型建筑物（住宅楼等）外，稍微重要的建筑，特别是公共建筑和地标性建筑，方针是'人无我有，人有我新，人新我奇'，目标是搞出从所未见、独一无二的建筑形象。"[二]透过基于符号学思维的建筑理论阐释，将现代建筑在形式创造上的自由度与自主性，发挥到如此明白无误与畅快淋漓的地步，在现当代中国建筑理论与创作领域，这几乎是第一次。这就从根本上，为现当代建筑创作，在形式创造上的新奇化与多样化的合理性，奠定了一个基础。

最后，吴教授将笔锋转向了"欧美近现代建筑"与"中国的近现代建筑"两个话题。对欧美近现代建筑的观察，一改以往研究西方近现代建筑史时，对现代建筑加以流派划分或潮流归类的习惯性做法，吴教授提出了"潮起潮落——人自为战"的判断。也就是说，自20世纪70年代以来的欧美现代建筑发展，虽然高潮迭起，却早已是"人自为战"的态势。其转折点，大约与后现代主义的兴起，或后现代主义建筑师对现代建筑的批评，以及对现代主义建筑理论的质疑有关。吴教授用了"颠覆者文丘里"这一小标题，彰显这一转折。

显然，吴教授对现当代建筑的这一判断，仍是建立在他之前提出的，现当代建筑师的创作应该是各具特色的"创新"这一基本命题之上的。在这里他举出了

[一] 吴焕加《中外近现代建筑引论》第110页，中国建筑工业出版社，2018年。

[二] 吴焕加《中外近现代建筑引论》第112页，中国建筑工业出版社，2018年。

后现代、高技派、解构派，以及“混沌”“非线性”等20世纪80年代以来兴起的几种主要建筑思潮。重要的是，对这些建筑师及其作品的流派归纳，与吴教授关于现代建筑那种“人无我有，人有我新，人新我奇”的基本判断并不矛盾。

吴教授特别举出了美国建筑师弗兰克·盖里（Frank Owen Gehry）的例子。他强调的不仅是盖里那一座座独领风骚、别出心裁，令人耳目一新的作品（图4-7），更是他早在1976年就直言不讳提出的“不存在规律，无所谓对，也无所谓错。什么是美，我闹不清楚”[㊀]等颠覆性建筑表述。这些令人不解的话语，使人几乎对国外现当代建筑的认识三观颠倒，却也正与吴教授对国外现当代建筑所做的“潮起潮落——人自为战”的基本判断相契合。重要的是，盖里所倡导的，建筑师应该从“文化的包袱下解脱出来”，应该追求“无规律的建筑”（no rules architecture），更像是这位建筑师向数千年世界建筑发展基本观念与理论提出的某种挑战。

在其后章节中，吴教授对中国近现代建筑的历史回溯与价值判断，在叙述与论证上，显得小心翼翼了许多。他从“中国传统建筑体系”出发，借用晚清人物李鸿章提到的，中国社会所处之“三千年未有之变局”，对自晚清至当下中国

图4-7　弗兰克·盖里设计的毕尔巴鄂古根海姆美术馆

㊀ 吴焕加《中外近现代建筑引论》第143页，中国建筑工业出版社，2018年。

近现代建筑作了一个浏览性勾勒，并着意讨论了中国近现代建筑史上，尤其显得突出的“传统与现代”关系这一话题；并从审美品质的角度，对时下仍然流行的“仿古建筑”加以点评。

但是，他并没有简单地肯定什么或否定什么，而是理性地指出，自民国时期的“固有建筑”到20世纪50年代的“大屋顶”建筑，以及波及至今的拟古、仿古的建筑创作倾向，只是：“在尊古怀旧倾向影响下，有的人的历史观加进抒情化的成分，出现诗意的历史论述。”㊀同时，他还回顾了与欧风东渐同步的中国近现代建筑简史。

仔细读来，这一部分的话虽不多，却是基于对中国近现代建筑本身特有之矛盾性与复杂性的缜密分析。一方面，对数千年传统文化的流连与回味，沉淀为一股回归传统的潮流涌动；另一方面，对窗外世界波澜起伏的巨变与现代文明色彩斑斓的昭彰所感受的目不暇接，激发出一种追逐与超越的激情。

显然，吴教授没有对当下流行的五彩缤纷、琳琅满目的中国新建筑加以评价与议论。原因之一，也可能是因为时间距离太近。历史学家往往需要透过一个时间距离来观察与判断，才能够得出比较恰当的结论。毋庸讳言的是，从吴教授欢呼与倡导建筑设计要“创作”与“创新”，现代建筑创作应采取“人无我有，人有我新，人新我奇”策略的角度观察，即使以笔者浅陋与愚钝的理论思考，也时而慨叹，为什么高速发展数十年，建造规模与数量，在世界建造史几乎是史无前例的中国建筑领域，在我们满目中充斥的，虽不说是千城一面、千楼一面，至少也是似曾相识呢？为什么即使是一些前卫建筑师，也只是踏着外国建筑师的脚印踯躅前行，难有真正意义上的超越与独创呢？为什么至今也没有出现几座令世界眼睛一亮，前所未有，独一无二，真正代表近些年来新中国建筑师全新思考与创造的真正令人耳目一新的创新性建筑作品呢？

当然，吴教授在他的这本新著中，并没有提出这样的疑问，他似乎只是从对中国新建筑创作的期待与信心出发，提出了“行进中的中国建筑”这一命题，主张“为中国建筑转型转轨鼓与呼”，并强调“转型不是抛弃，是扬弃，是进

㊀ 吴焕加《中外近现代建筑引论》第143页，中国建筑工业出版社，2018年。

步”，以及“有望出现更多具有中国风貌特色的现代建筑”等愿景。也就是说，他既没有否定中国建筑在传统与创新方面的探索性尝试，也没有否定打开国门，尽可能多呼吸窗外新鲜空气，建造更多与国际接轨新建筑的全新努力。他主张“现在的建筑，必然循包容式发展的路线前行。”[1]因为，在吴教授看来，惟有包容，才有多样，也惟有多样，才会有真正的创新与发展。而创新与发展，才是未来中国建筑所应遵循的真谛所在。

[1] 吴焕加《中外近现代建筑引论》第236页，中国建筑工业出版社，2018年。

西方建筑理论的六个基本范畴[一]

——戴维·史密斯·卡彭《建筑理论（上、下）》译后记

注意一下近一个时期以来国内的建筑杂志，人们就会发现，中国建筑界围绕建筑理论问题的讨论已经有些时日了，讨论的核心仍然是20世纪50年代提出的“经济、适用、美观”这样一些十分基础的建筑理论原则问题。但是，如果将这些问题深究一步，比如：为什么会以这三条基本原则作为理论的指导？这些原则的理论依据是什么？这三条原则能否覆盖当前建筑实践中所遇到的种种复杂问题？这些原则是否具有普遍意义，例如，影响20世纪国际建筑发展的理论原则，与这三条原则之间有没有什么关联？如此等等，我们就会觉得对于这样一些理论问题，目前的讨论尚未能给出一个十分准确的回答。

有一点建筑史知识的人都知道，西方建筑理论的基础是两千年前的古罗马建筑师维特鲁威提出的“坚固、实用、美观”的建筑三原则。其中的“实用”，也可以表述为“适用”，因而，通过比较可以发现，我们在20世纪50年代提出的“经济、适用、美观”建筑三原则，其中的两个原则是从西方古典建筑理论中沿用而来的。而另外一个原则：“经济”，其实也是来自西方文艺复兴以来的建筑思想。19世纪的法国建筑师就在文艺复兴建筑中发现了“节约理性”的概念，并将之运用到当时法国的建筑理论中。[二]“节约理性”概念的核心，就是建筑的“经济”原则，这说明近代西方人也很重视建筑理论中的“经济”问题。

[一] 本文初载于笔者翻译的英国人戴维·史密斯·卡彭所著《建筑理论（上）维特鲁威的谬误——建筑学与哲学的范畴史》与《建筑理论（下）勒·柯布西耶的遗产——以范畴为线索的20世纪建筑理论诸原则》中译本全书卷首，初名“译者的话”，中国建筑工业出版社，2007年。

[二] 汉诺-沃尔特·克鲁夫特《建筑理论史——从维特鲁威到现在》，第21章，“19世纪的法国和巴黎美术学院”，王贵祥译，中国建筑工业出版社。

这样我们可以得出一个推测，我们的“经济、适用、美观”建筑三原则，是从西方建筑理论中嫁接而来的。其中既有西方古典建筑理论的基础，也有西方近现代建筑理论的内涵。也就是说，以这样三条基本原则来指导我们的建筑创作实践，在理论上还是有所依托的。但是，新的问题接踵而至。比如，是否这三条原则覆盖了建筑理论的全部？或者说，这三条原则是否就是建筑理论的基本范畴，是否还有其他的范畴存在？事实上，我们面前的这套由笔者翻译的英国人戴维·史密斯·卡彭（David Smith Capon）的建筑理论著作：《建筑理论（上）维特鲁威的谬误——建筑学与哲学的范畴史》与《建筑理论（下）勒·柯布西耶的遗产——以范畴为线索的20世纪建筑理论诸原则》就是为了尝试着回答这样一些问题而写作的。

这套建筑理论著作分为上、下两册，上册是作为理论基础而架构的，是一个涵盖了西方古代、中世纪与现代哲学史与建筑理论史的概要性阐述，下册则是对西方建筑理论，特别是西方现、当代建筑理论的一个系统的描摹，作者把从西方哲学史与建筑理论史上衍生出来的几个基本的与派生的理论范畴作为核心的纲要，并引经据典地将20世纪以来的重要建筑师与建筑理论家在其著作中所阐释的种种相关的思想加以比较，十分细致地做了一番由此及彼、由浅入深的理论阐释，其内涵是丰富的，其逻辑是缜密的，其内容也是充实的。

这套书的上册，作者以西方建筑理论的奠基人维特鲁威“坚固、实用、美观”的建筑三原则为出发点来展开他的论述。尽管维特鲁威仍然没有能够完全摆脱具有神话与象征色彩的建筑思考，但是，维特鲁威的理论却已经植根于希腊理性哲学的土壤之中了。人们可以为维特鲁威的建筑三原则做出各种不同的哲学界说，但与维特鲁威建筑三原则最为接近的是希腊古代哲学家柏拉图的哲学三原则——“真、善、美”。“真”与材料和结构及建造过程的真实性是分不开的，这体现为建筑的“坚固”原则；“善”与建筑所能予人的功能便利是分不开的，这体现为建筑的“实用”原则；“美”与建筑所表现的令人赏心悦目的形式是分不开的，这体现为建筑的“美观”原则。

但是，维特鲁威的建筑三原则是否就都是居于第一位的观念范畴呢？比如，后来的一些建筑理论家就提出了，建筑结构的坚固性原则，其实是一个可以附属

于其实用性原则之下的第二层次的原则，而建筑的美观性原则，其实也包含了“形式”与“意义”两个并置的第一层次的范畴，其中的“意义”是一个与建筑的造型与装饰，乃至历史相关联的范畴，与其相并列的第一层次的范畴，是从“实用”中衍生而来的“功能”范畴。这样，我们可以认为，建筑中真正居于第一层次的范畴应该是“形式、功能和意义”。

但是，这样三个基本范畴，并不能涵盖建筑的全部属性。建筑范畴中还有“主观的”与“客观的”或“确定的”与“任意的”之区别。结构的坚固性，功能的实用性，一般是可以归在“客观的”或“确定的”范围之内，而形式的美观与否，形式中蕴含着什么样的意义，却是可以归在“主观的”或“任意的”范围之内。这其中又分出了“精神”与“物质”两个层面。再深究之，建筑理论范畴，还可能与社会及历史因素发生关联。比如，建筑的时代性，其实蕴含了某种精神或意志的因素在其中。建筑之所有者，或某一时代的统治者，甚至建筑师本人，都可能会将自己的意愿或意志强加在建筑之上。

同时，每一座建筑物还有一个所处“场所”的问题，例如在村落与城镇景观中由建筑与其周围环境所构成的如诗如画的境界，或建筑所表现出的某种地方性的或历史延续性的感觉，其实都可以归在一个特殊的范畴之下，这个范畴在文章中称作“上下文”，在历史承续性上称为“文脉”，而在特定的空间场所中，似可称为“背景”或“依托”，总之这是一个十分复杂，但又不可或缺的建筑范畴。为了方便起见，我们不妨暂时沿用此前所译的“文脉”一词，只是我们在用这个词时，一定要慎之又慎，其词义在不同的上下文中是并不相同的。

这样我们就获得了六个范畴：“形式、功能、意义、结构、文脉、意志”。这六个范畴又各自内蕴了十分丰富的内容。例如，功能范畴中至少蕴含了使用的合理性与建造的经济性两个方面的内涵。结构范畴中，既有建造过程的内涵，也有材料、结构与构造的内涵。具有主观性与任意性特征的“形式”范畴，其内涵中则有着更为丰富的内容。由此引发的建筑审美的主观性与客观性，一直是建筑领域中争论不休的问题。

更重要的是，建筑之理论，不仅表现为单一的概念范畴，还表现为概念之间的相互关联，两种概念以其特定的相互关系而构成了一种新的概念，其关系或是合并的，或是互补的，或是因果的，或是内在的。这就有如色彩学中的色谱一样，红、黄、蓝三原色处在第一层次的位置上，我们可以将之与建筑的三个基本范畴“形式、功能、意义”相比较；由这三原色的两两相并，出现了处在第二层次位置上的橙、绿、紫色，我们可以将之与建筑的三个派生范畴“结构、文脉、意志”相比较。如同色彩中色谱关系一样，进一步的合并与互补关系，还可以生发出更为细微的建筑关系范畴。当然，建筑的基本范畴与派生范畴远没有色彩的基本色与派生色那么简单而理性，书中的类比，只是提供了一种思考的方法。

正是从对这些哲学范畴与建筑范畴的相互对应与分析综合中，作者逐渐向我们铺展开西方建筑理论的广阔画面。从作者的叙述中，我们可以看到，建筑理论大厦的奠基，其实是以西方历史上许多令人眩目的伟大哲学家的深邃思维联系在一起的，古希腊的柏拉图、亚里士多德，古罗马的柏罗丁、西塞罗，中世纪的奥古斯丁、阿奎那、波拿文都拉，以及后来的培根、休谟、康德、黑格尔，乃至晚近的叔本华、尼采、孔德、维特根斯坦等，都为这座“理论大厦”的基座增添过砖瓦，而与这些哲学家相并行的则是群星璀璨的建筑理论家们，从维特鲁威、阿尔伯蒂、帕拉第奥，到莫里斯、拉斯金、申克尔、森佩尔，再到沙利文、桑特、埃利亚、佩夫斯纳、勒·柯布西耶，直至20世纪末的汉诺-沃尔特·克鲁夫特、诺伯格-舒尔茨等，以及一大批杰出的实践建筑师和他们丰富的建筑创作理念，使西方现代建筑理论既根基深厚，又内涵丰富。这或许就是为什么西方现当代建筑在创作上的丰富与多变，总是令我们眼花缭乱、目不暇接的可能原因之一。

经过了这套书上册的对西方哲学史与建筑理论史中的范畴史的深入追溯，下册将其内容集中在这些基本与派生范畴的理论阐释上。作者的论述深入浅出，在一个基本的理论架构下，作者充分引述了20世纪著名建筑师与建筑理论学者的种种观点，使其理论表述有了十分充实的依据，另一方面，对建筑理论的丰富内涵加以条分缕析，使我们面对了一个可以诉诸知解力的理论体系。其中的许多观点，几乎是切中我们当前所面临的建筑时弊的。

举例来说，维特鲁威建筑三原则中的“美观”原则，其实可以分解为现代建筑范畴中的两个基本范畴，一个是“形式”范畴，是与建筑的造型是否美观联系在一起的，另外一个是“意义”原则，即建筑造型或装饰中，是否包含有某种象征性的意义内涵。“形式”范畴与20世纪欧洲建筑史上的风格与流派发生了关联。通过对这一范畴的探究，可以大略理解20世纪欧洲风格派与形式主义各流派产生的原因与背景。从而对20世纪一度出现的极少主义、风格主义，以及建筑造型的简单性与复杂性等问题进行探究。

与“形式”范畴关联最为密切的是“功能”范畴。沙利文的“形式服从功能”构成了20世纪西方功能主义建筑思想的主要脉络。而功能问题既涉及空间，也涉及经济，更与建筑类型问题密切相关。每一种新的建筑类型的发展，都是伴随着有关这一类型建筑的功能研究而进行的。对于“功能”范畴的研究，导致了建筑思维的理性化与逻辑化。其核心的关系是因果式的。20世纪建筑与城市领域发展中一切与机器时代富于理性色彩的因果性逻辑概念相关联的思考，都是与“功能”范畴分不开的。“功能”范畴中甚至包含了道德性因素，如对经济问题的关注，对便利性与有效性的追求，对建筑材料与结构的真实性问题的关注等。其典型表现是建筑中追求质朴与直率的粗野主义。这种道德性因素突出地表现在建筑之功能与结构的真实性方面。例如，沙利文曾抨击银行的风格，并对百货公司在功能与形式上的诚实表示喝彩。范德·维尔德则宣称“占统治地位的建筑都像是在说谎……都故作姿态，毫无真实可言”，而勒·柯布西耶则认为那些不顾功能与结构而盲目追求历史风格的建筑，如同是在说谎一样，他认为这种“缺乏真实”的做法“是无法忍受的”。[⊖]

20世纪建筑中的“意义”范畴，是与20世纪西方思想与哲学的发展密不可分的。而意义与历史及装饰也有着密切的关联。意义的表现又与设计者的审美鉴赏力相关，从而与时尚及风格发生了联系。然而，简单地将建筑分为某种主义或流派的方式，也不是建筑师们所应当提倡的。重要的是，20世纪的西方建筑理论家们十分反对那种贴标签式的做法，针对绘画与艺术领域发展起来的许多主义，莫霍利-纳吉曾经犀利地指出：“在我们今天的艺术术语学中，主义变成了惟一的分类手段。但是，事实上没有所谓主义这类事情，只有单个艺术家的作品而

⊖ 见《建筑理论（下）勒·柯布西耶的遗产——以范畴为线索的20世纪建筑理论诸原则》第四章“功能与功能主义”中的“道德”节，王贵祥译，中国建筑工业出版社。

已。”[一]格罗皮乌斯也反对“评论家们急于为当代建筑运动分类的做法……他们将每一种运动整齐地摆放在贴有一个风格标签的棺材中……从而将活的艺术与建筑僵化……更像是要窒息而不是刺激创造性的活力”。[二]这样一些观点，对于那些热衷于步某种主义或流派后尘的建筑师们来说，确实是值得斟酌与借鉴的。

通过对建筑之“意义”范畴的阐述，我们还可以注意到在西方近现代建筑史上也曾出现过某种类似今日中国人追求所谓“欧陆风”式样的那种盲目追求欧洲传统风格建筑的潮流。本书的作者引用了沙利文在19世纪末所说的对这种潮流进行抨击的刻薄的话：“我们为学院和住宅准备了都铎时代的风格，而为银行和火车站，以及图书馆，准备了罗马风格，或者是希腊风格，如果你喜欢的话……。我们还有哥特风格、古典风格和文艺复兴风格，这是专为教堂准备的……。为居住区我们则可以提供意大利式样，或路易十五式样的风格。”[三]弗兰克·劳埃德·赖特更是用挖苦的口吻提到了“郊区住宅炫耀……城堡、庄园邸宅、威尼斯宫、领主城堡，以及安妮公主小城堡”的例子。[三]在谈到20世纪80年代一度流行的后现代主义建筑，作者在对后现代主义做了深入分析的基础上，也引用了1986年《建筑评论》中所宣称的“后现代主义已经死亡”的话时所指出的“从一开始人们就已经知道，这不过是一具化了妆的尸体”。[四]而当时的中国建筑界，以盲目追求传统符号为特点的后现代主义风潮似乎刚刚开始兴起。这一点恰恰是值得引起人们深思的。

20世纪西方建筑理论，对建筑中的模仿行为更是持了严厉的批评态度。作者先后引了斯科特的话：“手中拿着德国样式手册的无知建造商们，不大可能去创造空间、比例和高尚”，和瓦格纳的话：“决不要去做那种从其他范式中拷贝、

[一] 见《建筑理论（下）勒·柯布西耶的遗产——以范畴为线索的20世纪建筑理论诸原则》第五章“意义与历史主义”中的“分类与典型”节，王贵祥译，中国建筑工业出版社。

[二] 见《建筑理论（下）勒·柯布西耶的遗产——以范畴为线索的20世纪建筑理论诸原则》第五章“意义与历史主义”中的“符号与象征”节，“象征主义”小节，王贵祥译，中国建筑工业出版社。

[三] 见《建筑理论（下）勒·柯布西耶的遗产——以范畴为线索的20世纪建筑理论诸原则》第五章“意义与历史主义”中的“意义的诸方面”节，“相似性与联想性”小节，王贵祥译，中国建筑工业出版社。

[四] 见《建筑理论（下）勒·柯布西耶的遗产——以范畴为线索的20世纪建筑理论诸原则》第五章“意义与历史主义”中的“批评、理论与历史”节，“后现代主义”小节，王贵祥译，中国建筑工业出版社。

模仿的事情”，以及弗兰克·劳埃德·赖特所抨击的那种“模仿模仿之物，拷贝拷贝之物”的做法。㊀作者所引的这几位人物都是20世纪初的著名建筑师或建筑理论家，但是，在过去了将近一个世纪之后的今日，在面对一些发展商或建筑师手持各种建筑图册“漫不经心地重复”与拷贝那些已有的样式与细部时，读到这些铿锵有力的话，仍然能够体验得到其中那种令人振聋发聩的感觉。

但是，这并不是说建筑历史知识对于建筑师们而言就已经是可有可无的了。作者所引述的一些建筑理论学者的观点认为，历史建筑的象征性，以其形式所传达的是“强烈的情感负担”，正是这种象征性将一个社会凝固在一起，而这些象征性恰是坚实地根植于过去的。因此，作者引了贝吕斯奇的话：“我们需要容忍以往所有的形式与象征，因为人们需要它们……因为它们提供了一种连续的感觉，这种感觉使人们对它们的发展演变确信不移”。㊁美国建筑史学家里克沃特更是得出结论说：“对于一个人来说是记忆的东西，对于一个群体来说就是历史……没有什么建筑是没有历史依托的……。一种历史知识显然是一位设计者的才能与方法的核心部分。”㊁这些耐人寻味的话是值得我们的建筑师去深思的。

关于建筑的“结构”范畴，以及由此引发的一系列材料、结构及设计理念问题，在这套书下册的“结构与结构主义”一节中得以充分的阐发。作者明确地提出了，现代建筑在材料的选择上，已经与传统建筑有了根本的区别，传统建筑的基本材料是土、木、石，而现代建筑的基本材料是玻璃、混凝土、钢。在材料选择上的变化，无疑会影响到建筑设计的理念与方法。围绕“结构”范畴而出现的一些建筑思潮，如高技术问题，如对建造过程的形式表达，以及20世纪20年代苏联建筑中一度出现的形式主义的“结构主义”现象，都从这一范畴中找到了某种解释。当然，这里的“结构”范畴，并不像我们所想象的那么直白与简单。其中内涵了十分丰富的思想，如有机理论，如合理化与标准化问题等，都是我们在建筑创作中可能经常遇到的。

㊀ 见《建筑理论（下）勒·柯布西耶的遗产——以范畴为线索的20世纪建筑理论诸原则》第五章“意义与历史主义”“意义的诸方面”节，“相似性与联想性”小节，王贵祥译，中国建筑工业出版社。

㊁ 见《建筑理论（下）勒·柯布西耶的遗产——以范畴为线索的20世纪建筑理论诸原则》第五章“意义与历史主义”中的“符号与象征”节，“象征主义”小节，王贵祥译，中国建筑工业出版社。

如前所述，这本书还为我们厘清了一个重要范畴，即所谓的“文脉”问题。20世纪80年代，当这个术语伴随着后现代建筑思潮而涌入到我们的建筑话语中时，人们似乎并不真正了解其意。那时的许多文章，将“文脉”一词，与传统符号的沿用联系在一起。其实，“文脉”一词的原本意思，是文章中的“上下文”，并且多少含有“语境”的意思。用于建筑中，可以理解为“背景”“相邻环境”等。这样来看，“文脉”一词可能包含有与相邻建筑之风格与造型，乃至细部装饰相呼应的问题，但却与本不和这座建筑相邻的诸如一般意义上的传统建筑符号等问题风马牛不相及。反之，其更多的含义，还包括这座建筑所处的外在自然或城市环境，如街道景观、自然风貌等。也就是说，一座建筑应该如何融入既有的建筑或自然环境之中。正是基于这样一种思考，一种重要的创作理念，即城镇景观与园林景观的概念，便深入到人们的设计中来，由此而出现的“如画风格”的探讨，以及地方主义、新乡土主义等建筑思想也找到了其恰当的归宿。[㊀]

现代建筑理论中还有一个十分重要的范畴，即“意志”。其实，这一范畴并不难理解。比如，一个国家可能会将国家的“意志”赋予其标志性的建筑之上。如我们在20世纪50年代所建造的北京十大建筑，就是一个例子。刚刚摆脱了百年屈辱而站立起来的中国人，以自己民族的传统形式来表达将自立于世界民族之林的意志，当然是无可厚非的。同样，一个特定的时代，也会涌动着某种时代的思潮，这种思潮也会以某种时代“意志”的方式，进入到这一时期的建筑之中。所谓“时代精神”在建筑中的体现，其实就是这种“意志”的外化形式。这一点正如弗兰克·劳埃德·赖特在谈到美国建筑中的“真正的现代”时所说的：“无论何时建筑是伟大的，它也就是现代的……那些现在使我们感受到现代之冲动的原则，也正是那些感动了法兰克人和哥特人的原则……。如果在火星上或金星上有建筑学的话，同样的原则也会在那里起作用。”[㊁]从赖特的这段话，我们也可以体会到，现代建筑其实就是一种时代意志的体现。其实，20世纪出现的一系列建

㊀ 见《建筑理论（下）勒·柯布西耶的遗产——以范畴为线索的20世纪建筑理论诸原则》第六章“文脉与文脉主义”节，王贵祥译，中国建筑工业出版社。

㊁ 见《建筑理论（下）勒·柯布西耶的遗产——以范畴为线索的20世纪建筑理论诸原则》第八章“意志与现代主义”，王贵祥译，中国建筑工业出版社。

筑流派，如新艺术运动，如未来主义、表现主义等，其中不仅包含有时代意志的成分，也包含有建筑师个人意志的成分。这一点正如范德·维尔德所说的：“艺术家是一位自由的凭直觉创作的创造者……。只要是德国制造联盟的艺术家，就自然会反对任何既有的教条，也反对任何标准化的东西。艺术家基本上和在内心深处是一位充满热情的个人主义者。”[㊀]这里所说的“个人主义”，其实指的就是，在创作中会表达出建筑师个人的感情和“意志”。毋庸讳言的是，从道德意义上讲，这种建筑师个人“意志”的体现，要比盲目地重复已有的建筑，或照搬建筑图册中既有的造型与细部的做法，更应该值得提倡。

当然，要读懂这样一部两册本的涵盖西方两千多年哲学范畴史与建筑理论史的理论性很强的著作，是需要花费一些力气的。既需要有扎实的西方哲学史与思想史的理论功底，也需要有敏锐而明晰的建筑理论与建筑创作的深刻体验与感觉。虽然，在初读的时候，可能会在一些抽象的理论表述上遇到一些迂回曲折的概念纠葛，或是因为理论基础的薄弱而有不甚明了的感觉，但若下一点仔细而反复的阅读功夫，相信还是能够有大的收获的。重要的是，即使我们不能够深刻地了解或完整地接受这一奠基于西方哲学范畴史基础之上的完整的建筑理论体系，但是，若能够从《建筑理论（上、下）》的字里行间感悟到一些较为深刻的理论内涵或创作原则，也是不无裨益的。

例如，关于前面已经提到的建筑道德问题，在建筑创作中对原创性的强调，就包含了这种伦理性要素，建筑作品的“真实性”首先应该体现在其原创性上。反之，任何模仿，包括对传统建筑的仿造或对同时代建筑风格的模仿，其实都应该是受到谴责的。此外，建筑应该符合其特定的性格，住宅即是住宅，车站就是车站，将一座火车站建成一座古代寺庙的模样，或将一座住宅造成希腊神庙的样子，其道德上的失误与虚伪和欺骗没有两样。在建筑材料与结构的真实性上也存在着同样的问题，如罗杰·斯克鲁顿所谈到的假大理石柱给人造成的失望感[㊁]，就是一个例子。现在的园林建筑中常常出现的人造树或人造石，也属其例。在文

㊀ 见《建筑理论（下）勒·柯布西耶的遗产——以范畴为线索的20世纪建筑理论诸原则》第八章“意志与现代主义”“新艺术运动”节，王贵祥译，中国建筑工业出版社。

㊁ 见罗杰·斯克鲁顿《建筑美学》，刘先觉译，中国建筑工业出版社，2003年。

物建筑保护中特别提倡的文物建筑的“真实性”原则，就是以这样一种伦理性范畴出发而考虑的。当人们去观摩一座古代建筑却被告知其所面对的是一个假古董时所受到的心理伤害，与人们期待看到一座好的建筑作品或希望有一种真实的材料体验的时候，却发现这是一件似曾相识的模仿之作，或其所看、所触的感觉良好的材料质感，都是一些虚假的仿冒材料时，所感受到的索然无味是一样的。

当然，对建筑理论的探讨还远远没有终止，现代建筑理论还处在一个不断探索与发展的过程之中，这两本对西方传统与现代建筑理论的研究性论著，也只是对已有建筑理论与创作的一个总结，新的理论与实践探索仍然在等待着我们，何况我们还有中华民族自己广博而深厚的思想与文化渊源，还应该不懈地求索更为符合现代中国特色的建筑理论范畴与理念，从这一意义上讲，在这里我们可以引为结束语的仍然是那句老话：他山之石，可以攻玉。

建筑的理想、理想的建筑与建筑的乌托邦[㊀]

《装饰》杂志要做一个专题栏目，大体的意思是“设计的理想”，邀笔者写一篇有关建筑理想或理想建筑之类的文字，还可以谈一点与建筑“乌托邦”有关的话题。说来惭愧，尽管曾经翻译了几本西方建筑理论与历史方面的著作，但因为西方建筑理论史话题，涉及的范围过于庞杂，做翻译的时候，虽然多少留意了一点西方建筑乌托邦的思想，但对于西方人建筑理想或理想建筑，却没有更多的关注与思考。面对这样一个不很熟悉的话题，只好临时抱佛脚，将自己过往出版的几本拙译，以及国内外一些与建筑理论有关的书籍再匆匆忙忙地翻阅一下，希望理出一个大致的线索来。如此来看，这篇拙文大约也只能算是一篇个人读书心得的梳理。

一、西方人的建筑理想

西方人似乎十分钟情于“理想”这个概念，比如，柏拉图的哲学著作《理想国》，以及奥古斯丁《上帝之城》中所论述的种种心心念念的完美社会、完善道德与良好教育场景，大约都可归在早期欧洲人对于未来理想社会的某种憧憬式著述。

英国人海伦·罗西瑙（Helen Rosenau）在其所著《理想城市——及其在欧洲建筑学中的演变》一书中指出：“渴望获得完美的物质环境和更令人满意的生活方式是西欧文明的特征，因为它具有活跃的力量并包含着经济社会的变化和探索。”[㊁]

㊀ 本文应清华大学美术学院《装饰》杂志编辑邀约撰写，初载于《装饰》2021年第一期。

㊁ 海伦·罗西瑙《理想城市——及其在欧洲建筑学中的演变》尚晋译，中国建筑工业出版社，2019年。

德国人克鲁夫特的《建筑理论史——从维特鲁威到现在》，以及上文提到的《理想城市——及其在欧洲建筑学中的演变》，两书作者都谈到或罗列了欧洲历史上一系列理想城市案例。例如，两本书都提到维特鲁威《建筑十书》中的一种理想城市平面。为了强调建筑师在理想城市与建筑创作中的价值与作用，维特鲁威甚至："将整个宇宙的形成描述为某种建筑设计过程，在这一过程中，宇宙的规则与建筑的规则是相互关联，相互印证的。这一观点后来成为他为建筑而创造的某些观念的一个基础，上帝被看作是世界的建筑师（deus architectus mundi），而建筑师则是仅次于上帝的神（architectus secundus deus）。"㊀

克鲁夫特列举了诸多西方历史上的理想城市与建筑，如意大利文艺复兴建筑师菲拉雷特著作中提到的理想城市"斯弗金达城"（图4-8），以及16世纪意大利建筑师斯卡莫齐的理想城市"帕尔马诺瓦城"（图4-9），甚至艺术大师莱昂纳多·达·芬奇基于分散原理、城市发展，以及卫生学等方面基础上提出的一些在当时具有理想化色彩的城市规划理念（图4-10）等。

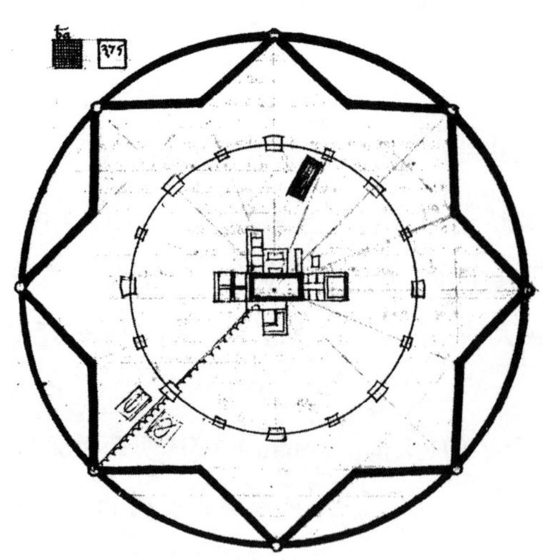

图4-8 菲拉雷特的理想城市"斯弗金达城"平面图——克鲁夫特《建筑理论史》

㊀ [德]汉诺-沃尔特·克鲁夫特《建筑理论史——从维特鲁威到现在》第3页，王贵祥译，中国建筑工业出版社，2005年。

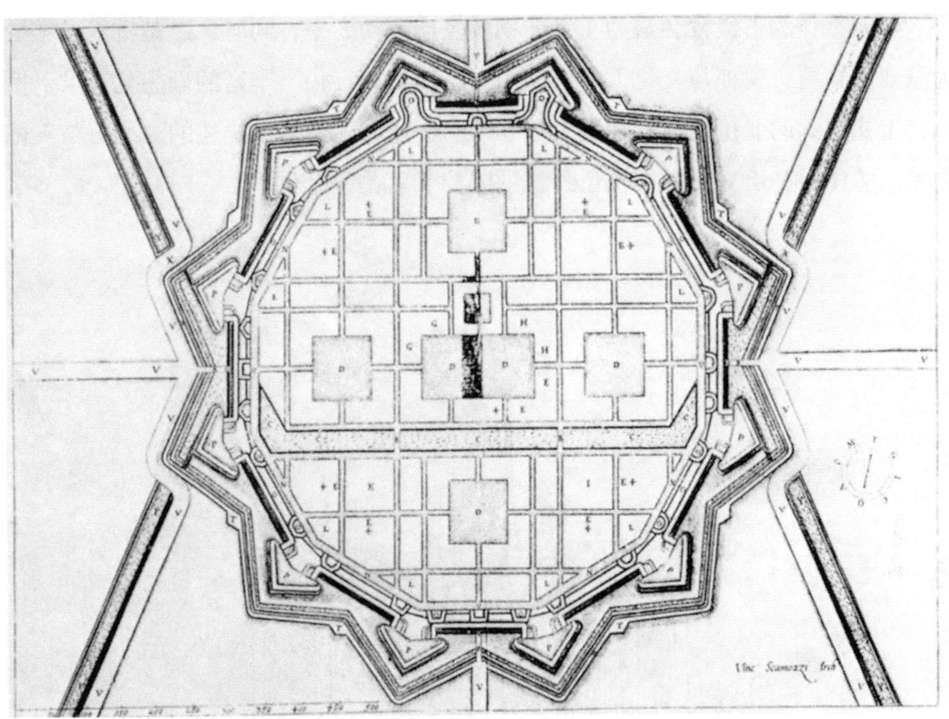

图4-9　斯卡莫齐的理想城市“帕尔马诺瓦城”平面图——克鲁夫特《建筑理论史》

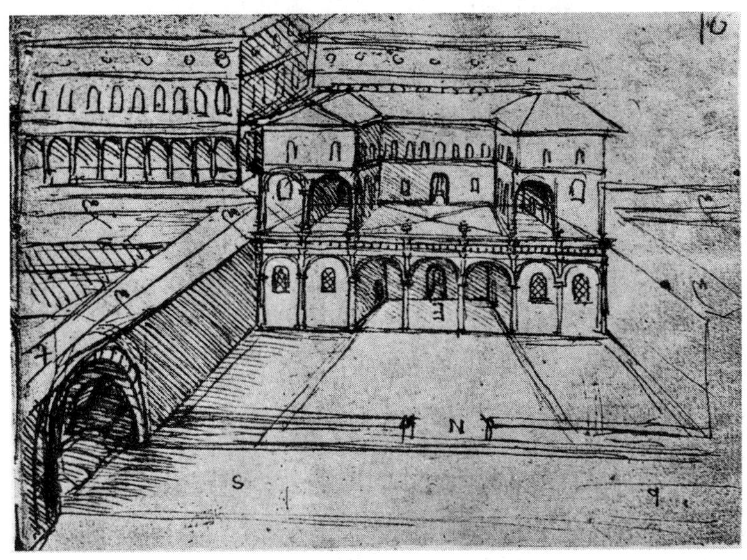

图4-10　莱昂纳多·达·芬奇关于城市交叉分流的设计草图——克鲁夫特《建筑理论史》

建筑，作为古代社会最为重要的物质生产活动之一，同时，也是古代人类最为重要的物质、精神与文化诉求，其中很可能负载有相当丰富的理想化追求。例如，上文提到的菲拉雷特，在其有关“斯弗金达城”一书中描述的“恶习与美德之屋”（House of Vice and Virtue）（图4-11）就是一个例子。

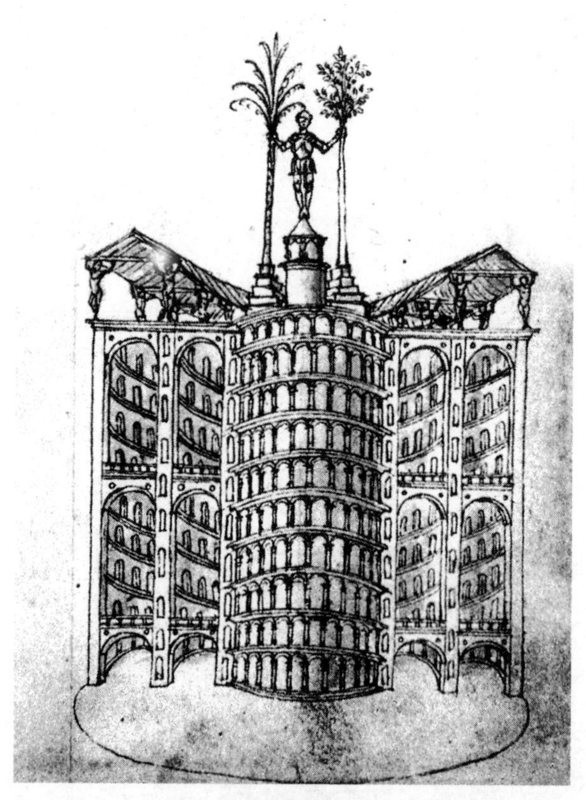

图4-11　菲拉雷特的“恶习与美德之屋”剖视图——克鲁夫特《建筑理论史》

大约同一时代的意大利建筑师克罗纳想象的两座建筑，也可以纳入“理想建筑”的范畴。这两座想象中的建筑分别是“带方尖碑的金字塔”（图4-12）和在天主教徒们看来，具有异教形象的圆形殿堂——“维纳斯神殿”（图4-13）。“这座神庙建筑，‘以圆形大厅的艺术形式，是为举行进入维纳斯王国的起始仪典而用的。而维纳斯是多明我会的修道士能够允许自己在梦中所表现的唯一的异

图4-12 克罗纳想象的“带方尖碑的金字塔”——克鲁夫特《建筑理论史》

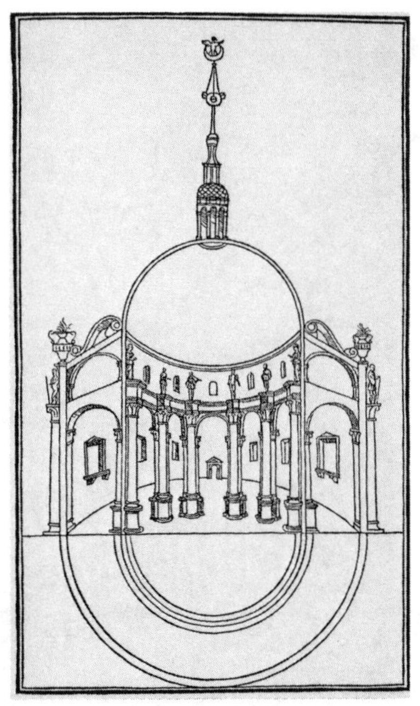

图4-13 克罗纳想象的“维纳斯神殿”——克鲁夫特《建筑理论史》

教形象。”㊀

在谈到16世纪法兰西建筑的时候，克鲁夫特指出：“有关‘理想’建筑的观念弥漫在整个16世纪的法国文化圈中，比如德洛姆的朋友弗朗索瓦·拉伯雷（Francois Rabelais，1494—1553）对泰勒玛修道院（Abbey of Thelema）的虚构描写就是一例。”㊁在这座修道院中，“拉伯雷设想了一个理想化了的礼仪之邦，被容纳在一座至美至善的理想建筑之中。”㊂这座修道院中所提倡的“教育理想就是：‘他们受到了最为良好的教育，因而在他们之中，没有人不懂得琴棋书画，也没有人不会说五门或六门外语，并用它们来吟诗作文。’”㊃显然，这座修道院（图4-14），已经具有了欧洲人所追求的另外一种建筑与城市理念，即城市与建筑的乌托邦。

㊀ [德]汉诺-沃尔特·克鲁夫特《建筑理论史——从维特鲁威到现在》第36页，王贵祥译，中国建筑工业出版社，2005年。

㊁ [德]汉诺-沃尔特·克鲁夫特《建筑理论史——从维特鲁威到现在》第86页，王贵祥译，中国建筑工业出版社，2005年。

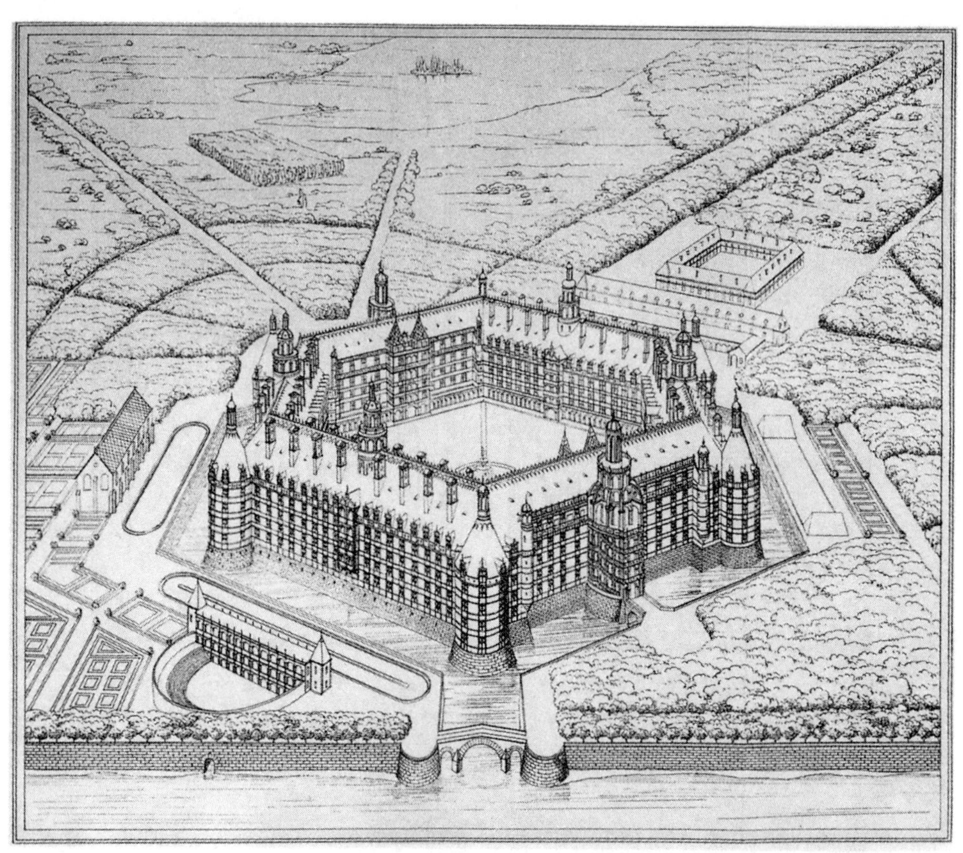

图4-14　拉伯雷理想中的泰勒玛修道院——克鲁夫特《建筑理论史》

至于构成这些理想建筑的基本要素，我们并没有从中找到太多线索。但是，可以注意到，古罗马建筑师维特鲁威在《建筑十书》中特别提到：“只有当建筑能够正确无误地矗立在那里，以及当它们的布置是便捷的并且适合于任何特殊的条件时，才不会使它的使用问题变得复杂；当作品有一种优雅而令人愉悦的外表的时候，以及当各个部分的相对比例用一种真正对称的方法加以推敲之后，建筑的美才会体现出来。”㊀

在这里，正确无误的建造，便捷的布置，优雅而令人愉悦的外表，这些应该就是维特鲁威心目中理想建筑的基本要素。他将这些基本要素，归纳在“坚固、

㊀ [德]汉诺-沃尔特·克鲁夫特《建筑理论史——从维特鲁威到现在》第4页，王贵祥译，中国建筑工业出版社，2005年。

实用、美观”的建筑三原则下。

西方人的建筑三原则，也并非是空穴来风，英国学者戴维·史密斯·卡彭在其专著《建筑理论（上）》的“导言”中引了维特鲁威的话：“我们的祖先是从自然中提取他们的原型的，并在神圣事实的引导下对这些原型进行模仿。”㊀关于这段话，卡彭进一步分析说：“每一种自然形式大约都接近于一个理想的完美形式，这一完美形式能够通过其形状与比例而加以分析，在这方面，再没有什么东西能够比人体形式更适合于这一原则了。”㊀这种对于大自然所创造之物的崇敬与模仿的观点，一直延伸到19世纪欧洲由拉斯金（John Ruskin）与莫里斯（William Morris）提倡的工艺美术运动，以及稍后在欧洲兴起的新艺术运动。

史密斯·卡彭在《建筑理论（下）》的“导言”中，再一次强调了这一观点：“在列出了好的建筑所需要的三个条件之后，亨利·沃顿（Henry Wotton）写道：‘所有的艺术……当其可能减少到一些自然原则的状态时，就处在了它最为真实的完美状态。’”㊁这里所提到的好的建筑的三个条件，其实就是维特鲁威的建筑三原则，只是在这里，沃顿将其表述为：“好的建筑具有三种条件：适用，坚固与愉悦。”㊁

15世纪意大利建筑家阿尔伯蒂在其著作《建筑论》中，在对维特鲁威的建筑三原则加以充分肯定基础上，也进一步提出将建筑创作的原创性作为建筑师之理想诉求的一个重要目标：虽然追随前辈著名建筑师的设计最为便利，也似乎是顺理成章之事，“但是，更为恰当的是，被他们的实例所激发，我们应该努力设计我们自己创作的作品，去抗衡，或者，如果可能的话，去超越他们作品中已有的辉煌。”㊂换言之，这种超越前辈建筑师已有作品的创造性冲动，其实也是建筑师的理想之一。当然，这是一个需要仔细梳理与斟酌的理论性话题，这里只能作一点简单的提示。

㊀ [英]戴维·史密斯·卡彭《建筑理论（上）维特鲁威的谬误——建筑学与哲学的范畴史》第3页，王贵祥译，中国建筑工业出版社，2007年。

㊁ [英]戴维·史密斯·卡彭《建筑理论（下）勒·柯布西耶的遗产——以范畴为线索的20世纪建筑理论诸原则》第1页，王贵祥译，中国建筑工业出版社，2007年。

㊂ [意]莱昂·巴蒂斯塔·阿尔伯蒂《建筑论——阿尔伯蒂建筑十书》第19页，王贵祥译，中国建筑工业出版社，2010年。

二、西方人的理想建筑

那么，在欧洲历史上有没有某种理想化的建筑形态，或具有理想主义色彩的建筑风格呢？从欧洲人自己的种种著作中，可以看出，历史上的西方人确实推崇过某种“理想”或“经典”的建筑形式，就是古希腊与古罗马建筑，这种建筑风格，被称为“古典型”建筑风格。

哲学家黑格尔将欧洲历史上的建筑，分解成为“理想发展为各种特殊类型的艺术美”。他列举出了由理想发展而出的三种类型建筑，一是象征型艺术；二是古典型艺术；三是浪漫型艺术。在对这三种艺术加以总结的时候，黑格尔指出：“象征型艺术在摸索内在意义与外在形象的完满的统一，古典型艺术在把具有实体内容的个性表现为感性观照的对象之中，找到了这种统一，而浪漫艺术在突出精神性之中又越出了这种统一。”㊀因为，在黑格尔看来，“内容和完全适合内容的形式达到独立完整的统一，因而形成一种自由的整体，这就是艺术的中心。这种符合美的概念的实际存在是象征型艺术所努力争取而未能达到的，只有在古典型艺术里才出现。”㊁进一步，黑格尔明确了古典型艺术的一般性质：“向古典型艺术提供内容和形式的是理想，古典型艺术用恰当的表现方式实现了按照艺术概念的真正的艺术。”㊁

按照欧洲艺术史或建筑史一般观念，古典艺术典型形式，就是古代希腊与罗马艺术，古典建筑典型形式，就是古代希腊与罗马建筑。正因如此，欧洲人才将雅典卫城帕特农神庙，看作是西方建筑史王冠上的一颗明珠。基于对希腊建筑中柱式的崇敬，并且被罗马人加以发展，使得对希腊或罗马“柱式”这一建筑审美要素的研究与应用（图4-15），几乎贯穿19世纪之前的欧洲建筑史。

同样的情况，也发生在罗马建筑中。对古罗马建筑中的拱券与穹隆，以及希腊建筑的柱式与山花的创新性应用，成为欧洲文艺复兴建筑的典型要素。而文艺复兴艺术与建筑，客观上说，就是对希腊与罗马艺术与建筑的创造性复兴，或可称作古典复兴。

㊀ [德]黑格尔《美学》第二卷，第6页，朱光潜译，商务印书馆，1981年。

㊁ [德]黑格尔《美学》第二卷，第157页，朱光潜译，商务印书馆，1981年。

图4-15　斯卡莫齐绘制的五种柱式

尽管在文艺复兴后期，出现了巴洛克和洛可可等更具摆脱古典艺术特性的艺术倾向，但至迟自17世纪始，法国人提倡的新古典主义建筑，一度在欧美地区流行，也在很大程度上，反映了西方人对古典建筑的偏好与青睐。

正因为西方人将古典建筑看作某种形式的理想型建筑，历来的建筑史书，在对历史建筑的评价上，对古典建筑亦不乏溢美之词。例如，历史上的许多建筑大师，都将古典建筑归在了高尚、优雅、简率、宁静，甚至纯粹之建筑范畴之内。

17世纪法国建筑师德·尚布雷（Roland Freart de Chambray，1606—1676），就是古典主义建筑的极力鼓吹者，他认为唯一正确的建筑方式，就是返回到古希腊的原则，他将这些原则归纳为“几何”与“简约”原则，并认为正是这些原则的“简单性”构成了某种“完美性”。他指出：“一件艺术品的卓越和完美并不表现在它的规则的多样化上；恰恰相反，越是单纯而简约的作品，其艺术的品格就越是令人景仰：我们可以从几何的规则中看到这一点，几何是所有艺术品的基础和源泉，所有的艺术创作都从中汲取灵感，没有几何的帮助任何艺术都将无以立足。”㊀

这一“简约”原则，又被18世纪法国建筑师小布隆代尔（Jacques-Francois Blondel，1705—1774）归入大约与之同时代之建筑师博法尔（Germain Boffrand，1667—1754）提倡的建筑“个性说”中，他将“个性”和建筑相对应：“庙宇对应‘端庄’，公共建筑对应‘庄严’，纪念碑对应‘壮丽’，而散步小径则和‘优雅’相关，如此等等。……最高层次的‘个性’是‘崇高’，它属于巴西利卡、公共建筑，以及伟人的陵墓。”他接着说：“‘个性’是‘原生的’‘正确的’；而风格是‘庄严的’‘高贵的’‘优雅的’。布隆代尔反对随意装饰，追求‘因单纯而伟丽’，这后来成为新古典主义的核心口号之一。”㊁

为了强调这一点，小布隆代尔反对随意的装饰，相信建筑中有一种“真实的”风格存在：“真实的建筑以一种得体的风格贯穿上下，它显得单纯、明确，各得其所；只有必须装饰的地方才有装饰。”㊁

也许正是在这种具有新古典主义几何性与简约性，以及个性等原则的推动下，18世纪后半叶的法国出现了两位极具前卫特征的建筑师：布雷与勒杜。艾蒂安-路易·布雷（Etienne-Louis Boullee，1728—1799）的主要成就体现在他的专著《论艺术》中，同时，也体现在他所从事的一些不大现实或从来不打算实施的建筑作品设计中。正是在他的著作与设计中，布雷留给了世人一批具有浓厚古典

㊀ [德]汉诺-沃尔特·克鲁夫特《建筑理论史——从维特鲁威到现在》第90页，王贵祥译，中国建筑工业出版社，2005年。

㊁ [德]汉诺-沃尔特·克鲁夫特《建筑理论史——从维特鲁威到现在》第107页，王贵祥译，中国建筑工业出版社，2005年。

主义理想特色的当时可属前卫建筑的设计与造型。

例如，布雷认为最完美的形体是球体："他将其描述为'完美的图像'，认为它包含了完美的对称和规则，同时又有着伟大的丰富性。"布雷认为："规则与对称的形体就是浓缩的自然。"[㊀]而且，"布雷当时一定知道，他的设计超出了当时结构的可能性，但他不以为然。牛顿纪念碑，这座没有实际功能的建筑——它甚至称不上陵墓，仅仅是一个纪念物——最清晰地表达了布雷的思想：一座建筑的意图越少，几何性就越纯粹。"[㊁]（图4-16）。

换言之，如克鲁夫特所评价的："布雷是一个建筑幻想家，只求想象不求实现。布雷认为，纪念性并非一种狂妄的形式，而是对大自然的崇高性的表达，建筑的庞大反映了大自然的庞大。"[㊂]如果我们把这里的"建筑幻想家"，换做"建筑理想家"，似乎也无大碍，因为布雷想做的，就是他心目中的理想建筑。这种建筑简单、规则、对称，并且有个性。这些建筑形式要素，大体上都是基于新古典主义建筑原则基础之上的，只是布雷将其推到了某种极端状态。

图4-16　布雷设计的牛顿纪念碑

㊀ [德]汉诺-沃尔特·克鲁夫特《建筑理论史——从维特鲁威到现在》第114页，王贵祥译，中国建筑工业出版社，2005年。

㊁ [德]汉诺-沃尔特·克鲁夫特《建筑理论史——从维特鲁威到现在》第115页，王贵祥译，中国建筑工业出版社，2005年。

相对而言，克劳德-尼古拉斯·勒杜（Claude-Nicolas Ledoux，1736—1806）是一位实践建筑师，他著有《作为艺术、习惯与成规的建筑》。在这本书中，勒杜表达了自己的建筑观：“他的理想是建立一个涵盖所有现存实例的建筑体系。他假设了一个社会结构来实现他的全部理想。他的设计与这一社会的‘社会秩序’直接关联。”㊀而且，“勒杜从古典主义建筑理论中汲取了很多词汇，但是却以他自己的建筑观给予了重新解释。”㊁无论如何，这两位超越自己时代的特立独行的建筑师，其基本的建筑理念或理想，都是以古典主义建筑理论为基础的。

对于理想建筑或建筑的理想主义的追求，距离我们时代最近的，可以追溯的20世纪的现代建筑运动。建筑师勒·柯布西耶就秉持这样一种观点。早在1911年，勒·柯布西耶写了一篇有关到地中海东部旅行的文章：“从这篇文章来看，当时他脑子中的想法十分奇特。他热衷于笔直的沥青公路，沉迷于‘几何学的魔力’，喜欢那些建造在支撑结构之上的房屋，迷恋帕特农神庙，在赞颂帕特农神庙那数学般的匀称与对称时，他称其为‘令人震惊的机器’。他总结了自己对雅典卫城的印象：‘光！大理石！单纯！’这些印象已经预示了他后来在建筑与写作方面的美学原则。”㊂

克鲁夫特将勒·柯布西耶的建筑理念，归在了理想主义与理性主义方法相结合的倾向。他写道：“勒·柯布西耶的‘理想主义——理性主义方法’的一个更为惊人的例子，是他1914年所拟制的一处住宅区设计（Maison Dom-ino），用了预制的框架式结构，标准化的钢筋混凝土构件，柱子向后退，与不承重的围护外墙形成对比。……功能的理想化导致了建筑的美学化，而且不久之后，他将这一点看作是他学说中的主要原则。”㊂（图4-17）。

㊀ [德]汉诺-沃尔特·克鲁夫特《建筑理论史——从维特鲁威到现在》第115页，王贵祥译，中国建筑工业出版社，2005年。

㊁ [德]汉诺-沃尔特·克鲁夫特《建筑理论史——从维特鲁威到现在》第116页，王贵祥译，中国建筑工业出版社，2005年。

㊂ [德]汉诺-沃尔特·克鲁夫特《建筑理论史——从维特鲁威到现在》第297页，王贵祥译，中国建筑工业出版社，2005年。

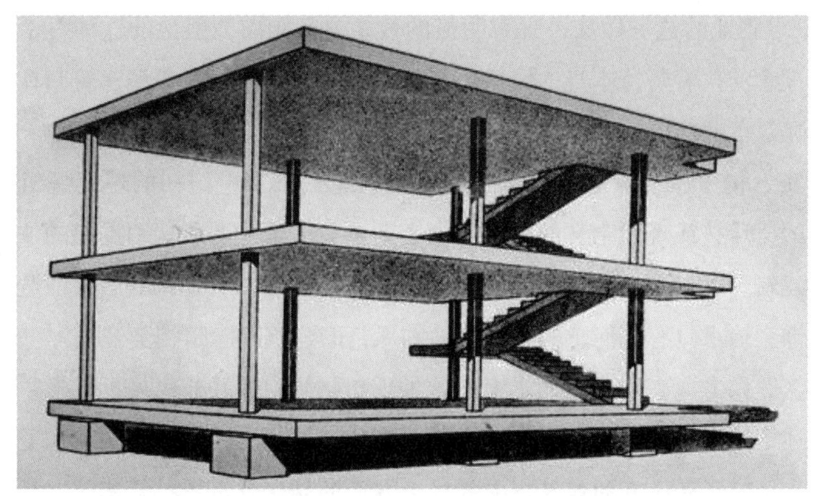

图4-17 勒·柯布西耶的理想住宅（Maison Dom-ino）——克鲁夫特《建筑理论史》

正因为如此，古典建筑的典型代表——帕特农神庙，在勒·柯布西耶那里，具有了不同凡响的价值与意义：“按照他的总结，帕特农神庙也是‘选择来可以应用于某种标准的一个产物’。这样的结论使他可能将帕埃斯图姆的巴西利卡与一辆1907年的沙龙（saloon）汽车相比较，或将帕特农神庙与1921年的跑车作比较。”㊀

显然，在勒·柯布西耶看来，除了新古典主义提倡的对称与比例之外，古典型建筑的诸多要素，诸如具有几何感的简约、单纯、宁静、端庄、高雅、纯粹等艺术特质，几乎无一不与他所提倡的现代主义建筑有着巧妙的关联性。他甚至将古罗马建筑师维特鲁威的人体测量学，即文艺复兴艺术大师达·芬奇用绘画所表述的“维特鲁威人”，附以文艺复兴时期的数学家提出的黄金分割的概念，构想出了著名的“模度人”（图4-18）：“为了把人的基本尺度——他假设了一个标准高度，先是1.75米，后来是1.83米——和斐波那契（Fibonacci）数列及黄金分割法结合起来，他试图找到一个算术尺度，作为所有工业和建筑维度的基

㊀ [德]汉诺-沃尔特·克鲁夫特《建筑理论史——从维特鲁威到现在》第298页，王贵祥译，中国建筑工业出版社，2005年。

础。”[⊖]尽管他的这一做法，具有明显的教条主义倾向，但他的这种对于古典建筑及其理念的执着坚持本身，恰恰正与历史上的欧洲人将古典型建筑归在具有理想主义建筑范畴之内的基本思维逻辑是一脉相承的。

其实，稍微做一点延伸，例如，我们联想一下20世纪初的现代建筑师卢斯对装饰的排斥，或现代主义的建筑大师密斯·凡·德·罗所特别提倡的“少就是多”的建筑理念，不也是与文艺复兴时期的建筑大师们所主张的尽量回避那些不必要装饰，追求具有几何感的单纯与简约风格的建筑理念暗相契合吗？

其实，西方人在观念与艺术上的这种理想化倾向，并非仅见于艺术家或建筑师的论述中，黑格尔在《美学》一书中，也曾特别指出：“既简单而又美这个理想的优点毋宁说是辛勤的结果，要经过多方面的转化作用，把繁芜的、驳杂的、混乱的、过分的、臃肿的因素一齐去掉，还要使这种胜利不露一丝辛苦经营的痕

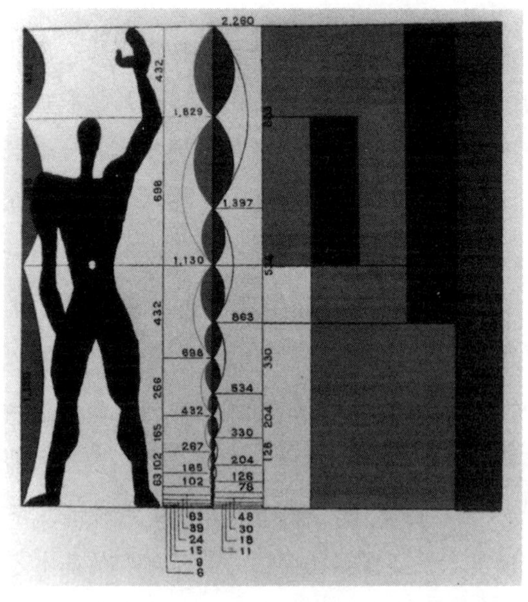

图4-18　勒·柯布西耶的“模度人”——克鲁夫特《建筑理论史》

⊖ [德]汉诺-沃尔特·克鲁夫特《建筑理论史——从维特鲁威到现在》第298页，王贵祥译，中国建筑工业出版社，2005年。

迹，然后美才自由自在地，不受阻挠地，仿佛天衣无缝似地涌现出来。”㊀

黑格尔甚至将这一理念，应用在他对有教养之理想人格的描述上：“这种情况有如一个有教养的人的风度，他所言所行都极简单自然，自由自在，但他并非从开始就有这种简单自由，而是修养成熟之后才达到这种炉火纯青。”㊀黑格尔所憧憬的这种“极简单自然，自由自在”的理想化人格特征，与西方古典，以及现代艺术与建筑中所提倡的“既简单而又美”这种理想化特征之间，是否也存在某种彼此恰相契合的相互关联呢？

三、西方建筑中的乌托邦

除了对理想化建筑的憧憬与追求之外，西方建筑史上，还曾出现了某种乌托邦式的思想与设计。不同的是，理想化的城市与建筑，似乎是某种向往，某种标准，某种心向往之的可能目标，至少是一种可以把握或实现之物，而乌托邦则更多是一种空想，一种很难实现的想象中的虚无空间与建筑。

人类最早所想象的某个不存于世的理想化世界，是古希腊哲学家柏拉图描述的亚特兰蒂斯。据说这座可能湮没在大西洋中的未知之地，曾经是一个几乎由同心圆构成的人类文明高度发达的完美大陆。如果最终没能找到充分的考古学证据来证明这一点，那么，柏拉图的这个描述，就只能算是一种乌托邦式的想象或推测。

乌托邦的概念，最早来自英国人托马斯·莫尔（Thomas More，1478—1535）。在他撰写的《乌托邦》一书中，描述了一座有54座城镇的岛屿：“其首府阿莫尔图姆被描述为是建立在一个低缓的斜坡上，其平面略呈较为规则的方形。……街道是很宽阔的，在规划中还考虑了遮风避雨的问题，并且出于交通的考虑，而将城市布置成对称的几何形状。城里的房屋，一般都为三层高，并用了平屋顶。这些房屋鳞次栉比地组成一些较大的街区，庭院采取了花园式的格局，所有的房屋都不加锁。这种规划设计被归之于乌托伯斯（Utopos）名下，即想象中的乌托邦国家的创始人，而这里的建筑也被看作是这种理想国家的直接表

㊀ [德]黑格尔《美学》第三卷，上册，第5页，朱光潜译，商务印书馆，1981年。

现。”㊀

史密斯·卡彭也提到：“托马斯·莫尔在1518年从两个希腊词汇中拼造了‘乌托邦’这个术语，其意思是乌有之地。在他所描绘的世界中，所有的财产都是共享的，在那里没有时尚的变化，那里所有的建筑物也都使用的是平屋顶。”㊁

另外一部具有乌托邦色彩的城市的文学作品是意大利人康帕内拉（Tommaso Campanella，1568—1639）的《太阳之城》（*Citta del sole*）：“这是一座坐落在小山上的城市，有七重环绕的城墙，这七重城墙按照七颗行星的名字来命名；这座城市的直径是2英里，周长为7英里。城墙的东西南北四个方向的四座城门相互连通。在山顶上最内一环的中心部位，是一个开阔的广场，这里坐落着一座圆形的神庙，这是一座通过柱子的布置而向外开敞的建筑。”㊂

西方人想象的乌托邦，往往既是一座规划严整的城市，城市中有诸多设计独特的住宅与纪念性建筑，还是一个有着严密社会组织与严谨生活秩序的社会群体。其城市的空间与形态，甚至还具有某种特殊的象征性意义，或具有当时时代的某种理想城市与建筑之表达。如康帕内拉所设想的“这座城市就是对这个世界的宇宙观念，以及宇宙信仰的一种表述。而有着同心圆的多重城墙，以及位于中心的圆形神庙，都代表了文艺复兴时期的理想城市理念。”㊂

19世纪英国人威廉·莫里斯（William Morris，1834—1896）在1890年的时候，出版了一部具有乌托邦色彩的小说：《乌有乡消息》（*News from Nowhere*）。虽然小说为想象中的21世纪伦敦新社会描绘了一幅空想社会主义美景，但却抹上了一层中世纪色彩。据说这本小说是在受到美国社会改革家爱德华·贝拉米（Edward Bellamy，1850—1898）于1888年出版的乌托邦小说《回头

㊀ [德]汉诺-沃尔特·克鲁夫特《建筑理论史——从维特鲁威到现在》第166页，王贵祥译，中国建筑工业出版社，2005年。

㊁ [英]戴维·史密斯·卡彭《建筑理论（上）维特鲁威的谬误——建筑学与哲学的范畴史》第161-162页，王贵祥译，中国建筑工业出版社，2007年。

㊂ [德]汉诺-沃尔特·克鲁夫特《建筑理论史——从维特鲁威到现在》第66页，王贵祥译，中国建筑工业出版社，2005年。

是岸》（*Looking Backward*）的启发与鼓励下创作的。[一]

在莫里斯的小说中，也有建筑物的描写：“在这座低矮的建筑物的上方，架起了一座陡峭的镀锌屋顶，由扶壁与墙体的上部形成了一个大厅。这是一座壮丽辉煌，式样不凡的建筑物。……在这座建筑的另外一面，在它的南侧，紧邻着路的是一座八角形有着很高屋顶的建筑。……突然面对这样一组宏大的建筑物，令我心花怒放，那建筑的精致美丽，建筑物上渗透着的对于生命的慷慨与繁茂的赞美与表现，令我如醉如痴，我已经高兴得有些手舞足蹈了。”[二]其小说中，还有废除工厂，将机器分发给个人，人们按照自愿的原则从事劳动的社会图景描写。其中的建筑，更像是一个后工业社会的表述，但却用了诸多中世纪建筑的形式语汇。比莫里斯的书问世稍早的乌托邦小说，还有英国人罗伯特·欧文（Robert Owen，1771—1858）与法国人夏尔·傅立叶（Charles Fourier，1732—1837）的名为《共产自治村》（*Phalansteres*）的小说。但是，这部小说受到了莫里斯的极力抨击。

重要的是，欧文与傅立叶，被归在了空想社会主义者与社会改革家的范畴之内，并且被看作是后来兴起的科学社会主义的来源之一。据克鲁夫特的描述，欧文从1800年开始，就在苏格兰的新兰纳克（New Lanark）建立了一座工业城镇。他的城市规划思想，是一种基于一个“村庄联合体”基础，并按照一个矩形网格布置的，其中还有一个有关社区中心建筑的概念。[三]

接着，1825年欧文在美国印第安纳州买了一块协和派新教徒的聚集地，并在建筑师维特威尔（Thomas Stedman Whitwell）帮助下，规划设计了一座名为“新协和村”的示范性社区（图4-19）。据说这一设计的模型，曾在白宫展览了好几次。其“平面的风格语言，是一种哥特式的：在中心部位，有一个带有穹隆的‘温室’，在四周的四个方向上各有一个向内突出的体块，呈十字形布

[一] [德]汉诺-沃尔特·克鲁夫特《建筑理论史——从维特鲁威到现在》第251页，王贵祥译，中国建筑工业出版社，2005年。

[二] [英]莫里斯《乌有乡消息》第55页，转引自[德]汉诺-沃尔特·克鲁夫特《建筑理论史——从维特鲁威到现在》第251页，王贵祥译，中国建筑工业出版社，2005年。

[三] [德]汉诺-沃尔特·克鲁夫特《建筑理论史——从维特鲁威到现在》第242页，王贵祥译，中国建筑工业出版社，2005年。

置，在这里布置有公用的厨房和餐厅。特别引人注目的是四个笔筒一样的塔形结构，上面有一个螺旋形的带状的东西，那是为了采光和通风而设的，但也有很深的图像学传统方面的考虑。”㊀尽管欧文渐渐放弃了这个“新协和村”项目，但是他的一些观念，在后来美国的社区项目建设上，却产生了相当大的影响。

19世纪末至20世纪初，由埃比尼泽·霍华德（Ebenezer Howard，1850—1928）撰写的《明日花园城市》（*Garden Cities of Tomorrow*），虽然最初似乎很可能也曾受到某些西方乌托邦式规划思想的影响，但却一度在国际上引起轰动，其影响力甚至延续至今。

据克鲁夫特的描述：“霍华德所描绘的花园城市中居住着320000个居民，每座城市覆盖有6000英亩的范围，其中的六分之一建造房屋，这一部分就是所谓的‘花园城市’。每一座城市有一个基本是环形的布置，与地形的起伏相适应，在城市的中心是一个集中式放射性街道系统，这里将布置公共建筑与绿地。围绕这个内部的公园区，将是一个按同心圆设计的‘水晶宫’，这是一个玻璃屋顶的拱廊，向公园方向敞开，拱廊内布置着商店与货摊。在居住区则是一些各自独立

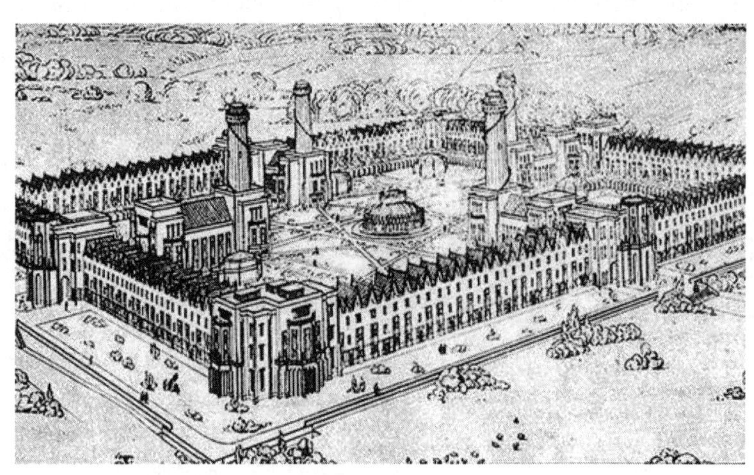

图4-19　维特威尔为欧文设计的“新协和村”——克鲁夫特《建筑理论史》

㊀ [德]汉诺-沃尔特·克鲁夫特《建筑理论史——从维特鲁威到现在》第242页，王贵祥译，中国建筑工业出版社，2005年。

设计的相互分离的住宅，每一座住宅都有自己的花园。穿过居住区的中间，有一条‘康衢大道’，在这里布置着学校、教堂，和其他一些建筑物。工厂、货栈、市场，以及其他一些类似的东西，都布置在外环上。与之平行的是一条环形铁路线，并将线路的主要部分延伸到火车站上。”㊀

受到霍华德花园城市思想影响的一个重要实例，是20世纪美国建筑师弗兰克·劳埃德·赖特（Frank Lloyd Wright，1867—1959）于1935年提出的“广亩城市”（Broadacre City）（图4-20、图4-21）规划理念：“他认为，每一个公民都应当被给予一英亩的土地，而新的定居点应当采用他的‘广亩城市’模式。”㊁而他的“广亩城市计划是为了创造机械设计、预制和疏散的综合，而在保留‘城市中令人期待的特征’，以及他所谓的‘优良土地’的不被破坏的同时，要去掉那些‘细小尺度的产权划分，以及对自然美的任意变形’。”㊁

图4-20 弗兰克·劳埃德·赖特想象的“广亩城市”

图4-21 弗兰克·劳埃德·赖特“广亩城市”一隅

四、中国人的建筑理想与乌托邦

回溯古代中国人的历史典籍，像欧洲人那样基于丰富想象力的建筑理想，理

㊀ [德]汉诺-沃尔特·克鲁夫特《建筑理论史——从维特鲁威到现在》第255页，王贵祥译，中国建筑工业出版社，2005年。

㊁ [德]汉诺-沃尔特·克鲁夫特《建筑理论史——从维特鲁威到现在》第320页，王贵祥译，中国建筑工业出版社，2005年。

性合理具体而微的理想建筑，或构思严谨细密的乌托邦式城市与建筑构想，似乎比较难以发现。这可能是因为在古代中国文化中，房屋建筑至多只能属于形而下的器，而非形而上的道。历来沉迷于坐而论道的儒生们，对这些与家国天下经邦济世宏大事理关联不很密切的碎屑小事，大多采取了不屑的态度。

但是，这并不是说中国人没有建筑理想、理想建筑，或没有类似乌托邦的理念。这里或可以做一个概略的梳理，以与上文所谈西方历史上的情况，做一个简单的相互参照。

首先，在城市思想上，中国人很早就有了多少带有理想主义色彩的王城规划思想：“匠人营国，方九里，旁三门。国中九经九纬，经涂九轨，左祖右社，面朝后市，市朝一夫。”㊀（图4-22）

这里表述的是天子的王城，其实古代中国人的理想城市是分为等级的：“《周礼》匠人营国，方九里，谓天子城也。今大国九里，则与天子同。……或者天子实十二里之城，诸侯大国九里，次国七里，小国五里。”㊁可知，在古代中国人的理想中，并不十分关注于某个孤立的城市或建筑，其着眼点始终在“天下”，其理想更多是在社会的等级秩序。

早在春秋时期，中国人就提出了“井田制”的观念，这显然也是一种基于理想化社会的土地与居住建筑的规划构想：“古者三百步为里，名曰井田。井田者，九百亩，公田居一。私田稼不善，则非吏；公田稼不善，则非民。……古者公田为居，井灶葱韭尽取焉。”㊂后人释曰：“一井八家，家有私田百亩，公田十亩，余二十亩以为井灶

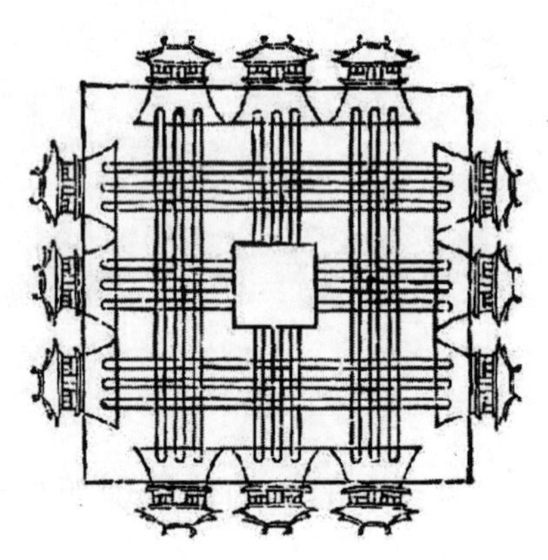

图4-22　王城规划图——《周礼·考工记》

㊀《周礼》冬官考工记第六。

㊁ [汉]伏生《尚书大传》卷二，多士。

㊂《春秋穀梁传》宣公十五年。

庐舍。”㊀这显然是古代中国人所构想的一个理想化的农业社会的生产、生活环境。其中用来建造井灶庐舍的20亩土地，应当是一组由八个家庭组成的居住建筑理想空间。如此，则每一户人家，大约拥有2.5亩的土地，来建造自己的居室家园。

孟子则提出了一个更为具体的理想住宅理念：“五亩之宅，树墙下以桑，匹妇蚕之，则老者足以衣帛矣。五母鸡，二母彘，无失其时，老者足以无失肉矣。百亩之田，匹夫耕之，八口之家足以无饥矣。所谓西伯善养老者，制其田里，教之树畜，导其妻子使养其老。五十非帛不暖，七十非肉不饱。”㊁

这种具有农业社会特征的居者有其屋理想状态，在中国历史上，居然一度变成了现实，这就是自北魏开始，一直延续到唐代，由国家颁授给每一户农业家庭居住园宅用地的“均田制”。如北周时：“其园宅，率三口给一亩，奴婢则五口给一亩。”㊂又一说，周文帝时均田制中所颁授园宅田的标准是：“凡人口十以上宅五亩，口七以上宅四亩，口五以下宅三亩。”㊃隋文帝时延续了这一政策。

唐开元间颁布的园宅地授予标准是：“应给园宅地者，良口三口以下给一亩，每三口加一亩，贱口五口给一亩，每五口加一亩，并不入永业口分之限。”㊃这些标准，大体上还是与早在春秋战国时期由孟子提出的，一个八口之家，应该有“五亩之宅”的理想十分接近的。

除了这种广施天下的均田思想之外，古代中国文人士大夫，还有自己的居住理想。《礼记》中提到过孔子关于儒生之居所的一个描述：“儒有一亩之宫，环堵之室，筚门圭窬，蓬户瓮牖。”㊄这显然是一种十分贫窘的居住状态。这一描述或许与孔子赞扬其弟子颜回的生活状态：“一箪食，一瓢饮，在陋巷，人不堪

㊀ [汉]郑玄笺，[唐]孔颖达疏《毛诗正义》卷七，七之一，陈宛丘诂训传第十二。

㊁《孟子》卷十三，尽心上。

㊂ [唐]魏徵等《隋书》卷二十四，志第十九，食货。

㊃ [唐]杜佑《通典》卷二，食货二，田制下（北齐、后周、隋、大唐）。

㊄《礼记》儒行第四十一。

其忧，回也不改其乐。贤哉回也！”㊀其理想之所在，大约是集中在道德与精神层面上。

类似的情况，还可以见于唐代文人刘禹锡的《陋室铭》：“山不在高，有仙则名。水不在深，有龙则灵。斯是陋室，惟吾德馨。苔痕上阶绿，草色入帘青。谈笑有鸿儒，往来无白丁。可以调素琴，阅金经。无丝竹之乱耳，无案牍之劳形。南阳诸葛庐，西蜀子云亭。孔子云：何陋之有！”㊁这一思想与16世纪法国人弗朗索瓦·拉伯雷理想中的“没有人不懂得琴棋书画，也没有人不会说五门或六门外语，并用它们来吟诗作文”㊂的泰勒玛修道院，似有某种异曲同工之妙。

自晋代以来，中国文人滋长了一种归隐山林的思想，他们理想中的居住与生活环境，往往是山野之中，林竹之间，清涧之旁。如东晋王羲之《兰亭序》中所言：“此地有崇山峻岭，茂林修竹，又有清流激湍，映带左右，引以为流觞曲水，列坐其次。虽无丝竹管弦之盛，一觞一咏，亦足以畅叙幽情。”㊃而其向往的居处空间则是：“夫人之相与，俯仰一世，或取诸怀抱，悟言一室之内，或因寄所托，放浪形骸之外。虽趣舍万殊，静躁不同，当其欣于所遇，暂得于己，快然自足，不知老之将至。”㊃虽处一室之内，却能放浪形骸之外，快然自足，这显然是心灵的某种极大纾解与开放。

类似的士人理想居处空间，多见于文人士大夫的诗词歌赋中，如陶渊明：“方宅十馀亩，草屋八九间；榆柳荫后檐，桃李罗堂前。”㊄唐代诗人白居易在洛阳履道里的住宅，似乎也最终实现了的文人理想居所的一个实例：“东都风土水木之胜在东南偏，东南之胜在履道里，里之胜在西北隅，西闬北垣第一第，即白氏叟乐天退老之地。地方十七亩，屋室三之一，水五之一，竹九之一，而岛树

㊀《论语》雍也第六。

㊁ [清]董诰等《全唐文》卷六百零八，刘禹锡（十），陋室铭。

㊂ [德]汉诺-沃尔特·克鲁夫特《建筑理论史——从维特鲁威到现在》第86页，王贵祥译，中国建筑工业出版社，2005年。

㊃ [唐]房玄龄等《晋书》卷八十，列传第五十，王羲之传。

㊄ [晋]陶潜《陶渊明集》卷二，诗五言，归园田居五首其一。

桥道间之。”㊀这座住宅，虽然深处东都里坊街曲之中，却充满山水田园气氛，而这正是古代文人所心向往之的居住空间。后世江南文人或北方官宦之家与住宅紧相毗邻的具有城市山林意味的私家园林，大约都是这一理想住宅的某种发展与变异。

唐代文人王维的“辋川别业”，也是历代文人常常赞颂的一处理想居所，据《王右丞集》所引王维自己的描述：“夜登华子冈，辋水沦涟，与月上下。寒山远火，明灭林外。深巷寒犬，吠声如豹。村墟夜舂，复与疏钟相间。此时独坐，僮仆静默，每思曩昔，携手赋诗。当待春中，卉木蔓发。轻鲦出水，白鸥矫翼。露湿青皋，麦雉朝雊。傥能从我游乎？”㊁可知，古代文人理想的居所，并不在房屋之美轮美奂，而在环绕其居所之村野环境的自然、宁静、清雅（图4-23）。

图4-23 王维的“辋川别业”

㊀ [后晋]刘昫等《旧唐书》卷一百六十六，列传第一百一十六，白居易（弟行简 敏中附）传。

㊁ [宋]陈振孙《直斋书录解题》卷十六，别集类上，《王右丞集》十卷。

当然，历代统治阶层的理想建筑，与农人的五亩之宅，或文人的山水别业大相径庭了。除了壮丽、宏大、豪奢的宫殿之外，古代统治者心目中的理想建筑，就是明堂。明堂既是一座最高等级的祭祀建筑，也是一座充满了象征寓意的建筑："仰取象于天，俯取度于地，中取法于人，乃立明堂之朝，行明堂之令，以调阴阳之气，以和四时之节，以辟疾病之菑。"㊀然而，关于这一建筑的空间与形式，历代儒生争讼不已，概而言之："明堂之制，有盖而无四方，风雨不能袭，寒暑不能伤，迁延而入之。"㊁

历史上，除了上古三代以外，西汉武帝、汉末王莽、唐高宗、武则天、北宋徽宗及明代嘉靖帝，都曾实际设计或建造了明堂建筑，因为儒生们关于这座建筑的形式其说不一，历来的明堂建筑都各有不同。现存北京天坛祈年殿，就是在明代嘉靖皇帝所建造的明堂的基础上，沿用而来的。其丰富的象征性自不待言，其空间与造型的高尚、简单、空灵、肃雅、宁静与纯洁，与欧洲人理想中的高贵、简洁、宁静、典雅的古典主义建筑不相伯仲，确也称得上是中国古人心目中理想建筑的一个典型实例。

至于中国人的乌托邦，我们可以举出陶渊明那大体上以儒家思想为基础的"桃花源"，或道家传说中的海上三神山，即蓬莱、瀛洲、方丈三座仙岛；而通过翻译进入中国的形式多样的西方阿弥陀净土世界，或东方药师佛净琉璃世界，多少也折射出古代中国人对于想象中的或理想化的"乌有之乡"的憧憬与向往。

此外，中国佛教著作中流传的，由唐代律学宗师道宣撰写的两部佛教图经：《中天竺舍卫国祇洹寺图经》（图4-24）与《关中创立戒坛图经》（图4-25），以极其宏大的场面，排列细致的院落、房屋，造型庄严整肃的殿阁楼台，与合乎僧侣生活规则的空间规划，所描述的佛教修持、弘传与生活空间，也可以称得上是一个具有乌托邦色彩的理想化建筑群。重要的是，这两个想象力丰富的乌托邦式建筑群，出现于7世纪初唐时期的佛教著作中，在世界建筑思想史上，也应该

㊀ [汉]刘安《淮南子》卷二十，泰族训。

㊁ [汉]刘安《淮南子》卷九，主术训。

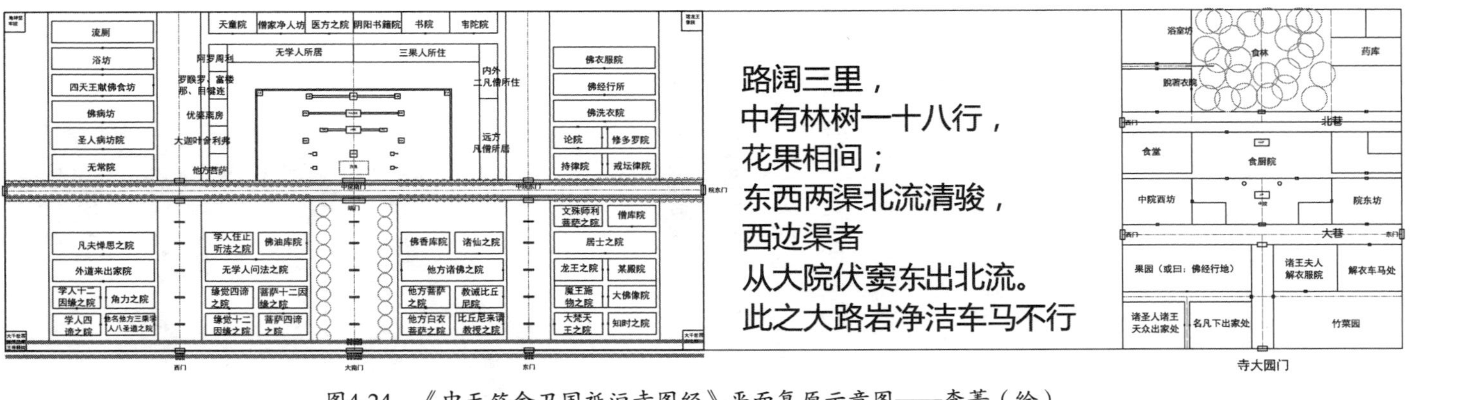

图4-24 《中天竺舍卫国祇洹寺图经》平面复原示意图——李菁（绘）

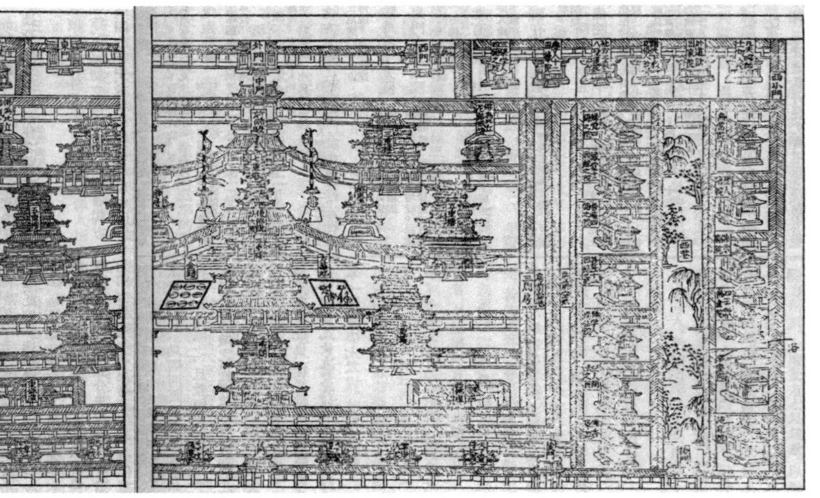

图4-25 《关中创立戒坛图经》

是一个奇迹。

五、世纪之末：实证主义与现象学思考

20世纪的建筑发展可谓纷繁复杂，从世纪之初的新艺术运动，到芝加哥学派、风格派、结构主义、现代主义、亚现代主义、表现主义、未来主义、理性主义、后现代主义、解构主义等，其流派衍演之多，形式变化之快，是20世纪之前任何一个时期都未曾有过的。

乌托邦式的宏大想象似已成往日余晖，欧洲经典的古典主义建筑理想亦如过往云烟，虽然在盛期现代主义建筑发展过程中，建筑师们也曾追求过具有古典主义色彩的简单、宁静与典雅氛围，但是，这种刻意追求之建筑外观上所谓高尚的形式化品格，也随着种种新思潮的迅速出现与转瞬即逝，而渐趋式微。

偶然出现的未来主义建筑思维，以及理查德·巴克敏斯特·富勒（Richard Buckminster Fuller，1895—1983）提出的“最大限度利用能源，最少结构提供强度”（Dymaxion）式建筑——威奇托式住宅（Wichita House）（图4-26），甚至想象出一种以“大地测量学”为基础的半球式穹隆笼罩起一座城镇或几个街区的

图4-26　威奇托式住宅模型

设计思路，多少带有一点理想主义的痕迹，其最典型的一个设计想法，就是能够将整座纽约市中心区覆盖在内的约2英里大小的半球形穹隆设计（图4-27）。

大约同时，还出现了具有城市乌托邦色彩的所谓“生态建筑”（arcology），即以“建筑+生态”为基础的建筑理念。其代表人物之一，是意大利裔美国建筑师保罗·索莱里（Paolo Soleri，1919—2013）。他曾设想了一个三维的“晶体城市”（Mesa City），其形式是一个巨大的，有800米高的垂直超级大都市（图4-28）。他认为，这样做的好处是，通信线路被缩短了，车辆交通被消除了，城市的高密度聚集，使得农业空间显得更为稀疏，自然受到了保护，以

图4-27　笼罩纽约的穹隆——克鲁夫特《建筑理论史》

图4-28　“晶体城市”设想

形成某种“新的自然”（Neo-Nature），人与人之间的联系也变得更有意义了。

英国人戴维·史密斯·卡彭谈道：“在20世纪末，有两个一般性的学说在建筑理论领域变得日益突出，它们是实证主义和现象学。”㊀他分析说，实证主义倾向于科学的与客观的分析，焦点落在人们所假设的那些存在于事物之间的关系之上，例如，空间关系、因果关系和意义关系等。另外一个方面，现象学，则集中于事物本身，即事物的本质方面，或至少是我们所体验的事物（现象），因而倾向于更为主观层面的东西，多少与艺术和感觉相联系。

接着，他指出：“两者都在观察同一个要素（事物或关系），但考虑的切入点却截然相反。在哲学上，这两种学说分别可以与理想主义的与现实主义的观点相比较。两者中，后者所处理的是事物，如我们所真实体验的一样，而前者处理的是关系，或者，至少是特殊的关系，如事物之间真实存在的样子。”㊁

在史密斯·卡彭看来，实证主义的建筑思维，更合乎现实主义的特征，而基于现象学的建筑思维，则属于理想主义的范畴。这或是因为，实证主义强调的是科学性、技术性与分析性特征，虽然也注重包括材料、形式、结构与空间的种种具有某种逻辑相关的关联性，但却并不着意于对关系的强调。换言之，现代主义建筑，强调对客观性的追求，从而与科学与技术之间，有着重要的关联性。

现象学强调的是存在，场所之类的概念，卡彭引述凯特·内斯比特（Kate Nesbitt）的观点为：“科学从场所的真实中‘抽象’了出来，他写道，‘我们所失去的……是每日的生活世界，而这应该是与人有着真切关联的。’现象学所主张的是‘回到事件’，这恰与抽象性及心理结构相对立。‘诗歌能够将所有那些科学所不能够囊括的东西具体化。’”㊂这一观点，或许与海德格尔所提倡的“诗意的栖居”之间，存在着某种关联。

㊀ [英]戴维·史密斯·卡彭《建筑理论（下）勒·柯布西耶的遗产——以范畴为线索的20世纪建筑理论诸原则》第277页，王贵祥译，中国建筑工业出版社，2007年。

㊁ [英]戴维·史密斯·卡彭《建筑理论（下）勒·柯布西耶的遗产——以范畴为线索的20世纪建筑理论诸原则》第277～278页，王贵祥译，中国建筑工业出版社，2007年。

㊂ [英]戴维·史密斯·卡彭《建筑理论（下）勒·柯布西耶的遗产——以范畴为线索的20世纪建筑理论诸原则》第281页，王贵祥译，中国建筑工业出版社，2007年。

20世纪晚期建筑理论家诺伯格·舒尔茨在《海德格尔关于建筑的思考》一文中也特别指出："首先，他得出结论说，功能主义是不充分的，因而需要追求意义。其次，他认识到'符号学的分析是不适当的'，而'诗意是必需的。'"㊀

仍如史密斯·卡彭所归纳的："内斯比特通过将实证主义与科学、机器和现代主义联系在一起，并将现象学与艺术、人体和后现代主义联系在一起，而寻求将这两种学说置于事物的两极。"㊁他进一步分析说："一旦现象学者开始思考或分析他们的主题的时候，他们必然是根据他们之间的关系来开始其有关现象的讨论的。正像诺伯格·舒尔茨将空间比作'一个关系的体系'一样，埃森曼也写道：'意义存在于关系之中'。"㊀

史密斯·卡彭的《建筑理论（上）维特鲁威的谬误——建筑学与哲学的范畴史》《建筑理论（下）勒·柯布西耶的遗产——以范畴为线索的20世纪建筑理论诸原则》概述了西方历史上的哲学范畴史与20世纪以来建筑理论中所折射出的诸范畴，从中大致可以注意到，20世纪之前的建筑理论，集中在建筑的三个基本范畴：形式、功能与意义。这三个方面，似乎属于更具有客观性与因果关联性的范畴。

近代工业革命以来，西方建筑中衍生出几个派生的范畴，分别是结构、文脉与意志。内斯比特则将20世纪末出现的现象学所关注的几个重要方面，归在了派生范畴的几个前概念上："从形态上，'筑造学'（Tectonics）的主题，材料、细部等；从文脉上，场所的思想和基址的重要性；从意志上，政治观点（包括女权主义）的重要性。"㊁并认为从这三个派生范畴中引入的概念："所强调的是现象（或综合的事物），是在作为基本范畴之基础的分析关系之上的。"㊂后现代主义建筑师中的查尔斯·摩尔的关注焦点之一，就在于为其建筑之使用者场所感的创造（图4-29、图4-30）。

㊀ [英]戴维·史密斯·卡彭《建筑理论（下）勒·柯布西耶的遗产——以范畴为线索的20世纪建筑理论诸原则》第282页，王贵祥译，中国建筑工业出版社，2007年。

㊁ [英]戴维·史密斯·卡彭《建筑理论（下）勒·柯布西耶的遗产——以范畴为线索的20世纪建筑理论诸原则》第279页，王贵祥译，中国建筑工业出版社，2007年。

㊂ [英]戴维·史密斯·卡彭《建筑理论（下）勒·柯布西耶的遗产——以范畴为线索的20世纪建筑理论诸原则》第281页，王贵祥译，中国建筑工业出版社，2007年。

图4-29　查尔斯·摩尔的“新奥尔良意大利广场”外观

图4-30　查尔斯·摩尔的“新奥尔良意大利广场”俯视

不知不觉中，包括现代建筑运动在内的曾经的宣言式的言辞犀利与波浪式的轰轰烈烈，转眼之间都变得销声匿迹。从20世纪末到21世纪初，除了先是文丘里提倡的后现代主义，接着是彼得·埃森曼或弗兰克·盖里的解构主义建筑，不时掀起一澜微波之外，似乎只有伊拉克裔英国女建筑师扎哈·哈迪德那多少带有表现主义的曲线动感式建筑，为寂寞的建筑界吹进了一股略显希望的春风。或许，弗兰克·盖里的解构主义建筑（图4-31、图4-32），或扎哈·哈迪德的曲线动感式建筑，更符合某种现象学建筑思维的理想主义特征？

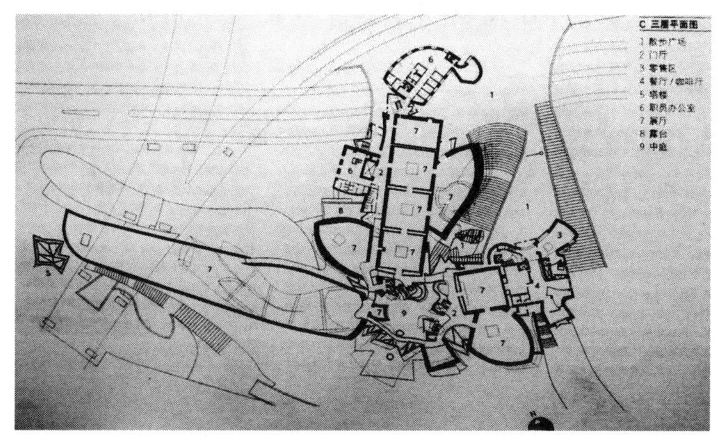

图4-31　弗兰克·盖里的“毕尔巴鄂古根海姆美术馆”平面图

图4-32　弗兰克·盖里的“毕尔巴鄂古根海姆美术馆”

无论如何，限于笔者仅仅是西方建筑理论与思想的译介者而非研究者，基于这些粗浅的阅读做出的浅显分析，远不足以诠释20世纪末西方建筑理论中，对于建筑的理想主义与现实主义之间的根本差别。只是期待这些分析，或能给予读者们一点提示：从一个更为广阔的时空领域中加以观察，建筑的理想或理想主义建筑，应该是一个不断变化中的概念。如果说20世纪末，西方建筑师们开始关注建筑的现象学特征，希望创造更加贴近生活世界本质，更具有人与建筑内在关联性的，具有后现代特征的建筑，那么，又过了20多年，这一具有世纪末特征的建筑理想主义，是否又发生了什么变化呢？是以不知，孰未可知？

卷五　史论史札篇

总而言之，历史事实僵死地躺在记载中，不会给世界带来什么好的或坏的影响，而只有当人们，你或我，依靠真实事变的描写、印象或概念，使它们生动地再现于我们的头脑中时，它才变成历史事实，才产生影响。

——[美]卡尔·贝克尔（Carl Becker，1873—1945）. 什么是历史事实？. 自[英]汤阴比等著. 张文杰编.《历史的话语——现代西方历史哲学译文集》. 第288页. 广西师范大学出版社. 2002年

曲阜阙里孔庙建筑修建史札[㊀]

关于曲阜阙里孔庙建筑，最早而系统的研究成果是梁思成先生于1935年发表的《曲阜孔庙之建筑及其修葺计划》中的上篇《孔庙建筑之研究》。[㊁]在文章一开篇，梁先生就谈道："由建筑史研究的立场上着眼，曲阜孔庙的建筑，实在是一处最有趣的，也许可以说是世界上唯一的孤例。以一处建筑物，在二千年长久的期间，由私人三间的居室，成为国家修建、帝王瞻拜的三百余间大庙宇；且每次重要的修葺，差不多都有可考的记录。姑不论现存的孔庙与最初的孔子庙有何关系，单就二千年来的历史讲，已是充满了无穷的趣味。"[㊂]梁思成先生的这篇大论，是关于孔庙建筑修葺方面问题之探讨，其中的主要篇幅是在讲述作者提出的诸多古建筑维修的基本原则与方法。由于论文的主旨在于建筑之修葺，限于篇幅，梁思成先生还未及将"充满了无穷的趣味"的孔庙建筑历史做更为详细的论述。

孔庙又称"夫子庙"，在历史上一段相当长的时期内，还曾称为"文宣王庙"或简称"文宣庙""宣圣庙""先圣庙""先师庙"等。而一些由地方兴建的孔庙又称为"文庙"。孔庙建筑的历史有三个特点：一是，一座建筑，在同一地点，反复地重建，并不断地增扩为一个大的建筑群，时间长达两千多年之久；二是，同一名称与内容的建筑，在自唐以来的一千多年历史上，在中国的京城及

㊀ 本文属国家自然科学基金项目"合院建筑尺度与古代宅田制度关系以及对元大都及明清北京城市街坊空间影响研究"，编号为50378046。原文初载于贾珺主编清华大学建筑学院《建筑史》2008年第1期，总第23辑。

㊁ 原文刊载于1935年《中国营造学社汇刊》第六卷，第一期。文章先后收入《梁思成文集》第二卷，与《梁思成全集》，第三卷。

㊂《曲阜孔庙之建筑及其修葺计划》上篇，第一章，《梁思成全集》第三卷，第51页，中国建筑工业出版社，2001年。

各个州、县，曾经普遍地建立，并由中央与地方政府反复地加以修葺或重建；三是，历代京城与地方孔庙建筑，往往与当地最高的教育建筑——“学”（太学、国子监、州学、县学等）同时且并列地建造，有时甚至有“庙”与“学”合一的倾向。

一、阙里孔庙建筑之滥觞

据司马迁《史记》“孔子世家”的记载，孔子于73岁时故于春秋时鲁哀公十六年，即周敬王四十一年，公元前479年。孔子身后留有两处具有象征意义的地点，一是其冢，二是其宅。据《史记》：

孔子葬鲁城北泗上，弟子皆服三年。三年心丧毕，相诀而去，则哭，各复尽哀；或复留。唯子赣庐于冢上，凡六年，然后去。弟子及鲁人往从冢而家者百有余室，因命曰孔里。鲁世世相传以岁时奉祠孔子冢，而诸儒亦讲礼乡饮大射于孔子冢。孔子冢大一顷。故所居堂，弟子内，后世因庙藏孔子衣冠琴车书，至于汉二百余年不绝。高皇帝过鲁，以太牢祠焉。诸侯卿相至，常先谒，然后从政。㊀

孔子冢成为其弟子及鲁人相守追思的地点，其众弟子曾守冢3年，弟子子赣曾结庐冢上，而在其冢旁结室而居者，有100余家，形成一个居住的里邑——孔里。孔子冢占地的规模有1顷之多，其冢茔前成为鲁人每年奉祠祭拜的场所，孔子之后的儒生，也于其冢前举行“讲礼、乡饮、大射”的礼仪。然而，最初其冢前只有一个6尺见方的砖筑坛台，并无专门用于祭祀的祠堂建筑。㊁这座有1顷之地的孔子冢，就是后世孔林的雏形。

至于孔子生前的居所，《史记·孔子世家》中并没有做任何详细的交代，在后世注疏的《三家注史记》中引《括地志》所云：“兖州曲阜县鲁城西南三里有阙里，中有孔子宅，宅中有庙。”㊂而《史记》中仅仅提到孔子的“故所居堂，

㊀《史记》卷四十八，孔子世家，第406页。

㊁《三家注史记》卷四十七，孔子世家，第876页，“集解皇览”：“孔子冢去城一里。冢茔百亩，冢南北广十步，东西十三步，高一丈二尺。冢前以瓴甓为祠坛，方六尺，与地平。本无祠堂。冢茔中树以百数，皆异种，鲁人世世无能名其树者。”

㊂《三家注史记》，第848页。

弟子内，后世因庙，藏孔子衣冠琴车书，至于汉二百余年不绝。”关于这句话的句读有一些不同见解㊀，以笔者的愚见，“故所”者，孔子的故宅也；“居堂”者，宅中的堂舍也；整句话的意思是说，在孔子的后世弟子中，有人以孔子的“故所居堂”而为祠庙，收藏孔子生前的衣、冠、琴、车、书等物，以作为纪念与参拜的对象。至少在汉初时，路过鲁地的汉高祖刘邦就曾以最高的礼仪——“太牢”为孔子进行了祭祀活动。历来的诸侯、卿相来到鲁这个地方，首先要做的事情，也是谒拜孔子的祠庙，然后才开始日常的理政工作。汉高祖时，距孔子没世270多年。说明在汉以前，对孔子的祭祀并没有中断，但祭祀的地点，恐仅仅是因以为庙的孔子故宅。关于这一时期孔子宅或孔子祠庙的情况，史料中几乎没有留下信息。

自汉高祖以太牢之礼祠孔子之后，西汉与东汉数百年间，围绕孔子的住宅或祠庙并没有多少建设活动，却发生了一件当时贵胄侵吞孔子宅地的事件，这就是西汉武帝时期的鲁恭王，为扩展自己的宫室，而坏孔子宅之史事。事见于《汉书》：

“武帝末，鲁共王坏孔子宅，欲以广其宫，而得《古文尚书》及《礼记》、《论语》、《孝经》凡数十篇，皆古字也。共王往入其宅，闻鼓琴瑟钟磬之音，于是惧，乃止不坏。孔安国者，孔子后也，悉得其书，以考二十九篇，得多十六篇。安国献之。”㊁

鲁共王，即鲁恭王，东晋袁安的《后汉纪》与唐人房玄龄的《晋书》中，均载此事，如《后汉纪》卷十二载：“武帝世，鲁恭王坏孔子宅，欲广其宫，得《古文尚书》及《礼》、《论语》、《孝经》，数十篇，皆古字也。恭王入其宅，闻琴瑟钟磬之音，瞿然而止。”㊂《晋书》，卷三十六载：“汉武时，鲁恭王

㊀ 据《三家注史记》疏中引“索隐”谓“孔子所居之堂，其弟子之中，孔子没后，后代因庙藏夫子平生衣冠琴书于寿堂中。”梁思成先生直引其句，并没有做解释，而新版《梁思成全集》有今人在此句下所加注曰：“‘故所居堂，弟子内，后世因庙，……’断句错误，同时‘弟子’为‘第之’之讹，即原句应为‘故所居堂第之内，后世因庙……’”。但将原文中“弟子”改为“第之”仅为猜测，若以此为据而认为梁先生断句错误，恐过于武断，故存疑。

㊁ [汉]司马迁《汉书》卷三十，艺文志，第409页。

㊂《四库全书》史部，编年类，《后汉纪》，卷十二。

坏孔子宅，得尚书、春秋、论语、孝经，时人以不复知有古文，谓之科斗书。汉世秘藏希得见之。”㊀鲁恭王是汉景帝的儿子，好治宫室，曾因春秋时鲁僖公的基兆而营造灵光殿。㊁鲁灵光殿以汉时人王延寿的《鲁灵光殿赋》而闻名于史。据赋中的描述，这座殿堂建筑，前有朱阙双立，高门耸如阊阖，门宽可行二轨，殿堂前有泰阶，殿内旋室窈窕，洞房幽邃，殿前西厢踟蹰，东序重深，离楼高起，三间四表，八维九隅，无论是空间，还是结构都十分复杂。㊂从鲁恭王欲广其宫而坏孔子宅，说明鲁灵光殿与孔子宅之间的距离并不很远。据北魏郦道元的记载：“孔庙东南五百步有双石阙㊂，即灵光之南阙，北百余步即灵光殿基，东西二十四丈，南北十二丈，高丈余。东西廊庑别舍，中间方七百余步。阙之东北有浴池，方四十许步。池中有钓台，方十步，池台之基岸悉石也。遗基尚整，故王延寿《赋》曰：周行数里，仰不见日者也。”㊃以此可知，北魏时尚完整保留遗基的鲁灵光殿，规模是相当大的，其位置就在孔宅东南方向侧近处。鲁恭王在孔宅中所遇到的神奇之事，使他感到恐惧，而中止了对孔宅的破坏，但最初坏宅破壁的举动，反而成为中国文化史上一个重要的事件，使得《古文尚书》等重要典籍得以重见天日，极大地影响了汉以后的文化发展。

鲁恭王的这一粗鲁做法，从侧面说明了，在汉代时的孔子故乡，还没有具有强烈礼仪性的孔子庙堂。人们进行祭祀的空间，仍是孔子的故宅。然而，孔子故宅的规模有多大呢？北魏郦道元《水经注》，在谈到鲁恭王坏孔宅之事时，提到了一点有关孔子故宅的情况：“汉武帝时，鲁恭王坏孔子旧宅，得《尚书》《春秋》《论语》《孝经》。时人已不复知有古文，谓之科斗书，汉世秘之，希有见者。于时闻堂上有金石丝竹之音，乃不坏。庙屋三间，夫子在西间东向，

㊀《晋书》卷三十六。

㊁《四库全书》史部，地理类，都会郡县之属，《山东通志》卷三十五：“鲁灵光殿者，盖景帝程姬之子，恭王余之所立也。初恭王始都下国，好治宫室，遂因鲁僖基兆而营焉。”

㊂《水经注疏》卷二十五，第1608页，其疏按：“《阙里文献考》谓古阙里以双石阙得名。”

㊃ [北魏]郦道元《水经注》卷二十五，第343页。以北魏时一步为6尺计，殿基东西40步（24丈），南北20步（12丈），灵光殿基址面积3亩余，殿前有东西廊庑及别舍，但所谓“中间方700余步”，不知是指庭院之南北长度，还是东西宽度，抑或是面积数？以其基“周行数里”推知，整座建筑群的周边当有数里之长，则其边长至少在1里，即300步，而其基址面积不会少于数百亩。

颜母在中间南向。夫人隔东一间东向。夫人床前有石砚一枚，作甚朴，云平生时物也。”㊀说明在汉代时，甚或北魏时，尚存的孔子故宅仅为一座三开间的屋舍。但是，在郦道元的描述中，却出现了一个明显的矛盾，据《水经注》：曲阜有周公台，“台南四里许则孔庙，即夫子之故宅也。宅大一顷，所居之堂，后世以为庙。”㊀这里所说的“宅大一顷”与前面所引之“庙屋三间”，显然是不相符的。一顷之地，有百亩之多，何以其主要的“庙屋”仅有三间，令孔子及其母亲、夫人，屈尊拥挤在一起呢？联想《汉书》中“孔子冢大一顷”的记载，则郦道元的“宅大一顷”，很可能是将汉时人“冢大一顷”的记载弄混淆了。

既然“宅大一顷”不大可能是汉魏间孔子故宅的真实情况，那么，究竟孔子的故宅可能会是多大规模呢？我们不妨从孔子“儒有一亩之宫”的说法中加以探讨。由《礼记》中鲁哀公问于孔子“儒行”之事中，透露了孔子关于其居处之所的点滴看法。其一，“儒有可亲而不可劫也，可近而不可迫也，可杀而不可辱也。其居处不淫，其饮食不溽，其过失可微辨而不可面数也。其刚毅有如此者。”㊁其二，“儒有一亩之宫，环堵之室，筚门圭窬，蓬户瓮牖，易衣而出，并日而食，上答之不敢以疑，上不答不敢以谄。其仕有如此者。”㊂此外，史书上经常引用的孔子有关宫室建筑的一段话是：“子曰：‘禹，吾无间然矣。菲饮食而致孝乎鬼神，恶衣服而致美乎黼冕，卑宫室而尽力乎沟洫。禹，吾无间然矣。”㊃如果说孔子“卑宫室”的思想，更多的是就帝王、诸侯的宫殿建筑而言的，那么，“儒有一亩之宫，环堵之室，筚门圭窬”，却在很大程度上，是对春秋时一般儒生居所的一个描述；而“其居处不淫”，则是对这种简陋居所的一种精神层面的解释。

孔子“儒行”中还特别谈到了“儒有忠信以为甲胄，礼义以为干橹”。㊄既然孔子如此重视忠信，他又怎么可能自己居有百亩之大的宅舍，而对鲁哀公侈谈

㊀ [北魏]郦道元《水经注》，第342页。

㊁《礼记正义》卷五十九，儒行第四十一，第1862页。

㊂《礼记正义》卷五十九，儒行第四十一，第1863页。

㊃《论语》子罕篇第九，第16页。

㊄《礼记正义》。

“儒有一亩之宫”“居处不淫”呢？如此可知，孔子生前的住宅，恐怕也不会比“一亩之宫，环堵之室”大多少。孔颖达在《礼记正义》疏中特别对“一亩之宫”做了解释：“‘儒有一亩之宫’者，一亩，谓径一步，长百步为亩。若折而方之，则东西南北各十步为宅也。墙方六丈，故云‘一亩之宫’。”㊀唐以前以一步为6尺，则10步为6丈。因此，“一亩之宫”就是一座6丈见方的小院落。中间仅能布置一座三开间的居舍而已。而这与郦道元所记“庙屋三间”的情况正好相合。另外，从《论语》中“伯牛有疾，子问之，自牖执其手”㊁，可知当时儒者的居舍十分低矮简陋，可以隔着窗牖而执其手。其弟子的居处如此，孔子自己的住宅，也不会十分侈大的。

据后人的推证，“曲阜庙创于鲁哀公十七年。”㊂即前478年，这是孔子去世后的第二年。其依据是什么？最初的庙究竟有多大规模？最初的孔庙与孔子故宅是分离的，还是合一的？这些我们都无从知道。但早期文献中，却并没有十分肯定的有关孔庙初创之记载。仅在清代人编纂的《山东通志》中有“周敬王四十二年鲁哀公诔孔子曰尼父（哀公十七年），立庙于旧宅，鲁世世相传以岁时奉祀孔子冢”。㊃因没有详细的考证，似不能作为确切的依据。关于孔子故宅在曲阜孔庙中的位置，清代康熙帝在礼祀孔庙时曾对臣下加以询问：“问庙基广阔，何处是先师故宅？毓圻奏曰：‘皇上所御讲筵之后，有鲁壁遗址，乃先师燕居之所。”㊄由此也可以看出，孔子故宅在现存孔庙中，仅仅是区区一角之地。

西汉高祖十二年（前195年），在距孔子去世280余年之后，汉高祖刘邦作为最高统治者第一次拜谒了孔子的故宅：“十一月，行自淮南还。过鲁，以大牢祠孔子。”㊅汉成帝（前32年—前7年）时人梅福曾上书成帝，请求给予孔子以敕封：“传曰‘贤者子孙宜有土’，而况圣人，……今仲尼之庙不出阙里，孔氏

㊀《礼记正义》。

㊁《论语》雍也篇第六，第10页。

㊂《涌幢小品》卷十九，第370页。

㊃《四库全书》史部，地理类，都会郡县之属，《山东通志》卷十一之三，阙里志三。

㊄《四库全书》史部，地理类，都会郡县之属，《山东通志》卷十一之四。

㊅《汉书》卷一下，高帝纪下，第24页。

子孙不免编户，以圣人而歆匹夫之祀，非皇天之意也。”㊀梅福赖以请封孔子的主要依据是，孔子是殷汤的后裔，成王认为其事久远，“其语不经……终不见纳”㊁，后来才勉强将孔子封为“殷绍嘉公”。㊁由此可知，汉时在孔子的故乡确有孔子之庙，但其奉祀仅仅是民间性的行为，与一般的家庙无大差异（所谓“匹夫之祀”者是也）。但自汉武帝时期，由董仲舒所提倡的“罢黜百家，独尊儒术”的思想，已渐渐被统治者所采纳。董仲舒第一次将孔子称为“素王”㊂，也为后世将孔子的地位日益提高做了铺垫。汉平帝元始元年（1年）6月：“封周公后公孙相如为褒鲁侯，孔子后孔均为褒成侯，奉其祀。追谥孔子曰褒成宣尼公。”㊃这可以说是第二次对孔子的敕封，其封号已比此前之“殷绍嘉公”位高，在这次敕封中，显然，周公旦及其后人放在了比孔子及其后裔地位更高的位置上。

东汉初建武五年（29年）10月，汉光武帝刘秀曾“幸鲁，使大司空祠孔子。”㊄建武十四年（38年）又封孔子后裔孔志为褒成侯。㊅东汉明帝永平十五年（72年）3月，“帝东廵，过鲁，幸孔子宅，祠仲尼及七十二弟子。亲御讲堂，命皇太子、诸王说经。帝自制五经要说章句。”㊆由这里可知，东汉时仍以孔子宅为祀孔之庙，但祭祀的范围已经由孔子而扩展到他的72位弟子。值得注意的是，这时的孔子宅（庙）中似乎已经出现了除祭祀之庙堂而外的“讲堂”建筑。据史料，阙里讲堂自西汉末东汉初已经存在㊇，说明汉代时的孔庙已经有了扩

㊀《汉书》卷六十七，杨胡朱梅云传，第837页。

㊁《四库全书》史部，地理类，都会郡县之属，《山东通志》卷十一之七，“汉梅福请封孔子后书”。

㊂《汉书》董仲舒传，“孔子作《春秋》，先正王而系万事，见素王之文焉。”

㊃《汉书》平帝纪，事另见《后汉书》卷七十九上，儒林列传第六十九上：“初，平帝时王莽秉政，乃封孔子后均为褒成侯，追谥孔子为褒成宣尼。”第931页。

㊄《后汉书》卷一下，光武帝纪第一下，第14页。

㊅《后汉书》卷一下，光武帝纪第一下，第20页。

㊆《四库全书》经部，礼类，通礼之属，《五礼通考》卷一百二十一，引《册府元龟》。事另见《后汉书》卷七十九上，儒林列传第六十九上：“元和二年春，帝东巡狩，还过鲁，幸阙里，以太牢祠孔子及七十二弟子，作六代之乐，大会孔氏男子二十以上者六十三人，命儒者讲《论语》。”第930页。

㊇ 据《后汉书》卷二十所载，汉明帝永平十二年（69年），帝“东巡狩，过鲁，坐孔子讲堂，顾指子路室谓左右曰：‘此太仆之室。太仆，吾之御侮也。’”第276页。另据《后汉书》卷二十九载，东汉光武初，鲍永曾为鲁郡太守，时“孔子阙里无故荆棘自除，从讲堂至于里门。”第371页。

展。汉章帝元和二年（85年），帝曾“进幸鲁，祠东海恭王陵。庚寅，祠孔子于阙里，及七十二弟子，赐褒成侯及诸孔男女帛。”㊀而汉桓帝时（147—167），曾立老子庙于苦县之赖乡，画孔子像于壁。㊁说明东汉时，对孔子的祭祀并不十分隆重，有时甚至会将孔子附于老子庙中。东汉延光三年（124年），帝“祀孔子及七十二弟子于阙里，自鲁相、令、丞、尉及孔氏亲属、妇女、诸生悉会，赐褒成侯以下帛各有差。”㊂

但是，有汉一代是否对阙里孔庙的建造有所建树，从史料中似未曾发现。由三国魏明帝景初元年（237年），鲁相曾上言：“汉旧立孔子庙，褒成侯岁时奉祠，辟雍行礼，必祭先师，王家出谷，春秋祭祀。今宗圣侯奉嗣，未有命祭之礼，宜给牲牢，长吏奉祀，尊为贵神。”㊃可知，汉代已经为孔子立庙（是因宅立庙，还是敕令建庙，尚未可知）。祭祀行为也已经开始国家化。

汉末三国魏黄初二年（221年），魏文帝有诏：“‘昔仲尼资大圣之才，怀帝王之器，……修素王之事，因鲁史而制春秋，就太师而正雅颂，俾千载之后，莫不宗其文以述作，仰其圣以成谋，咨！可谓命世之大圣，亿载之师表者也。遭天下大乱，百祀堕坏，旧居之庙，毁而不修，褒成之后，绝而莫继，阙里不闻讲颂之声，四时不睹蒸尝之位，斯岂所谓崇礼报功，盛德百世必祀者哉！其以议郎孔羡为宗圣侯，邑百户，奉孔子祀。’令鲁郡修起旧庙，置百石吏卒以守卫之，又于其外广为室屋，以居学者。”㊄其结果是“修复旧堂，丰其甍宇，莘莘学徒，爰居爰处。”㊅这也许是孔庙建筑历史上第一次较大规模的官方性维修与扩建活动，但其扩建的目的，是为了“广为室屋，以居学者”，并不是对孔庙本身的扩建。

魏少帝齐王正始五年（244年），“使太常以太牢祀孔子于辟雍，以颜渊

㊀《后汉书》卷三，肃宗孝章帝纪第三，第51页。

㊁《裴注三国志》卷十六，魏书十六，任苏杜郑仓传第十六，第423页。

㊂《后汉书》卷五，孝安帝纪第五，第83页。

㊃《裴注三国志》卷二十四，魏书二十四，第552页。

㊄《裴注三国志》卷二，魏书二，文帝纪第二，第66页。

㊅《四库全书》史部，地理类，都会郡县之属，《山东通志》，卷十一之七，曹植：“魏制命宗圣侯奉家祀碑”，黄初元年。

配。”㊀晋武帝泰始三年（267年），“改封宗圣侯孔震为奉圣亭侯。又诏太学及鲁国，四时备三牲以祀孔子。明帝太宁三年（325年），诏给奉圣亭侯孔亭四时祠孔子祭直，如泰始故事。”㊁从两汉至魏晋数百年间，对于孔子的祠祀渐渐正规化，且国家化了。

魏晋南北朝时，曲阜孔庙已经初见规模，这从孔子旧庭中的柏树中可见端倪：“鲁郡孔子旧庭有柏树二十四株，经历汉、晋，其大连抱。有二株先折倒，士人崇敬，莫之敢犯，义恭悉遣人伐取，父老莫不叹息。”㊂若以其庭中有连抱柏树20余株，则其庭院的规模也一定相当宏大。这说明，自孔子没后，到北魏时，其间的700年间，由原本简陋为三间屋舍的孔子宅，到内设讲堂，庭院中植有柏树数十棵，孔庙一定发生了很多事情，随着孔子威望的日益增高，孔庙的基址规模也在不断扩大之中。

据《宋书》，晋孝武帝太元十年（385年）曾遣臣奉表：

“路经阙里，过觐孔庙，庭宇倾顿，轨式颓弛，万世宗匠，忽焉沦废；仰瞻俯慨，不觉涕流。既达京辇，表求兴复圣祀，修建讲学。至十四年十一月十七日，奉被明诏，采臣鄙议，敕下兖州鲁郡，准旧营饰。故尚书令谢石令臣所须列上，又出家布，薄助兴立。”

说明魏晋南北朝时的孔庙建筑已经倾颓沦废，而晋孝武帝于太元十四年（389年）对其进行了“营饰”。而北魏孝文帝延兴三年（473年）：“诏以孔子二十八世孙鲁郡孔乘为崇圣大夫，给十户以供洒扫。”㊃这可能是为孔庙特设“洒扫户”之开始，这一由国家特别安排为孔庙设立洒扫维护人户的传统一直延续到清代。孝文帝太和十九年（495年）4月，又“行幸鲁城，亲祠孔子庙。辛酉，诏拜孔氏四人、颜氏二人为官。……又诏选诸孔宗子一人，封崇圣侯，邑一百户，以奉孔子之祀。又诏兖州为孔子起园柏，修饰坟垅，更建碑铭，褒扬圣

㊀《四库全书》卷四，魏书四，三少帝纪第四，第101页。

㊁《晋书》卷十九，第339页。

㊂《宋书》卷六十一，第968页。

㊃《魏书》卷七上，第82页。

德。”㊀东魏天平元年（534年），“迁都于邺，以仲旋为营构匠作，进号卫大将军。出除车骑大将军、兖州刺史。仲旋以孔子庙墙宇颇有颓毁，遂修改焉。”㊁这两次都是由国家对孔庙及孔林开展的修缮及完善工作。这时的孔庙，其建筑规模恐还不甚大，这一点由《魏书·地形志》中对鲁地前代重要遗迹的排列中略可看出：“鲁（二汉，晋属。有牛首亭、五父衢、尼丘山、房山、鲁城、叔梁纥庙、孔子墓、庙、沂水、泗水、季武子台、颜母祠㊂、鲁昭公台、伯禽冢、鲁文公冢、鲁恭王陵、宰我冢、儿宽碑。）”这时曲阜的孔子墓与庙，只是诸多前代遗迹中的一个，并不显得特别突出。而后世渐渐纳入孔庙建筑群中的祭祀其父的叔梁纥庙与其母的颜母祠，都还是独立于孔庙之外的建筑物。

二、阙里孔庙建筑之增扩

魏晋南北朝晚期，虽然朝代更替频仍，但对孔子的崇奉，仍然得到当时统治者的重视。北魏正光二年（521年）“二月，车驾幸国子学，讲《孝经》。三月庚午，幸国子学，祠孔子，以颜回配。”㊃北齐天保元年（550年）“六月辛巳，诏改封崇圣侯孔长为恭圣侯，邑一百户，以奉孔子祀。并下鲁郡，以时修葺庙宇。”㊄北周大象二年（580年），“诏进封孔子为邹国公，邑数准旧，并立后承袭，别于京师置庙，以时祭享。”㊅东魏兴和元年（539年），兖州刺史李珽曾修孔子庙，“乃命工人修建容像”。㊆隋大业四年（608年），诏称孔子为“先师尼父，……蕴兹素王，……宜有优崇。可立孔子后为绍圣侯。”㊇唐代帝王在着力提倡释、老之术的同时，也对儒学加以了特别的关注。高祖武德二年

㊀《魏书》第106页。

㊁《魏书》卷三十六，第508页。

㊂《水经注》卷二十五，“沂水出鲁城东南，尼丘山西北，山即颜母所祈而生孔子也。山东一十里有颜母庙。”第341页。

㊃《北史》卷四，第75页。

㊄《北史》卷七，第121页。

㊅《北史》卷十，第194页。

㊆《四库全书》史部，地理类，都会郡县之属，《山东通志》卷十一之七，“东魏兖州刺史李珽修孔子庙碑”。

㊇《隋书》卷三，帝纪第三，第42页。

（619年），“令国子学立周公、孔子庙，四时致祭，仍博求其后。”㊀武德七年（624年）：“诏‘……州县及乡，并令置学。’丁酉，幸国子学，亲临释奠。引道士、沙门有学业者，与博士杂相驳难，久之乃罢。”㊁这场宫廷辩论的结论，我们虽然不很清楚，但其后孔子的地位得到了空前的提高，却是不争的事实。武德九年（626年）曾下诏对孔庙进行了一次较大规模的维修，事见于唐虞世南碑：“乃命经营，惟新旧址，万雉斯建，百堵皆兴，揆日占星，式规大壮，凤甍骞其特起，龙桷俨以临空，霞入绮寮，日晖丹槛，……”㊂贞观二年（628年），左仆射房玄龄与博士朱子奢建言：“周公、尼父俱圣人，然释奠于学，以夫子也。大业以前，皆孔丘为先圣，颜回为先师。”于是“乃罢周公，升孔子为先圣，以颜回配。”㊃更重要的是，开元二十七年（740年），孔子被加上了“文宣王”的封号，孔子在庙祀中一直作为周公陪衬的命运，也得到了根本的改观：“二十七年，诏夫子既称先圣，可谥曰文宣王，……以其嗣为文宣公，任州长史，代代勿绝。先时，孔庙以周公南面，而夫子坐西墉下。贞观中，废周公祭，而夫子位未改。至是，二京国子监、天下州县夫子始皆南向，以颜渊配。”㊃

在这一过程中，自初唐以来，无论对曲阜孔庙，还是对各地州、县孔庙的建设，都给予了较大的关注：

高祖武德元年（618年），诏㊄：“宜令有司于国子学立周公、孔子庙各一所，四时致祭。”

太宗贞观四年（630年）：“诏州、县学皆作孔子庙。”

太宗贞观十一年（637年）：“诏尊孔子为宣父，作庙于兖州，给户二十奉之。”

高宗咸亨元年（670年）：“诏州、县皆营孔子庙。”

武后天授元年（690年）：“封周公为褒德王，孔子为隆道公。”

㊀《旧唐书》卷一，第6页。

㊁《旧唐书》卷二十四，第584页。

㊂《四库全书》史部，地理类，都会郡县之属，《山东通志》卷十一之七，虞世南：“唐勅撰孔子庙堂碑记”。

㊃《新唐书》卷十五，志第五，195页。

㊄《旧唐书》卷一百八十九上，疑与武德二年诏为同一次，史料记录有差。

中宗神龙元年（705年）：“以邹、鲁百户为隆道公采邑，以奉岁祀，子孙世袭褒圣侯。”

睿宗太极元年（712年）：“以兖州隆道公近祠户三十供洒扫，加赠颜回太子太师，曾参太子太保，皆配享。”

玄宗开元二十七年（739年）：“诏夫子既称先圣，可谥曰文宣王，……以其嗣为文宣公，任州长史，代代勿绝。”㊀

代宗永泰二年（766年）：“修国学祠堂成，……”㊁

懿宗咸通十年（869年），因“日往月来，颇有倾摧之势”，而“命工庀事，饰旧如新，浃旬之间，其功乃就，门连归德，先分数仞之形；殿接灵光，重见独存之状。”㊂

这一连串的举措，尤其是武德九年的大规模维修，贞观十一年“作庙于兖州”，及咸通十年的修缮，显然是继三国时魏“修起旧庙，……于其外广为室屋”之后由政府出面对曲阜孔庙开展的几次较大规模建设活动。然而，有唐一代在孔庙建设上的更大建树，似乎是在各地州、县孔庙的建造上。如贞观四年与咸亨元年两次下诏，要求各州、县皆营孔子庙。这样一个全国性建造孔庙的工程，使孔庙从其发祥地——鲁，走向了京城，也走向了全国各地。从此，对孔子的祭祀开始变得普遍化。这一做法被唐以后的历代王朝所沿用，帝王的重要释奠礼仪多在京师孔庙。京师孔庙与国子监、各地州县孔庙及州学、县学，都成为地方政府关注的重要工程。由于这一问题涉及过宽，不拟放在本书的讨论范围之内。

唐末五代仍然继续着唐代以来渐趋强化的尊孔、祀孔的趋势。如周太祖广顺二年（952年）“帝幸曲阜县，谒孔子祠。……遂幸孔林，拜孔子墓。……仍敕兖州修葺孔子祠宇，墓侧禁樵采。”㊃宋初太宗太平兴国八年（983年）诏修曲

㊀《新唐书》卷十五，志第五，195页。

㊁《新唐书》第186页。

㊂《四库全书》史部，地理类，都会郡县之属，《山东通志》卷十一之七，贾防：“唐修文宣王庙记”。

㊃《旧五代史》卷一百一十二，周书，太祖纪三，第830页。

阜孔子庙。㊀真宗景德四年（1007年）又诏“兖州增二千户守孔子坟。”㊁大中祥符二年（1009年），“诏立曲阜县孔子庙学舍。”㊂然而，唐宋两代虽然堪称盛世，对孔子地位的提高与儒学的普及做了前所未有的努力，但在孔庙建筑方面上，则将主要的精力都放在了京师及地方孔庙及学校的建设上，围绕曲阜孔庙见于记载的活动，除了谒拜、敕封外，主要是维修性质的。如果说有所扩展，也仅仅是在孔庙附近的学舍或守墓邑户的规模上。

据梁思成先生的研究，曲阜孔庙的大体完备是在宋、金之间。宋天禧二年（1018年），对曲阜孔庙有一次大规模的修缮，但事不见《宋史》与《续资治通鉴》。《山东通志》简单地记录了此事：“（天禧）二年诏葺孔子庙，赐文宣公家祭冕服。”㊃梁先生引《曲阜县志》卷二十四所载其事曰：

“……乃大扩圣庙旧制。建庙门三重，次书楼，次唐、宋碑亭各一，次仪门，此御赞殿，次杏坛，坛后正殿，又后为郓国夫人殿，殿东庑为泗水侯殿，西庑为沂水侯殿。正殿西庑门外为齐国公殿，其后为鲁国太夫人殿。正殿东庑门外曰燕申门，其内曰斋厅，厅后曰金丝堂，堂后则家庙，左则神厨。由斋厅而东南为客馆，直北曰袭封视事厅，厅后为恩庆堂，其东北隅曰双桂堂。凡增广殿庭廊庑三百十六间。”㊄

宋天禧年间的修缮，不见于正史，也不见于曲阜现存的碑记。碑记中所存宋代修缮的记录，是太平兴国八年（983年）的“宋兖州文宣王庙碑铭并序”，其中有：

“惟鲁之夫子庙堂，未加营葺，阙孰甚焉。况像设卑而不广，堂庑陋而毁颓，触目荒凉，荆榛勿剪，阶序有妨于函丈，室壁不可以藏书，既非大壮之规，但有岿然之势，倾圮寖久，民何所观。遂乃鼎新，规革旧制，遣使星而蒇事，募

㊀《宋史》卷四百三十一，列传第一百零九，第6482页。

㊁《宋史》卷七，本纪第七，真宗二，第81页。

㊂《宋史》第86页。

㊃《四库全书》史部，地理类，都会郡县之属，《山东通志》卷十一之三，“阙里志三——历代隆仪”。

㊄《梁思成全集》第三卷，第52页，中国建筑工业出版社，2001年。

梓匠以僝功，经之营之，厥功告就。观夫缭垣云矗，飞檐翼张，重门迓其洞开，层阙郁其特起，绮疏瞰野，朱槛凌虚。”㊀

但这次修缮与宋天禧二年的修缮之间，相差35年。显然，在宋以前，曲阜孔庙的规制还十分简陋。自宋初太平兴国与天禧年间两次修缮，其规模初具，形制渐趋完备。但天禧年间的修缮，其规模若如此之大，似与其后金章宗明昌年间的修缮之记录，有所矛盾。

有史可查的对曲阜孔庙较大规模的扩建，应该是在金代。辽、金两代虽然是由少数民族立国，但在对孔子的尊崇上，并不亚于中原汉族王朝。辽初神册三年（918年）就曾下诏“建孔子庙、佛寺、道观。”㊁神册四年（919年）辽太祖又“谒孔子庙，命皇后、皇太子分谒寺观。”㊂显然，辽统治者在对待儒、释、道三者关系上，是将孔子与儒家放在较高地位上的。金大定二十二年（1182年），似有过一次对曲阜孔庙的修复工程。而更大的修复重建工程是在后来的明昌年间。金明昌元年（1190年）“诏修曲阜孔子庙学。”㊃明昌五年（1194年），金章宗与其辅臣有一段有趣的对话：

上问辅臣曰：“孔子庙诸处何如？”平章政事守贞曰：“诸县见议建立。”上因曰：“僧徒修饰宇像甚严，道流次之，惟儒者于孔子庙最为灭裂。”守贞曰：“儒者不能长居学校，非若僧道久处寺观。”上曰：“僧道以佛、老营利，故务在庄严闳侈，起人施利自多，所以为观美也。”㊄

章宗认为僧道以佛、老营利，人多施利，故其寺观常建常新，而孔子之庙则不具有这样的性质，因此，孔庙的建设则更多地仰赖国家或地方政府。正是金章宗对曲阜孔庙进行了较大规模的新修与扩建。金明昌六年（1195年），工程告

㊀《四库全书》史部，地理类，都会郡县之属，《山东通志》卷十一之七，吕蒙正：“宋兖州文宣王庙碑铭并序”。

㊁《辽史》卷一，本纪第一，第7页。

㊂《辽史》卷二，本纪第二，第8页。

㊃《金史》卷九，本纪第九，章宗一，第132页。

㊄《金史》卷十，本纪第十，章宗二，第136页。

竣，“命兖州长官以曲阜新修庙告成于宣圣。”㊀“金敕有司增修曲阜宣圣王庙毕，赐衍圣公以下三献法服及登歌乐一部，仍送太常旧工往教孔氏子弟，以备祭礼。”㊁从记载中之“新修”与“增修”等语可知，在这一次修建工程中，孔庙建筑应该是有明显扩展的。据《山东通志》：“（金）章宗明昌元年三月，诏修曲阜孔子庙，增拓旧制。……六年夏四月，敕有司以增修曲阜宣圣庙共毕，……七月，命兖州长官以曲阜新修庙告成于先圣。”㊂这一点还可以见于党怀英所撰“金重修至圣文宣王庙碑”：

“仍命选择干臣，典领其役。役取于军，匠佣于民，不责急成，而责以可久；不期示侈，而期于有制。凡为殿堂、廊庑、门亭、斋厨、黉舍，三百六十余楹。位序有次，像设有仪，表以杰阁，周以崇垣。……三分其役，因旧以全加葺者什居其一，而增创者倍之。盖经始于明昌二年春，逾年而土木基架成，越明年而髹漆彩绘成。”㊃

以文中所言“凡为殿堂、廊庑、门亭、斋厨、黉舍，三百六十余楹。”当与现存孔庙的规模基本相当了。而由“三分其役，因旧以全加葺者什居其一，而增创者倍之”可知，金代重修后的规模，比此前的规模至少应该扩大了一倍。但以其同碑中有“阙里祠宇弗治，矧其旧制既隘且庳，乃诏有司，乃疏泉府，揆材庀工，众役具举。梓人献技，役夫効功，隘者以宏，庳者以崇；崇焉有制，宏焉有法，即旧以新，增其什八。殖殖其正，翼翼其严。”㊃可以推知，原有的规模是比较庳陋狭窄的。而此次大规模的修复重建，增加的规模在50%（“而增创者倍之”）或80%（“即旧以新，增其什八”）。不知两种说法何以为确。而若以《曲阜县志》所记宋天禧二年的修缮，规模已经达到“殿庭廊庑三百十六间”，几乎与金明昌年间的增修扩建的记载大相径庭，则金人之所谓“增创者倍之”“即旧以新，增其什八”的记述似错讹过甚。或者可以理解为，宋末时的曲

㊀《金史》第147页。

㊁ [清]毕沅《续资治通鉴》卷一百五十四，第2890页。

㊂《四库全书》史部，地理类，都会郡县之属，《山东通志》卷十一之三，“阙里志三——历代隆仪”。

㊃《四库全书》史部，地理类，都会郡县之属，《山东通志》卷十一之七，党怀英，“金重修至圣文宣王庙碑”。

阜孔庙曾因战争而遭到过大规模的破坏，其规制重归简陋，仅余宋天禧年间规模之半，而金明昌时在此破败基础上，“增创者倍之”，才有“三百六十余楹”的规模，亦未可知。

关于宋、金间这两次修建工程之记载上的矛盾，还不只这一处。再举“奎文阁”的例子。据《山东通志》，卷十一之六，“阙里之六——至圣庙”条，有“今奎文阁宋时所建”语，而据同书卷十一之七，党怀英撰“金重修至圣文宣王庙碑”，却为“又庙有层阁以备庋书，愿得赐名，揭诸其上，以观示四方，诏以奎文名之，而命臣怀英记其事。”而元初宪宗二年（1252年）杨奂所撰《东游记》中则有“次南奎文阁，章宗时创，明昌二年八月也，开州刺史高德裔监修”㊀的描述。据《金史》，高德裔为金章宗与宣宗时人，事情确然，又有党怀英碑记为证，则奎文阁初建于金代是比较可信的。而奎文阁又恰是大成殿前最主要的建筑物，则金代时，对奎文阁以南诸殿阁、廊庑做较大规模的增扩，则是比较可能的事情。

金宣宗贞祐二年（1214年），在山东、河北一带，有过一次大规模的蒙古兵祸，“时山东、河北诸郡失守，惟真定、清、沃、大名、东平、徐、邳、海数城仅存而已，河东州县亦多焚毁。”㊁曲阜孔庙再一次遭到了较严重的焚毁。正因为如此，元初宪宗二年（1252年）杨奂《东游记》中所记载的曲阜孔庙，所余建筑似不为多：“……趋大中门而东，由庙宅过庙学，自毓粹门之北入，斋厅在金丝堂南，燕申门之北，堂取鲁恭王事也。……班杏坛之下，痛庙貌焚毁，北向郓国夫人新殿绘像修谒，……坛南十步许，真宗御赞殿也，……贞祐火余物也，……次南奎文阁，章宗时创，明昌二年八月也，……东庑碑六，皆隶书；……西庑之碑八，隶书者四，余皆唐宋碑也，……”㊀这时站在杏坛前，所能够看到的是“庙貌焚毁”的悲凉景象，唯大成门外的奎文阁，与大成殿西侧的金丝堂及斋厅等尚存。在今大成殿的位置上，似乎是新建的郓国夫人殿。而据元人所撰《郓国夫人殿记》：“……前庙后寝，三代之定制，而吾夫子之祀，本用

㊀ 李修生《全元文》第136页，江苏古籍出版社，1997年。

㊁《金史》卷十四，本纪第十四，“宣宗上”，第187页。

王者事，阙里旧有郓国夫人殿久矣，由唐、宋降及于金，号称尤盛，贞祐之乱，扫地无余，……以兴废补弊为所务，经始于己酉（1249年）八月，落成于壬子（1252年）之七月。”㊀故杨奂壬子年游曲阜孔庙时所见之“郓国夫人新殿”，正是这座新修的殿堂，值得注意的是，这里的郓国夫人殿，是“吾夫子之祀”的重要场所。这恰恰说明曲阜孔庙的规制，在元初还尚未定型。

金大定、明昌年间的修复重建工程，当使曲阜孔庙的型制趋于完备，但《山东通志》中将时间顺序搞错了，据《山东通志》卷十一之三，在金大定、明昌之修复重建后“金贞祐之乱，庙貌尽毁，至是修复，制乃大备”。㊁然而，此话仅说对了一半，贞祐（1213—1217）在大定（1161—1189）、明昌（1190—1196）之后，故其语应该是:“金大定、明昌之修复重建，制乃大备，然贞祐之乱，庙貌尽毁。”所以，元初杨奂《东游记》中所见，实在已是一种劫后仅余的破败景象。

三、阙里孔庙建筑之定型

自元代以降，曲阜孔庙的建设，趋于定型，并逐渐完善。元世祖至元四年（1267年）正月敕修曲阜孔庙，并敕上都重建孔子庙。㊂这时距离金代壬子年重修孔庙的时间近30年。据元成宗大德五年（1301年）翰林学士阎复所撰《重建至圣文宣王庙碑》记录，大德二年始修，大德五年秋告成的曲阜孔庙:“殿矗重檐，亢以层基，缭以修廊，大成有门，配侑诸贤有所，泗沂二公有位，黼座既迁，更塑郓国像于后寝。缔构坚贞，规模壮丽。大小以楹计者，百二十有六，赀用以缗计者，十万有奇。”㊃这一次所“修曲阜文宣王庙，庙殿七间，转角复檐重址，基高一丈有奇，内外皆石柱。外柱二十六，皆刻龙于上。神门五间，转角、周围亦皆石柱，基高一丈，悉用琉璃。沿里碾玉装饰”㊄，已经具备了我们

㊀ 李修生《全元文》，第143页。

㊁ 《四库全书》史部，地理类，都会郡县之属，《山东通志》卷十一之三，“阙里志三——历代隆仪”。

㊂《新元史》卷八，本纪第八，世祖二。

㊃《四库全书》史部，地理类，都会郡县之属，《山东通志》卷十一之七。

㊄《四库全书》卷十一之三。

今日所见曲阜孔庙大成殿的主要特征，如殿身为七间，重檐副阶，两重台基，副阶柱为石柱，前檐柱为盘龙柱，屋顶为琉璃瓦。但奇怪的是，这次重建的结果，仅有建筑126楹，似远比金代明昌年间重修后的360余楹，在规模上要小很多。是统计之误，还是因计算方法上的差别而引起的误差，尚未可知。至顺三年（1332年），“诏修曲阜宣圣庙”。㊀顺帝至元四年（1338年）诏修曲阜孔子庙。㊁这次修缮的结果，见于至元五年翰林学士欧阳玄的《敕修曲阜宣圣庙碑》，但其记录之修缮时间始于至元元年（1335年）4月，终于至元二年（1336年）10月，新落成之孔庙“宫室之壮以宁神栖，楼阁之崇以庋宝训，周垣缭庑，重门层观，丹碧黝垩，制侔王居。”㊂这里的“制侔王居”可以说是对曲阜孔庙规制的一个恰当解释。其主殿为殿身7间，副阶9间，坐落在有两重石雕栏杆的台基上，周围廊庑环绕，并用盘龙石柱，其制度等级，仅略低于天子之正衙。“王居”之制，可以说是奠定了曲阜孔庙规制的基调。

回顾有元一代，曾三修曲阜孔庙，大约每30余年，就有一次大规模的修缮工程。最后一次修缮，距离前一次修缮，仅6年时间。如此频繁地修缮孔庙，除了建筑本身的原因而外，也不排除有政治方面的考虑。而元代重修，主殿大成内外皆用石柱，这与元大都宫殿正衙大明殿内外用石柱的做法一样，是元人所尚的结构形式。这一点由明以后重修大成殿，已将内柱重新改为木柱的做法中，可以略窥一斑。

明代建国之初，太祖朱元璋即诏以太牢祀孔子于国学，并遣使诣曲阜致祭。洪武七年（1374年）敕修曲阜孔庙。时距元代最后一次修缮孔庙也在30年左右。说明自元代以来，国家加大了对曲阜孔庙建筑进行修缮的频次。在洪武重修约40年之后，永乐十三年（1415年）正月再次诏修阙里孔子庙，永乐十五年（1417年）夏，重修孔子庙成。㊃英宗天顺八年（1464年），诏山东巡抚贾铨

㊀《新元史》卷二十二，本纪第二十二，文宗下，第216页。

㊁《四库全书》史部，地理类，都会郡县之属，《山东通志》卷十一之三。

㊂《四库全书》卷十一之七。

㊃《明史》卷七，本纪第七，成祖三，第60页。

重修阙里先圣庙。宪宗成化六年（1470年），重修工程竣工。[一]孝宗弘治十二年（1499年）6月，阙里孔子庙灾[二]，这次灾害的后果十分严重，“无穷庙貌尊严，古今崇奉，比今遭回禄煨烬靡遗。”[二]弘治十三年（1500年）重建工程开始，“重建大成殿九间，殿前盘龙石柱，两翼及后檐俱镌花石柱。”[二]由现存遗构看，这里所说的9间，其实仍是殿身7间，副阶9间的规制，并没有比元代大成殿规制更高，应该还是因元代基座而建的。弘治十七年（1504年）正月，重修工程完成。

明嘉靖朝，围绕是否在孔庙中供奉孔子像的问题，展开了一场争论，嘉靖九年（1530年），大学士张璁言：“孔子宜称先圣先师，不称王。祀宇宜称庙，不称殿。祀宜用木主，其塑像宜毁。笾豆用十，乐用六佾。配位公侯伯之号宜削，止称先贤先儒。”[三]嘉靖帝命翰林诸臣进行争议，有言易号毁像之不可的，却引发了帝怒谪官的结果。嘉靖帝亲自写了《正孔子祀典说》，为主张毁像削号者助威。诸臣会议的结果，直接影响到孔庙本身，如“去其王号及大成、文宣之称。改大成殿为先师庙，大成门为庙门。”[三]首先从国子监开始实施，如“制木为神主”，[三]以取代孔子塑像。这一毁像易主削号的举动，同时涉及了历史上诸多大儒的配祀问题，引发持久的争辩，其结果是“仅国学更置之，阙里庙廷及天下学宫未遑颁行也。”[四]这一插曲，也反映出了对自唐代以来，对孔子地位及孔庙祭祀等级日益抬高之趋势的一个反动。

在嘉靖朝论辩以后，逮至万历七年（1579年），又有过一次重修工程。[五]但此事并不见于正史。自兹之后，及于明末，陷于内外交困中的明王朝，再也没有能力顾及对曲阜孔庙的大规模修缮工程。

有清一代的祀孔活动始于清帝入主中原之前的皇太极崇德元年（1636年），

㊀《四库全书》史部，地理类，都会郡县之属，《山东通志》卷十一之三。

㊁《明史》卷十五，本纪第十五，孝宗，第114页。

㊂《明史》卷五十，志第二十六，礼四，至圣先师孔子庙祀，第712页。

㊃《明史》第714页。

㊄《涌幢小品》卷十九，第370页。

“遣官祭孔子”。㊀并于崇德五年（1640年）确定了每年对孔子行释奠礼的时间。崇德八年（1643年）再遣臣赴曲阜阙里祭告。㊁顺治十四年（1657年），曾修孔子庙，但不确知是京师孔庙，还是曲阜孔庙。康熙三十八年（1699年），曲阜孔庙重修完成，康熙御书《重修阙里圣庙碑文》。㊂雍正二年（1724年）6月，曲阜孔庙再次被火，“先师大成殿，以及两庑，俱被火灾。请出圣像、牌位。新建崇圣祠，幸得无恙。”㊃崇圣祠在大成殿东路北侧，雍正二年（1724年）大火前新建，现尚存原构。雍正三年（1725年）8月，重修阙里孔庙的工程开始。

雍正年间重修曲阜孔庙的工程，得到雍正帝的直接关注。工程一开始，雍正帝即下谕要求“文庙工程务期巍焕崇闳，坚致壮丽，纤悉完备，粲然一新。”㊄并下诏要求阙里孔庙大成殿改用黄瓦，因为“庙自明弘治十三年始用绿色琉璃瓦，今特改黄瓦，由内厂监造，运赴曲阜。”㊅并御书“大成殿”匾额。此次重修工程，包括了重修同时被大火焚毁的康熙御书碑亭；奎文阁左右增建作为执事人员斋宿之所的值房；在大成门内“复设二十四戟”；将棂星门石坊上原镌“宣圣庙”额，改为“至圣庙”额；将奎文阁前之“恭同门”，改为“同文门”；将大成殿东路南侧之“诗礼堂”前的“燕申门”，改为“承圣门”。雍正帝还要求“将殿庑规制，以至祭器仪物，悉绘图呈览，指授修制。”㊆按照雍正帝的上谕，“阙里文庙依仿帝王宫殿之制，规模宏焕，视昔有加，……朕虽未曾亲至其地，而筹画指授，寤寐瞻仰之诚，无刻不在尼防洙泗间也。”㊇由此，也可以知道，这一次的重修工程，是直接由清帝运筹指授的，其规制依仿帝王之宫。在工程即将竣工之际，雍正还为大成殿内、外御书了“万世师表”与“生民未有”匾额，并书写了对联，并为原来没有题额的大门、二门题写了匾额，大门为“圣时门”，二门为“弘道门”。

雍正八年（1730年）工程告竣。这一次重修工程，最终确定了现存曲阜孔庙的形式、格局与门殿题额。之后，又对孔林进行了修缮，将孔林享殿三间，“照阙里寝庙之制，用黄瓦镶砌屋脊，以表仪典。”㊈雍正以后，道光十四年（1834

㊀《清史稿》卷三，本纪三，太宗本纪二，第40页。

㊁《四库全书》史部，地理类，都会郡县之属，《山东通志》卷十一之四。

年），曾“修山东阙里至圣孔子林、庙。”㊀这一次修缮的主要工程似在孔林。光绪三十四年5月，“修曲阜孔子庙”。㊁这一次修缮，当是延续中国两千多年之久的封建王朝历史上最后一次对曲阜孔庙的维修工程。从现存孔庙遗构来看，这次修缮仅仅是局部的维修，没有大规模的改建工程，更没有触及既有的庙殿规制。因此，我们可以说现存孔庙仍然保持着雍正八年（1730年）重修后的基本格局与面貌。

四、阙里孔庙建筑之型制

曲阜孔庙的最终型制，如我们现在所看到的样子，是元、明、清三代逐渐确立并完善的。对于孔子的祭祀释奠，虽然古已有之，但其礼仪、规制一直处在变动中。如三国曹魏时，是在京师辟雍中释奠孔子，至南北朝元魏时，才为孔子独立设庙。唐武德时，开始在京师国子监中立孔子庙。但当时的做法是，为周公与孔子各自立庙。并封周公为先圣，以孔子为配祀。唐时房玄龄对这一做法提出了疑义，认为“周公孔子俱称圣人，庠序置奠，本缘夫子，……允请停祭周公，升孔子为先圣，以颜渊配。”㊂并于太宗贞观四年（630年）开始，在地方郡县设立文庙，此为地方庙学之始。高宗永徽中，又恢复了以周公为先圣，孔子为先师的做法，至高宗显庆二年（657年），将周公的祭祀移到了周武王的庙堂中，作为武王的配祀，而复尊孔子为先圣。乾封三年（668年），高宗封禅泰山时幸曲阜祠孔子，追封孔子为“大师”，“庶年代虽远，式范令图，景业惟新，仪型茂实；其庙宇制度卑陋，宜更加修造。仍令三品一人，以少牢致祭。”㊂可见，唐时孔子在国家祭祀谱系中的地位仍然较低，其祭祀官仅为三品，并以较低等级的“少牢”致祭。但已经开始关注孔庙的“式范”“仪型”。

唐开元十三年（725年），玄宗帝亲诣曲阜孔子宅奠祭，并遣官以太牢礼祭祀孔子墓。这说明当时的曲阜孔子庙（宅），还十分卑陋，无以提供较高规格的祭祀条件。开元二十七年（739年），追谥孔子为“文宣王”。这是对孔子敕封

㊀《清史稿》卷十八，本纪十八，“宣宗本纪二”，第472页。

㊁《清史稿》卷二十四，本纪二十四，“德宗本纪二”，第689页。

㊂《四库全书》史部，地理类，都会郡县之属，《山东通志》卷十一之三。

以“王”号之始。也可以说是对孔子祭祀，及孔庙规制加以等级提升之始。正是开元二十七年改变了以往以周公为主祀，孔子为配祀的“仪型”，将孔子升在主祀之位：“昔周公南面，夫子西面，今位既有殊，岂宜依旧，宜补其堕典，永作常式，其两京国子监及天下诸州县学，夫子南面坐，十哲东西行列，……敕两京及兖州旧宅庙像，改服衮冕，乐用宫悬，舞用八佾，……给曲阜林庙百户洒扫。”㊀也就是说，从唐开元二十七年，孔子才作为面南而坐的正位，而受到天下人的礼祀。这也为后世的孔庙建筑空间布局奠定了基本的格局。

五代后周广顺二年（952年），周太祖入兖州谒夫子庙时，以帝王之身而礼拜孔子，时随行近臣认为天子不当拜，周太祖说：“夫子，圣人也，百王取则，安得不拜。”㊀并诏修曲阜祠庙。宋太祖建隆元年（960年），“诏祭文宣王庙，立十六戟于庙门，用正一品礼，……塑先圣、亚圣、十哲像，画七十二贤及先儒二十一人像于东西庑之木壁。”㊀由此可见，殿前两庑的出现，是与释奠配祀的礼仪有所关联的。太平兴国三年（978年），“诏复曲阜县文宣王家”，并“诏大将作恢敞儒宫。”㊀这可以说是开启了对曲阜孔庙规模、型制大加扩张之做法之始。淳化四年（993年），“诏绘三礼器物制度于国学讲论堂木壁。”㊀则说明“讲论堂”在庙学建筑中曾居有重要位置。宋真宗大中祥符元年（1008年），“诏追封孔子父叔梁纥为齐国公，母颜氏为鲁国夫人，……又追封圣配开官氏为郓国夫人”，并“亲巡鲁甸，永怀宣圣之德，躬造阙里之庭。”㊀徽宗崇宁二年（1103年），“诏追封孔鲤为泗水侯，孔伋为沂水侯。”㊀这样一些追封事件，及“躬造阙里之庭”的愿望，为曲阜孔庙规模的扩大与制度的完备，奠定了基础。如后世曲阜孔庙，在相当一个时期内，都将与孔子有血缘关系人物的种种封号，如叔梁纥殿、颜母殿、郓国夫人殿，及泗水侯殿、沂水侯殿等，均作为曲阜孔庙中的主要祭祀建筑。

大中祥符五年（1012年），又在孔子的封号前加了“至圣”二字，改封为“至圣文宣王”。庆历四年（1044年）将曲阜孔庙的洒扫户增加到50人。至和二年（1055年），敕封孔子嫡传后裔为“衍圣公”。㊀这一对孔子后人的最高封

㊀《四库全书》史部，地理类，都会郡县之属，《山东通志》卷十一之三。

号，自宋仁宗年间始封后，经过了历史上数次反复地改封（如改为“奉圣公”等）与恢复，最终一直沿用了下来。崇宁四年（1105年），“诏辟雍文宣王殿以大成为名”㊀，这是将祭祀孔子的主殿称为“大成殿”之始。大观元年（1107年），下令禁止在孔林中樵采林木，并立赏钱10贯，以奖励那些“告捉”之人。同年，还采用《周礼》王制，使孔庙文宣王“改执镇圭”㊁，并将孔庙前象征身份等级的庙门立戟，由原来的“十六戟”改为“增立二十四戟，如王者制”。㊀南宋高宗绍兴十年（1140年），又将对孔子的释典改为“大祀”（宁宗庆元中又改回为“中祀”），这些都将孔庙祭祀的等级提到了空前的高度。

元大德十一年（1307年），“武宗追封孔子为‘大成至圣文宣王’，……遣使阙里，祀以太牢。”㊀这显然是承袭了宋代以王者之仪释奠孔子的做法，并在宋代“至圣文宣王”封号的基础上，又加上了“大成”，更加昭显了孔子的地位。在至顺元年（1330年）和至顺三年（1332年）又先后将齐国公叔梁纥加封为“启圣王”，将鲁国太夫人颜氏加封为“启圣王夫人”，而将郓国夫人加封为“大成至圣文宣王夫人”。从而，将孔子父母及配偶的地位，也抬高到了极致。这些都为将曲阜孔庙建筑的规制等同于王者之制，奠定了基础。

我们可以看一看孔庙建筑空间的构成，据《山东通志》，卷十一之六：

至圣庙（在鲁城内，本距曲阜县八里，明正德中从佥事潘珍之请，环圣庙为城，迁县于此以卫之。）

按旧制：

圣庙二门，榜曰大中门，宋仁宗御笔也；

三门之后曰书楼，藏赐书之楼也（即今奎文阁）；

楼后，御路东西两碑亭；

次仪门，门内御赞殿；

次杏坛，即讲堂遗趾，汉明帝幸孔子宅，御此说经，后世因以为坛；

㊀《四库全书》史部，地理类，都会郡县之属，《山东通志》卷十一之三。

㊁《汉语大辞典》第176页引《说文》：“圭，瑞玉也，上圆下方，公执桓圭，九寸；侯执信圭，伯执躬圭，皆七寸；子执谷璧，男执蒲璧，皆五寸。以封诸侯。”第1763页，“镇圭之属”条引：《周礼·春官·天府》：“凡国之玉镇，大宝器，藏焉。”镇圭为王者之圭。

坛之后即正殿，殿榜乃宋仁宗御制飞白书也，徽宗崇宁二年诏殿名大成；

其后为郓国夫人殿；

殿东庑祀泗水侯，西庑祀沂水侯；

正殿廊西门外齐国公殿；

其后为鲁国太夫人殿；

次后为五贤堂（宋时所建），祀孟子、荀卿、杨雄、王通、韩愈；

正殿廊东门外，曰斋厅，即宋真宗东封谒庙驻跸之所（真宗回銮，次兖州，诏去其殿制，赐本宗为厅，族人遇祭，致斋于此，遂名为斋厅）；

斋厅之东门外，其南客馆，其北客位；

斋厅之后客堂，孔氏接见宾客之所，由客位东一门直北，曰袭封视事厅；

厅后恩庆堂，乃孔中丞道辅典乡郡时，会内外亲族之所。

堂之西，曰家庙；

堂之东北隅，曰双桂堂。孔氏舜亮、宗翰尝读书于此。皇祐元年同赐第，故名庙。

左为衍圣公第，第前为阙里坊，古阙里也。

庙创于鲁哀公十七年，汉、魏、唐、宋，代有修饰。至金皇统、大定间，制乃加备。

元至元丁卯（至元十四年丁丑1277年，二十四年丁亥1287年，丁卯只有泰定四年1327年？）大德戊戌（大德二年戊戌1298年）至元己卯（惠宗至元五年己卯，1339年）凡三修焉；明洪武初，奉诏重修。永乐十四年，又撤其旧而新之；

成化十九年，始广正殿为九间，规制益宏。

弘治十二年（1499年）灾，奉诏重进（建？）；

嘉靖、隆庆以来，守臣屡加修葺。㊀

如上所录之曲阜孔庙规制，当是元、明代时的“旧制”，以其将“大中门”称为“二门”看，其前仅有一门，这显然是早于现存孔庙的型制。而以前述元初杨奂《东游记》：“……趋大中门而东，由庙宅过庙学，自毓粹门之北入，斋厅

㊀《四库全书》史部，地理类，都会郡县之属，《山东通志》卷十一之六。

在金丝堂南，燕申门之北，堂取鲁恭王事也”的记录，似与这里所记载的大中门为庙前之二门，可以横穿而过；斋厅在正殿（大成殿）廊东门外。但杨氏将大成殿西路的金丝堂与大成殿东路东庑门外的燕申门（今承圣门）在空间上与斋厅连为南北一线，说明杨奂在记录上也有误，这里不详究。但由庙中主要建筑之正殿大成殿："其后为郓国夫人殿；殿东庑祀泗水侯，西庑祀沂水侯；正殿廊西门外齐国公殿；其后为鲁国太夫人殿；次后为五贤堂，祀孟子、荀卿、杨雄、王通、韩愈”来看，这时的主要建筑格局，基本上是按照封祀的名位设置的。其余附属建筑，仅为藏书楼（奎文阁）、斋厅、家庙之属。

另据《明史》，洪武十五年（1382年）所建南京孔庙："庙在学东，东西两庑，前大成门，门左右列戟二十四。门外东为牺牲厨，西为祭器库，又前为灵星门。”[㊀]已经初步确立了孔庙建筑，棂星门、大成门、大成殿为轴线，以东西两庑为两翼，门外设厨、库等辅助建筑的基本格局。然而，由于最初的设置还比较狭促，洪武三十年（1397年）又将南京孔庙进一步加以扩展："三十年，以国学孔子庙隘，命工部改作，其制皆帝所“规画”。大成殿门各六楹，灵星门三（间？），东西庑七十六楹，神厨、库皆八楹，宰牲所六楹。”[㊁]明初南京孔庙的规制，已经十分接近现存曲阜孔庙的建筑格局。其前设棂星门3开间，大成门为5开间（六楹），大成殿前两庑为各37开间[㊂]（各三十八楹，共七十六楹）。这与现存曲阜孔庙前有3开间棂星门，5开间大成门，东西两庑各40间的格局，已经十分接近。这说明明初洪武帝亲自参与了孔庙建筑格局的“规画”。

这一“规画”直接影响了曲阜孔庙的格局，形成了如上描述的这样一个以大中门（二门）、三门（同文门）、书楼（奎文阁）、仪门（现已无存）为前导空间，以大成门、大成殿及殿前两庑为核心，以其后郓国夫人殿及殿前东西泗水侯、沂水侯两庑，形成的曲阜孔庙中路建筑，和正殿廊西门外依序排列的齐国公殿、鲁国太夫人殿、五贤堂（当在今启圣门内），及正殿廊东门外依序排列的斋

㊀《明史》卷五十，志第二十六，礼四，至圣先师孔子庙祀，第710页。

㊁《明史》第711页。

㊂ 古人之“楹”，有时指开间数，有时指正面柱子数，故这里有两种可能，一是两庑各38间；二是两庑各38柱，37间。从上下文看，这里的“楹”数似指柱子数，故为37间。

厅、客堂、恩庆堂（当在今承圣门内），构成了元、明曲阜孔庙的基本格局。而这一格局，恰恰是自唐、宋、元以来不断提高与增加的对孔子，及孔子的亲眷及弟子所施予的种种封祀名号以建筑空间形式加以展示的结果。

清代康、雍大修重建以来，最终确定了今日所存曲阜孔庙的格局：

至国朝康熙二十八年，奉诏重修。

雍正二年六月复灾，奉诏大加鼎建，告成，规制如左：

金声玉振坊，在棂星门南。

棂星门，在金声玉振坊北，门前有水环流如带。

太和元气坊，在棂星门北；左侧为德侔天地坊，右侧为道贯古今坊。

至圣庙坊，在太和元气坊北。

圣时门，在至圣庙坊北，三间环洞，如城门制，左右各有雁翅墙。

泮池，在圣时门北，上有三墙；池南左侧为快睹门，右侧为仰高门；每门三间，东西对峙，各通官道。

弘道门，在泮池北，五间，高一丈七尺，面阔五丈四尺，进深二丈八尺，四围俱石柱，左右皆有掖门。

大中门，在弘道门北，五间，高二丈四尺，面阔六丈四尺，进深二丈四尺，左右各有掖门。

同文门，在弘道门北，五间，高二丈四尺，面阔六丈四尺，进深二丈四尺，左右各有掖门。

奎文阁，在同文门北，七间，三檐，高七丈四尺，面阔九丈，进深五丈五尺，前面擎檐俱石柱，阁两傍各有便门三间，门左右各有屋十五间。

左侧为宗子斋宿所，门一，正斋房五间，西向南北房各三间。

右侧为有司斋宿所，门一，正斋房五间。

大成门，在奎文阁北，五间，高二丈八尺，面阔六丈五尺，进深三丈五尺，前后擎檐，中间盘龙石柱，两傍镌花石柱，诏用黄琉璃瓦，檐下设罘罳，列戟二十四枝；恭悬御制御书对联于明间中柱。

两掖门，左为金声门，右为玉振门；与大成门并南向，每门各三间。

左侧为毓粹门，右侧为观德门，在奎文阁北，大成门南，东西对峙，各通官道；中列碑亭一十二座。奎文阁后，八座；大成门前，四座。有新建圣祖皇帝御制碑亭。

皇上御制碑亭。

杏坛，在大成门北，盖宽绿色琉璃瓦，坛前东南有圣桧遗迹。

大成殿，在杏坛北，九间，两檐，高七丈八尺，面阔一十三丈五尺，进深八丈四尺，前面用盘龙石柱，两山及后檐俱用镌花石柱，诏盖黄琉璃瓦，檐下设罘罳。（正殿设至圣孔子像，南向；四配、十一哲像，分侍左右。至圣殿内天花枋上恭悬圣祖仁皇帝御书匾额，殿外门枋上，恭悬皇上御书匾额，殿外正间明枋恭悬御书对联。）

两庑，在大成殿左右，各五十间㊀，高二丈三尺；每庑阔五十五丈三尺，深二丈五尺，葢宽镶砌黄瓦。（东庑祀先贤蘧瑗㊁以下六十二位；西庑祀先贤林放㊂以下六十三位。）

寝殿，在大成殿北，七间，附檐，高六丈四尺，面阔九丈五尺，进深五丈，四围擎檐，俱用镌花石柱，盖宽镶砌黄瓦，檐下设罘罳。

两配殿，在寝殿左右如两庑制。（正殿祀圣配郓国夫人。左殿祀泗水侯伯鱼，右殿祀沂国公子思。）

圣迹殿，在寝殿北，门一间，殿五间，高三丈八尺六寸，面阔九丈六尺一寸，进深三丈三尺。殿内石刻至圣事迹。

崇圣祠，在大成殿东 。

承圣门，与大成门并列南向，在金声门左，三间，高二丈，面阔三丈一尺，进深一丈三尺。

诗礼堂，在承圣门北，五间，高二丈八尺，阔七丈五尺，深四丈二尺；堂西北，为孔宅故井、为鲁壁。

堂前左侧为礼器库，九间，高一丈六尺，阔八丈五尺。

㊀ 这里的“五十间”当是“四十间”之误。现存两庑为40间，在雍正八年至清末没有对两庑进行大规模重建的记录，也没有可以设置50间庑房的空间。

㊁ 春秋时卫国大夫蘧瑗，字伯玉，见《汉语大辞典》第1385页。据《三家注史记》卷六十七，仲尼弟子列传第七：“如文翁所记，又有林放、蘧伯玉、申枨、申堂，俱是后人所以见增益，于今殆不可考。”

㊂《汉语大辞典》第490页引《广韵·侵韵》：“林，姓。《风俗通》曰：林放之后。”林放为孔子弟子。

崇圣祠，在诗礼堂北，祠门，正一旁二，祠五间，高三丈，面阔七丈二尺，进深三丈六尺，前面擎檐，中二根盘龙石柱，旁四根镌花石柱。（祠内祀至圣先世五王。）

家庙，在崇圣祠北，五间，为孔氏家祠。

启圣祠，在大成殿西。

启圣门，与大成门并列南向，在玉振门右，三间，与承圣门等。

金丝堂，在启圣门北，三间，高二丈八尺，面阔七丈五尺，进深四丈二尺。

堂前右侧为乐器库，九间，高深如礼器库。

启圣殿，在金丝堂北，祠门，正一旁二，殿五间，高三丈，阔七丈二尺，深三丈六尺，前面擎檐，中二根盘龙石柱，旁四根镌花石柱。（殿内祀启圣王，先贤颜无繇㊀以下分侍左右）。

启圣寝殿，在启圣殿北，三间。（殿内祀启圣王夫人。）

圣迹殿垣左有后土祠，在家庙北，门一，祠三间。右有望瘗所，在启圣寝殿北，门一；东北有神庖，门一，神庖正室五间，左右厢各五间。西北有神厨，如神庖制，共屋十五间。角楼四座，庙垣四周，二座在大中门左、右；二座在后垣艮、乾二隅。楼高二丈，面阔二丈三尺，进深二丈三尺。㊁

从行文中可以看出，如上之格局，显然是雍正八年（1730年）刚刚大修重建后的规制。如奎文阁之北“列碑亭一十二座”，其中不包括乾隆三十年（1765年）的碑亭。文中在“有新建圣祖皇帝御制碑亭”之后所云“皇上御制碑亭”之“皇上”，显然是指雍正帝。而雍正重修后的格局，已经将明代一些规制及殿名改变。如大成殿后之寝殿，当为元、明时之郓国夫人殿；其前两庑分别为元、明时之泗水侯殿与沂水侯殿，但雍正后已与正殿前两庑联为一体。正殿西之启圣殿，当为元、明时“正殿廊西门外齐国公殿”；其后之寝殿即为元、明时“鲁国太夫人殿”。而原在“鲁国太夫人殿”之后的“五贤堂”，则已不存，而将对五贤（即“至圣先世五王”）的祭祀地点，改在正殿之东的崇圣祠。这里是否是

㊀ 颜无繇，颜回之父。据《三家注史记》：索隐家语云：“颜由字路，回之父也。孔子始教于阙里而受学焉。少孔子六岁。”见《三家注史记》卷六十七，仲尼弟子列传第七，第1042页。

㊁《四库全书》史部，地理类，都会郡县之属，《山东通志》，卷十一之六。

元、明之斋厅、客堂、恩庆堂之位，尚不十分清楚。此外，元、明时之奎文阁后的“仪门”，已被“大成门”所取代，而仪门与杏坛之间的御赞殿已不存。由此也可以看出，由元、明，至清雍正年间，曲阜孔庙建筑的规制仍然处在变化之中。

还有两个问题需要在这里做一点讨论。一是“杏坛”的问题；二是曲阜城的问题。上文所引明代阙里孔庙的记录中，关于杏坛是这样描述的：“次杏坛，即讲堂遗趾，汉明帝幸孔子宅，御此说经，后世因以为坛。”也就是说，作为孔子讲道之象征的“杏坛”，其原址是汉代孔庙（宅）之讲堂的所在。其实，遍查《史记》《汉书》及《论语》，并没有出现与孔子有关的“杏坛”一词。将杏坛与孔子扯到一起的是庄子。《庄子·杂篇》中有“孔子游乎缁帷之林，休坐于杏坛之上。弟子读书，孔子弦歌鼓琴”㊀之语。清人顾炎武已经对杏坛之真实性提出了怀疑，并指出：“《庄子》书凡述孔子，皆是寓言，渔父不必有其人，杏坛不必有其地。既有之，亦在水上苇间依陂旁渚之地，不在鲁国之中也，明矣。今之杏坛，乃宋乾兴间，四十五代孙道辅增修祖庙，移大殿于后，因以讲堂旧基甃石为坛，环植以杏，取杏坛之名名之耳。”㊁由此可知，以杏坛代讲堂，是宋乾兴年间（1022—1023年）的事情。以杏坛表征孔子布道之所，与讲堂之原意相合，且比功能性之讲堂更具空间象征意味，倒也是孔门之后在建筑上的一个创造。

前所引文中还有：“在鲁城内，本距曲阜县八里，明正德中从佥事潘珍之请，环圣庙为城，迁县于此以卫之。”这里说出了孔庙与曲阜的关系。孔庙原在阙里，因春秋时鲁公之南门两观而名之。据《水经注》：“孔庙东南五百步有双石阙，故名阙里。”又汉鲁恭王欲扩宫室而坏孔子宅。故孔庙是在鲁之宫室的左近。顾炎武引《春秋·定公二年》：“夏五月壬辰，雉门及两观灾。冬十月，新作雉门及两观。”㊂这里的定公，是指鲁定公。鲁定公二年是前508年，时孔子44岁。金、元时阙里孔庙已经颇具规模。故明正德年间（1506—1521年）将原距阙

㊀《庄子》杂篇，渔夫三十一，第119页。

㊁ [清]顾炎武《日知录》卷三十一。

里有8里之远的曲阜县城迁移到了阙里。因而也形成了以孔庙为中心的特殊城市格局。清人徐珂的《清稗类钞》中有一段有趣的话，聊作对曲阜城空间特征的一个总结：

曲阜全城面积，孔庙殆占其三分一以上，尝戏摹其形，恰如一“面”字。圣庙之南，直抵城南门，其北直抵城北门。东西数仞之墙，则“面”字中心两直笔也。“面”字之首画为城北门外之孔林。自孔林至北门，为极长之辇道，苍松夹路，匝地成阴，则“面”字之第二撇笔也。㊀

我们知道，北方州、县城市，多以“十”字形平面格局布置，略似隋唐长安、洛阳城内之里坊内的空间格局。与梁思成先生所说阙里孔庙这样一座延续二千余年之久，反复重建，不断展拓的建筑是建筑史上的一个孤例一样，曲阜县城这种“面”字形的城市布局，在中国县城空间格局中，恐怕也是独一无二的。

附录：

表5-1　孔庙修建历史略表

（含阙里、京师、州县学孔庙及曲阜孔林历代修建略况）

朝代	年代	公元	文献记载	备注
周	敬王四十二年	前478年	周敬王四十二年，鲁哀公诔孔子曰“尼父”（哀公十七年），立庙于旧宅，鲁世世相传，以岁时奉祀孔子	
三国	魏文帝黄初元年	220年	诏以孔羡为“宗圣侯”，奉孔子祀，令鲁郡修起旧庙，置百石吏卒以守卫之，又于其外广为宫室，以居学者	
南北朝	北魏太武帝始光三年	426年	起太学于城东，祀孔子，以颜子配	京师
	宋文帝元嘉十九年	442年	诏袭孔子后修先圣庙，下鲁郡守卫茔墓诏……可速议继袭于先庙地，特为营建，依旧给祠，宜令四时飨祀。阙里往经寇乱，黉教残毁，并下鲁郡修复学舍，采召生徒。……而坟茔荒芜，荆棘弗剪。可蠲墓侧数户，以掌洒扫，……种松柏六百株，封孔鲜为崇圣侯	
	宋孝武帝孝建元年	454年	令建孔子庙，给祭秩……庙制同诸侯之礼	非阙里

㊀ [清]徐珂《清稗类钞》祠庙类，“曲阜孔庙”条，第165页。

（续）

朝代	年代	公元	文献记载	备注
南北朝	北魏孝文帝延兴二年	472年	修严孔子庙祀	不详
	南齐武帝永明七年	489年	建孔子庙，给祭秩，复奉圣爵	非阙里
	北魏孝文帝太和十三年	489年	诏立孔子庙于京师	京师
	北魏孝文帝太和十九年	495年	车驾行幸鲁城，亲祠孔子庙，……封崇圣侯邑一百户，以奉孔子之祀；又诏兖州为孔子起围栽柏，修饰坟垄，更建碑铭，褒扬圣德	
	南梁武帝天监四年	505年	正月诏立州郡学，六月建孔子庙	州郡建学之始
	东魏孝静帝兴和三年	541年	兖州刺史李珽始建圣像雕塑，十子侍侧	塑像之始
	北齐文宣帝天保元年	550年	诏奉孔渠为“崇圣侯”，邑一百户，以奉孔子之祀；并下鲁郡，以时修治庙宇，务尽褒崇之至	
	梁敬帝太平二年	557年	诏求孔子后为“奉圣侯”，修庙荐秩	
	北周静帝大象二年	580年	追封孔子为邹国公……邑数准旧……别于京师置庙，以时祭享。改封孔渠为邹国公，食邑一千户	京师
	陈后主至德三年	585年	释奠先圣，敕修葺庙宇	不详
隋	隋文帝开皇初期	581年后	赠孔子为“先师尼父”，制国子寺	京师
唐	唐高祖武德二年	619年	立周公、孔子庙于国子学，……宜命有司立周公、孔子庙各一所，四时致祭	京师
	唐高祖武德九年	626年	封孔德伦为“褒圣侯”，重修孔子庙	不详
	唐太宗贞观元年	627年	罢祀周公，尊孔子为先圣	
	唐太宗贞观四年	630年	诏州、县学皆立孔子庙	州县学建文庙之始
	唐太宗贞观十一年	637年	尊孔子为“宣父”，作庙于兖州；给户二十以奉之	

（续）

朝代	年代	公元	文献记载	备注
唐	唐高宗乾封元年	666年	东封泰山，幸曲阜，祠孔子；追封太师，增修庙制	
	唐高宗咸亨元年	670年	诏州、县皆营孔子庙	
	唐玄宗先天元年	712年	诏于兖州取侧近孔庙三十户，以供洒扫	
	唐玄宗开元二十七年	739年	追谥孔子为“文宣王”……昔周公南面，夫子西面，今位既有殊，岂宜依旧，补其堕典，永作常式，其两京国子监及天下诸州、县学，夫子南面坐，十哲等东西行列侍……敕两京及兖州旧宅庙像，改服衮冕，乐用宫悬，舞用八佾，……给曲阜林庙百户洒扫	
五代	辽太祖神册三年	918年	诏建孔子庙……四年孔子庙告成，躬谒祭奠	京师
	后唐明宗长兴二年	931年	修复文宣王庙祀（时朱梁丧乱，庙祀废，至是复之）	
	后周太祖广顺二年	952年	敕兖州修葺祠庙，给复十户为洒扫户，饬禁樵采	
宋	宋太祖建隆元年	960年	诏祭文宣王庙，立十六戟于庙门，用正一品礼。增葺太学祠宇，塑先圣、亚圣、十哲像，画七十二贤及先儒二十一人像于东西庑之木壁	东西庑之出现
	宋太宗太平兴国八年	983年	重修阙里文宣王庙……诏大将作恢宏儒宫	
	宋太宗淳化四年	993年	诏绘三礼器物制度于国学讲论堂木壁，又诏建国子监、文宣王庙于河南府	洛阳
	宋真宗景德三年	1006年	诏诸道州府军监修葺文宣王庙	诸州
	宋真宗大中祥符元年	1008年	加谥孔子为“元圣文宣王”……复敕修饰祠宇，给近便十户，以奉茔域……追封孔子父叔梁纥为“齐国公”，母颜氏为“鲁国夫人”……又追封圣配亓官氏为“郓国夫人”	

（续）

朝代	年代	公元	文献记载	备注
宋	宋真宗大中祥符二年	1009年	诏立曲阜县孔子庙学舍，加先圣冕服，桓圭，从上公之制	
	宋真宗大中祥符四年	1011年	诏州县立孔子庙	
	宋真宗大中祥符五年	1012年	改封孔子为“至圣文宣王”	
	宋仁宗庆历八年	1048年	诏圣父齐国公像易以九章之服，于圣殿后立庙奉安	
	宋仁宗至和二年	1055年	封孔子后为“衍圣公”	
	宋神宗元丰元年	1078年	诏兖州修葺先圣祠	
	宋徽宗崇宁元年	1102年	诏追封孔鲤为“泗水侯”，孔伋为“沂水侯”	
	宋徽宗崇宁四年	1105年	诏辟雍文宣王殿以大成为名	
	宋徽宗大观元年	1107年	诏先圣墓立赏钱十贯，禁樵采林木，许人告捉	
	宋徽宗大观四年	1110年	制文宣王改执镇圭，庙门增立二十四戟，如王者制	
金	金世宗大定二十二年	1182年	重修阙里孔子庙成	
	金章宗明昌元年	1190年	诏修曲阜孔子庙，增拓旧制	
	金章宗明昌六年	1195年	命兖州长官以曲阜新修庙告成于先圣。凡为殿堂、廊庑、门亭、斋厨、黉舍，三百六十余楹。位序有次，像设有仪，表以杰阁，周以崇垣	制度大备
	金宣宗贞祐三年	1215年	迁汴，建宣圣庙于会朝门内，岁祀如仪。金贞祐之乱，庙貌尽毁	
元	元太祖十年	1215年	平燕京，以金枢密院为宣圣庙，行释奠礼	
	元太宗五年	1233年	敕修孔子庙……八年三月复修孔子庙。九年令衍圣公孔元措修曲阜孔子庙，赐给其费。复给守庙一百户	
	元世祖中统三年	1262年	修宣圣庙成	

（续）

朝代	年代	公元	文献记载	备注
元	元世祖至元四年	1267年	正月敕修曲阜宣圣庙，五月敕上都重建孔子庙	
	元成宗大德六年	1302年	修曲阜文宣王庙（庙殿七间，转角复檐，重址，基高一丈有奇，内外皆石柱，外柱二十六，皆刻龙于上，神门五间，转角周围亦皆石柱，基高一丈，悉用琉璃，沿里碾玉装饰	
	元成宗大德十年	1306年	八月京师大都文宣王庙成，行释奠礼	京师
	元成宗大德十一年	1307年	武宗追封孔子为“大成至圣文宣王”	
	元文宗至顺元年	1330年	加封圣父为“启圣王”，圣母为“启圣王夫人”。……三年正月，加封圣配为“大成至圣文宣王夫人”	
	元天顺帝至元四年	1338年	正月诏修曲阜孔子庙	
明	明太祖洪武七年	1374年	二月修曲阜孔子庙	
	明太祖洪武十四年	1381年	四月建国子学于南京，定文庙之制，自先圣以下，罢塑像，改设木主	南京
	明太祖洪武三十年	1397年	十月重建国子监孔子庙成	南京
	明成祖永乐十三年	1415年	正月诏修阙里孔子庙。……十五年夏重修孔子庙成。九月建碑于庙	
	明英宗天顺八年	1464年	诏山东巡抚贾铨重修阙里先圣庙	
	明宪宗成化元年	1465年	敕修阙里孔子庙	
	明宪宗成化四年	1468年	修孔子庙成。六月帝撰文勒石树于庙庭	
	明孝宗弘治十二年	1499年	六月阙里孔子庙灾，……十三年二月重建孔子庙（重建大成殿九间，殿前盘龙石柱，两翼及后檐俱镌花石柱）	
	明孝宗弘治十七年	1504年	正月阙里孔子庙成（计工料银一十五万二千六百有奇）	
清	清世祖顺治二年	1645年	定文庙谥号称为“大成至圣文宣先师孔子”	

（续）

朝代	年代	公元	文献记载	备注
清	清圣祖康熙十四年	1675年	议改谥号为“至圣先师孔子”	
	清圣祖康熙三十八年	1699年	御书《重修阙里圣庙碑》文：“……顾圣庙多历年所，丹雘改色，榱桷渐欹……特发内帑专官，往董其役，鸠工庀材，重加葺治，经始于辛未（1691年）之夏，峻于壬申（1692年）之秋，庙貌一新，观瞻以肃	
	清世宗雍正二年	1724年	六月初九日申时阙里圣庙灾，衍圣公孔传铎疏状以闻，奉上谕，据奏，先师大成殿以及两庑俱被火灾，请出圣像、牌位，新建崇圣祠，幸得无恙……计材料工，择日兴修，务期规制复旧，庙貌重新	
	清世宗雍正七年	1729年	又请复二十四戟于大成门内。棂星门石坊一座，旧镌宣圣庙，请改为至圣庙。奎文阁前之门曰恭同，诗礼堂前之门曰燕申，请遵幸鲁盛典，改恭同为同文，改燕申为承圣 敕将殿庑规制，以至祭器、仪物。悉绘图呈览，指授修制 上谕……年来遣官兴建阙里文庙，依仿帝王宫殿之制，规模弘焕，视昔有加，时时谕令监督……	
	清世宗雍正八年	1730年	圣庙棂星门、石坊以内，大门、二门，向无题额，应请御定嘉名，奉诏大门名为圣时门；二门名为弘道门。七月，大成殿报峻 诏遣内府塑手，摹塑圣像衮冕，服色一如周制。十二月……题报修建圣庙正绩各工共用帑银一十五万七千六百九十六两有奇	
	清世宗雍正九年	1731年	五月修理先圣林园……奉旨孔林工程仍著修理阙里庙工之陈世倌、张体仁等，会同衍圣公孔传铎敬谨监修	
	清世宗雍正十年	1732年	题请将孔林享殿三间照阙里寝庙之制，用黄瓦镶砌屋脊，以表仪典，奉诏允行。……十一年……题报修理孔林各工共用帑银二万五千三百三两有奇	
	清宣宗道光十四年	1834年	五月……庚寅，修山东阙里至圣孔子林、庙	《清史稿》
	清德宗光绪三十二年	1906年	十一月……丁卯，建曲阜学堂，发内帑十万济工	《清史稿》
	清德宗光绪三十四年	1908年	五月……甲午，修曲阜孔子庙	《清史稿》

注：除特别注明者为，本表资料均来自清乾隆年间编纂之《山东通志》（见《四库全书》，史部，地理类，都会郡县之属，《山东通志》）。

洛阳白马寺修建史札[㊀]

前不久洛阳白马寺住持印乐大和尚亲临笔者陋室，盛邀笔者参与到白马寺内拟建大殿的深化设计工作中。听到这一请求，虽然对大和尚的信任心存感激，但因兹事体大，委实不敢答应。百般推托未果，只好允诺协助承担这座建筑设计的建筑师做一点参谋性、建议性工作。

既要参谋、建议，就需熟悉相关资料，虽然过去有关白马寺的描述性文字也读了一些，但真要仔细甄别，却很难厘清这座寺院的修建历史。关于寺院早期格局与寺内建筑的文字记录，更是寥若星晨，令人一片茫然。数日仔细搜寻，穿越浩繁史籍，大略理出一点粗略头绪，加以整理，聊备可能的不时之询。

一、东汉、魏晋与北朝时期的白马寺

1. 有关白马寺的早期记载

尽管习惯上认为，作为中国汉传佛教第一寺，洛阳白马寺始创于东汉明帝年间。但是，在有关东汉乃至三国时期的正史中，无论《后汉书》还是《三国志》，都没有发现有关白马寺创建的任何直接记载。有关白马寺记述的最早史籍，出现于两晋与南北朝时期。

先来梳理一下史上最早提到与白马寺相关事迹的几位历史人物。在曾记述白马寺或与白马寺相关史实的早期作者中，已知生卒年代最早者，可能是《牟子理惑论》的作者牟子，其生活的年代约在东汉末年的桓灵板荡之际，其次是东晋

㊀ 本文系笔者受洛阳白马寺印乐大和尚之邀，承担洛阳白马寺保护与发展概念性总体规划方案期间，为了使笔者自身能够厘清白马寺建筑的历史变迁与现状遗存之历史价值而撰写的研究性论文，需要申明的是，其文系个人研究兴趣所致，与规划本身并无关联。原文初载于清华大学建筑学院《中国建筑史论汇刊》第16辑，中国建筑工业出版社，2018年。

十六国时期的释道安，《高僧传》引释道安撰写《经录》中，提到了与荆州白马寺有关的高僧安世高。然而，这两部文献，都仅见于南北朝时期作者的撰著之中。

现存史籍中直接涉及与白马寺相关事迹，时代最早者为《后汉书》作者，南朝宋时的范晔（398—445），但他的文字中并未直接提到白马寺。接着，是南朝齐、梁释僧祐（445—518），他撰有《弘明集》与《出三藏记集》。稍晚一点的陶弘景（456—536）是一位道士，撰有《真诰》。其后有南梁释慧皎（497—554），其《高僧传》是一部重要佛教史籍。同时期的北朝则有《水经注》作者郦道元（约466—527）及北魏后期的杨衒之。杨氏生卒年不详，但开始撰写《洛阳伽蓝记》时，恰逢北魏永熙之乱结束，时间当在534年之后。也就是说，除了范晔的著述，在略早的5世纪上半叶之外，杨衒之、陶弘景、释慧皎、郦道元等人的撰著时间，大体上是接近的，都可能在5世纪末或6世纪初左右。那么，这些早期作者记录了与白马寺有关的一些什么信息呢？

南朝宋人范晔所撰《后汉书》是正史中最早提到汉明帝夜梦金人、遣使问法之事的文献："世传明帝梦见金人，长大，顶有光明，以问群臣。或曰：'西方有神，名曰佛，其形长丈六尺而黄金色。'帝于是遣使天竺，问佛道法，遂于中国图画形象焉。楚王英始信其术，中国因此颇有奉其道者。后桓帝好神，数祀浮图、老子，百姓稍有奉者，后遂转盛。"㊀但是，这里并没有出现任何与"白马寺"相关的文字。

首次直接提到白马寺的是释僧祐，《弘明集》中有："弟子少游弱水，受戒樊邓，师白马寺期法师。屡为谈生死之深趣，亟说精神之妙旨。"㊁史书上谈到"弱水"，一般是指接近昆仑山的某条河流，这里的"弱水"似是暗示作者曾往中原之西游历之意，而"樊邓"则指今日湖北省襄阳市樊城区与河南省邓州市一带。期法师者，较大可能是指《高僧传》中提到的南朝宋荆州长沙寺释法期。也就是说，史籍中最早提到的白马寺，其实是南北朝时期荆州或襄阳的，而非洛阳

㊀ [南朝宋]范晔《后汉书》卷八十八，西域传第七十八，百衲本景宋绍熙刻本。

㊁ [南朝梁]僧祐《弘明集》卷十，秘书郎张缅答。

的白马寺。

在《出三藏记集》中，僧祐提到另外一座白马寺："《须真天子经》，太始二年十一月八日于长安青门内白马寺中，天竺菩萨昙摩罗察口授出之。"㊀这里所指显然是汉长安城青门内的白马寺。太（泰）始二年（266年）为西晋立国第二年，这时的长安城青门内，有一座寺院为白马寺。换言之，史籍中最早提到白马寺，始自南北朝时期，所载发生在白马寺的事件，可溯至西晋初年，只是这时提及的白马寺，并非特指洛阳白马寺。

《高僧传》中提到一座建于荆州的白马寺："又庾仲雍《荆州记》云：'晋初有沙门安世高，度郏亭庙神，得财物立白马寺于荆城东南隅。'"㊁高僧安清（世高）来华时间，大约在东汉晚年，这一点见于《高僧传》中所引释道安撰《经录》："案释道安《经录》云：'安世高以汉桓帝建和二年至灵帝建宁中二十余年，译出三十余部经。'"㊁可知他曾活动于东汉桓帝建和二年（148年）至灵帝建宁年间（168—172年），但同文中又引庾仲雍《荆州记》，提到安清于晋初（265年）在荆州东南隅建白马寺。显然，这里所记述的两件事情之间，肯定是存在某种讹误的。

以笔者拙见，释道安在世时间（312—385）去晋不远，他曾活动于荆襄一带，或更能确知荆州白马寺的创建时间，他所录安清活动于东汉末年，或可能真有所据，而庾仲雍为东晋末南朝宋初人，时间约在420年前后，《荆州记》所载安清在荆州所建白马寺，若创于西晋初年（265年），时间已过去155年，或有讹误，亦未可知。若其寺果为安清所创，时间追溯至安清活动于中土地区的东汉末年，似乎更为恰当?

近年，在襄阳出土的东汉塔寺形象（图5-1），表明东汉时期的荆襄一带，可能已经出现有类似佛塔的建筑形象，或多少可以从旁印证释道安所言，安清（世高）在东汉桓灵之际曾到过荆襄一带，并可能在荆州地区曾创建被称为白马寺之建筑的史实。由此或可推知，早在东汉灵帝时，荆州似已有白马寺之设，则

㊀ [南朝梁]僧祐《出三藏记集》卷七，须真天子经记第五。

㊁ [南朝梁]慧皎《高僧传》卷一，译经上，安清三，大正新修大藏经本。

洛阳白马寺在东汉时曾存于世，当是更为可信之事。

图5-1　襄阳出土明器（襄阳市博物馆藏）

最早出现洛阳白马寺的信息，亦见于僧祐《出三藏记集》，其中记录了西晋僧人竺法护在白马寺译经之事："沙门竺法护于京师，遇西国寂志诵出此经。经后尚有数品，其人忘失，辄宣现者，转之为晋。更得其本，补令具足。太康十年四月八日，白马寺中，聂道真对笔受，劝助刘元谋、传公信、侯彦长等。"㊀这里给出了竺法护译出《佛说文殊师利净律经》的时间为西晋太康十年（289年）四月八日。西晋太康年，首都尚在洛阳，故这里的"京师"当指洛阳，则白马寺亦当指洛阳白马寺。

其文又载，同年十二月竺法护在洛阳白马寺译出另外一部经："太康十年十二月二日，月支菩萨法护手执梵书，口宣晋言，聂道真笔受，于洛阳城西白马寺中始出。折显元写，使功德流布，一切蒙福度脱。"㊁这里特别明确了，竺法护的译经地点是洛阳城西白马寺。显然，这两则西晋僧人竺法护的译经事迹，是已知有关洛阳白马寺所发生事件的最早历史记录。

译出上述两部经之后的第二年，即西晋永熙元年（290年），竺法护还曾在白马寺校对《正法华品》译稿："永熙元年八月二十八日，比丘康那律于洛阳写《正法华品》竟。时与清戒界节优婆塞张季博、董景玄、刘长武、长文等手经本，诣白马寺对，与法护口校古训，讲出深义。"㊂三件事情，发生在前后两年

㊀ [南朝梁]僧祐《出三藏记集》卷七，文殊师利净律经记第十八，出经后记。

㊁ [南朝梁]僧祐《出三藏记集》卷七，魔逆经记第十五，出经后记。

㊂ [南朝梁]僧祐《出三藏记集》卷八，正法华经后记第七。

内，且都在洛阳白马寺中，可以确知，3世纪时的西晋洛阳城西，确实矗立着一座佛寺——白马寺。

《出三藏记集》也提到汉明帝夜梦金人、遣使取经的故事："汉孝明帝梦见金人，诏遣使者张骞、羽林中郎将秦景到西域，始于月支国遇沙门竺摩腾，译写此经还洛阳，藏在兰台石室第十四间中。其经今传于世。"㊀大约同时的道士陶弘景提到同一个故事，并且谈道："按张骞非前汉者，或姓名同耳。"㊁说明上文所提到的张骞，并非西汉武帝时凿通西域的张骞。

陶弘景对故事细节做了更多描述："汉孝明皇帝梦见神人身长丈六，项生圆光，飞在殿前，欣然悦之。遍问朝廷，通人傅毅对曰：'臣闻天竺国有得道者，号曰佛，传闻能飞行，身有白光，殆其神乎。'帝乃悟，即遣使者张骞、羽林郎秦景、博士王遵等十四人之大月氏国，采写佛经《四十二章》，秘兰台石室第十四，即时起洛阳城西门外道北立佛寺，又于南宫清凉台作佛形像及鬼子母图。帝感非常，先造寿陵，亦于殿上作佛像。是时国丰民安，远夷慕化，愿为臣妾。佛像来中国，始自明帝时耳。"㊁

郦道元《水经注》所说大略相同："谷水又南，迳白马寺东。昔汉明帝梦见大人，金色，项佩白光，以问群臣。或对曰：西方有神，名曰佛，形如陛下所梦，得无是乎？于是发使天竺，写致经像。始以榆欓盛经，白马负图，表之中夏，故以白马为寺名。"㊂这是较早提到白马寺寺名来源的历史文献，明确说明，其寺因白马驮经而来，故以称之。

杨衒之《洛阳伽蓝记》的记述接近《水经注》："白马寺，汉明帝所立也，佛入中国之始。寺在西阳门外三里御道南。帝梦金神长丈六，项背日月光明，胡人号曰佛。遣使向西域求之，乃得经像焉。时白马负经而来，因以为名。"㊃

释慧皎将这一故事列为《高僧传》首卷之首："汉永平中，明皇帝夜梦金人

㊀ [南朝梁]僧祐《出三藏记集》卷二，新集撰出经律论录第一，《四十二章经》一卷。

㊁ [南朝梁]陶弘景《真诰》卷九，协昌期第一。

㊂ [北魏]郦道元《水经注》卷十六，谷水，又东过河南县北，东南入于洛。清武英殿聚珍版丛书本。

㊃ [北魏]杨衒之《洛阳伽蓝记》卷四，城西，四部丛刊三编景明如隐堂本。

飞空而至，乃大集群臣以占所梦。通人傅毅奉答：‘臣闻西域有神，其名曰佛，陛下所梦，将必是乎。’帝以为然，即遣郎中蔡愔、博士弟子秦景等，使往天竺，寻访佛法。愔等于彼遇见摩腾，乃要还汉地。腾誓志弘通，不惮疲苦，冒涉流沙，至乎雒邑。明帝甚加赏接，于城西门外立精舍以处之，汉地有沙门之始也。但大法初传，未有归信，故蕴其深解，无所宣述，后少时卒于雒阳。有记云：腾译《四十二章经》一卷，初缄在兰台石室第十四间中。腾所住处，今雒阳城西雍门外白马寺是也。相传云：外国国王尝毁破诸寺，唯招提寺未及毁坏。夜有一白马绕塔悲鸣，即以启王，王即停坏诸寺。因改‘招提’以为‘白马’。故诸寺立名多取则焉。”㊀有趣的是，释慧皎给出了白马寺寺名的另一个来源：在外国的一位国王毁破诸寺之时，有一白马绕塔悲鸣，感动了国王，停止了毁寺行为。只是，在这条记述中，汉明帝所派遣的使者，不再是张骞，而是蔡愔。这里还暗示，在南北朝时期，各地名为白马寺的寺院很多。

实际上，《高僧传》中虽不止一处提到白马寺，却未必特指洛阳白马寺，如有关僧人支遁（支道林）的记述：“初至京师，太原王闲甚重之，……隐居余杭山，深思《道行》之品，委曲《慧印》之经。……遁尝在白马寺与刘系之等谈《庄子逍遥篇》。”㊁支遁为东晋高僧，京师指建康（今南京），其寺指的也是建康白马寺。另释法悦：“悦乃与白马寺沙门智靖率合同缘，欲改造丈八无量寿像，以申厥志。始鸠集金铜，属齐末，世道陵迟，复致推斥。至梁初，方以事启闻，降敕听许，并助造光趺。”㊂这里的白马寺，也是指建康白马寺。

十六国时期高僧释道安曾因白马寺过于狭小，创立檀溪寺：“复请还襄阳，深相结纳。……安以白马寺狭，乃更立寺，名曰檀溪，即清河张殷宅也。”㊃檀溪寺在襄阳，故其文所言狭者，当指襄阳白马寺。

《高僧传》中还提到：“释昙邃，未详何许人。少出家，止河阴白马寺。”㊄

㊀ [南朝梁]慧皎《高僧传》卷一，译经上，摄摩腾一，大正新修大藏经本。

㊁ [南朝梁]慧皎《高僧传》卷四，义解一，支道林八，大正新修大藏经本。

㊂ [南朝梁]慧皎《高僧传》卷十三，兴福第八，释法悦十四，大正新修大藏经本。

㊃ [南朝梁]慧皎《高僧传》卷五，义解二，释道安一，大正新修大藏经本。

㊄ [南朝梁]慧皎《高僧传》卷五，卷十二，诵经第七，释昙邃一，大正新修大藏经本。

因为洛阳在黄河之南，其属地中有名曰“河阴”者，故这里的白马寺，指的可能是洛阳白马寺。

正史中直接提到白马寺者，最早是《晋书》：“（义熙）九年（413年）正月，大风，白马寺浮图刹柱折坏。”㊀但这里所指是建康而非洛阳的白马寺。同样，《陈书》中载：“德基少游学于京邑，……尝于白马寺前逢一妇人，容服甚盛，呼德基入寺门，脱白纶巾以赠之。”㊁说的也应该是建康白马寺。

《梁书》中载：“太清二年（549年），……既至，仍遣缵向襄阳，前刺史岳阳王察推迁未去镇，但以城西白马寺处之。”㊂事情发生在荆襄一带，从其上下文看，所指不是襄阳就是荆州白马寺。

值得注意的是，《晋书》《陈书》《梁书》的作者，都是唐代人，其史料价值已不如前述几部文献。由此或可以了解，自南北朝至唐，人们谈论白马寺时，并非特指洛阳白马寺。

即使在北朝统治区域，洛阳以外也有白马寺，如除了上文提到的长安白马寺外，前后赵及北齐都城邺城，也有白马寺，北周大象元年（579年）邺城僧人上书周静帝：“邺城故赵武帝白马寺佛图澄孙弟子王明广诚惶诚恐，死罪上书。”㊃

然而，相比较之，北朝诸史中提到白马寺，较多是指向洛阳的。《魏书》载：“哀帝元寿元年，博士弟子秦景宪受大月氏王使伊存口授浮屠经。中土闻之，未之信了也。后孝明帝夜梦金人，项有日光，飞行殿庭，乃访群臣，傅毅始以佛对。帝遣郎中蔡愔、博士弟子秦景等使于天竺，写浮屠遗范。愔仍与沙门摄摩腾、竺法兰东还洛阳。中国有沙门及跪拜之法，自此始也。愔又得佛经《四十二章》及释迦立像。明帝令画工图佛像，置清凉台及显节陵上，经缄于兰台石室。愔之还也，以白马负经而至，汉因立白马寺于洛城雍关西。摩腾、法兰咸卒于此寺。”㊄《北齐书》提到：“昔汉明帝时，西域以白马负佛经送洛，因立

㊀ [唐]房玄龄等《晋书》卷二十九，志第十九，五行下，庶征恒风，清乾隆武英殿刻本。

㊁ [唐]姚思廉《陈书》卷三十三，列传第二十七，儒林，贺德基传。

㊂ [唐]姚思廉《梁书》卷三十四，列传第二十八，张缅弟缵、绾传，清乾隆武英殿刻本。

㊃ [唐]释道宣《广弘明集》卷十，辨惑篇第二之六，周祖天元立对卫元嵩上事，四部丛刊景明本。

㊄ [北齐]魏收《魏书》卷一百一十四，志第二十，释老十，清乾隆武英殿刻本。

白马寺，其经函传在此寺，形制淳朴，世以为古物，历代藏宝。”㊀

显然，自南北朝始，有关洛阳白马寺的史料渐渐多了起来。

2. 汉文史籍中有关白马寺记载的可能来源

通观早期史籍中有关白马寺记载，直言洛阳白马寺，是因白马驮经而来，因之以名者，有郦道元的《水经注》与杨衒之的《洛阳伽蓝记》。其过程描述，又以《高僧传》与《魏书》最为详细。然而，从史料分析，这几处情节大略相近的记录，可能出自比这几部文献更早的《牟子理惑论》。

《牟子理惑论》的流传年代虽不尽清晰，但从其行文及所述史实背景，如：“是时灵帝崩后，天下扰乱，独交州差安，北方异人咸来在焉，……先是，时牟子将母避世交趾，年二十六归苍梧娶妻，……”㊁等语推测，这一文献的问世时间，似乎更像是东汉末时。后世之人将牟子比附为几乎与汉明帝同一时代的东汉初之人牟融（？—79）。这与东汉末年，因桓灵板荡，躲避战乱，居于交趾的牟子，显然并非是同一个人。无论如何，这部《牟子理惑论》至迟在南朝梁释僧祐《弘明集》与《出三藏记集》中已被提到。

《出三藏记集》中仅列出人名与书名：“牟子《理惑》”。㊂而《弘明集》在篇首“序”中直接引入《牟子理惑论》正文，并将作者标为“汉·牟融”，可见南北朝时人，已经弄不清撰写这篇文字的“牟子”究竟是何许人了。正是在这里所引的正文中，提到汉明帝感梦求经之事：“问曰：‘汉地始闻佛道，其所从出耶？’牟子曰：‘昔孝明皇帝，梦见神人，身有日光，飞在殿前。欣然悦之。明日博问群臣，此为何神？’有通人傅毅曰：‘臣闻天竺有得道者号曰佛。飞行虚空，身有日光，殆将其神也。’于是上寤。遣中郎蔡愔、羽林郎中秦景博士、弟子王遵等十八人，于大月支，写佛经四十二章，藏在兰台石室第十四间。时于洛阳城西雍门外起佛寺，于其壁画千乘万骑，绕塔三匝。又于南宫清凉台，及开阳城门上作佛像。明帝时豫修造寿陵，曰：‘显节亦于其上，作佛图像。’时国丰

㊀ [唐]李百药《北齐书》卷十九，列传第十一，韩贤传，清乾隆武英殿刻本。

㊁ [南朝梁]僧祐《弘明集》牟子理惑论。

㊂ [南朝梁]僧祐《出三藏记集》杂录序，弘明目录序第八。

民宁，远夷慕义。学者由此而滋。”㊀

前文提到，释僧祐是南北朝时期几位直接提到白马寺作者中时代最早之人，而在他的著作中，又两次提到《牟子理惑论》。其中，《出三藏记集》中仅列出《理惑》一名，当是《牟子理惑论》早期流传时所用原名。《弘明集》中所用《牟子理惑论》一名，疑是僧祐自己加上去的。而其所注作者“汉·牟融”，究竟是僧祐原文就有，还是后世之人添加？已不得而知。无论如何，从已知史料可知，有关佛教初传及白马寺创建时间与原因的最早记录，很可能出于这部大约在东汉末年问世的《牟子理惑论》。

显然，在隋唐以前的文献中，能够找到的有关洛阳白马寺的资料就这么多，由此可知的信息仅仅是：

1）洛阳白马寺，与汉明帝夜梦金人，遣使求法，白马驮经，始创佛寺这一历史事实可能有所关联。

2）随着汉使及天竺僧人摄摩腾、竺法兰带入中原地区的最早一部汉译佛经是《四十二章经》，其经颇受东汉统治者重视，被珍藏于东汉宫廷内的“兰台石室第十四间”。

3）自十六国至南北朝时期，各地曾建有多座白马寺，特别是南朝首都建康，以及荆州（江陵）、襄阳、长安、邺城等地，都有白马寺。

4）东汉末年进入中土地区的高僧安世高（清），可能参与了荆州白马寺的建造。东晋十六国时期的高僧释道安，参与了襄阳白马寺的建造。

5）大约在西晋中叶（289—290年），僧人竺法护曾在洛阳白马寺内译经，并参与对已译佛经的校对，可以确知洛阳白马寺在3世纪晚期的存在。

3. 汉传佛教寺院的最早形式

早期文献中，除了《牟子理惑论》所云“于洛阳城西雍门外起佛寺”之说，所谓因白马驮经而始创白马寺的说法，仅有北朝郦道元、杨衒之粗略提及，北齐人魏收（507—572）所撰《魏书》也持了这一说法，之后初唐人撰《法苑珠林》因袭这一观点：“法流东浙，逮于炎汉明帝，《内记》云：‘……陛下梦警，

㊀ [南朝梁]僧祐《弘明集》牟子理惑论。

将无感也。即敕使西寻，过四十余国，届舍卫都。僧云：佛久灭度。遂抄圣教六十万五千言，以白马驮还。所经崄隘，余畜皆死，白马转强，嘉其神异，洛阳立白马寺焉。'贝叶真文，西流为始；佛光背日，东照为初。"㊀

然而，早期史料中，有关白马寺内建筑具体描述，少之又少。最早的《牟子理惑论》中仅提到，其寺之址在汉洛阳城西雍门外，寺内建筑墙壁上绘有壁画，表现千乘万骑，绕塔三匝的形象。既未提到寺名，亦未提到寺内有佛殿、佛塔之属，甚至没有提到寺内的佛像，却提到在洛阳南宫清凉台及开阳门上绘（或雕凿）有佛像；在汉明帝陵寝之上，设有浮图（佛塔）造型。

这里所说的清凉台，仅见于班彪《两都赋》："徇以离殿别寝，承以崇台闲馆，焕若列星，紫宫是环。清凉宣温，神仙长年，金华玉堂，白虎麒麟，区宇若兹，不可殚论。"㊁清凉与宣温，当指宫馆台榭之名，可能就是《牟子理惑论》中所提最早有佛像的"南宫清凉台"。

《后汉书》中虽没有直接提到白马寺，但从其文可知，自汉明帝之后，汉地已开始有佛的"图画形象"，且统治阶层中，如楚王英，及后来的汉桓帝，都曾奉祀浮图、老子。

这一时期的佛寺建筑，仅见于《洛阳伽蓝记》中的一点描述："明帝崩，起祇洹于陵上。自此以后，百姓冢上，或作浮图焉。"㊂所谓"起祇洹于陵上"，与《牟子理惑论》中所说在陵上"作佛图像"是一回事，似乎是指在陵墓上设置了类似佛塔的造型？这里提到的"自此以后，百姓冢上，或作浮图焉。"记录的应该也是当时百姓仿效汉明帝陵，在自家坟冢上建立佛塔的现象。可惜，这种在坟冢、陵墓之上建立佛塔的建筑形象，究竟是什么样子，已知史料中，见不到一点踪影。

北魏时，已接近5世纪中叶，距离汉明帝求法，已过去400年。梳理一下这400年间白马寺建筑情况，能够得出的推测仅是：最早，随着摄摩腾与竺法兰的

㊀ [唐]释道世《法苑珠林》卷一百，传记灾第一百，感应缘，四部丛刊景明万历本。

㊁ [南朝宋]范晔《后汉书》卷四十上，班彪列传第三十上，百衲本景宋绍熙刻本。

㊂ [北魏]杨衒之《洛阳伽蓝记》卷四，城西，四部丛刊三编景明如隐堂本。

到来，“明帝甚加赏接，于城西门外立精舍以处之。”㊀所带佛经《四十二章经》被珍藏在东汉宫内兰台十四室。所谓城西门外精舍，仅仅是用来接待外来宾客的汉鸿胪寺（鸿胪寺，掌蕃客朝会㊁）内的客舍。两位天竺僧人到来之后，除了译经之外，还在鸿胪寺内建筑物墙壁上，绘制绕塔旋转的千乘万骑（于其壁画千乘万骑，绕塔三匝㊂）。这似乎是汉地最早的佛教壁画，也是来华天竺僧人最早有关佛教的形象创作。

汉传佛教最早的祭祀空间，类似于中国既有的“神祠”。东汉末、三国时，洛阳似有“白马坞”，坞内有神祠。据《高僧传》，曾经行至“河阴白马寺”的僧昙邃，在睡梦中：“比觉己身在白马坞神祠中，并一弟子。自尔日日密往，余无知者。后寺僧经祠前过，见有两高座，邃在北，弟子在南，如有讲说声。”㊃

这里的“白马坞”，其义不详。但此坞位于“河阴白马寺”中，疑是白马寺内一处早期礼佛空间。祠是古代中国人的传统祭祀空间，佛教初传汉土，统治阶层中最早信仰佛教的楚王英和后来的汉桓帝，恰是将佛与老子，当作神明供奉在神祠内祭祀的：“桓帝好音乐，善琴笙。饰芳林而考濯龙之宫，设华盖以祠浮图、老子，斯将所谓‘听于神’乎！”㊄

有关汉桓帝作为神祠祭祀之用的华盖，究竟是什么式样，难以厘清。史籍中提到汉灵帝时所设的一个华盖，可以给人们一点想象空间：“灵帝于平乐观下起大坛，上建十二重五采华盖高十丈。坛东北为小坛，复建九重华盖高九丈。列奇兵骑士数万人，天子住大盖下。礼毕，天子躬擐甲，称无上将军，行阵三匝而还，设秘戏以示远人。”㊅所谓华盖，是矗立在一座高坛之上造型如伞盖般的构造物。这里有两尊坛，一为大坛，高12重，一为小坛，高9重。大坛之上竖有高10丈的五彩华盖，小坛之上华盖高9丈。柳或是在大坛上覆以叠为12重高10丈的

㊀ [南朝梁]慧皎《高僧传》卷一，译经上，摄摩腾一，大正新修大藏经本。

㊁ [唐]魏徵等《隋书》卷二十七，志第二十二，百官中，清乾隆武英殿刻本。

㊂ [南朝梁]僧祐《弘明集》序，牟子理惑论。

㊃ [南朝梁]慧皎《高僧传》卷五，卷十二，诵经第七，释昙邃一，大正新修大藏经本。

㊄ [南朝宋]范晔《后汉书》卷七，孝桓帝纪第七，百衲本景宋绍熙刻本。

㊅ [魏]郦道元《水经注》卷十六，谷水，清武英殿聚珍版丛书本。

华盖，在小坛上覆以叠为9重高9丈的华盖？两种情况究竟孰是？未可知。祭祀礼仪除了鞠躬作揖之外，还要环绕大坛三匝，并有如秘戏般的仪式。这种环绕中心旋转三匝的仪式，很可能多少已是受到佛教“绕塔三匝”之礼影响的膜拜式礼仪方式。汉灵帝是继汉桓帝之后登基的汉末帝王，这一华盖形式，与汉桓帝设华盖以祠老子、浮图的做法很可能十分接近。平乐观与白马寺的距离也不远，都位于洛阳谷水之南，彼此或存在一些相互影响。

汉桓帝在位时间是147—167年，距离汉明帝夜梦金人、遣使求法时间，已经过去将近100年。这时的礼佛空间，仅仅是“设华盖以祠浮图、老子”，说明佛教初传中原地区一个相当时间内，人们仅是将佛作为神明，供奉在神祠之内，设置隆耸的华盖加以祭祀。如此推知，佛教初传时期（自东汉至西晋）的白马寺内，可能也存在过类似华盖形式的祭祀佛浮图的神祠。

至迟至三国时期，人们已经开始营造“上累金盘，下为重楼，又堂阁周回，……作黄金涂像，衣以锦彩”[一]的浮图寺。这显然是汉传佛教建筑的最早形式，其主要建筑的外形，是一座塔殿，上有塔刹（金盘），下为重楼，周有堂阁环绕，塔殿之内，供奉涂有黄金的佛造像。

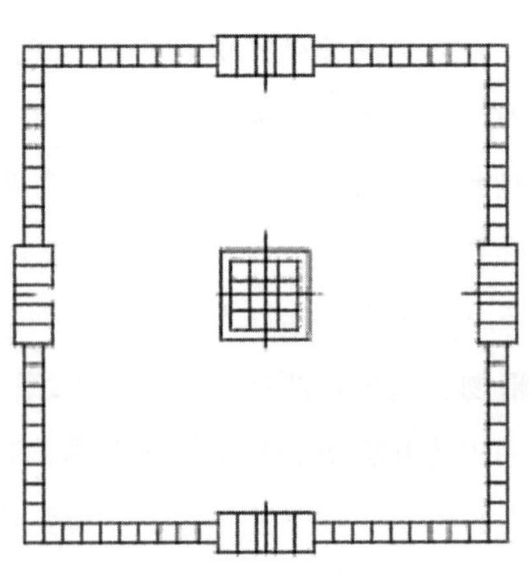

图5-2　曹魏时期“塔为中心，周阁百间”的佛寺–自绘

《魏书》提到魏洛阳宫西的浮图寺，也是这种以塔为中心，周阁环绕的空间形式（图5-2）：“魏明帝曾欲坏宫西佛图。外国沙门乃金盘盛水，置于殿前，以佛舍利投之于水，乃有五色光起，于是帝叹曰：‘自非灵异，安得尔乎？’遂徙于道（阙），为作周阁百间。佛图故处，凿为濛汜池，种芙蓉于中。”[二]

重要的是，北魏人的记载中，已暗示

[一] [南朝宋]范晔《后汉书》卷七十三，刘虞公孙瓒陶谦列传第六十三，百衲本景宋绍熙刻本。

[二] [北齐]魏收《魏书》卷一百一十四，志第二十，释老十，清乾隆武英殿刻本。

出最早洛阳白马寺的建筑式样，可能就是这种方形平面、多层楼阁的塔殿形式，即所谓“依天竺旧状而重构之”的浮图式样：“自洛中构白马寺，盛饰佛图，画迹甚妙，为四方式。凡宫塔制度，犹依天竺旧状而重构之，从一级至三、五、七、九。世人相承，谓之‘浮图’，或云‘佛图’。晋世，洛中佛图有四十二所矣。”㊀

这里透露出两个与早期白马寺建筑与空间可能有所关联的信息：

一，魏明帝时，在洛阳曹魏宫城西侧有一座浮图，被魏明帝迁移到了另外一个位置，并以塔为中心，周围建造了100间周阁，形成一个周阁环绕，中心为塔的早期寺院模式。

二，如果说早期白马寺内建筑制度不详，但三国时期洛阳白马寺，可能依然与曹魏宫城西浮图一样，采用了以塔为中心，周围环绕周阁的格局，这从三国末笮融所建浮图寺中可窥一斑。

也就是说，早期白马寺，很可能采用了某种“宫塔制度”：中心矗立平面“为四方式”的浮图，似为可容纳信众与佛像的方形塔殿形式；四围环绕廊阁，形成一个“依天竺旧状而重构之”，具有“宫塔制度”特征，以“塔为中心，周阁环绕”的寺院（图5-3）。据史料，在西晋洛阳城内，这种遵循天竺旧状“宫塔制度”的浮图寺，有42所之多。

4. 南北朝时期洛阳白马寺寺院空间

当然，如果说这种以塔为中心的“宫塔制度”在东汉、曹魏及西晋时，曾一度在洛阳流行，那么，至迟到了北魏时期，情况已开始发生变化，杨衒之《洛阳伽蓝记》描述：“寺上经函至今犹存。常烧香供养之，经函时放光明，耀于堂宇，是以道俗礼敬之，如仰真容。浮屠前，柰林蒲萄异于余处，枝叶繁衍，子实甚大。柰林实重七斤，蒲萄实伟于枣，味并殊美，冠于中京。”㊁这里说的经函，指的是曾珍藏于东汉宫廷兰台十四室的佛教典籍。

显然，南北朝时，经历近400年风波，这些珍贵经函，已被移藏至洛阳白马

㊀ [北齐]魏收《魏书》卷一百一十四，志第二十，释老十，清乾隆武英殿刻本。

㊁ [北魏]杨衒之《洛阳伽蓝记》卷四，城西，四部丛刊三编景明如隐堂本。

汉晋时代浮图推想立面图

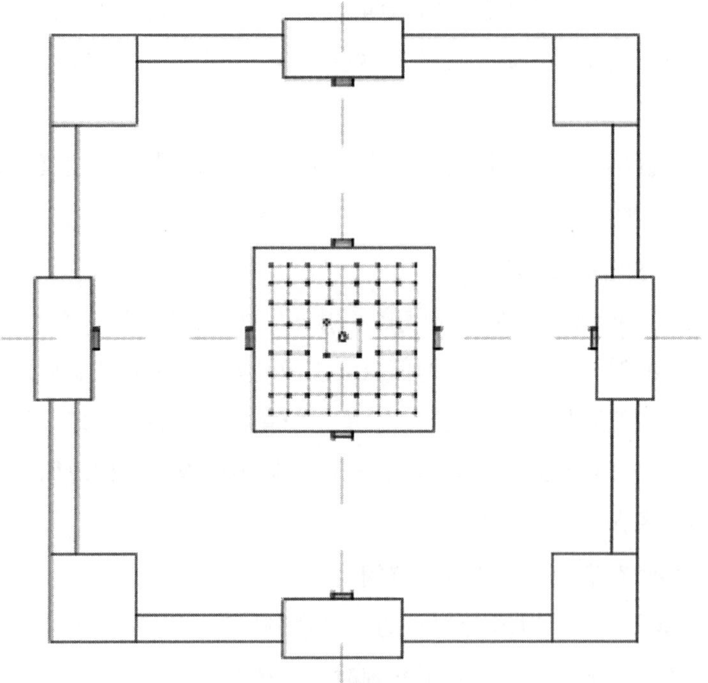

汉晋时代塔寺推想平面图

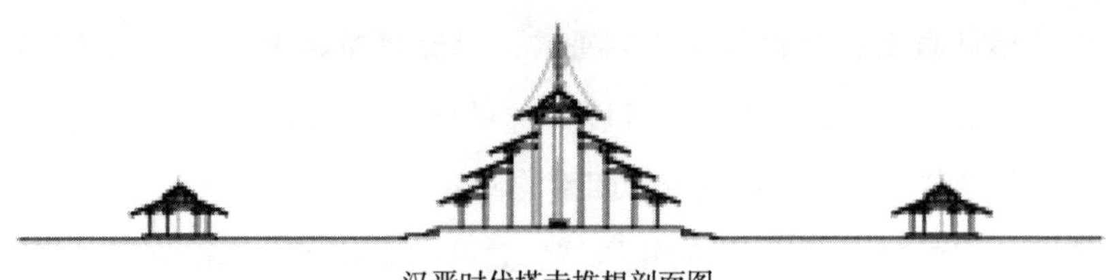

汉晋时代塔寺推想剖面图

图5-3　汉晋塔寺推想立、平、剖面图-自绘

寺。这些宝函放射出的光亮，能够照耀堂宇。由这一描述可知，北魏洛阳白马寺内，可能已有“堂宇”建筑。这个“堂宇”，可能是佛殿，也可能是讲堂。因为，南北朝时期佛寺中，佛殿与讲堂建筑，已十分常见。

然而，这时的白马寺内，仍有一座佛塔（浮图），塔前种植有柰林与葡萄，枝叶繁茂，果实硕大。关于白马寺中有柰林一事，后世文献中还有进一步演绎：“白马寺有柰林，故寺称柰园。”㊀其实，将佛寺比作柰园，可能是有佛教史依据的。《法苑珠林》引《智度论》有：“王子意惑，于柰园中大立精舍，四种供养，并种种杂供，无物不备，以给提婆达多。”㊁可知佛教在印度初创之时，曾在柰园中建立精舍。

南朝梁人萧子范还将柰园与杏坛并列：“惟至人之讲道，必山林之闲旷。彼柰园与杏坛，深净名与素王。”㊂说明早在南朝梁时的文人，已将佛寺与孔子弘传儒教的杏坛相提并论。如果这里的“柰园”喻指白马寺，那么，在当时人看来，白马寺作为具有释源意义的中国汉传佛教寺院，似乎可以与儒家创始人孔子最初讲学的曲阜杏坛相比肩。这一点从唐释灵澈诗句“经来白马寺，僧到赤乌年”㊃中或也可大略看出一点端倪。

事实上，从文献中透露出的信息可知，南北朝时期，同时设置佛殿、讲堂与佛塔的做法已十分普遍，若再加上寺前三门，可以勾勒出一座典型南北朝佛寺的空间格局。也就是说，从已知南北朝时期常见的“前塔后殿”与“前殿后堂”式寺院配置，结合上文所提有关白马寺点滴信息，可以推测北魏时的洛阳白马寺，很可能已是：前为三门，门内有浮图，塔后是佛殿，佛殿之后可能还有讲堂这样一种寺院基本空间格局。

当然，白马寺还有一个非同一般的特点：这里曾藏有最早传入中土地区并经过天竺僧人摄摩腾与竺法兰译成汉文的佛经。存有这些佛经的宝函曾被珍藏在东

㊀《钦定四库全书》子部，类书类，[明]彭大翼《山堂肆考》卷一百七十四，宫室，僧寺，柰林。

㊁ [唐]释道世《法苑珠林》卷四十九，不孝篇第五十，五逆部第二，四部丛刊景明万历本。

㊂ [清]严可均《全梁文》卷二十三，萧子范，玄圃园讲赋。

㊃ [宋]赵明诚《金石录》卷二十二，隋愿力寺舍利宝塔函铭：“唐刘禹锡集载僧灵澈诗，有云：‘经来白马寺，僧到赤乌年。’禹锡称其工。”

汉宫廷兰台十四室内。据《北齐书》:“昔汉明帝时，西域以白马负佛经送洛，因立白马寺，其经函传在此寺，形制淳朴，世以为古物，历代藏宝。”[一]可知，至迟到了南北朝时期，这一宝函已经移藏白马寺内。

同是这一时期，曾流传有“白马寺宝台样”图形:“殷洪像（《太清目》所有）、白马寺宝台样，右二卷，姚昙度画。”[二]姚昙度是南北朝时人，这里或暗喻出，南北朝时的白马寺内，可能建有专门用来珍藏汉代佛经宝函的宝台。如果这座宝台是一座建筑，那么，它是否有可能被布置在当时白马寺内的讲堂之后?

当然，在讲堂之后或周围，除了可能有藏经宝台之外，可能还会有僧舍之设。例如，《魏书·释老志》记载北魏天兴元年（398年）:“是岁，始作五级佛图、耆阇崛山及须弥山殿，加以缋饰。别构讲堂、禅堂及沙门座，莫不严具焉。”[三]这是一种前为五级佛塔、塔后为佛殿（须弥山殿）、殿后为讲堂、讲堂周围有禅堂与僧寮（沙门座）的南北朝时期典型寺院模式（图5-4）。需要提醒的一点是，这一典型寺院的建造时间，比最早提到洛阳白马寺的释僧祐的在世时间（445—518）还要早大约半个世纪。

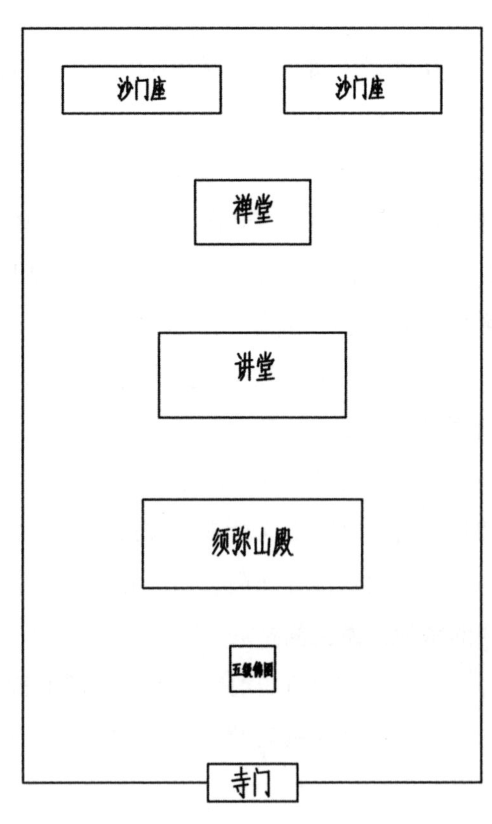

图5-4 北魏天兴元年佛寺建筑组成示意图-自绘

与早期白马寺可能有一点关

[一] [唐]李百药《北齐书》卷十九，列传第十一，韩贤传，清乾隆武英殿刻本。

[二] [唐]裴孝源《贞观公私画史》序。

[三] [北齐]魏收《魏书》卷一百一十四，志第二十，释老十，清乾隆武英殿刻本。

联的，是初唐释道世所撰《法苑珠林》中转述《汉法内传经》的一个故事："又至汉永平十四年正月一日，五岳诸山道士六百九十人朝正之次，上表请与西域佛道较试优劣。敕尚书令宋庠引入，告曰：此月十五日大集白马寺南门立三坛。五岳八山诸道士将经三百六十九卷，置于西坛；二十七家诸子书二百三十五卷，置于中坛；奠食百神，置于东坛。明帝设行殿在寺门道西，置佛舍利及经。……法兰法师为众说法，开化未闻。时司空刘峻、京师官庶、后宫阴夫人、五岳诸山道士吕惠通等一千余人，并求出家。帝然可之。遂立十寺，七寺城外安僧，三寺城内安尼。后遂广兴佛法，立寺转多，迄至于今。"㊀

从这个故事中推知，早期白马寺前设有"南门"，当是前文所推测白马寺前的"三门"。据唐释道世的说法，在佛教初传之时，曾在白马寺前发生一次僧、道斗法的仪式，并曾在白马寺南门外设东、中、西三坛。汉明帝还在寺门道西设置行殿。这次斗法之后，随着佛教徒取得的胜利，出家人剧增，统治者遂在洛阳城设置10座寺院，其中7座在城外，安置男性僧徒，3座在城内，安置女性尼众。白马寺是否属于这次新立的10座寺院之一，亦不可知。这一说法，因为出现时代较晚，更多具有传说性意味。

据《广弘明集》："洛州故都西白马寺东一里育王塔。"㊁然而，这一有关白马寺阿育王塔的故事，在《法苑珠林》中又变为了："周洛州故都塔者，在城西一里，故白马寺南一里许古基。俗传为阿育王舍利塔，疑即迦叶、摩腾所将来者。降邪通正，故立塔表以传真云云。"㊂

道宣与道世系同一时期之人，同是描述白马寺附近的一座古塔，两者说法南辕北辙：一说，在白马寺东一里；一说，在白马寺南一里。说明距离北魏灭亡已经接近一个半世纪的初唐时人，已经说不清北魏白马寺内或周边曾经的建筑情况了，遑论东汉、西晋时代。

再做一点延伸性分析，如果这座距离白马寺十分近的阿育王塔，果真存在过，那么，有可能正是白马寺内最早建立的那座"依天竺旧状而重构之"的方形

㊀ [唐]释道世《法苑珠林》卷十八，感应缘，汉法内传经，四部丛刊景明万历本。

㊁ [唐]释道宣《广弘明集》卷十五，佛德篇第三，列塔像神瑞迹并序唐终南山释氏，四部丛刊景明本。

㊂ [唐]释道世《法苑珠林》附录，补遗，周洛州故都西塔，四部丛刊景明万历本。

佛塔或塔殿。也就是说，这座阿育王塔，是否实际上标志出了从东汉、西晋到南北朝时期洛阳白马寺所处的真实位置？亦未可知。

然而，到了唐代，这座天竺式样的白马寺（阿育王）塔，很可能已不在当时的白马寺内，而是或在其东一里处，或在其南一里处。由此似可推测，唐代洛阳白马寺，多少已经偏离了东汉白马寺初创时的位置。自汉末至隋初，其间数百年动荡、战乱与波折，白马寺多次遭受蹂躏，甚至毁灭，加之土地归属权上可能存在的历史变迁，很难确保隋唐时重建的白马寺，依然矗立在东汉白马寺原有旧址上。换言之，如果道宣与道世的记录接近历史真实，那么，汉代白马寺原初位置，很可能不是在唐代白马寺之东一里，就是在其南一里许的位置上。

二、唐代白马寺的重兴

1. 屡遭摧残的洛阳白马寺

如果说1世纪的汉明帝时期，在汉洛阳城西的雍门外，首创了中国汉地的第一座佛寺——白马寺这件事，可以确认为是历史事实，那么在汉传佛教初传数百年中的白马寺史，无疑是饱经风霜、反复被摧残的历史。

洛阳白马寺创立后的百余年，中国并没有形成大规模建造佛寺的趋势。东汉帝室除了将摄摩腾、竺法兰最初翻译的第一部佛经——《四十二章经》珍藏于东汉洛阳大内宫殿的档案馆——兰台十四室之外，至多是在为帝王百年之后所建的寿陵之上，图绘（或建造）了浮图（可能是早期佛塔）形象，以彰显帝王对佛教的崇尚。这一做法，也影响到普通百姓，一些百姓也在自己的坟冢之上，绘制（或建造）浮图形象。

如果唐释道世《法苑珠林》的记载可信，那么，在佛教传入之后的东汉永平十四年（71年），白马寺前出现了一场所谓“佛道斗法”的事件。在斗法过程中，白马寺南门外，设置东、中、西三坛，五岳八山诸道士与天竺僧人竺法兰彼此斗法，佛教大获全胜。其结果是，有一千多道教徒愿意出家为僧人，接着，汉室在洛阳城建立了10座佛寺，其中有3座尼寺，在洛阳城内，有7座僧寺，在洛阳城外。这可能是汉传佛教寺院建造史上的最早扩张。然而，这一说法实在太具戏剧性，且是在距离东汉初年600年之后的唐代才出现的，其可信程度令人质疑。

在汉明帝之后的百余年间，东汉统治阶层中明确可知信仰佛教的人，主要是楚王英与汉桓帝："楚王英始信其术，中国因此颇有奉其道者。后桓帝好神，数祀浮图、老子，百姓稍有奉者，后遂转盛。"㊀楚王英生活的时代，在东汉建武初至永平十三年（70年）间，与汉明帝夜梦金人、遣使求法的时间大体接近。

在这之后，有据可查的东汉统治者营造的佛教祭祀建筑，仅有汉桓帝在宫中设置的浮图、老子之祠："饰芳林而考濯龙之宫，设华盖以祠浮图、老子，斯将所谓'听于神'乎！"㊁汉桓帝在位时间为147—167年，距汉明帝求法、楚王英始信佛教及后人所言白马寺永平十四年佛道斗法之事，已过去将近100年。这期间有关洛阳白马寺建筑的记载，史料中几乎渺无踪迹。

东汉末年的洛阳城，经历了前所未有的动荡与毁灭。先后有黄巾之乱与董卓之乱，初平元年（190年）三月："己酉，董卓焚洛阳宫庙及人家。"㊂初平二年（191年）："董卓遂发掘洛阳诸帝陵。"㊂"于是尽徙洛阳人数百万口于长安，步骑驱蹙，更相蹈藉，饥饿寇掠，积尸盈路。卓自屯留毕圭苑中，悉烧宫庙官府居家，二百里内无复孑遗。"㊃"又自将兵烧南北宫及宗庙、府库、民家，城内扫地殄尽。又收诸富室，以罪恶没入其财物；无辜而死者，不可胜计。……街陌荒芜，百官披荆棘，依丘墙间。"㊄东汉末，三国初的洛阳，城内荒芜，城周四外二百里内无复孑遗。一座城市被摧残到了如此惨烈状况，其城门之外的一座佛寺，又何以能独善其身？

尽管在曹魏与西晋时期，洛阳佛教有所发展，白马寺也曾有过重建，但西晋末永嘉之乱，又一次将洛阳推入了劫难深渊。十六国时期天竺僧人浮图澄："以晋怀帝永嘉四年（310年）来适洛阳，志弘大法。……欲于洛阳立寺，值刘曜寇斥洛台，帝京扰乱，澄立寺之志遂不果。乃潜泽草野，以观世变。时石勒屯兵

㊀ [南朝宋]范晔《后汉书》卷八十八，西域传第七十八，百衲本景宋绍熙刻本。

㊁ [南朝宋]范晔《后汉书》卷七，孝桓帝纪第七，百衲本景宋绍熙刻本。

㊂ [南朝宋]范晔《后汉书》卷九，孝献帝纪第九，百衲本景宋绍熙刻本。

㊃ [南朝宋]范晔《后汉书》卷七十二，董卓列传第六十二，百衲本景宋绍熙刻本。

㊄ [南朝宋]裴松之注《三国志》卷六，魏书六，董二袁刘传第六。

葛陂，专以杀戮为威，沙门遇害者甚众。”㊀这一情景下的白马寺境遇，可想而知。

又过了230余年，北魏末时的洛阳再遭劫难：“至武定五年（547年），岁在丁卯，余因行役，重览洛阳。城郭崩毁，宫室倾覆，寺观灰烬，庙塔丘墟，墙被蒿艾，巷罗荆棘。野兽穴于荒阶，山鸟巢于庭树。”㊁这里描述的惨烈景象，很可能也是当时洛阳白马寺的真实写照。

洛阳再次兴盛，是隋统一之后重建洛阳城之时。新建的洛阳城，以伊阙龙门为城市主轴线对景，城市主体部分，迁到了白马寺西侧，白马寺的位置，由汉洛阳城西的雍门之外，或北魏洛阳城内城西阳门外，变成了隋唐洛阳城上东门之外。

关于白马寺与隋唐洛阳城的关系，史料中有载：“又《集异记》：裴珙家洛阳，自郑西归，至石桥，有少年以后乘借之，疾驰至上东门而别。珙居水南，促步而进，徘徊通衢，复出上东门，投白马寺西窦温之墅。”㊂可知，距离白马寺较近的城门是洛阳上东门。

事实上，自南北朝始，各地多建有白马寺。甚至还有一些地方建有白马祠，如五代后周时：“周世宗北征，命翰林学士为文祭白马祠，学士不知所出，遂访于（尹）拙，拙历举郡国祠白马者以十数，当时伏其该博。”㊃然而，这里的白马祠，究竟是祭祀白马的祠堂，还是以白马命名的寺院，尚无从得知。

2. 唐代洛阳白马寺的重兴

遍翻史料，我们并不知道自北魏末年重受蹂躏之后的白马寺，在北周及隋代时的情形究竟如何。从点滴历史信息中可知，见于历史记载的白马寺最早大规模重修，似乎始自唐武则天时期。

武则天对白马寺的重修，与她的嬖臣僧怀义有一些关联：“垂拱初，说则天于故洛阳城西修故白马寺，怀义自护作。寺成，自为寺主。”㊄这位僧怀义在白

㊀ [梁]慧皎《高僧传》卷九，神异上，竺佛图澄一，大正新修大藏经本。

㊁ [北魏]杨衒之《洛阳伽蓝记》序，四部丛刊三编景明如隐堂本。

㊂ [清]徐松《唐两京城坊考》校补记，卷五，东京，外郭城，清连筠簃丛书本。

㊃ [元]脱脱等《宋史》卷四百三十一，列传第一百九十，儒林一，尹拙传，清乾隆武英殿刻本。

㊄ [后晋]刘昫等《旧唐书》卷一百八十三，列传第一百三十三，外戚，薛怀义传，清乾隆武英殿刻本。

马寺中大事扩张："怀义后厌入宫中，多居白马寺，刺血画大像，选有膂力白丁度为僧，数满千人。"㊀又据《资治通鉴》，垂拱元年"太后修故白马寺，以僧怀义为寺主。"㊁垂拱元年为685年，唐代洛阳白马寺，当是重建于这一年。以其规模可以容纳千人之众，则其空间范围也应该是相当可观的。现存白马寺东侧约百米处，出土了唐代白马寺内一处殿基的局部，或可从一个侧面证明唐代白马寺的规模较明清白马寺要大出许多。

能够证明唐时白马寺规模较大的另外一个信息是，安史之乱中史思明入洛阳，因为忌惮唐将李光弼，曾屯兵白马寺："贼惮光弼威略，顿兵白马寺，南不出百里，西不敢犯宫阙，于河阳南筑月城，掘壕以拒光弼。"㊂能够屯集兵马，可知这时的白马寺，可能有着较大的空间与较多的殿阁房寮。

隋唐时期不仅是佛教渐趋鼎盛的一个重要时期，也是洛阳白马寺重兴的一个全新时期。从文献中可知，唐代白马寺中，仍然有重要的译经活动，如："释佛陀多罗，华言觉救，北天竺罽宾人也。赍多罗夹，誓化脂那，止洛阳白马寺，译出《大方广圆觉了义经》。"㊃此外，有唐一代，佛道之间一直存在彼此争胜的相互博弈，唐中宗初年，"诏僧道定夺《化胡成佛经》真伪。时盛集内殿，百官侍听。"㊄辩论的结果是佛教取得了最终的胜利，唐神龙元年（705年）："下敕曰：'仰所在官吏废此伪经，刻石于洛京白马寺，以示将来。'敕曰：'朕叨居宝位，惟新阐政，再安宗社，展恭禋之大礼，降雷雨之鸿恩，爰及缁黄，兼申惩劝。如闻天下诸道观皆画《化胡成佛变相》，僧寺亦画玄元之形，两教尊容，二俱不可。制到后限十日内并须除毁。'"㊄这至少从一个侧面说明了唐代时的白马寺仍然具有十分重要的地位。

也许因为有唐一代佛教鼎盛、寺院林立，白马寺只是无数煌煌大寺中的一座，没有太多需要特别记录的重要历史事迹，所以相关的记载少之又少。其后的宋、金之际，也是一样，有关唐、宋、金时期洛阳白马寺的史料文献，也几乎如

㊀ [后晋]刘昫等《旧唐书》卷一百八十三，列传第一百三十三，外戚，薛怀义传，清乾隆武英殿刻本。

㊁ [宋]司马光《资治通鉴》卷二百零三，唐纪十九，垂拱元年，四部丛刊景宋刻本。

㊂ [后晋]刘昫等《旧唐书》卷一百一十，列传第六十，李光弼传，清乾隆武英殿刻本。

㊃ [宋]赞宁《大宋高僧传》译经篇第一之二，唐洛京白马寺觉救传，大正新修大藏经本。

㊄ [宋]赞宁《大宋高僧传》护法篇第五，唐江陵府法明传，大正新修大藏经本。

凤毛麟角一般。

3. 唐代洛阳白马寺的可能格局

有关唐以及其后的宋、金时期白马寺内的建筑情况，从史料中很难观其详细，只能从点滴的史料中做一点探究性的尝试。

（1）佛殿　自东汉至三国时期，如果说有佛教寺院的设置，从现有的资料观察，寺内的主要建筑，也只是浮图，或“上累金盘，下为重楼，又堂阁周回”㊀的塔殿形式。没有任何历史资料证明，三国之前的寺院中，有佛殿建筑的设置。换言之，佛殿在寺院中的兴起，很可能始于魏晋时期。

唐宋间的白马寺中有佛殿，这本是理所当然的，史料中也透露出了这一点，先是：“玄宗初即位，东都白马寺铁像头无故自落于殿门外。”㊁这件事应该发生在唐玄宗开元初年(713年)。之后，“贞元初，至于洛京白马寺殿，见物放光，遂探取为何经法，乃《善导行西方化导文》也。”㊂这里指的是唐德宗贞元初年（785年）。这时的白马寺殿，可能是寺中的主殿，是这座寺院中的主要建筑之一。

（2）佛阁　唐代时白马寺中有阁。先是于盛唐时期有三位密教大师，即著名的开元三大士，来到中土地区。唐代史料所载其中善无畏大师的神话故事中，记录了他一日之间返回天竺，向当地僧人提到，白马寺新建了一座楼阁：“本师谓和尚曰：中国白马寺重阁新成，吾适受供而反，汝能不言，真可学也。乃授以总持密教，龙神围绕，森在目前，无量印契，一时受顿，即日灌顶，为天人师，称曰三藏。”㊃善无畏是在开元四年（716年）到达长安城的，之后活动于中土多年，这里暗示在唐开元年间洛阳白马寺中曾经新建了一座楼阁。

另外一条史料中，也提到了白马寺的“阁”：“代宗宝应元年十一月丁亥，回纥遣使拔贺那上表贺收东京，并献逆贼史朝义旌旗等物，引见于内殿，赐采物二百疋。初回纥至东京，以贼界肆行残忍，士女惧之，皆登善圣寺及白马寺二

㊀ [南朝宋]范晔《后汉书》卷七十三，刘虞公孙瓒陶谦列传第六十三，百衲本景宋绍熙刻本。

㊁ [后晋]刘昫等《旧唐书》卷三十七，志第十七，五行，清乾隆武英殿刻本。

㊂ [宋]赞宁《大宋高僧传》读诵篇第八之一，唐睦州乌龙山净土道场少康传，大正新修大藏经本。

㊃《钦定四库全书》别集类，汉至五代，[唐]李华《李遐叔文集》卷二，东都圣禅寺无畏三藏碑。

阁，以避之。回纥纵火二阁，伤死者计万，累旬火不灭。”㊀宝应元年为762年，这座楼阁遭助唐平逆的回纥兵所焚，也应是在这一年。以善无畏的故事推知，白马寺阁遭焚，距离其阁新建的时间，大约不超过50年。

《册府元龟》中的“善圣寺”，应该是“圣善寺”之误，事见《旧唐书》：“初，回纥至东京，以贼平，恣行残忍，士女惧之，皆登圣善寺及白马寺二阁以避之。回纥纵火焚二阁，伤死者万计，累旬火焰不止。”㊁东都圣善寺，曾是善无畏大师驻锡之寺，是唐代东都洛阳的一座重要寺院。两座寺院的距离不远，这或也是善无畏十分清楚白马寺新建重阁之事的原委。上文中所说的“二阁”，很可能证明了唐代时的白马寺与圣善寺，各有一座楼阁。

关于圣善寺之阁，史料中有一些记载：“神龙初，东都起圣善寺报慈阁。”㊂可知其阁始创于唐中宗神龙年间（705—707年）。又有记载：“圣善寺，章善坊。神龙元年二月，立为中兴，二年，中宗为武太后追福，改为圣善寺。寺内报慈阁，中宗为武后所立。景龙四年正月二十八日制：‘东都所造圣善寺，更开拓五十余步，以广僧房。’计破百姓数十家。”㊃其寺位置在洛阳章善坊，坊位于隋唐洛阳城南市之东南。仅仅为了拓广僧房的面积，就向外扩张了50余步，以一步为5尺、一唐尺为0.294米计，大约拓展了73.5米余，可知，其寺规模应该是比较大的，所以史料中称：“东都圣善寺，缔构甲于天下。”㊄

既是一座缔构甲天下的大寺，其楼阁的规模也一定十分宏伟：“郑广文作《圣善寺报慈阁大像记》云：‘自顶至颙八十三尺，慈珠以银铸成。虚中盛八石。’”㊅这里的“颙”含义不清，故宋人又改之为“颐”：“圣善寺报慈阁佛像，自顶至颐八十三尺，额中受八石。”㊆即使是“颐”，其义也难解，“颐”有颊、腮意，故从上下文看，这里说的似乎是佛像之形体高度。

㊀ [宋]王钦若《册府元龟》卷一百七十，帝王部，来远，明刻初印本。

㊁ [后晋]刘昫等《旧唐书》卷一百九十五，列传第一百四十五，回纥，清乾隆武英殿刻本。

㊂ [后晋]刘昫等《旧唐书》卷一百九十，列传第一百四十，文苑中，清乾隆武英殿刻本。

㊃ [宋]王溥《唐会要》卷四十八，议释教下，清武英殿聚珍版丛书本。

㊄ [唐]高彦休《唐阙史》卷下，东都焚寺，明万历十六年谈长公钞本。

㊅ [唐]李绰《尚书故实》。

㊆ [宋]钱易《南部新书》丙。

关于圣善寺阁内的佛像，还有一种说法："武后为天堂以安大像，铸大仪以配之。天堂既焚，钟复鼻绝。至中宗欲成武后志，乃斫像令短，建圣善寺阁以居之。"[⊖]也就是说，中宗所创圣善寺大阁，是为了安置原洛阳宫中武则天在明堂之后所创天堂内伫立的佛造像的。以史传武则天天堂之高，其内佛像无疑也是十分高大的，故即使圣善寺新造大阁，也必须"斫像令短"，才可能安置得进去。

好在史料中给出了圣善寺阁中大佛的高度尺寸，这尊佛像的高度，至少不低于83尺（合24.4米），佛像头部额内的容积，有8石之大。粗略计算之，以1石为10斗，1斗为10升，则1石为100升推算，因1升折合今日容量，约为1立方分米，即0.001立方米，则8石容量约为0.8立方米，亦即，其佛造像的额部大小，约为0.9米见方。可见，这一佛造像的尺度是相当可观的，由此推知，这座楼阁的高度之高与内部空间之大，也是不言而喻的。而且，这座圣善寺阁，是一座内部中空、可以安置高大佛造像的大阁，其形式很可能接近今日其内尚存有16米高观音立像的蓟县独乐寺观音阁（图5-5），只是形体更为高大罢了。

图5-5　蓟县独乐寺观音阁　辛惠园摄

⊖ [唐]刘餗《隋唐嘉话》卷下，明顾氏文房小说本。

在发生兵祸与战乱之际，百姓们分别涌到圣善寺与白马寺的楼阁之上，以躲避祸乱。说明白马寺内的这座楼阁，规模与高度也非同一般。不同之处是，白马寺阁，可能是重阁。由史料记录知，当时躲进二阁中的人数众多，“伤死者计万”，仅从容纳人数上分析，白马寺阁内或也会涌入数千人之众，可知，其阁的尺度不会很小。

至于白马寺阁在寺院中的位置，因为是大阁，当位于寺院中轴线上，是位处大殿之后的寺院主阁，如从唐代史料中所知当时寺院中较为多见的弥勒阁、大悲阁、天王阁、华严阁等。唐释道宣《中天竺舍卫国祇洹寺图经》与《关中创立戒坛图经》中都提到，在寺院沿中轴线布置的主殿之后，就有多层楼阁的配置。

这里或可以推测，唐代白马寺的中轴线上，在寺院主殿之后，有一座较为高大、能容数千人的木构楼阁建筑。大约创立于善无畏在中土地区活动的开元年间（716年之后），但是在不足半个世纪之后的代宗宝应元年（762年），因遭兵炙而焚。白马寺清凉台西侧现存有4个巨大的石雕柱础，其直径有1米余，其形式与唐代覆盆式柱础十分接近，有可能是唐代白马寺阁的柱础遗存（图5-6，图5-7）。由此可知，在唐代时白马寺清凉台的位置上，尚无砖筑高台，而是一座木构的楼阁或殿堂。

图5-6　洛阳白马寺唐代柱础遗存 自摄

图5-7　清凉台西侧4个唐代柱础位置 自摄

（3）佛塔　又有一说，认为唐代宗年间遭到焚毁的圣善寺与白马寺二阁，其实是两座佛塔："初，回纥至东京，放兵攘剽，人皆遁保圣善、白马二祠浮屠避之，回纥怒，火浮屠，杀万余人，及是益横，诟折官吏，至以兵夜斫含光门，入鸿胪寺。"㊀这里所说，与上文提到的圣善寺、白马寺二阁，应该是一回事。

然唐代东都圣善寺内是有木构佛塔建筑的："圣善、敬爱两寺皆有古画，圣善寺木塔有郑广文书画，敬爱寺山亭院壁上有画《维》，若真，砂子上有时贤题名及诗什甚多。"㊁唐代《登圣善寺阁望龙门》诗中也提到："高阁聊登望，遥分禹凿门。刹连多宝塔，树满给孤园。香境超三界，清流振陆浑。报慈弘孝理，行道得真源。"㊂这里的"报慈"当指圣善寺阁，登阁可以远眺龙门，可知其高度之高，更重要的是，在当时的圣善寺内，不仅有大阁，而且有木构多宝塔。

唐代白马寺中佛塔的情况并不清楚，宋人提到："又洛都塔者，在城西一里，故白马寺南一里许。古基，俗传为阿育王舍利塔，即迦叶摩腾所将来者。"㊃显然，宋代人所说的白马寺塔，并不在寺院之内，而是在寺南一里许（这或许与唐人道宣或道世所说白马寺旧有阿育王塔是一回事），其位置或许距离今日尚存之白马寺齐云塔的位置不远。地处白马寺山门外东南约200米处的齐云塔，是金代的遗构，这座齐云塔，是否是在原白马寺阿育王舍利塔的旧基上重建而成的，尚不得而知。

此外，前文提到僧怀义与白马寺之间的故事，其中还有一段插曲，武周天册万岁元年（695年）："僧怀义益骄恣，太后恶之。既焚明堂，心不自安，言多不顺；太后密选宫人有力者百余人以防之。壬子，执之于瑶光殿前树下，使建昌王武攸宁师壮士殴杀之，送尸白马寺，焚之以造塔。"㊄说明白马寺历史上曾有一座僧塔，是因僧怀义而建的。

然而，据史料记载，北宋时期确曾在洛阳白马寺中建造过一座佛塔："时西

㊀ [宋]欧阳修，宋祁《新唐书》卷二百一十七上，列传第一百四十二上，清乾隆武英殿刻本。

㊁ [宋]郭若虚《图画见闻志》卷五，故事拾遗，西明寺，明津逮秘书本。

㊂ [清]曹寅等《全唐诗》卷七十八，成崿，登圣善寺阁望龙门，清文渊阁四库全书本。

㊃ [宋]钱易《南部新书》已。

㊄ [宋]司马光《资治通鉴》卷二百零五，唐纪二十一，天册万岁元年，四部丛刊景宋刻本。

京天宫、白马寺，并营浮图，募众出金钱，费且亿万，权臣为倡，首劳郡承，风指涂商，里豪更相说导，附向者唯恐后。”㊀事情发生在北宋年间，北宋西京，即洛阳。北宋时期，洛阳天宫寺与白马寺内，都曾大兴土木、营造佛塔，其塔造价不菲，“费且亿万”，规模也一定是可观的。只是北宋时期新创的佛塔，很可能是一座八角形平面佛塔。至于其塔所处位置，如果是在寺内，仍有可能是沿用了南北朝至隋唐时期那种“殿前塔”式的格局，亦即将寺院主塔布置在寺院主殿之前的中轴线上。

从这一角度分析，唐时的白马寺内也应该有浮图之设，宋时只是对唐时白马寺浮图的重修或重建。从寺院建筑配置格局推测，塔出现的时间，一般比阁要早，且前文已经分析，南北朝时的白马寺内，可能已经有依天竺旧状而重构的浮图，其位置亦可能在佛殿之前，若这一寺院建筑配置格局能够在唐代得以延续，则宋代所营之白马寺浮图，当是在唐代白马寺浮图的旧址上修复或重建的。只是，唐代浮图，平面可能为方形，而北宋浮图，则很可能已是八角形平面了。

相应的例子，恰可以参照同是在北宋时代重建佛塔的洛阳天宫寺。据史料记载，洛阳天宫寺始创于北魏时期，寺内原有巨大的佛像与一座三级佛塔：“又于天宫寺，造释迦文像，高四十三尺，用赤金十万斤，黄金六百斤。又构三级石佛图，高十丈。榱栋楣楹，上下重结，大小皆石，镇固巧密，为京华壮观。”㊁这一描述，同样见于《魏书·释老志》中的记载。参照南北朝时期寺院格局的一般做法，这座三级石浮图，应是布置在寺院中轴线上的佛殿之前的，则北宋时天宫寺内佛塔的重建工程，亦有可能沿用了旧有的空间位置。

（4）宝台　前文已经提到，在唐代所传的书画目录中，提到了白马寺宝台图样：“殷洪像（《太清目》所有）、白马寺宝台样，右二卷，姚昙度画。”㊂另，“昙度子，不知名，出家，法号惠觉（下品）。姚最云：‘丹青之用，继父之美。定其优劣，嵇聂之流。’（有殷洪像、白马寺宝台样行于代）”㊃姚昙度

㊀《钦定四库全书》集部，别集类，北宋建隆至靖康，[宋]尹洙《河南集》卷十六，紫金鱼袋韩公墓志铭（并序）。

㊁ [唐]释道宣《广弘明集》卷二，归正篇第一之二，魏书释老志，四部丛刊景明本。

㊂ [唐]裴孝源《贞观公私画史》序。

㊃ [唐]张彦远《历代名画记》卷七，南齐，明津逮秘书本。

是南北朝时期之人，这里或暗喻在南北朝时的白马寺中有宝台造型。隋唐时期的白马寺内，未见有关的史料记录。

白马寺宝台，究为何物，是一个未解的问题。从白马寺的历史来看，东汉明帝时，白马驮经而来，汉庭曾将西域二僧最初译出的《四十二章经》，珍藏于“兰台十四室”。这里的“兰台”，是当时东汉帝室的藏宝之所。早在西汉时期，宫廷内就设有兰台，用以收藏珍贵或神秘的宝籍：“及前孝哀皇帝建平二年六月甲子下诏书，更为太初元将元年，案其本事，甘忠可、夏贺良谶书臧兰台。”㊀西汉太初元将元年，为公元前5年，这里的“臧”，通“藏”。显然，这是将具有神秘意味的谶纬之书藏在了“兰台”，且设“兰台令”以辖之。另外，在东汉末：“初平元年（190年），代杨彪为司徒，守尚书令如故。及董卓迁都关中，允悉收敛兰台石室图书秘纬要者以从。”㊁这里似乎暗喻东汉宫廷内典藏秘籍之所为兰台石室。这或与佛教典籍中提到的“兰台十四室”相契合。即兰台十四室，很可能是兰台令所管辖的一座石室。

此外，《水经注》中提及珍藏佛经的宝函为榆欓所制：“始以榆欓盛经，白马负图，表之中夏，故以白马为寺名。此榆欓后移在城内愍怀太子浮图中，近世复迁此寺。然金光流照，法轮东转，创自此矣。”㊂这款榆欓木宝函，先是藏于洛阳宫中的兰台十四室，汉末三国时，恐已流出宫外，西晋时移在洛阳城内的愍怀太子（278—300）浮图之中。

《北史》中记录了一则故事，记载了北魏末年，武将韩贤在剿灭反叛州人时，误伤白马寺藏经宝函之事：“州人韩木兰等起兵，贤破之。亲自案检收甲仗，有一贼窘迫藏尸间，见将至，忽起斫贤，断其胫而卒。始汉明帝时，西域以白马负佛经送洛，因立白马寺。其经函传于此寺，形制厚朴，世以古物，历代宝之。贤知，故斫破之，未几而死。论者谓因此致祸。”㊃可知，北魏时，原藏于东汉宫廷兰台十四室的榆欓木藏经宝函，辗转于西晋愍怀太子浮图，最终传于白

㊀ [汉]班固《汉书》卷九十九上，王莽传第六十九上。

㊁ [南朝宋]范晔《后汉书》卷六十六，陈王列传第五十六，百衲本景宋绍熙刻本。

㊂ [魏]郦道元《水经注》卷十六，谷水，清武英殿聚珍版丛书本。

㊃ [唐]李延寿《北史》卷五十三，列传第四十一，韩贤传。

马寺中。这个经函的尺度较大，其中可以藏匿一个人，其形制十分古拙厚朴，因而成为寺内珍藏的一宝，“历代宝之”，韩贤斫破宝函，因而致祸，并被写入正史，可知这一宝函在当时人们心中的地位。

既然北魏末年其宝函尚存白马寺，仅仅是被斫破，且被世人宝之，则其后的白马寺仍然会珍惜这一宝函及其中所藏秘籍。因而，这里是否可以推测，南北朝时的白马寺内曾经模仿汉代宫廷内的“兰台”，建立了一座专门用来收藏佛教典籍的“宝台”？前文所引《北齐书》中所提到的：“昔汉明帝时，西域以白马负佛经送洛，因立白马寺，其经函传在此寺，形制淳朴，世以为古物，历代藏宝。”㊀多少也从一个侧面印证了这一推测。

如果这一推测成立，则上文所说的“白马寺宝台样”其实曾是白马寺内的一幢建筑，其内专门用来珍藏佛教典籍。北魏末遭到破坏的经函，原本可能就是珍藏在这座“宝台”之内的。如果真有这样一座收藏佛教经典的宝台，其功能略似后世的“藏经楼”，或会被布置在寺院建筑中轴线的后部。明清时代白马寺在寺院后部设置“清凉台”（图5-8），其实很可能正是沿袭了白马寺早期这一建筑配置格局。

图5-8　洛阳白马寺清凉台鸟瞰

㊀ [唐]李百药《北齐书》卷十九，列传第十一，韩贤传，清乾隆武英殿刻本。

（5）讲堂、斋堂与厨库　唐人的另外一首诗中，透露出唐代洛京白马寺的点滴信息："禅心空已寂，世路仕多歧；到院客长见，闭关人不知。寺喧听讲绝，厨远送斋迟；墙外洛阳道，东西无尽时。"㊀

由"寺喧听讲绝"可知，寺内当有讲堂，而讲堂距离寺内之厨房（香积厨）似乎略远，故而讲经结束之后，送斋之事略有迟缓。而听讲僧俗用斋，似乎也应该有斋堂。按照一般的寺院配置，讲堂应该布置在寺院中轴线上，大约在主殿之后、主阁之前。而斋厨之设，多在寺院中轴线东侧的跨院之内。毗邻厨房亦应有寺内的库院之设。而与斋堂、厨库相对应的寺院西路，则应该有僧寮甚至禅堂的设置。这样才可能大致组成一个维系僧团修学弘讲的基本空间。当然，史料中始终未见白马寺禅堂的描述，故这里也不假设唐代白马寺中有禅堂的存在。

需要提到的一点是，这首诗的作者许浑的在世时间约为791—858年。其出生年代距离白马寺阁遭兵炙火焚的代宗宝应元年（762年）已经过去了将近30年，这里或可以推测，在可能位于佛殿之后的白马寺阁被焚毁之后，人们又参照当时一般寺院的空间配置模式，在原白马寺阁的旧址上建造了一座讲堂（或法堂），从而使白马寺也成为一所"寺喧听讲"的热闹场所。当然，也不能排除白马寺讲堂与寺阁曾经一度并存的可能。

（6）鼓楼与钟楼　唐代寺院中有钟楼之设，与钟楼对峙而立者，一般为经楼，史料中尚未见这一时期寺院中有对称配置的钟楼与鼓楼。但据一条史料可知，五代时白马寺僧曾击鼓聚众："周武行德为西京留守，白马寺僧永顺，每岁至四月于寺聚众，击鼓摇铃，衣妇人服，赤麻缕画袜，诵杂言，里人废业聚观，有自远方来者。行德恶其惑众，杀之。"㊁这里的"周武"指的可能是后周武宗时期，时间已近北宋初。这一期间的白马寺僧曾击鼓摇铃以聚众，这里的鼓，指的是否是悬于一座建筑——鼓楼内的大鼓，尚未可知。

（7）长廊　唐代寺院多采用回廊院的空间形式。故作为一座著名寺院，当时的白马寺也可能有回廊之设。唐代诗人王昌龄诗《东京府县诸公与綦毋潜李颀

㊀《钦定四库全书》集部，别集类，汉至五代，[唐]许浑《丁卯诗集》卷下，近体诗，五言律诗一百九十四首，白马寺不出院僧。

㊁[宋]王钦若《册府元龟》卷六百八十九，牧守部，威严，明刻初印本。

相送至白马寺宿》中有曰："鞍马上东门，裴回入孤舟。贤豪相追送，即棹千里流。赤岸落日在，空波微烟收。薄宦忘机括，醉来即淹留。月明见古寺，林外登高楼。南风开长廊，夏夜如凉秋。"㊀

诗人东出洛阳上东门，夜宿白马寺，明月之下，登高楼、见长廊，感受到夏夜的清凉。王昌龄生活于698—757年，这一时段也恰是白马寺阁从建立到接近焚毁（762年）的那段时间，故王昌龄在这里所登的高楼当是白马寺阁，而其所见的长廊，无疑是白马寺中轴线两翼的长廊。这多少从一个侧面暗示了唐代时的白马寺占地规模比较宏大。

晚近时期一些人撰文，不知从哪里捕捉到一条信息，描述唐代白马寺规模宏大，有"跑马关山门"之说。但笔者愚钝，遍搜唐代以来相关史料，实在没有找到这一说法与白马寺的任何关联。事实上，类似说法近年来也出现在与唐代汴州大相国寺、成都大慈寺、元代大都大圣寿万安寺等古代寺院相关的描述中，历史上是否真出现过有关这些寺院的这类文字描述，也有待确凿史料的佐证。

洛阳地处中原与关中之间的战略要地，自古乃兵家必争之地。因此，无论唐末、五代，还是北宋末、金末，乃至元末、明末的历次战争，洛阳城都屡遭蹂躏。白马寺在历史的拉锯战中，曾经无数次遭受了磨难与重创。这或也是有关白马寺寺内建筑相关资料少之又少的重要原因，因为历次劫难都会将寺内所存的相关寺史文献毁于一旦。

以北魏末遭受重创之后，隋唐时期白马寺的重兴开始推算，自6世纪至13世纪，即隋唐、五代、宋金时期，大约700年间，白马寺大致保持了一个相对稳定的发展阶段。这或可以从武则天重建白马寺到金代在白马寺南兴建齐云塔这两个事件中看出一些端倪。结合如上分析，我们或可以对白马寺在唐宋两代可能存在过的殿塔楼阁等建筑，做一个推测性的归纳（图5-9）：

1）寺前部为寺院三门。

2）三门之内可能有一座浮图，故北宋时代洛阳白马寺与天宫寺才会同时营建（重建）浮图。

㊀ [清]曹寅等《全唐诗》卷一百四十，王昌龄，东京府县诸公与綦毋潜李颀相送至白马寺宿，清文渊阁四库全书本。

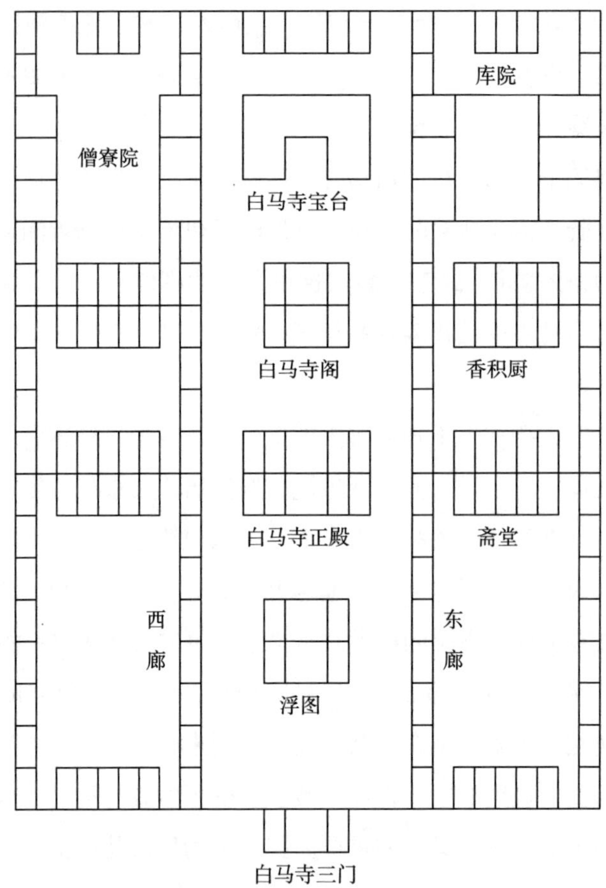

图5-9　唐代白马寺平面想象示意图　自绘

3）浮图后为寺院主殿。

4）寺院主殿之后，可能曾有唐代开元年间所创木构楼阁——白马寺阁。

5）寺院后部曾经有用来珍藏从汉代宫廷内流传出的佛经宝函的白马寺宝台。

6）寺院中轴线建筑两侧有南北向布置的东西长廊。

7）寺院东侧跨院中可能有斋堂与香积厨。

8）唐代的白马寺内还可能曾设有讲堂（或法堂），其位置是在佛殿之后、白马寺阁之前？抑或只是位于佛殿之后与白马寺阁相同的位置上，只是所处的时代不同？尚未可知。

然而，中晚唐时期的白马寺，也曾出现过十分凋敝的境况，如唐代诗人张继《宿白马寺》诗中所描述的："白马驮经事已空，断碑残刹见遗踪。萧萧茅屋秋风起，一夜雨声羁思浓。"㊀张继生活于唐天宝、大历年间。代宗宝应元年（762年），张继投笔从戎，被朝廷录于征西府中供差遣。而白马寺阁正是在这一年遭到火焚。这首诗描写的很可能正是安史之乱，特别是白马寺阁遭兵炙火焚之后的景象。显然，这次兵炙之后的白马寺已经呈现为断碑残刹的衰败景象了，这一景象很可能一直延续到宋初。

此外，从现存的史料中似乎再难发现有关这一时期白马寺建筑更进一步的相关历史信息，令人颇有扼腕而叹、不胜唏嘘之感。

三、宋元与明清时期的白马寺

1. 宋代洛阳白马寺

据清人的记载，自唐代以来，洛阳白马寺经历过4次较大规模重修："白马寺，在洛阳县东二十里，……唐垂拱初，武后重修。河南通志，宋淳化、元至顺间，俱敕修。明洪武二十三年重修。"㊁也就是说，清代文献中提到的自7世纪至14世纪白马寺的4次重修，包括了：

1）唐武则天时期。

2）宋淳化时期。

3）元至顺时期。

4）明洪武时期。

这4次重修都是由当时最高统治者诏敕修建，应该是白马寺历史上最为重要的4次重修或重建工程。换言之，自唐武则天重修白马寺之后，最为重要的重修工程发生在北宋太宗淳化年间（990—994年）、元代成宗至顺年间（1330—1333年）以及明代洪武二十三年（1390年）。

然而，据寺内所存《大金国重修河南府左街东白马寺释迦舍利塔记》碑载：

㊀ [清]曹寅等《全唐诗》卷二百四十二，张继，宿白马寺，清文渊阁四库全书本。

㊁《钦定四库全书》史部，地理类，总志之属，大清一统志，卷一百六十三。

“洎五代之后，粤有庄武李王，施己净财，于（白马）寺东又建精蓝一区，亦号曰东白马寺。并造木浮图九层，高五百尺。塔之东南隅有旧碑云：‘功既落成，太祖睹王之乐善，赐以相轮。’”㊀可知，在五代末宋初之时，曾有一位庄武李王，舍财创建了东白马寺，寺内有浮图，高约500尺（折合为155米上下）。

这可能是一个夸张了的高度尺寸，但这座由宋太祖赐以相轮的宋塔十分高大则是可以想见的。然而，这里所说的“东白马寺”，与汉唐时的洛阳白马寺是否在同一座寺院内？这次新建东白马寺工程，与宋初淳化年间白马寺重修工程之间，有什么关联？这里都没有说得太清楚。既有东白马寺，则在这一时期，汉唐以来的洛阳白马寺可能与东白马寺是并存于世的？

另据史料，宋太祖晚年曾在白马寺做短期停留：“太祖晚年自西洛驻跸白马寺而生信心，洎回京阙写金刚经读之，赵普奏事见之，上曰：不欲洩于甲胄之士，有见者止谓朕读兵书可也。”㊁以太祖薨于976年，则这件事很可能发生在970至976年之间。这时的白马寺，情况究竟怎样，从史料中不得而知。

从时间上推测，宋人苏易简（958—997）为白马寺鼎新重修所做之记，记录的当是太宗淳化年间的重修工程，其中提到：“皇帝端拱北辰，垂裳南面，步摄提而重张岁纪，把钩陈而再纽乾纲。……惟纪开元之代，乃命鼎新纬构，寅奉庄严。采文石于他山之下，环材于邃谷离娄；骋督绳之妙，冯夷掌置臬之司；辟莲宫而洞开，列绀殿而对峙。图八十种之尊相，安二大师之法筵。灵骨宛如可验，来仪于竺国；金姿穆若犹疑，梦现于汉庭。天风高而宝铎锵洋，晴霞散而雕栱辉赫。周之以缭垣浮柱，饰之以法鼓胜幡。远含甸服之风光，无殊日域，旁映洛阳之城阙，更类天宫。”㊂由其记大约只能推测出，这座重修过的白马寺，莲宫洞开，绀殿对峙，规模比较宏伟；有缭垣浮柱，法鼓胜幡，建筑也十分庄严，如此而已。

其记中还提到：“经始福田之所，已圮而更兴未睹。”㊂可知，在这次重修之前，寺院中的一些建筑已经倾圮残破，新建寺院殿阁有焕然一新之感。

㊀ [金]大金国重修河南府左街东白马寺释迦舍利塔记。

㊁《钦定四库全书》子部，杂家类，杂纂之属，[宋]曾慥《类说》卷十九，异闻录。

㊂《钦定四库全书》史部，地理类，都会郡县之属，[清]《河南通志》卷五十，寺观，河南府，白马寺。

此外，有宋一代的真宗、仁宗年间，洛阳白马寺还有过较大规模修缮。据《续资治通鉴长编》，仁宗天圣元年（1023年）夏四月："丙辰，以岁饥，权罢修西京太微宫、白马寺。"㊀显然，这次重修是从真宗时开始的，北宋人尹洙（1001—1047）描述："时西京天宫、白马寺，并营浮图，募众出金钱，费且亿万，权臣为倡，首劳郡承，风指涂商，里豪更相说导，附向者唯恐后。"㊁指的可能正是这次重修。仁宗初登基，因年景不好，中止了这一工程。由"权罢修"一语可知，仁宗也是迫于无奈，暂时中止了寺塔重修。重要的是，透过这一信息，可以知道，这次重修中似乎重新建造了白马寺浮图。但是，这座浮图与上文中提到的五代末北宋初年在"东白马寺"所建的高500尺的佛塔，究竟是不是同一座塔，似乎也没有说得十分清楚。

如果真宗与仁宗时所营白马寺塔并非"东白马寺"内宋初所创之木塔，则这座宋塔有可能沿用了南北朝至唐代寺院的空间格局，布置在古白马寺内中轴线上大殿之前的佛塔，只是平面可能已经变为八角形。

当然，对宋代洛阳白马寺内的建筑，实在无法找到更进一步的史料依据，由宋淳化年间曾大举营造浮图一事推测，其寺院内的格局可能多少有点沿袭唐代洛阳白马寺的大致布局：前为三门，门内有佛塔，塔后为佛殿，殿后有法堂，法堂之后，可能有楼阁、经台之属。至于是否有钟楼、经楼，其配殿、跨院之类附属建筑又是如何配置的，皆未可知。

然而，北宋以后的洛阳城与白马寺，历史境遇都大不如前。自五代至北宋，帝都东移，洛阳城从一座京师重镇，日趋成为一座地方小城。宋仁宗景祐年间（1034—1038年）："王曾判府事，复加修缮，视成周减五之四，金元皆仍其旧。明洪武元年，因旧址始筑砖城，设河南卫守之。周围八里三百四十五步，高四丈，广如之，池深五丈，阔三丈。门四。"㊂从其与一般县城无异的洛阳城墙周回长度，大约也可以一窥自宋金至明清洛阳城的大致规模。

㊀《钦定四库全书》史部，编年类，[宋]李焘《续资治通鉴长编》卷一百，仁宗。

㊁《钦定四库全书》集部，别集类，北宋建隆至靖康，[宋]尹洙《河南集》卷十六，紫金鱼袋韩公墓志铭（并序）。

㊂《钦定四库全书》史部，地理类，都会郡县之属，[清]《河南通志》卷九，城池，河南府（洛阳县附郭）。

无论12世纪初的金宋战争，还是13世纪中叶的蒙古与金人的战争，又都对洛阳城造成极大摧残。在残酷的战争中，地处东西交通要冲的白马寺难逃厄运。元代文献中明确提到北宋末年的洛阳白马寺："至钦宗靖康（1126—1127年）时毁于金人兵火。"㊀其后的南宋建炎二年（1128年），金统治者"迁洛阳、襄阳、颍昌、汝、郑、均、房、唐、邓、陈、蔡之民于河北。"㊁透过这一举措，也可以看出当时战争的惨烈状况。

2. 金代重修洛阳白马寺塔

据寺内所存《大金国重修河南府左街东白马寺释迦舍利塔记》，在五代末北宋初所创高达500尺的东白马寺塔之后："又一百五十余季，至丙午岁之末，遭劫火一炬，寺与浮图俱废，唯留余址，鞠为瓦子堆、茂草场者，今五十载矣。往来者视之，孰不咨嗟叹息焉！……彦公大士自浊河之北底此，睹是名刹，荒榛丘墟，彷徨不忍去。一夕遽发踊跃，持达心，乃鸠工造甓，缘行如流，四方云会，不劳余刃而所费办集。因塔之旧基，剪除荒埋，重建砖浮图一十三层，高一百六十尺。……时大定十五季五月初八日，于是乎书。"㊂

自宋初向后推算150年，大致到了北宋末年，这里的"丙午岁"当指宋钦宗靖康元年（1126年）。这也是北宋灭亡的前一年。显然，这一年因为金人兵火，洛阳白马寺再遭劫难，白马寺及寺中浮图，已毁圮不堪，成为瓦砾之堆。

时间又过了50年，恰是金大定十五年（1175年），也是白马寺金代砖塔"齐云塔"重建之年。关于这座塔的塔名来历，据寺内所存北宋真宗天禧五年（1021年）刻石《摩腾入汉灵异记》，早在东汉明帝"己巳之岁"（永平十二年，即69年），曾经在白马寺建有一座"浮图，……凡九层，五百余尺，岌若岳峙，号曰齐云。"㊃

按照这一说法，金代所建齐云塔，其实是白马寺塔历史上的第三个阶段：

㊀《钦定四库全书》史部，地理类，游记之属，河朔访古记，卷下，河南郡部。

㊁ [清]李有棠《金史纪事本末》卷九，攻取中原。

㊂ [金]大金国重修河南府左街东白马寺释迦舍利塔记，释海法《海法一滴集——白马寺与中国佛教》成都，四川辞书出版社，1996年，第741页。

㊃ [宋]摩腾入汉灵异记，释海法《海法一滴集——白马寺与中国佛教》成都，四川辞书出版社，1996年，第742页。

第一个阶段是在东汉永平十二年（69年），这一年可能创建了一座高500多尺的浮图。如果不考虑在北魏或隋唐时代未见详细描述的白马寺塔，那么：

第二个阶段，当是五代末、北宋初年由庄武李王所建、宋太祖赐相轮的东白马寺木塔，其高或亦为500尺。

第三个阶段，为金大定十五年（1175年）所建的砖浮图，亦称齐云塔。

其实，这里有几处疑问：

其一，东汉时期，即使有浮图的传入，也应该是天竺样式，即比较低矮如窣堵坡状的方坟式佛塔，这样的塔是不可能建造成500尺高式样的。且在此之前的任何文献中都没有提到汉代白马寺塔的造型与高度，故这里所说东汉永平“齐云塔”“凡九层，五百余尺”，当是后人比附之说无疑。

其二，五代末、北宋初所创木浮图，白马寺所存金代碑记中明确说明，是位于白马寺东，亦称为“东白马寺”内的一座木塔。其寺与汉唐白马寺是否为同一寺，其塔与汉唐时期白马寺中所建浮图究竟是否是同一座塔，本身就存有很大疑问。其高500尺，更是一件令人存疑之事。依笔者拙见，从这些史料中能够得出的结论，只能是五代末北宋初时，在白马寺东，曾经新建一座“东白马寺”，寺中有木塔，比较高大。这座塔，连同其西侧的古白马寺，在北宋末年遭到焚毁。

金代大定年间白马寺重修过程中，又在宋代东白马寺木塔旧址上重建了一座砖塔，称之为“齐云塔”。金塔高度，据称有160尺（约50米）之高。然而实际上这座十三级金代砖塔，是一座颇有唐塔遗风的方形密檐砖筑塔，其塔边长7.8米，高度仅约35米，合宋尺至多也不过百尺余。可知，宋人甚至金人文字中确有浮夸之处，不足以直接采信。其所云汉代九级浮图，或宋代高500尺木浮图，也只能作为一个参考性意象。

另据白马寺原住持释海法：“建造金塔之时，还筑护塔墙垣三重，立古碑五通，左右焚经台两所，并修建屋宇二十八间，大小门窗三十七座（？）。”这一描述，疑似参考《大金国重修河南府左街东白马寺释迦舍利塔记》中所记内容而来，但齐云塔位于白马寺东侧，若建护塔墙垣，当是围绕齐云塔所建，则这里的屋宇28间指的也应该是齐云塔周围的殿舍庑房，规模比较小。其中“大小门窗三十七座”更不知所云。由此或可推测，金代时的齐云塔与白马寺，已经处在两个不同的空间范围内，相信这时的白马寺自有其规模，而齐云塔周围则有三层墙垣，仅仅环绕有28间房屋。

由金代齐云塔周围建筑的规模推想，金代白马寺本体规模也一定大不如前。换言之，宋末金初是白马寺历史上一个转候点。遭金人焚毁的白马寺及“东白马寺”与浮图，再也没有恢复到汉唐乃至北宋时期的辉煌，其塔已由木浮图改而成为砖塔，高度似乎也降低了不少，其塔周围空间相信已不是很大，至少其殿舍庑房数量已十分少，由此推知金时的白马寺本身规模亦大不如前。

3. 元代洛阳白马寺重建

然而尽管如此，有元一代在帝室的推动下，洛阳白马寺又经历了一次大规模的重建过程，再一次重现了这座释源古寺的历史辉煌。

元统治者十分看重白马寺作为中国释教之源的历史地位。元成宗于大德二年（1298年）诏命当时白马寺住持释龙川（名行育，女真人，姓纳合氏）为五台山新创敕建大万圣祐国寺寺主：“佛教之兴，始于洛阳白马寺，故称释源。……成宗以继志之孝，作而成之，赐名大万圣祐国寺。……诏师以释源宗主兼居祐国。师见帝师以辞曰：某以何德，猥蒙恩宠，其居白马已为过分，安能复居祐圣，愿选有德者为之，幸怜其诚以闻于上。帝师不可，曰：此上命也，上于此事，用心至焉，非女其谁与居？此吾教所系，女其勉之。”㊀

关于元代重修，元代人所撰《河朔访古记》有稍详细的描述：“白马寺，洛阳城西雍门外。……寺有斗圣堂一所，世传三藏与褚善信雠校经义之所。”㊁其文中也特别提到：“又有翰林学士苏易简所撰碑一通，备载寺之兴废始末甚详，至钦宗靖康时毁于金人兵火。逮国朝至元七年，世祖皇帝从帝师帕克斯巴（旧作八思巴，今改正）之请，大为兴建。门庑堂殿、楼阁台观，郁然天人之居矣。庭中一巨碑龟趺螭首，高四丈余。碑首刻曰：‘大元重修释源大白马寺赐田功德之碑。’荣禄大夫翰林丞旨阎复奉敕撰碑，曰：圣上大德改元之四年冬十月，释源

㊀《钦定四库全书》子部，释家类，[元]释念常《佛祖历代通载》卷二十二。

㊁《钦定四库全书》史部，地理类，游记之属，河朔访古记，卷下，河南郡部。

大白马寺告成。”[一]可知元代重修工程首倡于世祖至元七年（1270年），竣工于成宗大德四年（1300年），历时约30年之久。

正是在阎复奉敕撰写的这通《大元重修释源大白马寺赐田功德之碑》中，粗略地描述了元代重修的大致建筑配置：“为殿九楹，法堂五楹，前三其门，傍依阁、云房、精舍、斋庖、库厩，以次完具，位置尊严，绘塑精妙，盖与都城万安、兴教、仁王三大刹比绩焉，始终阅二纪之久。”[一]这里所说建寺之始终，用了“二纪之久”，以古人所云一纪为12年，则为24年，这当是个大略数字，与前文所说始于至正、成于大德的时间是相匹配的。

白马寺毗卢殿内后壁，嵌有一通石刻《龙川大和尚遗嘱记》，其中有：“元贞二年（1296年），丹巴上士，奏奉圣旨，遣成大使，驰驿届寺，塑佛菩萨于大殿者五，及三门四天王，计所费中统钞二百定（锭）。大德三年（1299年），召本府马君祥等庄绘，又费三百五十定（锭）。其精巧臻极，咸曰希有。”[二]由此推知的信息是，元代白马寺山门内塑有四大天王。可知早在元代时，白马寺的山门与天王殿其实已是一座殿堂。这或可以从一个侧面证明，今日白马寺山门内尚存元代遗迹的天王殿，可能就在元代白马寺山门旧址之上。此外，元代白马寺九开间大殿内塑有5尊佛与菩萨，有可能是三世佛与二胁侍菩萨造像。

根据这一描述，可以大致推想出元代重建的白马寺基本格局：

1）前为三门（前三其门），亦即今日所称之“山门”，推测即在今日白马寺天王殿位置。

2）三门内有一座面广为九开间的寺院正殿（为殿九楹），疑在今日白马寺大雄宝殿位置。三门之内，元代时正殿之前似没有什么建筑，说明元代时宋人所建佛塔已经不存，但面广为九开间的大殿其前的庭院空间应该比较宏大，故设想现存寺内大佛殿位置可能曾是宋代佛塔位置，元代时这里似为主殿前的庭院。

3）正殿之后为一座面广五开间的法堂（法堂五楹），当在今日白马寺接引殿的位置。

[一]《钦定四库全书》史部，地理类，游记之属，河朔访古记，卷下，河南郡部。

[二][元]龙川大和尚遗嘱记，释海法《海法一滴集——白马寺与中国佛教》成都，四川辞书出版社，1996年，第767页。

4）法堂之后，或仍然有藏纳汉代佛经宝函的经台，即在今日之清凉台位置。这座高台在明代时似有重建，台上建立了毗卢阁。

5）正殿或法堂之前的左右两侧，可能有对峙而立的楼阁（傍依阁）。

6）左右有庑房、僧舍之功能性、居住性用房（云房）。在寺院中，“云房”与“绀殿”对应，属于寺内居住性、辅助性用房。如唐人徐纶所言：“绀殿故而复新，云房卑而更起。曲尽其妙，以广其居。”㊀宋代以来寺院中的僧寮，多位于寺之西侧。

7）寺之左右当有跨院，院中有“精舍”之设。这里的精舍，或为方丈室，或为上客堂之类的接待用房。其中，方丈室一般会在寺院后部，或居中，或在左右某侧。待客之所，多在寺院前部东侧。

8）按照宋代以来渐次形成的寺院空间配置，寺院中轴线两侧多有斋堂与厨房之设（斋庖），同时也会有库院、马厩（库厩），以提供僧人的后勤服务。

9）寺内原有“斗圣堂”一所，当是与东汉时所谓“佛道斗法”事件相关的纪念堂。元代时的斗圣堂，可能是宋金时期遗存，其位置不详。

另外，这里提到了元代京师大都城内的万安、兴教、仁王三座寺院。万安者，大圣寿万安寺（今北京妙应寺），是一座敕建寺院，至元十六年（1279年）建。寺中有元世祖帝后影殿，也是元代臣子觐见皇帝之前的习仪之所，其规格之高是可以想见的。

兴教者，大兴教寺，寺中有元太祖成吉思汗神御殿，及专为帝师巴思八所建帝师殿，也是一座高等级佛寺。这里也曾是元代臣子进宫之前的习仪之所。

仁王者，大护国仁王寺，元世祖敕建寺院，至元七年（1270年）建，至正六年（1346年）重建，位处高良河（今西直门外）一带，寺内亦有元代帝后影堂、神御殿。

如果说元代重建的洛阳白马寺可以与大都城内万安、兴教、仁王三座敕建寺院相比肩，其寺院等级与规模也一定是相当可观的。这一点或可从其寺的主殿为九开间大略看出一点端倪。

㊀ [清]董诰等《全唐文》卷八百五十六，徐纶，龙泉寺禅院记，清嘉庆内府刻本。

元代白马寺，是在经历了宋金之交战火蹂躏后，又过了一个半世纪的再一次重兴。元初文人程钜夫（1249—1318）所撰《送荣上人归洛阳白马寺》诗："荣公游上国，又向洛阳归；白马开新寺，缁尘濯旧衣。吟诗江月冷，振锡野云飞；此去千余里，无令消息稀。"㊀千里之外的诗人，亦得知白马寺新建之事，或也可以看出这次重建的影响之大。

4. 明清两代洛阳白马寺重修

元代国祚不足百年，岁月侵蚀与接踵而来的元末战争，无疑对地处冲要的洛阳城及白马寺造成冲击与破坏，这或是明初洪武二十三年（1390年）再次重修洛阳白马寺的主要原因。史籍中关于这次重修，仅见于清代编纂的《河南通志》。

为了了解明初寺院的大致格局，这里以明洪武年间山西太原新创的一座寺院作为一个参照："崇善寺在城东南隅，旧名白马寺。……（洪武）十四年晋恭王荐母高皇后，即故址除辟，南北袤三百四十四步，东西广一百七十六步。建大雄殿九间，高十余仞，周以石栏回廊一百四楹。后建大悲殿七间，东西回廊。前门三楹，重门五楹。经阁、法堂、方丈、僧舍、厨房、禅堂、井亭、藏轮具备。"㊁

这座原名为白马寺的佛寺，重建于明洪武十四年（1381年），比洛阳白马寺重建略早。一说工程始于洪武十六年（1383年），完成于洪武二十四年（1391年），则几乎是与洛阳白马寺同时建造的。因为是地方封王所建，规模比一般寺院要大，例如寺院占地，以明尺为今0.32米计，其南北长约550.4米，东西宽约281.6米，折合明亩约250亩。其寺院空间配置，或可以作为了解同一时期重建之洛阳白马寺的参照。

沿寺院中轴线，前有前门（金刚殿？）三间，后有重门（天王殿？）五间，主要庭院之内为九开间大雄殿（与元代白马寺规格与等级相同），其后为七开间大悲殿。大雄殿与大悲殿两侧有回廊环绕。再后当为法堂，法堂之后似为藏经阁。如此形成前后五进院落。其余方丈、僧舍、厨房、禅堂、井亭、藏轮等建筑

㊀《钦定四库全书》集部，别集类，金至元，[元]程文海《雪楼集》卷三十，诗，送荣上人归洛阳白马寺。

㊁《钦定四库全书》史部，地理类，都会郡县之属，[清]《山西通志》卷一百六十八，寺观一，太原府。

会依寺院一般规则分置在寺之两侧的跨院之内（图5-10）。以此为参照，似可大略推想一下明代洛阳白马寺的大致空间格局。

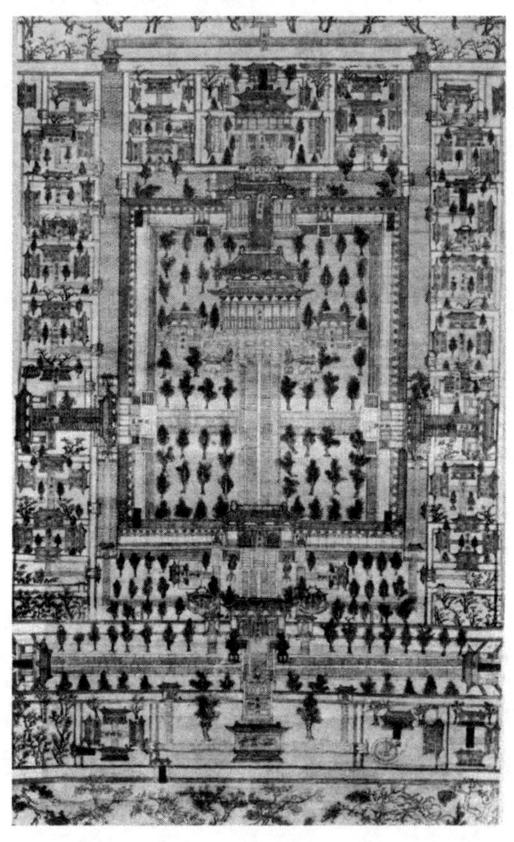

图5-10　与明代白马寺同时重建的山西太原崇善寺

白马寺内尚存明嘉靖二十年（1541年）刻《重修祖庭释源大白马寺佛殿记》，其中有记："至今日久年远，栋宇倾颓。迨我朝皇明正德丁丑，有僧定太暨化主德允等攀近功德，张端、马成、张禹、李深等招请名匠，重修一区。由是四方之人，闻风向化，富者输其材，贫者效其力。不日之间，殿陛焕然而日新，圣像彩色而鲜明。"㊀由此确知，洪武二十三年（1390年）白马寺重修后，至120余年后的正德十二年（1517年），白马寺再一次展开较大规模修缮。

㊀ [明]《重修祖庭释源大白马寺佛殿记》。

另据嘉靖三十五年（1556年）《重修古刹白马禅寺记》碑，在正德重修之后数十年，白马寺进行了又一次修缮，是由司礼监掌印太监兼总督东厂黄锦捐资并监督兴建的，并“以眷属省祭官李奉义董其事，守制商州判孙政赞其功，至于朝夕视事，始终效勤，则有族弟省祭官黄□。”[⊖]其碑文中特别提到了在修缮工程中“区别成图”[⊖]，说明当时的工程，是有相应的修缮设计图纸的。

这次修缮工程于嘉靖三十四年春开工，次年（1556年）冬竣工：“建前后大殿各五楹，中肖诸佛及侍从，阿难、迦叶、文殊、普贤、罗汉、护法之神。建左右配殿各三楹，中肖观音、祖师、伽蓝、土地众神。饰像貌以金碧，绘栋宇以五采。”[⊖]这里所说的“前后大殿各五楹”，当指寺内现存之大佛殿与大雄殿。可知现存白马寺内这种将两座大殿前后并置的做法，很可能始于明嘉靖三十四年的这次重修。

据称，其碑中还谈及这次工程中修缮的天王殿、钟鼓楼（？）、礼贤堂、演法堂及静舍120间。同时，特别提及在寺院后部高台上，建重檐殿五楹，“中塑毗卢佛及贮诸品佛经。左右建配殿各三楹，分塑摩腾、竺法兰二祖。”[⊖]另据释海法的描述，这次修缮中，在台下两旁还建有禅院两所，各为九间。[⊖]在元代所创三门（天王殿）之前，另设寺院前门，即所谓“大门三空，砖石券之；门外东西，石狮翼之。”[⊖]可知今日洛阳白马寺看似简易的砖筑山门，却是创建于明嘉靖年间的遗存。显然，嘉靖年间的这次重修，基本上确定了现存白马寺基本空间格局与建筑配置模式：

1）前为砖筑拱券式山门。

2）山门内为天王殿（元代三门旧址）。

3）天王殿内，依次布置前后两座五开间殿堂，前为大佛殿。

4）大佛殿之后为大雄殿。

5）大雄殿之后为接引殿。

6）接引殿之后即为砖筑高台（清凉台），台上有重檐五开间毗卢殿。

中轴线两侧，如山门内天王殿两侧，可能配置有钟楼与鼓楼。大佛殿与大

⊖ [明]《重修古刹白马禅寺记》。

雄殿前两个院落，左右各设三开间配殿，分别为观音殿与祖师殿，及伽蓝殿与土地众神殿。在毗卢殿前两侧，亦各有三间配殿，分别供奉摄摩腾与竺法兰两位祖师。此外，还有分别设置的礼贤堂与演法堂。

明代人谢榛（1495—1575）留有两首与白马寺有关的诗，多少透露出一点当时白马寺的建筑信息。一首为《白马寺》："何年此地筑禅台，薝卜香花十度开。白马寺前西去路，天教汉使取经来。"[一]这首诗与唐人许浑《白马寺不出院僧》中的"墙外洛阳道，东西无尽时"[二]正相呼应，说明自唐至明数百年间，白马寺前都横亘着一条东西要道。

谢榛的另一首诗为《晚至白马寺登毗卢阁望洛阳安国禅院》："雪晴山阁冷侵衣，西望平林暮鸟归。鹫岭云霞空里色，洛城金界共余晖。"[三]谢榛生活的时代在明中叶之弘治至隆庆年间（1488—1572年），说明这期间寺内曾有一座高大楼阁——毗卢阁。明清时期寺院的一般配置中，毗卢阁位于寺院中轴线后部，有时会与寺内藏经阁共享一座建筑物。令人不解的是，现存白马寺毗卢殿是位于高台之上的重檐单层殿堂，没有登阁远望的可能。那么，诗人登毗卢阁，望洛阳安国寺，究竟是真实的体验，还是自己的想象？尚不得而知。

据寺内存明嘉靖三年（1524年）刻《修白马寺塔记》碑，这时的白马寺："塔以日颓，庐以日堕。"[四]其碑中记载了正德十四年（1519年）顺天府人王刚夫妇行商至此："聿生信心，舍赀以新之。……砖石也，灰也，费若干缗；工食也，顶之镀金也，又若干数。"[四]经过这次重修，白马寺塔被"整旧为新，灵光屹然，飞金涌雪，炫耀于层空。"[四]显然，正德十四年重修的主要是金代所建白马寺齐云塔。

遗憾的是，与历史上的朝代更迭几乎无异，著名的洛阳白马寺始终未能逃脱重建、圮败甚或焚毁，然后再重建、再圮败、再焚毁的梦魇。虽然明洪武、正

[一] [明]谢榛《谢榛全集》卷二十，七言绝句二百一十二首，白马寺。

[二] 《钦定四库全书》集部，别集类，汉至五代，[唐]许浑《丁卯诗集》卷下，近体诗，五言律诗一百九十四首，白马寺不出院僧。

[三] 《钦定四库全书》集部，别集类，明洪武至崇祯，[明]谢榛《四溟集》卷十，晚至白马寺登毗卢阁望洛阳安国禅院。

[四] [明]《修白马寺塔记》。

德、嘉靖年间多次重修，但是，仅在嘉靖重修不过数十年之后的明代万历年间（1573—1620年），在文人姚士麟的笔下，白马寺已经再次出现衰微与破败的景象：“白马寺为中国梵刹之始。寺在洛阳东平畴禾黍中，台殿卑隘，法象剥坏，前有一塔，问之，云藏腾兰舍利也。……不知千百年后，湮没无余，第有白马岿焉独存耳！”㊀

仅从文字中也可以看出，万历时的白马寺，已经又一次湮没在野田黍禾之中，虽有台殿，已显卑隘；虽存佛像，已剥落残损，唯有寺前两尊从宋陵中迁来的石刻白马，孤零零地伫立在寺前旷野中，守护着饱受凄风苦雨侵蚀的千年古寺。

又过了近100年，清顺治、康熙年间的朱彝尊（1629—1709），有《白马寺》诗曰：“仁寿千年寺，今存半亩宫。苔钟横道北，瓦塔限墙东。客至愁嗥犬，僧寒似蛰虫。夕阳留未去，双树鸟呼风。”㊁与朱彝尊大约同一时代的王世祯（1634—1711），也留有一首《白马寺》诗：“伽蓝半化洛阳尘，汉代鸿胪迹尚新。太息他年穷楚狱，仁祠空解祀金人。”㊂

可知清代上半叶的洛阳白马寺，多已化作历史尘埃，残余规模似仅半亩，俨然一座路旁小寺的模样。当然，这里的“半亩之宫”当是一种譬喻，但清代时白马寺的寺院规模已经变得十分狭小，则是可以想见的。其道北铜钟布满青苔，墙东砖塔残损破败，一副凄凉景象，令人感喟世事之无常。

另寺内亦存有清康熙五十五年（1716年）《重修释源大白马寺殿宇碑记》，可知清康熙年间，白马寺亦有重修。释海法称，此次重修，包括大殿、山门、配殿、毗卢阁，经过这次修缮，“上而台阁殿宇，及诸寮舍等”，皆“焕然一新”。㊃可知，现存寺内山门、大殿、配殿及毗卢阁，应保存了较多清代重修的痕迹。

另据释海法的描述，直至晚清时期的光绪九年（1883年）与宣统二年（1910

㊀ [明]姚士麟《见只编》卷上。

㊁ [清]朱彝尊《曝书亭集》卷十四，古今诗，白马寺。

㊂《钦定四库全书》集部，别集类，[清]王士祯《精华录》卷十，今体诗，白马寺。

㊃ [明]《修白马寺塔记》。

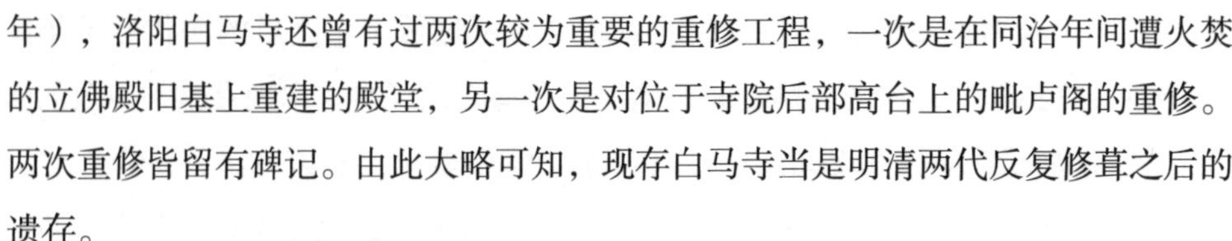

年），洛阳白马寺还曾有过两次较为重要的重修工程，一次是在同治年间遭火焚的立佛殿旧基上重建的殿堂，另一次是对位于寺院后部高台上的毗卢阁的重修。两次重修皆留有碑记。由此大略可知，现存白马寺当是明清两代反复修葺之后的遗存。

5. 现存白马寺的空间格局

再来看今日的白马寺，从寺基观察，现存白马寺主体部分的基址规模，南北长约240米（合150明步），东西宽约135米（合84.4明步），约为明亩52.75亩。大约是明代太原崇善寺基址面积的1/5。这一基址面积，恐也比元、明两代重建的白马寺小了许多。寺内建筑遗存大体保存了明清两代建筑遗构所形成的格局：

1）寺前为一略呈牌楼状的山门，八字斜墙，三洞拱券，结构与造型较为简陋（图5-11），当是在明嘉靖三十五年（1556年）所建遗构基础上修缮而成的。

图5-11　白马寺明代山门

2）山门内为天王殿，面阔5间，进深3间，东西面广20.5米，南北进深14.5米，歇山式屋顶，据说是元代遗构，疑即在元代白马寺前三门殿遗构基础上多次修缮的结果（图5-12）。

图5-12　白马寺天王殿（疑在元代白马寺三门位置）

3）天王殿后为大佛殿，亦为一座5开间单檐歇山大殿，东西面广22.6米，南北进深16.3米，当为明代嘉靖三十五年（1556年）所创前后两殿之前殿遗构（图5-13）这里有可能是唐宋时寺院中佛塔的位置，元代时这里可能曾是寺内主殿前的庭院空间。

图5-13　白马寺大佛殿

4）大佛殿之后的大雄殿，是一座面广5间、进深3间的悬山顶大殿，其东西面广22.8米，南北进深14.2米，可能是明代嘉靖三十五年（1556年）所创前后两殿中的后殿之遗构（图5-14），因其殿形制较前殿简陋，疑是清代时在后殿旧址上重建之物，其殿址疑在元代白马寺九间正殿的旧址之上。

图5-14　白马寺大雄殿

5）大雄殿之后为接引殿，这是一座面广3间、进深2间的硬山小殿（图5-15），重建于清代光绪年间（1875—1908年），这座小殿可能即是在同治元年（1862年）遭焚毁之立佛殿的旧址上重建之物。这座殿堂可能坐落于元代白马寺法堂的旧址之上。

图5-15　白马寺接引殿

6）寺院中轴线最后一座建筑为毗卢阁，实际为设置在一座砖筑高台——清凉台之上的毗卢殿。清凉台之谓，无疑来自东汉宫殿名称，这里只是借用其名罢了。其台高约6米，东西长42.8米，南北宽32.4米。台上毗卢阁为一重檐木构殿堂，面阔5间，进深4间，东西广17.03米，南北宽11.7米，重檐歇山屋顶（图5-16），其建筑等级显然是寺内现存建筑中最高的，其阁可能是明嘉靖三十五年（1556年）所创、清宣统二年（1910年）修葺之旧构。

图5-16　白马寺清凉台毗卢阁

7）毗卢阁前两侧配殿，分别供奉有摄摩腾与竺法兰两位高僧的塑像。此外还有玉佛殿、卧佛殿、六祖殿等殿堂建筑，只是其建造时代相对比较晚近。

8）至于寺院山门内的钟鼓楼，则是十分晚近的建筑，所谓明代时的钟鼓楼，甚至未见任何遗迹。

这里所引数据非笔者亲测，或不足为据，仅做尺度上的参考。此外，寺内还有数十余通碑刻，弥足珍贵。现存寺内除了天王殿前左右对峙的钟鼓楼外，还有一些建筑，如清凉台东西两侧并置的朵殿——法宝阁与藏经阁，也是十分晚近建造的。至于寺内之云水堂、客堂、斋堂、祖堂、禅堂、方丈院等附属建筑，分置于寺院东西两侧，建造时期各不相同，大多也比较晚近，与历史上的寺院格局关联不大，更有近些年在寺院附近新创的印度寺、泰国寺、缅甸寺等，更与历史上的白马寺渺不相涉，这里不再一一赘述。

建筑史学的危机与争辩[㊀]

引言：两次小型学术会议引发的讨论

2017年的3月下旬与4月中旬，先后在清华大学建筑学院召开了两次由从事建筑史学研究的中国与日本学者参加的学术研讨会。第一次会议的主题，是如何由中日学者合作，共同撰写一部东亚建筑史的问题。参加的人，除了日方院校的一位代表外，主要参加者包括了清华大学、天津大学、华南理工大学等几所中国院校建筑系从事中国建筑史研究的学者。第二次会议的规格比较高，会议的主旨，是由清华大学与日本东京大学两校，为深化双方的战略合作伙伴关系，由两个学校的校方组织的多学科学术研讨会。参加的学科有10个之多，其中的一个分会场，是由东京大学生产技术研究所建筑史学科的几位教授和博士生与清华大学建筑学院建筑历史与文物保护研究所的教授与研究生们，共同参加的有关建筑史学研究新趋势方面的学术研讨会。这个分会场设在清华大学建筑学院内。

两次会议的规模都不是很大，每次参加的人数，大约20～30人，主要发言的学者不超过10人。笔者很喜欢这样的小型学术会议，规模不大，参加者都是素有研究的高水平学者。旁听者，除了清华建筑历史与理论及历史建筑保护方向的研究生之外，也会有邻近院校的年轻教师与研究生前来捧场。会议气氛活泼愉快。每位演讲者的发言时间都很充裕，问题可以讲得比较透，内容也相当深入与广泛，而且还可以有一个十分活跃且具深度的讨论与争辩过程。这就像是一个学术沙龙一样，有一个大略的主题，发言者与讨论者，围绕会议的主题，各有发挥，显得无拘无束，也没有烦琐的仪式性程序。比较起来，一些名头大的学术会

㊀ 本文初载于《建筑师》2017年第2期，总第188辑，中国建筑工业出版社，2017年。

议，动辄数百人，发言者数十位，每人的发言不过10余分钟，讨论的题目也是五花八门，结果却有点像赶庙会似地，熙熙攘攘，热热闹闹，彼此的收获却几乎微不足道。这或许也是这几年，笔者没有太多兴趣参加这种大型学术会议的原因所在吧。

有趣的是，两次会议除了围绕主题的讨论之外，还在如何研究建筑史方面，提出了一些尖锐的问题，产生了一些不同意见，有些意见甚至引起了十分激烈的争辩。围绕这些争辩，笔者也在会场上即兴发表了一些见解，主要是想针对会议中引起争论的话题，阐明一下自己的观点，并对中国建筑史学的未来发展及其研究思路，提出一些个人的想法与建议。会议结束的时候，有参会的学者建议，若将这些讨论与意见写一写，介绍给国内建筑史学界，引起大家的思考与讨论，岂不更好。于是才有了撰写这篇文字的想法。

第一次会议上的激烈争辩，引出的话题是：建筑史研究的着力之点，究竟应该是宏观或中观的建筑历史规律或趋势探究，还是微观的历史建筑案例或细节研究？除了具体而微的建筑案例性与建筑做法的细部性研究之外，系统性、通史性的建筑史研究，究竟还有没有继续的必要？也就是说，建筑史研究，主要应该关注涉及建筑发展中的具有历史转折性或关键性，以及具有历史时序性意义的大话题；还是主要关注建筑史上某一位建筑师，或某一个具体时代或具体建造团队的具体建造技术与建造方法，甚或某一座具体地点、具体时间、具体建筑物的具体的比例、造型、尺度与构造做法等问题。前者，更像是一种整体建筑史的建构性研究，后者，更倾向于一事一例的建筑案例性研究。换言之，前者的研究方式，多少都有一点接近温克尔曼的古典艺术史或弗莱彻的世界建筑史的思路，后者的研究方式，多多少少有一点像是肇始于19世纪德国人利奥波德·冯·兰克（Leopold von Ranke，1795—1886，图5-17）的史学研究方法。

在第一次会议上，因为涉及要通过国际合作，研究东亚建筑史的话题，必然要有一个如何研究与建构东亚建筑史的问题。在谈到按照时代或地域分划研究章节的时候，有一位资深学者就尖锐地提出："几十年来，我只研究具体问题，从来不搞通史研究。""我不主张那种'宏大叙事'的研究方式。"争论到激烈的时候，这位学者甚至含蓄地暗示："我主张要少制造一些垃圾"。话语中多少含有批评那些从事系统建筑史或建筑通史研究的学者们，是在“制造垃圾”的意思。

这里显然提出了一个问题，建筑史研究中，是否还需要有具有通史性架构的研究思路与方法？历史学研究中的兰克史学研究方法，是否普遍且充分适用于一切建筑史学的研究方法？这种以兰克史学方法论为依据的一事一例的建筑案例式研究思路与方法，是否能够从完全意义上取代建筑史学，特别是起步尚不足百年的中国建筑史的通史性或系统性研究。换言之，中国建筑史学领域的通史性研究，还有没有继续存在的必要。

图5-17　利奥波德·冯·兰克

还有一个需要讨论的问题，即通史性研究与一般历史学中那种所谓“历史决定论式”的“宏大叙事”式的研究方式，是否可以画等号？也就是说，对于一个国家与一个地区建筑的发展历史，如果做了任何具体而深入的系统性整体观察、讨论与研究，就一定会陷入“宏大叙事”的窠臼之中吗？

第二次会议，引起的争论更大。这次会议的主题是由日方提出来的，会议主题是：“关于建筑史研究新方法的思考（Thinking New Methods of Research on Architectural History）”，主旨就是建议一种“新建筑史”的视角。这显然是一个颇具新意的讨论话题。会议一开始，先是由日方的一位资深教授，提出了几个有关建筑史研究的问题，随后提出了“新建筑史”这一概念。这位教授的发言题目也很有趣：“开辟建筑史研究的新纪元：适应定常型社会的建筑史研究”。在这个题目下，他提出了两个十分直白的问题：1.什么是建筑？2. 什么是历史？

回答这样两个问题，当然不是这次会议的主旨。这位教授真正希望讨论的议题是：建筑史学的研究对象、研究目的、研究方法是什么？教授先是自问自答地回答了这三个问题，他认为，在人们的惯常意识中，所谓建筑史学的：

研究对象是：对与现在不同的时空中的人工建成环境。

研究目的是：为了使人类社会的未来更加多彩、充实。

研究方法是：探索适宜的研究方法进行考察。

围绕这三个问题，他还具体地提出了建筑史研究，实际存在有4种可能的方法：

1. 发现智慧。

2. 归类起因相同的现象。

3. 继承建筑物和城市。

4. 丰富人们的内心和智慧。

接着，教授话锋一转，向在座的各位同行与学生们提出了一个十分现实的问题："请问大家：选择做建筑史研究后，是否觉得在社会上少有容身之处？"教授至少提出了几种令在座的各位同行都能够感觉得到的现实危机与困境："从事建筑史研究的人，看不到明朗的未来；赚不了钱；不清楚建筑史研究的意义；改行去做建筑设计又不具备竞争力。"短短几句话，一时间令在座的各位立志从事中国建筑史研究的梁刘二公的徒子徒孙们，陡然有一种冷水浇头的感觉，茫然不知所措。

尽管对于这位教授提出的"定常型社会"很难给出一个恰当的定义，但是，从题目本身就可以了解到，这位教授是有备而来，其发言的主题就是要颠覆既有的建筑史学研究方法论，以期创造一种全新的适应当下或未来社会（定常型社会？）的建筑史研究学术新理路。

接着，也许是为了使建筑史学更接地气，至少不至于使自己的学问，太脱离当下的社会实践，这位教授也表现出了对"遗产保护"这种当下性、功利性事务的热心。然而，有趣的是，即使是跳出了建筑史学的范畴，这位教授似乎仍然认为人们观念中那种正统的（非定常型的）"遗产保护"工作，因为过于传统与严肃，似乎也有一点时过境迁了。对这种正统的"遗产保护"，教授表现出了一种不屑的态度，随之，他提出了一种与他所主张的"新建筑史研究"如出一辙彼此对应的"非常遗产"概念。正如这位教授就这一话题所提出的论题一样："非常遗产与世界遗产：作为建筑史研究的新颖性。"换言之，他提出的"非常遗产”，对应的正是“新建筑史”研究。

这里所谓的“非常遗产”，已不再是那些国际公认的具有普遍与突出价值的古代或近代的历史建筑或建造物，亦不是那些人们惯常所认知的具有重大历史价值与艺术价值的珍贵历史文物建筑，而是一些不曾在历史上产生过什么重要影响的，甚至没有引起太多人注意的建筑，或者，甚至是未曾经历多少历史时段打磨的，但却在造型与空间形态上十分特殊的、奇异的、孤立的，或者说是独一无二的建筑物。

在他和他的同仁提出的《非常遗产宣言》中，对“非常遗产”做了这样的定义：“非常遗产有着其他任何地方所没有的特异性，由于其外形令人忍俊不禁而难以被认定为国家的重要文物或世界遗产。然而，它联系了地域以及超越了地域范围的地球环境、人类、社会等许多事物，让看到它的人不禁感叹：非常了得。因而自然地想要将其传承给下一代。对于这样的非常遗产我们稍稍留有余地地、洒脱地，跟大家一起发现它，跟大家一起用爱培育它，通过将其传承给下一代来对地域及世界做出贡献。”㊀

例如，他举出了一座名为“达古袋”的小学，这是沿着一个山脚，呈横向延伸的长长的单层坡屋顶房屋。其长度少说也有百米之长，面向广场一面形成一个同样是很长的单面走廊，将一间间教室、办公室或其他的功能性房间联系在一起。它的长，构成了它“非常遗产”的基本特征。他们眼中的“非常遗产”，多是那些诸如其形式很独特，其屋顶很怪异，如此等等的类似样式。据说，在这位教授的推动下，已经有4座这类建筑，被授予了“非常遗产”的名号。而这种“非常遗产”的概念，甚至已经被日本的民众与媒体所接受。他认为，发现与研究这种“非常遗产”类建筑，其实，就是新建筑史的任务之一。他还十分幽默地建议大家，通过这种新建筑史研究，以及对“非常遗产”的发现与保护，一起冲刺“搞笑诺贝尔奖”。

无论如何，这种“非常遗产”的思路都是非常好的，是建筑史学研究者，切入当下事务的一种特别有意义的尝试。也是对既有世界遗产保护思路的一种全

㊀ 国际非常遗产委员会《非常遗产宣言》2012年12月16日，达古袋小学，转引自东京大学生产技术研究所建筑史教授发言。

新的拓展与尝试。同时，这种介入“非常遗产”之遴选与命名，并与“定常型社会”接轨的保护思路，与他们心目中的“适应定常型社会的新建筑史研究”其实是一致的。其思路多少都有一点反传统、反现代、反主流、反逻辑的后现代思维的痕迹。

接下来的几位日方学者的发言，都是按照这种“新建筑史”的思路展开的。一位学者的关注点，是对一座超大型城市，即近100年来印度尼西亚首都雅加达城内随着近代经济发展与城市扩张，而随机并无序地形成的平民或低阶层民众聚集的居住型城市空间之发展与变化的研究。该文作者对这种自发的无组织或自组织发展的建筑与城市空间（图5-18）的生成过程与历史演变轨迹，表现出了极大的兴趣。详细地按照年代梳理了这些建筑之空间肌理的发展变化过程，并对这些无组织或自组织的城市空间的生成原因，做出某种解释。这显然是与在当下相当流行的复杂科学中的“混沌学”式研究方式，有着一定的关联。

图5-18　某城市自发组织建造的贫民聚居区

另外一位学者的研究，关注点是对包括日本关东大地震在内的一些灾后重建的历史加以讨论的话题。其着眼点是在“灾后复兴的历史”。这显然也是一种力求切入当下历史的建筑史学研究方法，其意义也在于，使得原本比较超然的建筑史学研究，与当下的社会功利性需求之间，建立起了某种密切联系。

日方学者中，也有将基本方法论，放在纯粹建筑历史与理论研究范畴之内的论题，但其基本的着眼点，却并非历史上发生过的建筑现象。例如，一个题目的关注点是“电影中的建筑史”，即近代电影中所表现的中国古代建筑形象及其演变过程。论文试图超越建筑历史本身，也超越古代建筑的传统本身，去关注那种“被创造的传统”，或者，更直白一点说，是“在电影艺术中，被创造的传统建筑”。或者说，近代中国人，是如何随着社会的发展而观察与想象中国古代建筑的形式与空间的。其论文的目的，是希望探讨一种脱离建筑实体的建筑史研究。说到底，这其实不是传统意义上的建筑史研究，更非习惯上的具有物质史、艺术史或技术史意味的建筑史，而是一种从当代史出发的虚拟“建筑思维史”的研究理路。显然，这其实也是一种反主流、反传统、反现代、反逻辑的“新建筑史”研究理路。

日方的发言中，唯一有一点建筑史意味的，是一位来自俄罗斯的留日博士生，他的论文是对苏联时期“社会主义建筑”的梳理与探究。其关注点并非一般意义上的社会主义建筑，而是受到斯大林时代影响的特殊时期的特殊建筑（图5-19），当然也包括了受到苏俄影响的其他社会主义国家的建筑作品及其理论思考。这一论题，多少可以归在现当代建筑史的学术语境之中。

图5-19　苏联时期的建筑

短短不足一个月的时间，两次具有国际意义的小型建筑史学研讨会，本来各有两个彼此不相关联的会议主题，但在涉及建筑史学研究方法论的时候，讨论与争辩的问题，却令人惊奇地如此接近。这不能不令人感到有一点不可思议。显然，透过这些讨论或争辩，可以使人明晰地感觉到，传统意义上的建筑史学研究，确实已经面临某种前所未有的危机。面对这场酝酿已久的危机，中国建筑史学人应持一个怎样的态度？是了解与对应，还是规避或对抗？是置之不理、漠然处之，还是深入思考、探究新路？是保持学术的定力，还是随波逐流？这恐怕并非一个无足轻重的小问题。

一、宏大叙事、兰克史学与建筑史研究

20世纪后半叶史学界经常谈及的一个重要话题，就是史学中的“宏大叙事”问题。所谓“宏大叙事”，主要是针对一般历史学科，特别是社会政治史研究中，对于那种具有主题性、统一性、目的性、连贯性的无所不包的历史叙述方式的贬抑性术语。

宏大叙事的基本模式，是将人类历史视作一部完整的历史，希望创建一部能够将过去与未来连贯为一体的历史。这实际上是将某种世界观与历史观加以神化、权威化与合法化，是一种政治学意义上的历史学研究方法。其影响所及，主要还是在社会史，而非本文所讨论的具有艺术史、物质史或技术史意味的建筑史。换言之，这位教授所抨击的“宏大叙事”，其实是将20世纪历史学科在方法论上的争辩主题，套用在了一门与政治学和社会历史学关联并不那么密切的建筑史学研究方法论的争辩之中。

当这位教授指称建筑史学的“宏大叙事”的时候，其能指，可能是一切与建筑通史相关的研究；而其所指，几乎已经覆盖了所有对古代建筑建造规律性、历史连续性探索的研究。在一定程度上，按照这位教授的口吻，自20世纪30年代以来由梁思成、刘敦桢等前辈学者对于中国建筑史史学体系的建构性研究，以及20世纪80年代以来由傅熹年、潘谷西等先生完成的五卷本《中国古代建筑史》研究，大约都可以被归在“宏大叙事”的范畴之内。也就是说，按照这位教授的观点，近百年来的中国建筑史研究，走了一条十分荒唐的系统化、完整化、权威化

的“宏大叙事”之路?

那么,什么是中国学者应该选择的正确道路呢?这位教授显然十分青睐19世纪德国兰克史学的学术思路。

凡攻历史学科的人都清楚,兰克创立的史学理论在史学界具有十分深远的学术意义。兰克史学,重视原始资料的利用与考证,关注不同时代的档案资料,将历史著述的关注点,落在了彻底恢复历史的本来面貌之上。因而,兰克史学,更重视一事一例的个案研究,更重视某一历史细节的细微变化及其原因的探究。兰克史学的经典话语是,如实直书,去伪存真,不做理论抽象,不做任何价值判断。显然,这些都应该是每一位优秀的史学工作者所应该具备的优良品质。只是,在具体的史学研究实践中,是否能够一概而论地采用这种单一的方法论呢?

显然,宏大叙事与兰克史学,表现了20世纪史学研究方法论的两个极端。宏大叙事,讲求系统性、连续性与权威性;兰克史学,讲求本真性、具体性、细微性。用一个不很恰当的譬喻:宏大叙事者,希望完整而系统地描述整个人体,而兰克史学者,主张对每一器官,甚至器官中每一细胞的原本状态及其变化加以探究。这显然表现为史学思维的两个截然不同的方向。

首先,要特别指出的一点是,无论是“宏大叙事”,还是“兰克史学”,其关注的核心都是社会政治话题。这两种方法,都是社会历史学的研究方法,其研究焦点,都在社会政治史方面。只是,宏大叙事更关注社会的系统史,探究历史发展的理论特征,寻求历史发展的政治动力,注重社会既有体系的合法性与权威性论证,并多少体现出一点历史决定论的特征。而兰克史学则关注历史上某个具体人物在历史发展,特别是政治史发展中所起到的具体而微的作用。这种研究理论,将政治史与人物生活史紧密联系在一起。一事一物具体而微的变迁,可能影响一个时代的政治发展态势,而这才是真实的历史。

其次,在中国人的历史思维中,似乎也曾出现过类似的现象。如果说唐宋时期的历史研究,更多采取了“以史为鉴”的思想理路,其主要的历史观,是带有儒家所主张之兴亡更替大历史观的痕迹;则明清时期的历史研究,已经进入一切需要考据训诂的朴学思路,其基本的主张分为了两派:一派是“凡古必真,凡汉必好”;另外一派则主张“不以人蔽己,不以己自蔽”,认为凡是未经严密考证的古代史实，其实都是不可信的。民国时期形成的“史源学”研究思路，即对一事一物的真实历史渊源加以详细考证的研究思路，其影响也直接渗透到当代建筑史学研究之中。这种同样是关注一事一例，严格考据事件真实性及其源头的朴学或史源学的研究主张，与兰克史学的研究理路，多少是有一些相通之处的。

回顾一下中国建筑史学的发展历程就会发现，原本也出现过两种截然不同的学术思路。最早介入中国建筑史研究的学者，并非中国人。早在19世纪，著名建筑史学家弗莱彻（B.Fletcher）在他所著《比较建筑史》中，就有专门章节提到中国建筑与日本建筑。弗莱彻的建筑史，是典型的通史，充分体现了西方建筑史学的系统性与权威性。然而，有趣的是，在弗莱彻那里，延宕数千年的中国建筑，也包括受到中国建筑影响的日本建筑等，都被归在“非历史的”建筑类别之下。也就是说，弗莱彻认为中国建筑与日本建筑不过是一些没有什么历史可言的现象碎片，更遑论系统性的“建筑史”言说了。

如果说弗莱彻只是从传教士的二手资料中了解中国建筑，因而得出了中国建筑是“非历史”的错误结论，那么，至少从现有的资料观察，最早开始关注并直接接触与研究中国古代建筑的外国学者德国建筑史家恩斯特·鲍希曼（Ernst Boerschmann），也有类似的思想历程。20世纪1906至1931年间，鲍希曼先后进行了两次巡游中国的古建筑考察之旅，并用德文撰写了7部有关中国建筑的学术专著。其中有对古代建筑的一般性考察，也有较为深入的研究型论著。鲍希曼研究中国建筑的时间，甚至早于日本的关野贞、伊东忠太等学者。而且，在20世纪30年代初，中国营造学社成立之初，鲍希曼还曾主动请缨，希望为中国营造学社做通讯研究，并向学社寄赠了他所著述的《塔之专著》[㊀]。

遗憾的是，鲍希曼的研究，很可能也多少受到了弗莱彻学术思想的影响。在他两次大规模的中国古建筑考察中，几乎没有做过任何历史线索的探究。他到过五台山，却与五台山最为古老的木构建筑佛光寺东大殿擦肩而过。他曾长时间在北京停留，却几乎没有关注过距离北京并不是很远的蓟县、宝坻、正定的辽、宋建筑遗构。在他那卷帙浩繁的7部著作中，大多数都是一些他能够比较容易接触

㊀ 事见《中国营造学社汇刊》第三卷，第二期，第162页，“本社纪事”。

到的清代地方性建筑，如一些祠堂、住宅，地方寺观、小庙等（图5-20），甚至一些地方墓穴建筑。当然，也包括诸如北京碧云寺、成都二王庙、普陀山清代佛寺等一些时代非常晚近，且各具地方特色的清代建筑实例。

图5-20　20世纪广州药神庙外观　鲍希曼摄

显然，在鲍希曼这里，既没有通史性探究的“宏大叙事”倾向，也没有建构中国建筑史史学体系的丝毫愿望，有的只是他亲眼所见的一座座具体而微的建筑物。他基本上也是采用了一事一例的建筑测绘记录方式与意义探究式研究思路。稍微深入一点的研究，如他对一座清代佛塔的研究，还特别使用了20世纪学术研究中惯常使用的有关建筑之文化象征意义的研究思路，即对佛塔各部分的造型意义，加以深入的分析与解剖。同样，他对中国建筑中风水观念的应用及其特殊意义，也表现出极大兴趣。我们不敢说他受到了“兰克史学”的影响，但他不屑于或没有能力建构“中国建筑史”，却也是不争的事实。

在鲍希曼之后，先是关野贞（图5-21）、常盘大定等对中国古代佛教遗迹的考察与研究，这些研究还难以形成一种历史的系统性。也就是说，最早从事中国古代建筑研究的日本学者，基本上也是按照一事一例的方式，进行古代建筑的案例调查与研究。接着，日本学者伊东忠太开始尝试撰写《中国建筑史》。这或许

是世界上希望建构一个体系化的中国建筑史的最早尝试。遗憾的是，伊东忠太受限于资料，他的中国建筑史，大约只写到了南北朝晚期，就戛然而止了。也就是说，伊东忠太距离建构一部真正意义上的中国建筑通史，还有相当的距离。

接下来由中国学者乐嘉藻（图5-22）撰写的《中国建筑史》（图5-23），多少反映了近代中国人在民族文化意识上的觉醒。然而，缺乏现代建筑教育背景，也缺乏考古学式古建筑田野考察经验的乐嘉藻先生，其最早的建筑史研究尝试，多少有一点望空揽月的悲壮感。无论如何，这位中国建筑史的最早探究者，虽然没有完成中国建筑通史的建构，但也并未陷入所谓“宏大叙事”的窠臼。因为，连一部像样的中国建筑史都未曾搭构起来，又哪里来的“宏大叙事”呢？

图5-21 日本建筑史学者关野贞

图5-22 中国建筑史学者乐嘉藻

图5-23 乐嘉藻《中国建筑史》

真正的中国建筑史建构，是由梁思成与刘敦桢两位先生开创的。两位先生用现代考古学与田野调查式科学测绘方法，系统考察了华北等地区古代建筑实例，为中国建筑史建构，奠定了坚实基础。之后的战争岁月，两位先生不仅继续其在西南地区的古建筑考察，梁思成先生还开始了他的既有充分史料依据，又有大量建筑实例的《中国建筑史》的建构与写作。梁思成这一时期用英文撰写的《图像中国建筑史》（图5-24），更彰显了先生希望将中国古代建筑史，跻身于世界建筑史学之林的学术愿望。20世纪50年代以来，由梁刘二位先生领导的对全国古代建筑的系统考察，以及后来出版的由刘敦桢先生主编的八稿本《中国古代建筑史》，更是将老一辈中国建筑史学者希望建构一部中国建筑史的学术愿望，真正付诸实现。

之后的20世纪80年代，以傅熹年先生等为代表的一批中国建筑史学者，再一次筚路蓝缕，完成并出版了堪称全面与系统化的五卷本《中国古代建筑史》（图5-25），从而使在20世纪30年代就已经开始的，中国建筑学人希冀建构一部体系化、学术化中国建筑通史的愿望，基本得以实现。梁思成、刘敦桢的中国建筑史写作，以及后来的这五卷本《中国古代建筑史》的出版，填补了中国建筑史在国际学术界的空白，使中国建筑史成为世界建筑史学中的显学，并为中国建筑跻身世界建筑之林，奠定了坚实基础。试想，在这样一种现实与历史语境下，有什么人会认为这些系统化、体系化的建筑通史研究成果，是“学术垃圾”？又有什么人，将这种纯学术性建筑史学研究，与某种具有历史决定论社会政治取向的“宏大叙事”式历史述说联系在一起呢？

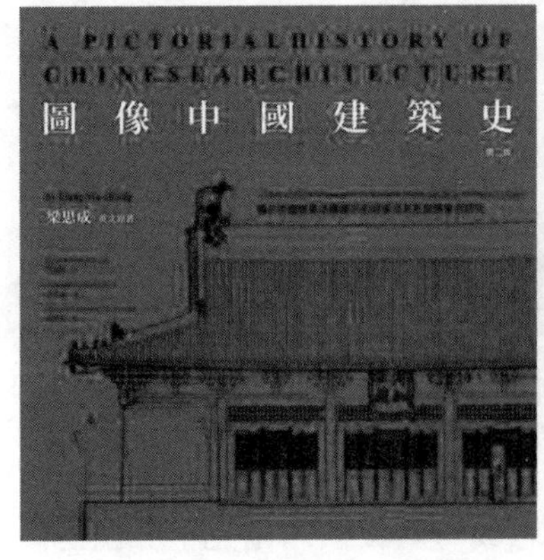

图5-24　梁思成《图像中国建筑史》

图5-25　傅熹年《中国古代建筑史》

事实上，笔者以为，建筑史研究不同于一般社会史与政治史的叙述方式，建筑史研究，一般不会带有先入为主的意识形态框架，也没有预先的体系设定，而是根植于翔实的史料依据与充分的建筑案例研究基础之上的。建筑史首先是物质文明史，也是技术史、艺术史，同时，还和经济史、社会史有着千丝万缕的联系。一部建筑史，就是对一个民族或一种文明既往发展历程之物质载体的记录与述说。任何民族，如果对自己历史，不采取虚无主义的态度，就不会简单地将由

自己民族过往建筑之路所建构的历史，贬之为“垃圾”，这应该是一个不争的事实。

而况，在建筑史的述说中，如同物质史、艺术史、技术史一样，是根植于无数细致而微的建筑案例上的。一部世界建筑史，若没有数千年来的古代北非、西亚、欧洲、东亚、印度，以及美洲大量古代建筑案例遗存，是不可能建构出来的。从而，一部建筑史的体系建构，多少反映了人们对于人类文明史的体系建构。这里即使偶然会有一些意识形态的影响，但大多数情况下，还是植根于建筑物质实例及其史料依据本身的。

一事一例的建筑史研究，原本就是建筑史学不可或缺的基本功。无数个一事一例的深入研究，其实，也是为更为深入而完善的建筑通史研究奠定基础的。如果一个民族，对于自己所走过的建筑之路，仅仅停留在个别优秀建筑的孤芳自赏与某些特殊建筑细部的细微品味上，又如何能够理解这个民族建筑数千年发展之路所走过的艺术探索与技术探究之路？如何理解自己民族在艺术品位与审美好尚上与其他民族间可能存在的相同与不同之点，从而为今后的建筑创作，提供某种有价值的历史营养？

在这一点上，笔者以为，无论是一事一例的个案性建筑研究，或建筑细部的深入探究，还是基于充分史料与实例的专题性、通史性、探究规律性的系统研究，都属于建筑史研究的有益尝试，各人可以根据自己的实际条件，以及能够触摸到的实例、数据与史料，进行各具特色的独立探究。只要实例是真实的，数据是可信的，史料是有充分依据的，这些研究都是有价值、有意义的。

二、现代与后现代、有组织建造与自组织建造

如果说20世纪70年代以后的国际建筑创作思潮，经历了“现代”与“后现代”的争论，那么，建筑史学研究上，无疑也会有现代思维与后现代思维的区别。例如，日本学者在会议上提出的建筑史研究“新纪元”，其“新”所在，恰是针对既有建筑史研究方法论上的“旧”而言的。20世纪建筑史研究，一般也能归在“现代”学术研究的范畴。那么，建筑史研究的“新纪元”，很可能已经隐喻了某种“后现代”思维的倾向。其实，前文所讨论的，史学界对于“宏大叙

事”史学观念针砭臧否与是非讨论这一事实本身，多少也反映了某种后现代思维的痕迹。

为什么这样说呢？以笔者的观察，所谓“现代”，其实代表了20世纪上半叶的某种体系化、正统化、权威化的建筑潮流。现代主义建筑师，相信自己的创作合乎历史的发展规律，是工业化社会发展的必然。这其中多少也蕴含了某种历史决定论思维模式。现代建筑，表现为简单、方正、直白、端庄，包括自由平面、底层架空、平屋顶、屋顶花园等设计手法，体现了某种现代主义简洁、逻辑、高尚、正统、经典的创作思维。

后现代则表现为对既有现代主义创作思想的颠覆与突破，其思路多少都有一些反现代、反逻辑的味道，主张某种历史主义、装饰性、隐喻性、多义性与激进折中主义的创作思路。无论是詹克斯的《后现代建筑语言》，还是文丘里的《建筑的复杂性与矛盾性》《向拉斯维加斯学习》，都希望从理论上，为后现代主义建筑的言说，找到某种依据。但时至今日，后现代主义建筑的理论界说，仍然是一个莫衷一是的话题。

与建筑创作的现代主义与后现代主义思维一样，建筑史学领域的新锐思潮中，也蕴涵了对既有研究思路、研究范式的反叛与突破的内容。这本来就是十分合乎事物发展逻辑的事情。对前辈学者所坚持的建筑史通史研究方法论的批判与否定，主张将研究更多深入到一事一例的个案研究，多少体现了这种反叛与突破的意味。

在清华大学与东京大学的学术研讨会上，日方提出的“适应定常型社会的建筑史研究”，其主旨就是对既有建筑史研究思路的突破与创新。日方几位发言人的论文，几乎无一例外地脱离了传统建筑史研究思路。他们的兴趣点，既不放在既往东亚建筑史学界所一直关注的传统木结构建筑的研究上，甚至也不放在任何具有历史价值与艺术价值的古代建筑上。其论文主题，或是当下发生的灾后重建，或是城市贫民自组织建造的聚居区发展演变，或是现代电影中透露出来的对传统建筑认知的变化过程，抑或是对苏联时代斯大林式社会主义建筑这一人们惯常不太关注的领域的分析研究。特别是他们通过创立并遴选“非常遗产”，主张以此来申请“搞笑诺贝尔奖”，从而对既有经典式世界文化遗产遴选方式的调侃式做法，都多多少少地透露出日本建筑史学领域某种后现代思维特征。

建筑史学领域的后现代思维，主张突破正统的、体系化的、常规的建筑史研究方向与方法，将建筑史研究的选题进一步个性化、当下化、特例化。中、日建筑史学可以不再对东亚传统木结构体系及其案例加以关注与研究，而应该搜寻那些曾经不为人们所注意的、特殊的、个别的、非同寻常的建筑现象与视角，探究某些有如哈哈镜中所显现之事物一般令人匪夷所思或啼笑皆非的建筑现象加以研究，从而突显某种对传统建筑史学思维的反叛与突破的“新建筑史”特征。

这一思维，在研究对象的选择上，往往会放在特殊的、孤立的，具有独一无二性质的建筑现象上。例如，一般建筑史学人，更多关注的是有组织的建造活动所创造的建筑现象，如中国历代官式建筑，包括宫殿、寺观、陵寝、祠庙等，或有规划的城市，有独特历史与地方风格的古代民居，有地方风土意味的乡土村落等。这些古代建筑，大部分是有规制、有等级、有设计、有传承的。即使是具有较大自由度的乡土村落建筑，也因其贯穿了数百年的地方建造传统，而凸显出某种艺术、技术或文化人类学特征，成为历来建筑史学者们青睐的研究对象。

但是，在以后现代思维为基础的建筑史学研究者看来，那些有着某种传统与规制性的建造物，那些有组织规划与设计的城市、园林与村落，已经变得过于僵化与正统，过于体系化与完整，过于有规律可循了，因此，很容易被逻辑地排除在“新建筑史”研究的范畴之外。反之，一座超大城市中未经任何前瞻性规划制约的，自由自在、自组织发展起来的贫民聚居区，其街道空间与肌理发展，透着某种随机性、偶然性与不可预见性，显然表现为一种反传统、反体系的建筑现象。这些现象中，可能隐含着建筑与城市发展的某种自身特有的规律，是一种复杂的，具有混沌特质、自组织性质的规律。在新派建筑史学者看来，研究这样一种城市空间的发展规律，才更具有“后现代性”的超越性、反叛性、非系统性意味。

其实，这种对自组织建造现象的关注，早在20世纪90年代，就已经成为世界性的话题。一些主张混沌学，或复杂学的前卫学者，对诸如日本东京城等现代超大都市变化万千、百态纷呈的街道与建筑景观，赞之为“混沌美”。几年前清华大学一位攻读建筑设计的博士研究生，也专门选择了“自组织建造”为论文题目，其目标所及，包括了20世纪80年代以来，中国地方城市发展中某种无序与驳杂的城市空间肌理与无章可循，极具随意性的建筑外观现象。这位博士生也从中得出某种与自组织或无组织建造相关联的“混沌美”结论。

既然有这样一种类似“后现代”意味的建造现象，那么，由专门的建筑史学研究者，对这种现象加以观察与研究，不仅是一件无可厚非之事，而且是十分有意义的。本文并无臧否这一研究的倾向。唯一想指出的一点是，对自组织建造现象的研究，大可以从容开展，但对于作为东亚文化与历史载体的，延宕了数千年有组织建造的，包括中国古代建筑在内的东亚大木作建筑研究，不应为了“适应”某种“定常型社会”的“新建筑史”，就被轻易地打入另册，将之束之高阁。

笔者以为，作为建筑史研究，应该不设学术边界，只要是人类历史实践中曾经发生过的有居住意义、生产意义、文化意义、宗教意义、象征意义的建造现象，都可以归入建筑史学的研究范畴之内。既往的主流建筑史，可能更多关注历史上有组织建造的活动与现象，但今后更为深入而新锐的建筑史研究中，若为大量产生的自组织或无组织建造现象，加以梳理、分析与解释，或也能够更好地理解人类建造行为及人类建筑文化现象的本质。换言之，两种研究思路是相辅相成、缺一不可的。因为主张某一学术倾向，而否定另外一种学术倾向的做法，其实是一种画地为牢、故步自封的思维方法。

三、历史与当下、建筑史学与利用厚生

前文提到日本学者的发言题目：“开辟建筑史研究的新纪元：适应定常型社会的建筑史研究”，其中的“定常型社会”，所指大约正是“当下社会”的意思。时下的建筑史学科，遇到了某种危机，这是不争的事实。那位日本学者提出的诸如，“选择做建筑史研究后，觉得在社会上少有容身之处”“看不到明朗的未来”“赚不了钱”“不清楚建筑史研究的意义”“改行去做建筑设计又做不好”等，都不是危言耸听，而是十分严酷的现实。

即使是一些名校，建筑史教师的设计课压力也日甚一日。否则，仅仅靠建筑历史与理论方面的课程，教学工作量是很难满足职称晋升之要求的。笔者为梁

思成先生于20世纪60年代首创的《建筑史论文集》（后更名《建筑史》，并衍生出《中国建筑史论汇刊》）争取刊号，用了10余年的气力，直至今日，未见任何结果。原因很简单，在所有刊物的目标中，“当下”是第一位的，“历史”渐渐成为人们遗忘的角落。20世纪80年代初，改革开放刚刚开始，催生了一大批建筑刊物，然而，大多数建筑期刊，都忙着为当下的建筑市场服务，为建筑师们的最新设计擂鼓呐喊。建筑史研究，在一开始就被冷落了，错过了刊物申请的最好时机。

我们的日本同行，也感受了相同的压力。用那位日本教授的话说，他们所在的东京大学生产技术研究所，是一所世界顶级的科研机构，其中随便哪个研究部门的成果，在世界上都堪称了得。他们身在其中，如果不对当下的事物多一点关注，又如何能够在那里立足？这或也是他们将研究题目放在诸如“特大都市平民聚居区的空间演变”或“灾后重建”之类课题上的主要原因。

相信这些日本同行，也都迫切地希望在前辈既有的研究基础上，对日本或东亚的建筑历史研究做出更大贡献，这或许是他们希望和中国、韩国的建筑史学者一起，从事东亚建筑史研究的主要原因。但在实际的课题选择上，他们也很难将日常研究的重心放在古代建筑研究上，因为这样的研究，在申请经费上，无疑是有一些困难的，于是他们将研究的对象，转向了当下。面对当下、服务当下，为当下的功利性目标做出贡献，唯有如此，似乎才是其学科赖以生存的依托所在。

说到底，这些道理大家心里都明白。但是，这难道就是可以忽略或贬抑建筑史这门学科的理由所在吗？换言之，服务于当下的功利性目标，难道就是学术研究的唯一目标吗？如果这一观点成立，那么，诸如哲学、宗教学、美学、文学、艺术史学等的研究，又有多少能够直接服务于当下社会的功利性目标呢？世界上那些林林总总的纯学术研究机构，是不是都应该关门大吉了呢？

需要指出的一点是，建筑史研究，其核心目标在于人类建造历史上种种学问的发现与积累，而非技术的发现或艺术的创造。以笔者的观点，所谓学问，是对人类科学、文化与智慧之果的发育成长，有所贡献、有所积累、有所添加的新知识。或也可以说，在任何科学或学科领域，只要是在前人既有的学术基础上，有所发现、有所发明、有所创造、有所前进者，都可以称之为真实的学问。所谓学术贡献，并不一定非要对当下之利用厚生的功利性目标，有太多直接联系。特别是诸如哲学、历史、艺术等与普罗大众日常柴米油盐酱醋茶关联不那么密切的学科，更是如此。

以建筑史学科而言，其研究对象，是人类数千年建造活动所经历的材料发现、艺术创造、技术进步，及其与社会经济、社会文化彼此互动的历史过程。对于建筑史的研究，其实是对人类文明过往所走过之道路与脚印的研究。同时，也是对不同时代、不同人群之文化、艺术、民族性格、审美趣味、技术倾向的探究。其中充满了学术谜团，也充满了学术挑战。解开这些谜团，跨越这些挑战，人类文明就会踏上一个更新的台阶。

例如，数百年发展起来的欧洲建筑史，使欧洲人对于自己数千年的建筑历史，有了十分清晰而明确的研判，并冠之以"世界建筑史"的名义，从而有了古代建筑、中世纪建筑、文艺复兴建筑、古典主义建筑、现代建筑等历史阶段的划分。如此，也使得欧洲文化，占据了世界文化的高端。试想当今社会，一个人如果分不清什么是希腊建筑、罗马建筑、哥特建筑、文艺复兴建筑，什么是新古典主义建筑、巴洛克建筑、现代主义建筑，又如何称得上是受过教育的呢？然而，细想一下，欧洲人所谓的"世界建筑史"，其实就是区区西欧几个国家，如意大利、法国、英国、德国的建筑史而已，其中既不包括东欧或俄罗斯的建筑史，也不包括世界上大多数国家与地区的建筑史。那么，他们何以将其称之为"世界建筑史"呢？原因很简单，因为数百年前的欧洲人，对于艺术史与建筑史的持续关注与研究，使得他们的文化，占据了世界文化与文明的高地。

也许正是因为这个原因，在一百多年以前，日本人开始关注自己的建筑史，也关注日本建筑的源头——中国建筑史。梁思成、刘敦桢等学术前辈，本都是留洋归来的建筑师，一身的技艺功夫，本可以通过建筑设计这个行业，通过为当下的具有大量需求的实际建造服务，得以过上养尊处优，无忧无虑的生活，但他们却为了能够使中国建筑在世界建筑史上占有一席之地，在那样一个动荡与纷乱的年代，放弃了稳定而无虞的生活，为探寻中国古代建筑遗存，投身于艰辛的田野考察与测绘，每日颠沛流离于荒郊野外，即使是在抗日战争时期那艰苦卓绝、贫病交加的岁月，也矢志不渝。

据笔者访问俄罗斯时的亲历，同样也是因为这个原因，莫斯科至今还有一所国家级的建筑研究院，院内有专门的建筑历史与理论研究所。所内有数十位专职建筑史研究人员。他们除了稳定的工资收入之外，国家会每年拨给他们专门经费，支持他们从事各种建筑历史与理论的专题研究。其中既包括现代建筑，也包括历史建筑，既包括地方民居建筑，也包括重要宗教建筑，甚至包括对建筑未来发展之异想天开式的纯结构、纯空间、纯造型层面的探究。此外，莫斯科建筑学院的建筑历史学科，仍然是这所学校最为重视的一个学科。建筑系学生的必修课之一，就是要亲自动手制作一个欧洲或俄罗斯古代历史建筑模型，亲身体味古代建筑艺术与技术的微妙之处。显然，俄罗斯人是希望使本民族在建筑文化与建筑艺术上的学科地位与学术品位，能够居于世界高端。

笔者还有一个有趣的经历。2012年，笔者受邀到专门从事艺术史与艺术保护事业的美国洛杉矶盖蒂研究中心做特邀访问研究。在这个研究中心，这样的访问研究，每年至少两期，每期3个月，受邀学者来自世界各地，学者的专业主要是艺术史、建筑史或历史保护方向。令人不解的是，每期特邀研究，盖蒂中心除了提供每位受邀学者往返机票和宽敞的免费住所之外，还按时发放不菲的工资补贴，却并不对这些受邀学者提出任何具体要求。只要你在你自己的学术领域中，通过3个月研究而有所收获，离开的时候，仅仅需要对这3个月的研究，提供一个简单的成果报告，或做一个学术报告即可。显然，盖蒂中心关心的，不是他们所邀请的学者，对盖蒂中心所可能承担的当下的“利用、厚生”之事业提供任何帮助，只是希望这些学者，在各自领域，对自己学科的学术研究，有所发现、有所成绩就好。原本以为以资本为中心的美国，更应该是利欲熏心，却不曾想这样一个研究机构，对于纯学术研究，采取了如此海纳百川般的宽松态度。究其原因，这个中心的目标，不也是希望将美国在艺术史、建筑史，或历史保护方面的学术层位，置于世界的高端吗？

那么，我们呢？难道我们不应该为中国建筑史在世界建筑史上占有更大空间或居于更高位置而殚精竭虑吗？每一位中国建筑史学者，在中国建筑研究上的每一点成果，不都是在为中华民族建筑的历史、文化与艺术发展贡献绵薄之力吗？换言之，中国建筑史研究，在一定程度上，与中国历史、中国哲学、中国艺术史的研究一样，不都是在为增加中国的文化软实力而添砖加瓦吗？

图5-26　王国维

在与日本学者交流的这次会议上，为了应对日方教授有关建筑史学应当关注历史还是关注当下，建筑史研究是有用还是无用的讨论，笔者引用了前辈学者王国维先生（图5-26）的一段话："昔司马迁推本汉武时学术之盛，以为利禄之途使然。余谓一切学问皆能以利禄劝，独哲学与文学不然。何则？科学之事业，皆直接间接以厚生利用为旨，古未有与政治及社会上之兴味相刺谬者也。至一新世界观与新人生观出，则往往与政治及社会上之兴味不能相容。若哲学家而以政治及社会之兴味为兴味，而不顾真理之如何，则又决非真正之哲学。以欧洲中世哲学之以辩护宗教为务者，所以蒙极大之污辱，而叔本华所以痛斥德意志大学之哲学者也。文学亦然，餔餟的文学，决非真正之文学也。"㊀

对当下人而言，王国维的话虽然有一些拗口，但其大意也是清楚的：科学，是以利用厚生为宗旨的；但是，哲学与文学，则不应该陷入以利用厚生为核心目标的简单窠臼。建筑史学，虽然多少是跨领域的，既有其合乎科学与技术之服务于利用厚生的一面，例如，建筑史领域的技术性研究，服务于古代建筑的修复与保护；艺术性研究，服务于提升民众的艺术审美趣味。或还可以服务于旅游业，为某个地方的GDP增长，直接或间接地做出贡献。但是，从更深层次观察，建筑史研究属于某种纯学问、纯历史、纯艺术的层面。也就是说，在大多数情况下，建筑史只是一个与中国历史关联比较密切的学术性研究体系，建筑史学研究，只是对古代建筑中的技术、艺术、文化与历史的种种疑问做出解答，其本身并不具

㊀ 王国维《文学小言　王国维文集》第一卷，第26页，中国文史出版社，1997年。

有任何利用厚生的直接价值。

换言之，建筑史是一门学问，既然是“学问”，其利用厚生之层面，仅仅是其学问的表面或浅层次的东西，而其真正价值，则在于为民族文化乃至世界文化的历史大厦，添砖加瓦。这里还可以再引用王国维的一段话，其义是说，对世上事物的探究，无论其大小、远近，只要是经得起验证与推敲的真实，都是真真切切的学问。“学问之所以为古今、中西所崇敬者，实由于此。凡生民之先觉，政治教育之指导，利用厚生之渊源，胥由此出，非徒一国之名誉与光辉而已。世之君子可谓知有用之用，而不知无用之用者矣。”㊀

由此可知，世之学问者，并不当以能否利用厚生而臧否之，亦不当简单地以有用无用而褒贬之。建筑史学，就其功用而言，大多或与当下的利用厚生没有什么关联，但恰如王国维所言：“而欲知宇宙、人生者，虽宇宙中之一现象，历史上之一事实，亦未始无所贡献。”㊀对于中国建筑史上无数现象与事实未解之谜团的发掘与探究，本就是建筑史学者分内的事情，与这些学者日常的生计、职称、课程讲授等，本无什么必然的联系，更无关当下之有用、无用之说。因为“事物无大小，无远近，苟思之得其真，纪之得其实，极其会归，皆有裨于人。类之生存福祉，己不竟其绪，他人当能竟之；今不获其用，后世当能用之，此非苟且玩愒之徒，所与知也。”㊀在许多情况下，建筑史的研究成果，其之于当下之利用厚生，或未必大矣，然而，暂不论人们对世界建筑史的关注，会对人们的文化与生活产生怎样深远的影响，仅仅对中国建筑史的研究，就会深究乎先民的点滴创造，发微乎文明的历史印迹，关系乎民族的文化渊源，影响乎华夏的文明盛衰，其功何伟，其用又何大哉？

在那天会议上有关建筑史的危机所发的这些议论之结束时，为了进一步引证王国维先生所言“有用、无用”之说的出处，笔者即兴又引了中国古代先哲庄子的话：“人皆知有用之用，而不知无用之用也。”㊁以说明王国维先生关于有用、无用之语，并非偶发的议论，而是从古代先哲那里来的，其意思，直指当时学术

㊀ 王国维《国学丛刊序　王国维文集》第四卷，第368页，中国文史出版社，1997年。

㊁ [战国]庄周《庄子》内篇，人间世第四。

圈中那种只问有用、无用，不在乎是否有真实学问的人与思想。其实，无论是在庄子，还是在王国维先生看来，过分关注其所做学问的“有用”与“无用”，则与商人之锱铢必较又有什么差别？却应了王国维先生另外一段话：“以文学为职业，餔餟的文学也。职业的文学家，以文学为生活；专门之文学家，为文学而生活。今餔餟的文学之途，盖已开矣。吾宁闻征夫思妇之声，而不屑使此等文学嚣然污吾耳也。”[1]若是把一门学问，仅仅作为“餔餟”之艺技，其功用或是有了一点，其价值则大打折扣了。若再将这样的想法，传递给我们的学生们，岂不是误人子弟了吗？

[1] 王国维《文学小言　王国维文集》第一卷，第29页，中国文史出版社，1997年。